U0317696

中亚树木年轮研究

张同文 喻树龙 张瑞波
陈 峰 秦 莉 尚华明 等著

气象出版社
China Meteorological Press

内 容 简 介

中亚地处内陆干旱区,是典型的温带大陆性气候,生态环境脆弱,水资源矛盾突出。本书对中国气象局乌鲁木齐沙漠气象研究所树木年轮研究团队近年来围绕中亚区域获得的主要成果进行了系统的梳理和总结。回顾了中亚区域树木年轮研究的历史;总结了中亚哈萨克斯坦、吉尔吉斯斯坦和塔吉克斯坦树木年轮气候研究成果,从更长时间跨度上去揭示中亚过去气候要素(气温、降水、干旱指数等)变化事实、规律和机制;基于树轮资料重建了额尔齐斯河流域、楚河流域和锡尔河流域主要河流径流量长期变化历史,探讨其影响机制及其对流域水资源管理的意义;总结了中亚不同生境、不同树种的多种树轮参数的气候与环境响应特征,为中亚干旱区气候变化应对、水资源合理利用和可持续发展提供参考。

图书在版编目(CIP)数据

中亚树木年轮研究 / 张同文等著. -- 北京 : 气象
出版社, 2023.7
　ISBN 978-7-5029-7962-1

　Ⅰ. ①中… Ⅱ. ①张… Ⅲ. ①树木－年轮－研究－中
亚 Ⅳ. ①S781.1

中国国家版本馆CIP数据核字(2023)第070811号

中亚树木年轮研究
Zhongya Shumu Nianlun Yanjiu

出版发行:气象出版社

地　　址:北京市海淀区中关村南大街 46 号　邮政编码:100081
电　　话:010-68407112(总编室)　010-68408042(发行部)
网　　址:http://www.qxcbs.com　　**E-mail**:qxcbs@cma.gov.cn
责任编辑:王萃萃　　　　　　　　　　终　　审:张　斌
责任校对:张硕杰　　　　　　　　　　责任技编:赵相宁
封面设计:艺点设计
印　　刷:北京建宏印刷有限公司
开　　本:787 mm×1092 mm　1/16　　印　　张:19.75
字　　数:502 千字
版　　次:2023 年 7 月第 1 版　　　　印　　次:2023 年 7 月第 1 次印刷
定　　价:200.00 元

本书如存在文字不清、漏印以及缺页、倒页、脱页等,请与本社发行部联系调换。

本书著者名单

（按姓氏笔画排序）

石仁娜·加汗　　如先古丽·阿不都热合曼　　刘可祥

刘蕊　张同文　张合理　张瑞波　陈峰　何清

尚华明　苟晓霞　范煜婷　姜盛夏　郭冬　袁玉江

高志鸿　秦莉　喻树龙　魏文寿

前　言

　　中亚地处亚欧大陆中部,远离海洋,其东南缘高山阻隔了印度洋、太平洋暖湿气流,主要受西风环流和北大西洋涛动的影响,因此形成了中亚地区大陆性山地气候特征。中亚地区气候波动大,生态环境脆弱,是"丝绸之路经济带"倡议向西出国门的首站,其地理位置十分重要。作为全球变化响应敏感区和生态环境脆弱区,中亚地区因气候变化造成的水资源时空差异性正在孕育域内潜在不稳定因素,这无疑会对"一带一路"倡议的实施造成潜在不利影响。因此,研究中亚气候水文变化特征和未来趋势,理解其长时间尺度干旱模态及其影响机制,对应对极端气候事件和开展区域气候适应规划等工作具有重要意义。

　　近年来,科研人员利用观测资料和再分析资料开展了中亚及周边广大区域的气候水文变化特征和变化规律的研究工作。上述研究成果可以为域内水资源规划、水利工程建设、跨流域调水等工作提供基础数据和科技支撑。与观测资料相比,多种气候水文代用资料的使用让科研人员在更长时间尺度上开展气候变化研究成为可能。在诸多代用资料中,树木年轮因其定年准确、分辨率高、连续性强、分布广以及与观测资料易于比对等特点在研究中被广泛使用。

　　中国气象局乌鲁木齐沙漠气象研究所树木年轮研究团队自 2007 年开始持续在中亚开展气候变化科学考察和树木年轮气候研究。本书对中亚区域获得的主要成果进行了系统的梳理和总结,从树木年轮角度对中亚气候、水文、环境等要素的长期变化进行了分析和研究。本书回顾了中亚区域树木年轮研究的历史和现状,推进了中亚气候变化研究和应对工作,并对未来发展方向进行了展望,期望为将来研究工作提供参考和借鉴。

　　本书共分为四章。第 1 章由张同文和刘可祥执笔完成,主要介绍中亚树木年轮研究历程,综述国内外在中亚地区开展的树木年轮气候、水文和生态研究现状,以及为今后开展中亚地区树木年轮气候研究提供指导意见和建议。第 2 章主要由喻树龙和姜盛夏执笔,此章从树木年轮气候学研究的角度出发,阐述了在哈萨克斯坦、吉尔吉斯斯坦和塔吉克斯坦等中亚国家开展的树木年轮气候研究成果,分析树木年轮资料蕴含的气候信息,反演气温、降水、干旱指数等气候因子在历史时期的变化特征,尝试从更长时间跨度上去揭示中亚区域气候变化规律。第 3 章主要由尚华明、张合理和陈峰执笔,总结了额尔齐斯河、楚河、锡尔河等中亚主要流域开展的树木年轮水文学研究工作,分析中亚区域树木年轮-气候-水文之间的响应关系,并重建了中亚地区主要河流过去几百年径流量变化历史,揭示了径流变化的影响机制。第 4 章主要由张瑞波和秦莉执笔,从不同树种、不同树高及不同海拔高度等角度总结了研究团队有关树木年轮生态研究成果,有助于深入理解中亚历史生态环境变化特征及可能的影响机制。

　　特别感谢哈萨克斯坦水文气象局 Kainar Bolatov、Aigerim Bolatova,哈萨克斯坦布凯汗林业与农林科学研究所 Bagila Maisupova、Bulkajyr T. Mambetov、Nurzhan Kelgenbayev、Daniyar Dosmanbetov、Utebekova Ainur,吉尔吉斯斯坦国家科学院水问题与水能研究所

Bakytbek Ermenbaev、Dogdurbek Toktosartovich Chontoev、Rysbek Satylkanov、Mamatkanov Diushen,塔吉克斯坦国家科学院水问题、水能与生态研究所 Amirzoda Orif、Rakhimov Ilkhomiddin、Anvar Kodirov、Ahsanjon Ahmadov,塔吉克斯坦水文气象局 Dorgaev Anvarsho 等领导和专家在中亚科学考察和相关研究工作中给予的大力支持和帮助。感谢研究生赵晓恩、彭正兵、贾祎、邓婷婷参与本书部分章节的撰写和校对工作。

本专著研究成果是在以下项目的资助下完成的:中国科学院战略性先导科技专项子课题(XDA20100306),第二次青藏高原综合科学考察研究子专题(2019QZKK010206),国家重点研发计划"政府间国际科技创新合作"重点专项(2023YFE0102700),国家自然科学基金项目(U1803245、U1803341、41975095、41975110),新疆维吾尔自治区区域协同创新专项(2017E01032、2021E01022、2022E01045),新疆维吾尔自治区自然科学基金杰出青年科学基金项目(2022D01E105),"天山英才"培养计划(2022TSYCCX0003),新疆维吾尔自治区重点实验室开放课题(2020D04040、2021D04004、2022D04005),新疆维吾尔自治区自然科学基金项目(2022D01A365、2021D01B118、2021D01B116)。

中亚树木年轮研究虽然取得了一些成绩,但尚有许多工作需要继续开展,我们将继续和国内外同行一道在中亚开展气候变化相关领域合作研究,为"丝绸之路经济带"的建设及气候变化对中亚社会经济的影响评估提供科技支撑。本书在写作过程中难免有不足之处,敬请读者指正。

张同文

2023 年 3 月于乌鲁木齐

目　录

第 1 章
综　述

政府间气候变化专门委员会(IPCC)第六次评估报告第一工作组报道,全球大气平均温度和海洋温度均在增加,导致大范围的冰雪融化和全球海平面升高(IPCC,2021)。在大陆、区域和海盆尺度上,已经观察到了大量增暖事实。中亚地处亚欧板块腹地,属于典型寒旱区,同时也是影响我国天气的上游关键区,与我国西北地区气候联系密切(何清 等,2016)。在全球气候系统剧烈变化过程中,北半球中纬度地区变暖最快,而中亚地区 20 世纪以来气候变暖幅度是北半球的两倍多,对气候系统变化的响应更为敏感(Chen et al.,2009)。因此,研究中亚气候变化特征和未来趋势,理解其长时间尺度干旱模态及其影响机制,对应对极端气候事件和开展区域气候适应规划具有重要意义。尽管中亚建有多个百年气象站(哈萨克斯坦 14 个,吉尔吉斯斯坦 2 个,塔吉克斯坦 2 个,乌兹别克斯坦 3 个),但从地域面积和空间分布来看,其站点布局相对稀疏且分布不均匀。这就意味着需要寻找记录着过去气候变化信息的代用资料,开展该区域历史时期气候变化事实和规律的相关研究。

树木年轮因其定年准确、连续性强、分布广泛、便于获取、可供复本和便于比对等特点被广泛应用于科学研究当中,是获取区域过去百年至千年气候演变数据的重要方法之一(Yang et al.,2017)。除此以外,不同生境下树木的年轮还能够记录下丰富的环境信息,可以反映树木所在区域径流、积雪、植被等要素的历史时期变化情况。因此,由于域内山区和高原上分布有多种长龄针叶树种,所以中亚被认为是开展树木年轮研究的理想区域,图 1.1 是中亚区域树轮研究的分布图。通过对前期相关研究成果的整理和分析,本章回顾了中亚区域(中亚五国)树木年轮研究的历史和现状,并对未来发展方向进行了展望,期望为将来研究工作提供参考和借鉴。

1.1　中亚树木年轮研究历程

中亚树木年轮(简称树轮)研究开始于 20 世纪 60—70 年代。研究人员通过调查研究哈萨克斯坦北部科斯塔奈(Kostanay)地区樟子松(*Pinus sylvestris* L.)的年增长率,揭示了树木生长的周期性变化,并发现树木径向生长受太阳活动和降水状况的影响(Komin,1969)。Grigorieva 等(1979)利用取自哈萨克斯坦北部的树木年轮样本进行干旱指数变化分析,这也是基于树轮资料开展中亚区域历史时期气候变化研究的首次尝试。进入 20 世纪 90 年代,中亚树木年轮研究工作取得较大进展。研究人员利用雪岭云杉(*Picea schrenkiana* Fisch et Mey.)、西伯利亚落叶松(*Larix sibirica* Ledeb.)、西伯利亚云杉(*Picea obovata* Ledeb.)、樟子松、圆柏(*Juniperus*)等长龄针叶树种的树轮数据在气候变化、径流演变、生态环境等领域开展了系列研究,域内树轮年表长度也得以不断延长。Esper 等(2002)利用 20 个采样点的圆柏样本建立了中亚西部 1300 a 树轮宽度年表。Opała 等(2017)对获取自帕米尔—阿赖(Pamir—Alay)山脉的圆柏树轮宽度数据进行处理,并研制出该区域首条 1010 a(公元 1005—2014 年)圆柏树轮年表。另外,将已有树轮年表与取自古建筑物中的树轮样本相结合,研制出帕米尔—阿赖山脉的千年树轮序列(Opała-Owczarek et al.,2018)。随着技术手段的进步和分析方法的发展,密度、稳定同位素等树轮参数也开始在中亚树木年轮研究中得以应用。Chen 等(2012b)利用哈萨克斯坦东部斋桑湖(Zajsan Lake)地区的西伯利亚落叶松树轮样本建立了该区域近 403 年来的树轮晚材平均密度年表。利用吉尔吉斯斯坦天山区域雪岭云杉研制出 346 a 的最大密度年表(陈峰 等,2014)。Fan 等(2021)研制了第一条塔吉克斯坦帕米尔—阿赖山脉圆柏树轮稳定碳同位素年表。Qin 等(2022a)建立了哈萨克斯坦首条树轮稳定氧同位素序列,并率先论证了利用这一参数研究高山降雪长期变化的可行性。在以往的研究中,树木年轮研究大多在高山森林地区开展,而研究对象也以针叶树种为主。近年来,人们对灌木和矮灌木物种的树木年轮年代学研究产生更多的兴趣。Opała 等(2013)将生长于塔吉克斯坦泽拉夫尚山区(Zeravshan)常见灌木物种麻黄(*Ephedra equisetina* Bunge)作为研究对象,测定其树轮样本的实际树龄。通过分析其径向生长对极端环境的响应,证实了麻黄开展树木年轮年代学的研究潜力。此项研究的意义在于为利用灌木物种开展树木年轮研究提供了依据,进一步丰富了树轮研究对象,开辟了新的研究方向与内容,并使得以往因树种限制而难以进行树轮研究的区域可以借助灌木物种开展相关研究。此外,除针叶树种和灌木物种外,还有学者将树木年轮分析方法用于野苹果(*Malus sieversii*)、核桃(*Juglans regia* L.)等阔叶树种的研究中,分析果实产量与树木径向生长的联系以及同树种间生长变异性的时空模式(Winter et al.,2009;Panyushkina et al.,2017)。

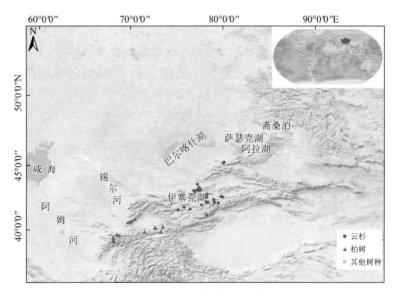

图 1.1 中亚区域树轮研究分布

1.2 中亚树木年轮气候研究

1.2.1 树木年轮气候响应研究

研究显示,中亚山区树木径向生长对降水的响应要强于气温,树轮宽度对生长季和生长季前期的降水响应均较显著。以上结果表明,这一时期的降水量是影响树木径向生长的主要限制因子(Yuan et al.,2001,2003;Zhang et al.,2014a;高卫东 et al.,2011;张瑞波 等,2013,2016)。针对吉尔吉斯斯坦东北部雪岭云杉的研究表明,较低海拔位置生长的雪岭云杉树轮宽度与4月降水量呈显著正相关(Zhang et al.,2014a)。常绿针叶树的光合适宜温度范围为10~25 ℃,其光合作用可能在低于−5~3 ℃的温度下停止(王忠 等,2000)。研究区域4月平均气温为6.8 ℃。因此,该月为采样点树木的早期生长季。这一期间,更多的降水会导致土壤湿度增高,从而减少树木生长初期的水分胁迫,并有利于形成层细胞的分裂(刘禹 等,2004)。张瑞波等 (2013)在吉尔吉斯斯坦西天山开展的树木生长气候响应研究结果也证明,降水可能是研究区域雪岭云杉森林上下线树木径向生长的主要限制因子。中亚区域生长的其他针叶树种如吉尔吉斯斯坦库尔沙布河(Kurshab River)流域和塔吉克斯坦西北部圆柏的相关研究也显示出树轮宽度与降水呈显著性相关关系(Chen et al.,2015b;Opała-Owczarek et al.,2019a)。

20世纪80年代以来,中亚夏季和冬季气温呈现明显上升趋势(Lioubimtseva et al.,2009;Xu et al.,2018)。气温的升高不仅会导致积雪储存减少和冰川退缩,还会对区域气候产生影响,从而使得域内树木生长和气候因子间的关系产生变化(Shen et al.,2017;Chen et al.,2021)。Seim 等(2016a)利用乌兹别克斯坦东部和吉尔吉斯斯坦北部33个圆柏样点构建了树木年轮网络,发现生长在低海拔地区的圆柏对夏季干旱响应敏感,并且其响应强度随时间有所增加。而在高海拔地区,夏季气温对树木生长的正反馈转变为负反馈。在哈萨克斯坦阿尔泰山南坡针对西伯利亚云杉和西伯利亚落叶松开展的树轮研究发现,发生升温突变后树木径向生长减缓,并且对降水的响应减弱,而对气温的响应有所增强(刘蕊 等,2019)。上述现象在哈萨克斯坦东南部和吉尔吉斯斯坦东部等地区生长的针叶树种中都有发现。但也有学者在哈萨克斯坦东北部阿尔泰山南坡对森林上限的西伯利亚落叶松进行研究表明,树轮宽度和气温的相关性较为稳定,分析可能是这一区域夏季升温不显著的原因(尚华明 等,2011)。

树木径向生长对气候要素的响应结果也会因树种选择、立地条件、海拔差异等因素而产生不同。苟晓霞等(2021)利用塔吉克斯坦苦盏山区3个采样点的泽拉夫尚圆柏样本分析了其在不同生境下的气候响应情况。研究发现:不同坡向和海拔的圆柏径向生长对气温和降水响应差异较大;北坡海拔2000 m处圆柏径向生长主要受当年生长季降水的控制,同海拔南坡的圆柏径向生长主要受到上年和当年生长季气温的制约,而南坡低海拔处圆柏生长主要受当年生长季末期气温影响。Seim 等(2016b)在乌兹别克斯坦东部对不同海拔3种圆柏:泽拉夫尚圆柏(*Juniperus seravschanica* Kom.)、昆仑多子柏(*Juniperus semiglobosa* Regel)和土耳其斯坦圆柏(*Juniperus turkestanica* Kom.)进行研究发现,不同海拔生长的泽拉夫尚圆柏对气候的响应结果有所不同。在低海拔地区,泽拉夫尚圆柏树轮的形成受到4—9月干旱条件的强烈限制,土耳其斯坦圆柏在高海拔地区的生长与春季和夏季气温呈正相关关系。从树木气候角度来看,泽拉夫尚圆柏具备重建过去干旱变化的巨大潜力。但在持续升温情况下,昆仑多子柏也可能会增加其对干旱的敏感性,在林线分布范围内的土耳其斯坦圆柏则能够表征夏季气温的影响。研究结果表明,选择研究区域、整体地形和海拔以及树种对于成功重建区域过去气候非常重要。

1.2.2 树木年轮气候重建研究

在中亚地区利用树木年轮重建的气候要素主要有气温、降水和干旱指数。其中,降水和干旱指数同属于湿度范畴,文中将二者归为一类展开讨论。相较于气温重建,中亚地区的树轮气候重建主要以反映湿度变化为主,但是所构建的长序列信息相对有限(图1.2)。Opala-Owczarek 等(2019a)利用树轮资料构建了帕米尔—阿赖山脉公元908—2015年期间的降水变化。研究表明,该区域近1000 a 中出现了9个干旱时期和8个湿润时期。基于树轮资料开展重建过程中,研究人员为进一步验证重建序列的精确性,通常会将重建序列与历史文献记录结合或与其他气候重建序列进行对比分析。如 Zhang 等(2015b)通过雪岭云杉宽度年表构建了中亚西部天山山脉降水序列,并结合阿克苏河流域、巴仑台地区和巩乃斯地区降水重建开展对比分析。研究表明,18世纪中期以来,研究区和天山中部南坡的降水变化大致同步(Zhang et al.,2013;张瑞波 等,2009;尚华明 等,2010)。中亚地区重建序列中常出现的60 a 准周期、11 a 准周期和2.0~4.0 a 准周期分别对应了北大西洋涛动(NAO)、太阳活动和厄尔尼诺-南方涛动(ENSO)。这表明大尺度陆地-大气-海洋环流可能影响区域内对水分敏感的树木生长和干旱变化,以上结论还需要开展更为广泛的树轮气候研究加以验证(Allan et al.,1996;Li et al.,2006;Chen et al.,2013;Telesca et al.,2013;Wang et al.,2015a;Zhang et al.,2015b;Chen et al.,2016c)。

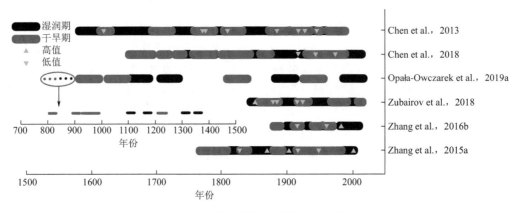

图1.2 中亚树轮记录的干湿变化

中亚气温重建研究主要在哈萨克斯坦、吉尔吉斯斯坦和塔吉克斯坦等国开展(参见图1.3)。Zhang 等(2020d)研制了哈萨克斯坦南部树轮宽度和稳定碳同位素年表,并利用树轮稳定碳同位素年表重建了该区域过去166 a 夏季气温变化情况。尚华明 等(2011)利用西伯利亚落叶松树轮宽度年表重建了哈萨克斯坦东北部310 a 来初夏气温历史变化,研究发现重建序列与全球近百年来气候变暖趋势不一致,并没有表现出20世纪以来的升温趋势,分析原因是该区域夏季增温不明显造成的。在吉尔吉斯斯坦的研究中,陈峰等(2014)认为该年份对应了欧洲冰岛拉基火山(Laki)近 400 年最大的喷发事件。进一步对比三条重建序列和突变分析结果,发现许多西风环流上游和低纬热带地区的大规模火山喷发对中亚地区气温变化有显著影响(Chen et al.,2012a),如 1783 年的拉基火山、1815 年的坦博拉火山(Tambora)、1854 年的希韦卢奇火山(Sheveluch)、1883 年的喀拉喀托火山、1912 年的卡特迈火山等的喷发事件。在塔吉克斯坦树轮资料气温重建中(Bakhtiyorov et al.,2018;Opała-Owczarek,2019b),利用圆柏样本重建了帕米尔—阿赖山脉中西部公元 1301—2015 年 5—9 月平均最低气温,并确定了研究区域中世纪暖期(MWP)和小冰期(LIA)的经历时间。

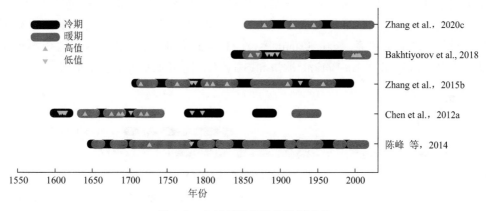

图 1.3 中亚树轮记录的冷暖变化

1.3 中亚树木年轮水文研究

全球变暖对以冰雪融水补给为主的中亚河流径流变化影响较大。受冰川面积、积雪量和融雪速率等因素影响,中亚不同区域水资源变化对气候因子的响应存在显著差异(Li et al.,2017;许腾 等,2019)。中亚域内分布有 6000 多个湖泊,总面积 12300 km² (Savvaitova et al.,1992)。开展中亚区域湖泊、河流等水体的水文时空变化研究对于科学评估域内水资源存量以及气候变化和人类活动对其影响等工作具有重要意义。而利用树轮资料建立的历史时期水文变化序列能够作为器测数据的有效补充,器测数据加重建序列的组合可以从更长时间段上为中亚区域水文预报和水资源管理提供基础数据和研究支撑。研究人员利用树木年轮资料建立了中亚地区伊塞克湖(Issyk Lake)、卡拉河(Kara Darya River)、伊犁河(Ili River)、库尔沙布河(Kurshab River)、纳伦河(Naryn River)和伊希姆—托博尔流域(Ishim-Tobol River Basin)等水体的历史时期变化序列,分析了自然径流与气候变化间的联系,并发现这些水文重建序列能够捕捉到中亚的湿润趋势(图 1.4;Chen et al.,2012b;Chen et al.,2017a;Panyushkina et al.,2018;Zhang et al.,2019c;Zhang et al.,2020c;尹仔锋 等,2014)。中亚及周边树轮研究结果显示,1917 年是极端干旱的一年(Yuan et al.,2001,2003;Zhang et al.,2016b,c)。基于树轮资料的天山区域多个流域的径流量重建序列也记录了这一年份(Yuan et al.,2007;Zhang et al.,2016b,c),这也与历史文献记录所对应(Shi et al.,2007)。Guan 等(2019)指出,中亚地区的水汽主要来自夏季的大西洋。有研究发现,亚洲中纬度地区的年降水量和季节性降水可能与中纬度河流径流等水文特征以及大气环流的强度密切相关,西风越强,天山降水越丰富,从而增加了河流径流(Aizen et al.,2001)。20世纪80年代径流迅速增加正是全球变暖和中纬度大气环流变化的结果。近期的研究中,Chen等(2022)利用天山山区雪岭云杉树木年轮样本构建了区域公元1225—2009年共计785 a长度的径流量序列,并发现高流量时期与蒙古帝国1225—1260年的扩张和帖木儿帝国1361—1400年的崛起相吻合;研究认为,丰富的流量促进绿洲和草地生产力,对欧亚内草原帝国的崛起具有重要作用;同时研究还发现流量变化与中亚鼠疫暴发和欧洲黑死病流行存在联系。此外,Opała-Owczarek(2019b)通过树木年轮资料与Fedchenko冰川和Abramov冰川气象站气温数据间的密切相关推断,在未来的研究中,树木年轮学可用于分析和重建冰川质量平衡变化及其与气候变化的联系。Zhang等(2019a)利用雪岭云杉宽度和稳定碳同位素年表重建了天山Tuyuksu冰川166 a物质平衡记录并研究了其进化过程与气候变化的关系。van Tricht等(2021)通过降水、气温和树木年轮资料重建了吉尔吉斯斯坦Bordu冰川、Kara-Batkak冰川和Sary-Tor冰川年度历史质量平衡。

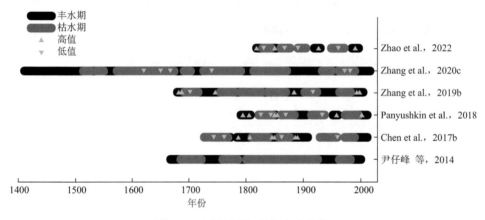

图1.4 中亚树轮记录的水文变化

1.4 中亚树木年轮生态学研究

中亚树轮生态学研究主要是利用树轮资料表征研究区域生态环境变化信息。基于活动地质构造反映的帕米尔及周边地区地震频发事件,Owczarek等(2017)利用采自该区域圆柏样本开展20世纪以来历史文献、已知地震事件的树木年代学鉴定。研究表明,树轮资料能够记录较多地震事件,且地震的发生会使树木增长放缓。Yadav等(1992)针对1887年发生在哈萨克斯坦阿拉木图的地震事件,在震中附近采集雪岭云杉树轮样本,分析发现强烈的地震冲击会对树木造成严重破坏,甚至死亡。研究还表明,地震会造成树木生长受到抑制,抑制时间甚至长达15 a。开展地震多发区树轮分析对于识别和确定史前地震事件发生年份及程度具有积极意义。Strunk(1997)研究发现可利用树木年轮对部分埋藏云杉的茎和根开展树状地貌分析,进而确定被埋藏根茎的时间和规模。此外,Passmore等(2008)利用采自哈萨克斯坦Zailiiskiy Alatau北部泥石流灾害区域树轮样本,并结合地貌学分析,追溯了研究区域17世纪、18世纪泥石流事件。在果树树轮生态学研究方面,Winter等(2009)对吉尔吉斯斯坦南部核桃树进行树轮宽度年表研制,分析发现坚果在连续多年高产量情况下,树木径向生长和坚果产量将存在内部资源竞争,从而导致增长率降低。天山重齿小蠹(*Ips hauseri Reitter*)是哈萨克斯坦东南部雪岭云杉森林中最为重要的害虫,但其生物学、生态学和暴发动态尚不明确。Lynch 等(2019)通过构建雪岭云杉森林 200 a 时间序列,发现重建期内仅发生了局部、轻度的甲虫事件,这显示出研究区域未发生过广泛且剧烈的甲虫暴发事件。在鲜有树轮研究报道的土库曼斯坦,Buras 等(2013)基于胡杨(*Populus euphratica*)树轮宽度数据,应用衍生模型估算了该物种在土库曼斯坦 Kabakly 自然保护区内的生产能力,明晰了以胡杨占主导地位的森林中植物净初级生产力(NPP)的主要驱动因素。此外,还有学者通过构建雪岭云杉树轮宽度年表,重建了阿拉套山脉 167 a 来 7—10 月归一化植被指数(NDVI)情况,并基于重建序列准确捕捉了历史文献记录中 1917 年的广泛干旱事件,这也与前文研究结果中的 1917 年中亚大范围干旱相一致(Zhang et al.,2018)。为进一步了解不同树干高度树木径向生长与气候要素间的关系,研究人员在天山西部采集雪岭云杉不同树干高度样芯,并研制出各树高树轮宽度、密度年表;分析发现各树高树木径向生长与气候要素响应存在差异(Zhang et al.,2020d;刘可祥 等,2021,2022)。

1.5 展望

中亚树木年轮重建研究大多是通过线性模型构建的重建序列。有学者通过研究发现,树木年轮、径流和气候变化之间的关系可能是非线性关系(Graumlich,1993;Gea-Izquierdo et al.,2011;Speed et al.,2011),因此,需要尝试使用新的统计方法开展研究。已有学者通过使用机器学习算法进行树木年轮重建,并验证了重建序列的可靠性和真实性(Gangopadhyay et al.,2009;Zhao et al.,2022)。今后中亚树木年轮重建研究中,还可通过机器学习算法或其他方式构建重建模型,作为以往重建模型的补充。此外,中亚树木年轮研究可能还需要在以下方面开展工作:(1)加强在中亚国家采样空白区的树芯样本采集工作,并尝试开展针对轮印清晰的阔叶和灌木样本采集,进一步丰富中亚区域树木年轮标本库;(2)从当地木质古建筑中采集树芯样本,结合周边千年树龄的针叶树,最大限度延伸树轮年表长度;(3)为更好认识和理解树木径向生长对气候变化的响应关系,需要对生长在不同生境下不同树种的树轮宽度、密度、细胞和稳定同位素等多种树轮参数开展分析研究,深入挖掘树轮样本中的数据信息,并在多采样点、大样本量的基础上,综合多种树轮参数,开展大空间尺度的环境要素分析和历史序列重建。

第2章
中亚树木年轮气候研究

政府间气候变化专门委员会(IPCC)第六次评估报告(AR6)结果显示,全球地表平均温度在过去的 100 年已经上升了约 1 ℃,并指出从未来 20 年的平均温度变化来看,全球温升预计将达到或超过 1.5 ℃。虽然全球变暖已成为不争的事实,但区域气候变化仍存在很大的不确定性。全球变暖导致不同地区的降水和水文循环发生显著变化(Dai et al.,1998)。中亚山区的山地系统能够调节全球范围的气候变化,而且对全球变暖变化存在高度的敏感性(Ives et al.,1989),因此,中亚在全球气候变化研究中具有特殊的地位。中亚干旱地区占地 5×10^6 km²,包括哈萨克斯坦、吉尔吉斯斯坦、塔吉克斯坦、土库曼斯坦、乌兹别克斯坦和中国西北部的新疆,大多数国家处于干旱或半干旱的气候条件。干旱是中亚地区主要的气候灾难,它的发生会造成农牧业、自然环境和社会经济等产生巨大损失。历史水文气候变化规律和趋势是中亚气候研究的重要方向,通常对水资源配置、工农业生产、城市发展等具有重要影响(Shi et al.,2007;Mergili et al.,2013;Sorg et al.,2012;Devkota et al.,2015;Sun et al.,2016)。

中亚呈东南高、西北低的地形特征,东南部的帕米尔高原和天山山脉山势陡峭。受到西风气流的影响,中亚山区存在大量降水,导致大多数山峰被雪和冰川覆盖,积雪和冰川融水是邻近绿洲的主要河流径流的来源,是区域内社会、经济和环境发展的重要因素。由于山区冰雪融水受气候变化的影响巨大,因此,区域气候变化对中亚的可持续发展至关重要。已有学者对中亚山区的历史气候变化进行了深入研究(Aizen et al.,2007;Huang et al.,2015a),发现 20 世纪 80 年代以来中亚地区的降水量显著增加(Shi et al.,2007;Chen et al.,2013,2015a)。在中国新疆,自 20 世纪 80 年代中期以来,气候从暖干状态转变为暖湿状态(Chen et al.,2015b;),从 1987 年到 2000 年的年平均降水量比 1961 年到 1986 年增加了 22%,新疆北部增加了 36.0 mm(Shi et al.,2007)。虽然中亚一些气象站记录可以追溯到 19 世纪末,但中亚广大地区的大多数气候记录始于 20 世纪中期,而且主要来自于低海拔地区的气象站。由于这些气候数据的时空覆盖率很低,造成关于中亚区域长期干旱变化的信息很少。此外,干旱等历史气候事件的严重程度及频率是一个亟待解决的重要问题。灾害风险评估需要在年、年际到百年的时间尺度上详细可靠地了解气候条件(Sivakumar,2011),因此,中亚需要关于历史气候事件时空分布的更详细信息。

树木年轮代用资料是年际尺度高分辨率气候信息的重要来源。由于原始森林地理分布广泛,树木年轮易于获取复本,可以根据重叠的器测记录进行统计校准,以年分辨率对过去气候变化的不确定性进行相关估计。特别是干旱、半干旱(袁玉江 等,2008a,b)以及高海拔(Treydte et al.,2006)、高纬度(王丽丽 等,2005)地区,气候要素对树木生长的限制作用明显,树木年轮宽度、密度和稳定同位素等各种树轮指标记录了丰富的气候信息,成为过去气候变化信息有力的记录体。树木年代学作为研究过去百年—千年尺度气候变化的重要方法,对于阐明全球不同区域长期气候变化具有越来越重要的价值(Esper et al.,2002,2007;Cook et al.,2010)。

为了更好地了解中亚区域历史气候变化,我们在中亚哈萨克斯坦、吉尔吉斯斯坦和塔吉克斯坦的天山山脉、阿尔泰山脉和帕米尔高原的原始森林区域采集长树龄的树木年轮样本,分析树轮蕴含的气候信息,反演区域过去气温、降水、干旱指数等气候变化特征,揭示区域气候变化规律,为区域应对气候变化研究提供基础数据和决策支撑,助力丝绸之路经济带沿线的中亚区域气候变化应对、气象灾害防御、水资源开发利用等国家战略应用。

2.1　哈萨克斯坦

哈萨克斯坦是全球最大的内陆国家,属于典型的干旱大陆性气候,夏季炎热干燥,冬季严寒漫长,降雪较少。长树龄的原始针叶森林主要分布在哈萨克斯坦东南部的天山山脉及其支脉阿拉套山和东北部的阿尔泰山山脉,因此,哈萨克斯坦的树木年轮气候研究也主要集中在这些区域。

2.1.1　哈萨克斯坦东北部初夏气温变化

2.1.1.1　研究区和资料

研究区位于哈萨克斯坦东北部阿尔泰山南坡,为典型的大陆性气候条件。阿尔泰山全长2100 km,呈西北—东南走向。该区域的降水主要来源于大西洋的西风气流以及北冰洋穿越山隘的气流带来的水汽,阿尔泰山山区降水自西北向东南递减,由于山地的抬升作用,山区降水较为丰富。阿尔泰山森林资源丰富,在海拔 1400~2400 m 的山区最大降水带分布有西伯利亚落叶松,该树种耐干旱、严寒,一般 5 月发芽,6—7 月为速生期,9 月开始落叶进入休眠期(周文胜 等,1989)。

所用的气象资料来源于哈萨克斯坦东北部的卡通卡拉盖气象站(49°10′N,85°37′E,海拔1071 m),要素包括月降水量、月平均气温、月平均最高气温和月平均最低气温,资料时段为1932—2006 年。该站位于阿尔泰山南坡的山区谷地,多年平均降水量为 447 mm,而年均气温仅为 1.6 ℃,属于典型的大陆性气候。图 2.1 为该站多年月平均气温和降水分布情况,可以看出降水峰值出现在 5—8 月,7 月平均气温最高(16.5 ℃),6 月次之,平均气温为 14.7 ℃。对1932 年以来的器测气象资料分析表明(尚华明 等,2010),卡通卡拉盖气象站的年降水量呈微弱的降低趋势,而增温趋势较为明显,尤其是冬季升温趋势明显。

研究人员与哈萨克斯坦东哈萨克斯坦州水文气象中心联合,在哈萨克斯坦境内阿尔泰山南坡的森林上限附近采集西伯利亚落叶松的树芯标本(表 2.1)。采样点海拔 2045 m,接近西伯利亚落叶松分布的上限,与气象站的直线距离约 65 km。共采集了来自 30 棵树的 50 个树芯样本,复本量完全满足树轮气候研究的要求(Fritts,1976)。将采集的树芯标本按照实验室标准程序进行固定、打磨、初步查年、轮宽测量,用图像对比程序进行交叉定年,用 COFECHA程序进行交叉定年检验,剔除其中年代太短和与主序列相关较差的序列,最后采用 ARSTAN年表研制程序(Holmes,1983)建立树轮年表,采用负指数或线性函数拟合树木的生长趋势,去除与树龄相关的生长趋势的影响,再对去趋势序列以双权重平均法进行合成,得到三种树轮宽

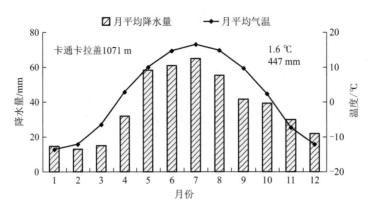

图 2.1　1932—2006 年卡通卡拉盖气象站多年月平均气温和降水分布

度年表(表 2.2)。树轮序列的长度为 389 a(1619—2007 年),可靠年表序列长度(子样本信号强度>0.85)为 310 a(1698—2007 年),公共区间为 1839—2005 年,树轮年表和公共区间的统计特征见表 2.2。宽度标准化年表的平均敏感度达到 0.20,一阶自相关系数为 0.45,环境对树木径向生长的影响存在一定的滞后效应。从所有样芯间相关系数和样本对总体的解释信号来看,该采样点树轮宽度变化的一致性较好。

表 2.1　哈萨克斯坦阿尔泰山南坡树轮采样点概况

采样点名称(代号)	经度	纬度	海拔	样本量(株/芯)
牙孜乌耶湖(YZW)	49°34′E	86°17′N	2045 m	30/50

表 2.2　树轮宽度年表和公共区间统计特征

采样点	年表类型	平均敏感度	标准偏差	一阶自相关	所有样芯间平均相关系数	树间相关系数	树内相关系数	信噪比	样本对总体的解释信号
YZW	标准(STD)	0.20	0.23	0.45	0.523	0.517	0.670	23.53	0.959
	差值(RES)	0.24	0.21	−0.12	0.535	0.531	0.641	24.94	0.961
	自回归(ARS)	0.20	0.22	0.37					

2.1.1.2　哈萨克斯坦东北部初夏气温重建与特征分析

为了确定树木径向生长与气候因子之间的关系,计算了卡通卡拉盖气象站上年 5 月到当年 9 月气候因子(月降水量、月平均气温、月平均最高气温和月平均最低气温)与树轮标准化年表之间的相关系数。从图 2.2 可以看出,树轮宽度指数与上年和当年生长季的气温呈正相关,而与生长季降水呈负相关。其中与当年 6 月平均气温、平均最高气温和平均最低气温的相关系数都在 0.6 以上,达到了 0.001 的极显著水平。与上年 6 月和当年 5—6 月降水的负相关达到了 0.05 的显著性水平。

除了月平均气温以外,还将卡通卡拉盖气象站上年 5 月到当年 9 月各月气温和降水进行组合后与树轮宽度年表进行相关普查,发现树轮宽度指数与当年 6 月单月气温的相关系数最高,且具有明确的生理学意义。对树轮宽度对气候响应的分析表明(尚华明 等,2010),该区域树轮宽度对当年 6 月的气温的响应是稳定的,并没有随着气候变暖出现明显的"响应分异"现

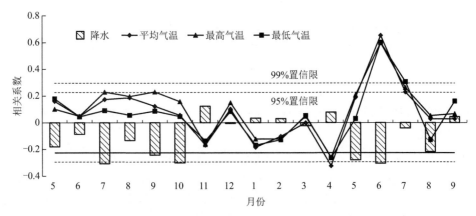

图 2.2　树轮宽度标准化年表与卡通卡拉盖气象站上年 5 月至当年 9 月的气候因子的相关系数

象。相关分析还发现树轮差值年表与当年 6 月平均气温的相关系数(0.654)明显高于标准化年表(0.618)。因此,选择卡通卡拉盖气象站 6 月平均气温为重建因子,以树轮宽度差值年表为自变量,以 1932—2006 年为建模期,用一元线性回归模型建立树轮宽度指数与 6 月平均气温之间的转换方程:

$$T_{6mean} = 10.112 + 4.559 \times Y \tag{2.1}$$

式中,T_{6mean} 为卡通卡拉盖气象站 6 月月平均气温,Y 为 YZW 采样点的树轮宽度差值年表。该方程的方差解释量达到 42.7%,调整后方程解释量为 41.9%,F 值为 54.42,远超过了 99.99% 的置信水平。

由于气象站有较长的实测资料,采用建模期和独立检验期检验方程的稳定性(李江风 等,2000)。分别以 1932—1969 年为校准期、1970—2006 年为独立检验期,以 1970—2006 年为校准期、1932—1969 年为独立检验期对方程进行检验,独立统计检验的参数包括相关系数(r)、乘积平均数(t)、符号检验值(S)、误差缩减值(R_E)、效率系数(C_E)。各项检验结果表明(表 2.3),在两个校准期,转换方程的方差解释量 R^2 分别为 52.7% 和 34.0%,F 值达到了 0.001 的显著性水平。在两个独立检验期,实测值和模拟值的单相关系数(r)、符号检验值(S)和乘积平均数(t)都达到了 0.01 的显著性水平以上。R_E 值和 C_E 值都为正值,较好地通过了检验。

表 2.3　转换方程统计检验参数

校准期			检验期					
时段	R^2	F 值	时段	r	t	S	R_E	C_E
1932—1969 年	0.527	40.13***	1970—2006 年	0.583***	5.12***	28/9**	0.362	0.174
1970—2006 年	0.340	18.00***	1932—1969 年	0.725***	5.51***	30/8***	0.455	0.397
1932—2006 年	0.419	54.42***						

注:**表示达到 0.01 的显著性水平,***表示达到 0.001 的显著性水平。

为保证重建序列的可靠性,以子样本信号强度＞0.85 的年份(1698 年)为重建序列开始的年份。在此基础上,利用树轮资料将哈萨克斯坦东北部卡通卡拉盖气象站 6 月气温变化的记录延长至 310 a(图 2.3a),其中 6 月气温最低的 3 a 都出现在 20 世纪前期(分别为 1947 年、

1927年和1938年),而气温最高的3 a依次为1979年、1830年和1715年。为了提取重建序列的年代际变化趋势,对重建序列进行11 a滑动平均处理,发现重建的气温序列有4个较为明显的暖期(1707—1720年、1757—1770年、1805—1839年、1872—1906年)和3个明显的冷期(1721—1756年、1840—1871年和1906—1924年)。19世纪气温波动最为明显,持续时间最长的冷期(1842—1871年)和暖期(1872—1906年)都出现在这个阶段。20世纪中后期没有出现持续较长的冷暖阶段,其中1932年有器测资料以来,6月气温以0.01 ℃/a的速率增加,初夏增温的速率较慢。

对重建的哈萨克斯坦东北部310 a来的6月气温序列进行了功率谱分析,发现在0.01的显著性水平上具有11 a和2 a左右的变化周期,其中2 a的变化周期与气象学上的"准两年脉动"是一致的,而11 a周期与太阳活动的11 a周期接近,太阳辐射是气温最为直接的强迫因子,这也从另外一个角度证明了树轮指数与气温的相关关系。

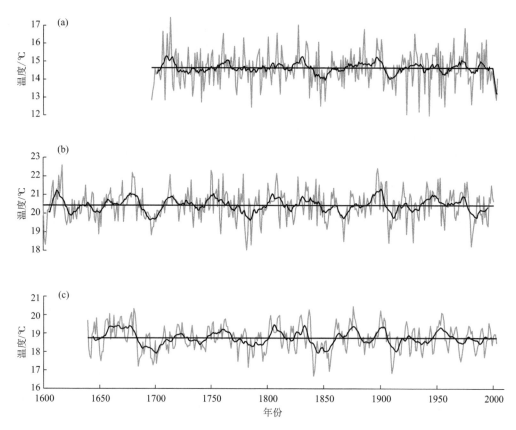

图2.3 哈萨克斯坦东北部310 a来6月气温重建序列(黑色粗线)(a)和11 a滑动平均(灰色细线)及其与中国阿勒泰西部地区6月平均气温序列(b)及5—9月平均气温序列(c)的对比

2.1.1.3 哈萨克斯坦东北部初夏气温响应归因与区域对比

在阿尔泰山南坡西伯利亚落叶松分布的上限区,制约树木径向生长最主要的气象因子为生长季初期的气温。西伯利亚落叶松的生长期为5—9月,6月为西伯利亚落叶松的生长的关键时段,是树轮早材形成的主要时期,这一时段也是阿尔泰山南坡冰雪融水补给河流的主要时期,河流最大径流量出现在5—6月(沈永平 等,2007),同时山区降水相对平原区也较为丰沛。根据阿尔泰山中部山区降水变化的梯度规律(Cook et al.,1990)和气温垂直递减率(海拔每上升 100 m,气温下降 0.6 ℃)可以推算出,在海拔为 2045 m 的采样点附近,年降水量可以达到 730 mm 左右,而 6 月的平均气温仅为 8.8 ℃。在水分条件充足的情况下,生长季初期的高温能提高光合作用效率,形成较宽的年轮;反之,低温会降低光合作用效率,强冷空气甚至会冻死幼枝嫩叶,形成窄轮。据此也可以推断,树轮宽度指数与 5—6 月降水的负相关是因为降水通常伴随冷空气入侵、云量的增多和太阳辐射的减少,导致气温较低。因此,研究区西伯利亚落叶松树轮宽度与当年 6 月气温的显著正相关具有明确的树木生理学意义。在相邻的我国新疆阿尔泰山区(张同文 等,2008;尚华明 等,2010)、阿尔泰山北坡(Ovtchinnikov et al.,2000)以及高寒的川西高原(邵雪梅 等,1994)等区域都发现了树轮宽度与 6 月气温的显著正相关关系。

图 2.3a 中哈萨克斯坦东北部 6 月气温的 11 a 滑动平均序列中存在持续时间较长的两个冷期(1840—1871 年和 1906—1924 年)和两个暖期(1805—1839 年和 1872—1906 年)与我国新疆阿勒泰地区西部树轮记录的 6 月平均气温序列(图 2.3b)(尚华明 等,2010)、5—9 月气温序列(图 2.3c)(张同文 等,2008)所反映的冷暖阶段是对应的。同时与阿尔泰山北坡树轮宽度反映的 6—7 月气温变化也有较好的对应关系(Ovtchinnikov et al.,2000)。说明在阿尔泰山地区,位于森林上限树木年轮的宽度能较好地反映生长期气温的变化,重建的哈萨克斯坦东北部的初夏气温变化与阿尔泰山区域初夏气温变化的总体趋势是一致的。同时还发现初夏重建气温序列并没有在 20 世纪后期出现明显的上升的趋势,与全球近百年来气候变暖的趋势不太一致,可能是由于这一区域的增温主要发生在秋冬季,夏季的升温并不明显(Ovtchinnikov et al.,2000)。

新疆阿勒泰地区位于我国西北端,纬度较高,是新疆热量分布较少的地区,≥10 ℃积温一般为 2500～3000 ℃·d。6 月是阿尔泰山区树木生长的关键时期,也是平原区农作物(小麦、油葵等)的主要生长发育期,6 月低温容易造成农作物的低温冷害。利用树木年轮延长 6 月气温序列,有助于认识该区域初夏热量指标的规律,为农业生产安排提供指导意见。

2.1.1.4　小结

(1)在位于哈萨克斯坦东北部的阿尔泰山南坡西伯利亚落叶松分布的森林上限区,制约树木径向生长最主要的气象因子为生长季初期的气温。树轮宽度指数与 6 月气温的相关显著,这一关系具有明确的生理学意义。

(2)利用树轮宽度标准化年表重建了哈萨克斯坦东北部 310 a 来的初夏气温历史,重建序列较好地通过了独立检验。重建序列的冷暖阶段与我国新疆阿勒泰地区以及阿尔泰山北坡的树轮夏季气温记录的冷暖阶段是一致的。

(3)重建的夏季气温序列并没有表现出 20 世纪以来的升温趋势,与全球近百年来气候变暖的趋势并不一致,可能是由于这一区域的增温主要发生在秋冬季,夏季的升温并不明显。

2.1.2　哈萨克斯坦东部准噶尔阿拉套地区干旱指数重建

2.1.2.1　研究区和资料

准噶尔阿拉套山位于哈萨克斯坦天山山脉北部,位于中国准噶尔地区和哈萨克斯坦热特苏地区的交界处。整个山脉长度超过 450 km,最高山峰的海拔最高达 4464 m。2016年,在哈萨克斯坦东部阿拉套山北坡采集了树木年轮样本(79.97°E,45.20°N,采样点代号 KKB)(图 2.4),树种为雪岭云杉。采样点的平均海拔为 2000 m,树木生长在坡度大于 35°

的陡峭斜坡和土层较薄的石崖上的原始森林中。采样点平均郁闭度为0.5,为了尽量减少非气候因素的影响,选择从没有明显损伤和疾病迹象的树木采集样本,利用直径为10 mm的生长锥在每棵树的胸高处取两个样芯,共采集了24株树的46个样芯。

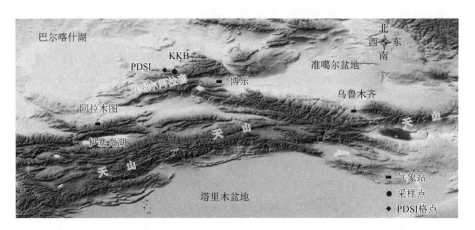

图2.4 准噶尔阿拉套山采样点分布图

按照标准树木年代学方法进行年表研制,采用样条函数法(步长100)对树木径向生长进行去趋势分析,最终建立标准(STD)、差值(RES)和自回归(ARS)年表。标准(STD)年表通常用于减少森林中树木间相互竞争可能产生的影响(Cook et al.,1986)。在ARSTAN中使用双权重平均方法稳定时间序列的方差(Cook et al.,2011)(图2.5b)。

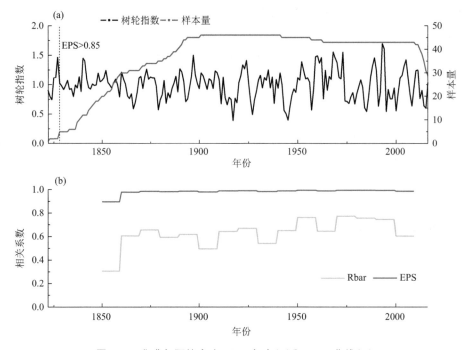

图2.5 准噶尔阿拉套山KKB年表(a)和Rbar曲线(b)

为了确保可信树轮年表的长度和重建的可靠性,选择样本总体代表性(EPS)开始大于0.85的1828年作为起始年份(图2.5a)(Wigley et al.,1984)进行分析,最小样本量为5个样芯(图 2.5a)。

自 20 世纪 90 年代初以来,哈萨克斯坦气象观测站缺少有效观测(Sorg et al.,2012),气象记录不连续,因此,我们从英国国家大气科学中心提供的 CRU TS3.22(气候研究中心时间序列)(Harris et al.,2014)的网格数据集中获取 1901—2014 年期间该地区的气候数据。我们选择距离采样点最近的 CRU 网格(79.75°E,45.25°N)的月平均气温、降水量和自校正帕尔默干旱指数(scPDSI)进行进一步分析。帕尔默干旱指数(PDSI)是从一个受观测到的降水和气温影响的水平衡模型中计算出来的干旱指数,该模型已广泛用于古气候重建(Cook et al.,2010)和干旱变化研究(Dai,2011;Burke et al.,2008;Van der Schrier et al.,2006)。利用彭曼公式(Penman-Monteith)(Dai,2011)修订后的 scPDSI 提高了空间可比性,并使用了潜在蒸散估计,从而提高了其对全球变暖的适用性(Dai,2011)。scPDSI 为正值对应湿润期,负值对应干燥期。数据分析表明,研究区月平均降水量呈双峰分布,分别在 5—7月和 10—11 月达到峰值。月平均气温的峰值出现在夏季(图 2.6a),气候要素的月分布与哈萨克斯坦南部一致(Zhang et al.,2017a)。研究区年平均降水量为 422.3 mm,年平均气温为 −0.1 ℃。21 世纪以来,平均气温和降水都在增加,增速分别为 0.1 ℃/(10 a)和 4.8 mm/(10 a)。研究区气候呈现暖湿化趋势(图 2.6b)。为了验证重建序列的可靠性,还收集了博乐站(44.90°N,82.07°E,海拔 532.9 m;1958—2011 年)和阿拉木图气象站(43.23°N,76.93°E,海拔 851.0 m;1967—2011 年)的月平均降水资料(图 2.4)。博乐站数据由中国国家气象信息中心提供,阿拉木图数据来自世界气象组织网站(http://www.wmo.int/pages/ index_en.html)。

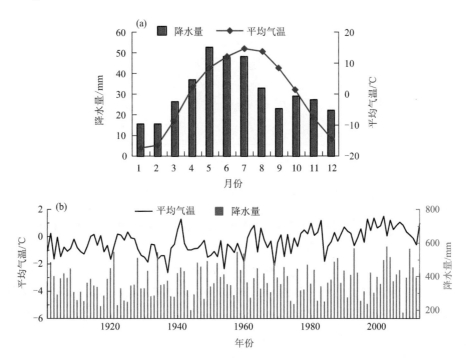

图 2.6　研究区月平均降水量和平均气温(a)及 1901—2014 年年降水量和平均气温(b)

2.1.2.2　准噶尔阿拉套山干旱指数重建

相关和响应分析显示,准噶尔阿拉套山 7 月($r = -0.351, n = 65$,显著水平 $p < 0.01$)和

8月($r=-0.253,n=65,p<0.05$)的树轮年表与气温之间存在显著负相关,夏季气温对树木径向生长有一定影响。而树轮宽度与3月($r=0.305,n=65,p<0.05$)、6月($r=0.333,n=65,p<0.01$)和7月($r=0.275,n=65,p<0.05$)的降水显著正相关(图2.7)。进一步的分析表明,树轮宽度与scPDSI数据之间存在很强的正相关性,包括生长季之前和生长季。上年7月到当年6月scPDSI与KKB标准化年表相关性较高,相关系数达0.653($n=62,p<0.0001$)。由此可知,上年7月到当年6月scPDSI是准噶尔阿拉套地区北坡树木径向生长的主要气候因子。

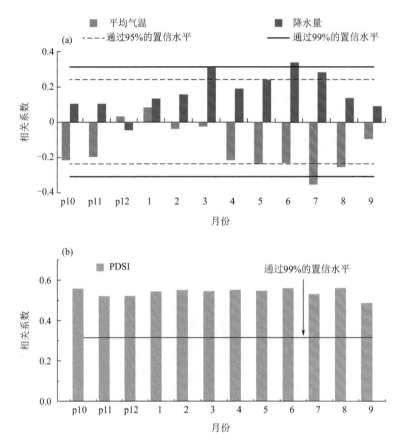

图 2.7　(a)KKB 标准化年表与逐月气候因子(1950—2012 年)相关;(b)KKB 与逐月 scPDSI 相关

根据相关性分析结果,重建上年7月到当年6月的准噶尔阿拉套地区scPDSI变化,转换函数为:

$$P_{p7c6} = 3.75 \times K - 4.25 \tag{2.2}$$

式中,P_{p7c6}代表上年7月到当年6月的scPDSI,而 K 为准噶尔阿拉套地区KKB采样点标准年表。重建序列可以解释校准期内(1950—2011 年)42.6%的方差(调整自由度损失后为41.7%),其中,$n=62,r=0.653,F_{1,60}=44.58,p<0.0001$。

2.1.2.3　准噶尔阿拉套山干旱指数特征与区域对比

重建结果表明(图2.8),准噶尔阿拉套地区过去189 a干旱年数多于湿润年数:13.8 %(26 a)的年份超过1个标准差,而16.4 %(31 a)的年份低于1个标准差。极端干旱年份发生在1917 年、1927 年和1945 年,这三年PDSI值低于2个标准差。相反,1897 年、1967 年、1973

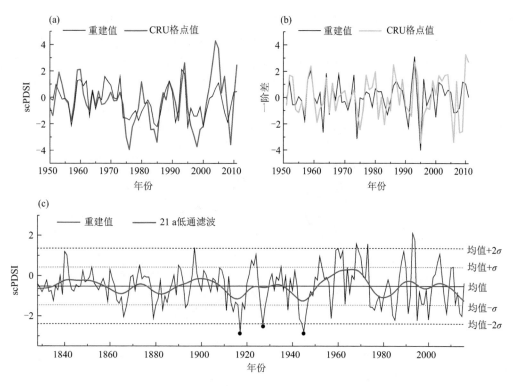

图 2.8　重建序列与 scPDSI 格点数据的对比(a),重建序列的一阶差与格点数据的
一阶差对比(b),以及重建的准噶尔阿拉套地区 1828—2016 年的 scPDSI 变化(c)

年和 1993—1994 年是极其潮湿的年份,在这期间 PDSI 超过 2 个标准差。

为了解过去 189 a 中 PDSI 的低频变化,对重建序列进行了 21 a 的低通滤波处理(图 2.8c,图 2.9)。结合天山山区其他干湿变化序列,发现天山山区过去 189 a 有明显的四个湿润期和五个干旱期。湿润期为:1835—1857 年、1890—1908 年、1951—1974 年、1988—2008 年,而干旱期为 1828—1834 年、1858—1889 年、1909—1950 年、1975—1987 年和 2008—2015 年。年代际变化分析表明,PDSI 呈增加趋势的 5 个时期为 19 世纪 30—40 年代、80—90 年代、20世纪 20—30 年代、50—60 年代、80 年代至 21 世纪前 10 a,呈减少趋势的 4 个时期是 19 世纪50—70 年代、20 世纪 00—10 年代、40 年代、70 年代。从 1980 年到 2005 年,天山山区表现出

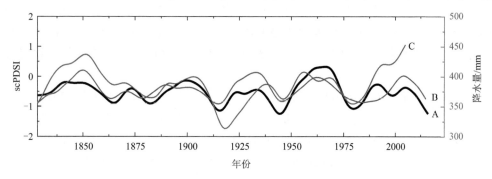

图 2.9　过去 189 年准噶尔阿拉套干湿变化与附近其他区域的比较

A:scPDSI 重建序列;B:哈萨克斯坦南部降水重建序列(Zhang et al.,2017c);

C:西天山 scPDSI 重建序列(Chen et al.,2013)

持续快速的增湿过程,但自 2005 年以来开始变干,甚至在 2005—2015 年中显示了 3 个干旱年份(2008 年、2014 年和 2015 年)。为了检查这种变化趋势的可靠性和普遍性,我们将重建序列与哈萨克斯坦阿拉木图气象站和中国博乐气象站的月度降水量数据进行比较。结果发现重建的 PDSI 序列与观测的降水数据之间存在显著的正相关,相关系数分别为 0.385(阿拉木图,$n=44,p<0.01$)和 0.355(博乐,$n=53,p<0.01$)。重建的 PDSI 序列的 5 a 滑动平均值与降水变化的比较证实了研究区存在着 2005 年以来的变干趋势(图 2.10)。

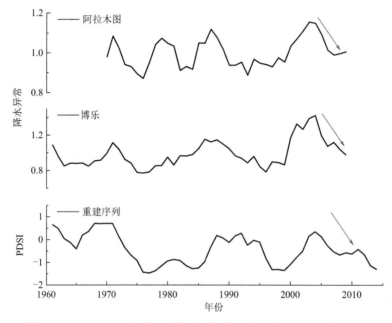

图 2.10　PDSI 重建序列与附近观测的降水序列对比(5 a 滑动平均)

使用滑动 T 检验方法检验准噶尔阿拉套地区过去 189 a PDSI 变化的突变点,结果表明,准噶尔阿拉套从干到湿的突变发生在 1974 年。5 a 滑动表明 2002 年发生了从湿到干的突变,但其他滑动步长并没有发现该突变点。因此,20 世纪的干旱化趋势暂时无法被确定为气候突变。

多窗谱分析表明,准噶尔阿拉套地区过去 189 a 具有显著的 2.1 a(99%)、2.9 a(95%)、4.1 a(99%)、5.5 a(95%)、9.5 a 和 10.8 a(95%)的短周期(图 2.11a)。Morlet 小波分析(图 2.11b,c)则表明,PDSI 在 20 世纪发生了显著的变化,而 19 世纪和 21 世纪的前 15 a 相对稳定。该分析还清楚地表明,准噶尔阿拉套地区干湿变化可能存在着 30 a 左右的变化准周期。

2.1.2.4　小结

中亚天山北部余脉准噶尔阿拉套地区过去 189 a 的干湿变化重建序列不仅捕获了当地历史档案中记录的极端干旱事件,而且还揭示了中亚干旱变化的长期格局。研究表明,中亚天山北部余脉准噶尔阿拉套地区极端干旱年为 1917 年、1927 年和 1945 年。准噶尔阿拉套地区从 1980—2005 年表现出增长迅速且持续时间长的润湿期。但是,这种趋势在 2005 年之后发生了逆转,并且在 2005—2015 年记录了三个干旱年份(2008 年、2014 年和 2015 年)。来自附近气象站的气象数据证实了这种干旱趋势,但尚不清楚该趋势是否代表研究区气候发生转变,需要更长的气候记录来验证这种变化。

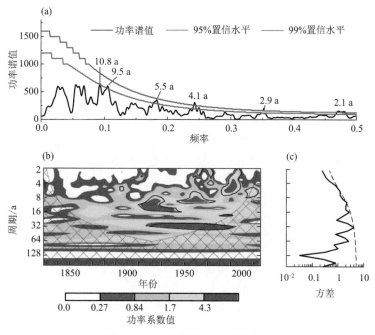

图 2.11　多窗谱和小波周期分析

2.1.3　哈萨克斯坦南部阿拉木图降水蒸散指数变化

2.1.3.1　研究区和资料

哈萨克斯坦天山西部的三个采样点（TUY、BAO 和 GOR）位于哈萨克斯坦阿拉木图市 60 km 半径范围内、伊塞克湖和巴尔喀什湖之间（图 2.12、表 2.4）。研究区域内的森林为典型的山地针叶林地，优势树种为雪岭云杉。采样区域介于海拔 1800 m 至 2200 m，采样时间为 2015 年夏天，三个采样点均选择 30 株树，每株树分别在胸高处钻取 2 个样芯。

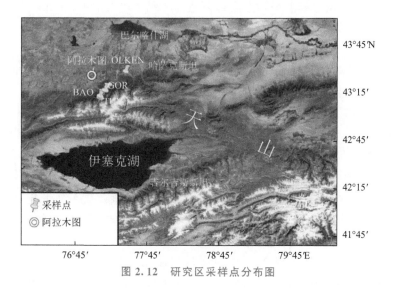

图 2.12　研究区采样点分布图

表 2.4　采样点信息

采点代码	纬度	经度	样芯数	海拔/m	坡度	坡向	树种
TUY	43°03′N	77°00′E	8	2200	15°~20°	北	雪岭云杉
BAO	43°04′N	77°00′E	30	2125	15°~25°	东北	雪岭云杉
GOR	43°08′N	77°04′E	22	1868	15°~20°	北	雪岭云杉

　　阿拉木图地区的气候特点是冬冷夏暖(图 2.13)。根据 1939—2014 年器测数据,7 月平均气温约为 23.8 ℃,1 月的平均气温是零下 5.6 ℃,年平均总降水量为 641.5 mm。大约一半的降水量以降雪形式出现,降雪通常从 10 月下旬开始,持续到 4 月下旬或 5 月初。3 月至 6 月的总降水量约占全年总降水量的 52.8%。相反,夏季降水量相对较低,7 月至 9 月占年降水量的 14.6%。

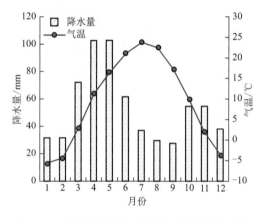

图 2.13　阿拉木图多年月平均气温和降水分布

　　所有树芯都被固定在样本板上,并利用砂纸抛光,使用 LINTAB Ⅱ 测量系统测量年轮宽度,精确到 0.01 mm。使用 COFECHA(Holmes,1983)验证和检查每个年轮的定年和测量质量。为了消除生长趋势的影响,步长为 70 a 的三次平滑样条函数拟合对每个轮宽序列进行去趋势(Cook,1985)。使用双权重平均方法将去趋势序列合并成主年表(Cook et al.,1990)。选择差值年表用于进一步分析,因为三个采样点均为差值年表与气候因素的相关性最强。以样本总体解释量(EPS)大于 0.85 的条件下,树轮年表的起始年份为 1785 年。

　　为了揭示气候与树木生长的关系,计算了差值年表与靠近采样点的阿拉木图 1939—2014 年期间上年 7 月至当年 9 月气候要素(月降水量、月平均气温)之间的相关性。1939—2013 年阿拉木图(42°30′—43°30′N,76°30′—77°30′E)的标准化降水蒸散指数(SPEI)(Vicente-Serrano et al.,2010)也用于检测树木生长对水分条件的响应。SPEI 指数作为复合尺度的干旱指数,是利用月气候因子,通过考虑当月和前几个月的潜在蒸散量(PET)和降水之间的差异来确定干旱。因此,可以在不同的时间尺度上进行 SPEI 的计算。例如,要获得 3 个月的 SPEI 值,可用计算前 2 个月至本月累积的 PET 和降水量之间的差值。在本研究中使用了 3 个月的 SPEI 数据。此外,我们还计算了气候因子的各种季节平均值及其与差值年表的相关性。

2.1.3.2　阿拉木图降水蒸散指数重建及其变化特征

　　将差值年表与上年 7 月至当年 9 月的逐月气温、降水量和 SPEI 进行相关性分析(图 2.14),结果表明,超过 95% 置信水平的显著正相关出现在上年 7 月、8 月和 10 月。差值年表与上年 7 月至 10 月的总降水量相关性最强(r=0.54,p<0.001,n=75)。差值年表与上年 7

月至 8 月的气温呈负相关,但与当年 1 月至 2 月的气温呈正相关。从上年 7 月到当年 1 月,差值年表与 SPEI 之间存在更高的正相关。在将气象数据进行月份组合,发现差值年表与上年 8 月至当年 1 月的平均 SPEI 之间的相关性最强,达到 0.647($p<0.001,n=74$)。

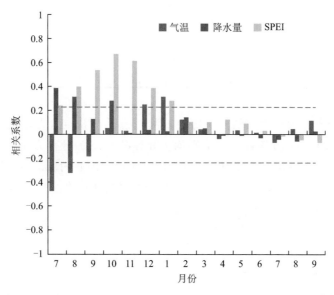

图 2.14　差值年表与气温、降水和 SPEI 的相关分析(虚线表示信度 0.05 的显著性水平线)

基于相关分析结果,选择上年 8 月至当年 1 月的平均 SPEI 进行重建,使用差值年表作为自变量。1940—2013 年校准期内,回归方程的方差占实际 SPEI 方差的 41.9%(调整后为 41.1%,$p<0.001$)(图 2.15)。SPEI 重建中未发现明显的线性趋势。逐一剔除法显示误差缩减值 R_E 和效率系数 C_E 为正值(表 2.5)。符号检验和一阶符号检验也具有高显著性($p<0.01$)。检验结果表明重建方程是可靠的,但在最近一段时间内,树木年轮宽度的干旱敏感性异常降低,这可能是因为近年均为湿润,云杉径向生长达到了水分阈值。

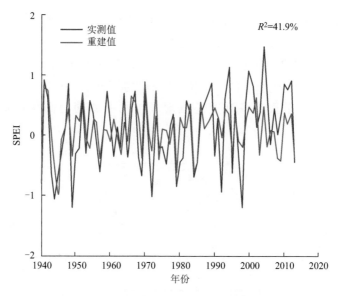

图 2.15　阿拉木图 SPEI 实测值与重建值的比较

表 2.5 SPEI 重建序列独立检验结果

特征参数	校准期 (1940—1976 年)	检验期 (1977—2013 年)	校准期 (1977—2013 年)	检验期 (1940—1976 年)
r	0.721	0.603	0.603	0.721
r^2	0.520	0.364	0.364	0.520
R_E	/	0.349	/	0.477
C_E	/	0.314	/	0.472
符号检验	/	$28^+/9^{-*}$	/	$28^+/10^{-*}$
一阶差符号检验	/	$27^+/9^{-*}$	/	$28^+/8^{-*}$

注：* 表示 $p < 0.01$。

SPEI 重建定量地将阿拉木图的干旱历史追溯到公元 1785 年，为评估区域干旱变化提供了长期背景(图 2.16)。SPEI 重建序列的平均值和标准差(SD)分别为 0.11 和 0.46。SPEI 重建表明，1806—1822 年、1846—1865 年、1904—1921 年和 1974—1985 年是旱季。极端干旱年份(≥2SD)发生在公元 1808 年、1829 年、1850 年、1879 年、1911 年、1917 年和 1945 年。相比之下，1823—1845 年、1866—1877 年、1882—1903 年、1922—1941 年、1964—1973 年和 1986—2004 年的时段相对湿润。

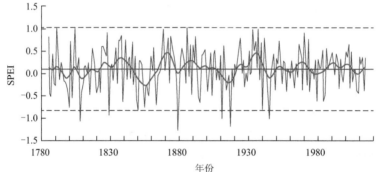

图 2.16 阿拉木图上年 8 月至当年 1 月 SPEI 重建值和 15 a 低通滤波
(蓝线为重建值，红线为 15 a 低通滤波值，虚线表示距平 2 倍标准差)

功率谱分析显示(图 2.17a)，阿拉木图重建 SPEI 序列存在年际(2.0～4.0 a)和年代际(11 a 和 60 a)周期(达到 0.05 显著性水平)(图 2.17b)。小波分析结果表明，1780—1840 年间有一个 10～15 a 的活动周期，在 19 世纪 50 年代—20 世纪 00 年代 6～11 a 的周期占主导地位，而 20 世纪 20—50 年代则为约 11～18 a 的周期占主导地位，19 世纪还存在约 40～60 a 的中周期。此外，在整个干旱重建序列中还发现了与功率相同的高频周期(约 2～4 a)(图 2.17a)。

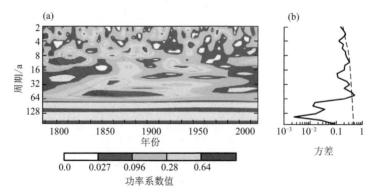

图 2.17 阿拉木图重建 SPEI(1785—2014 年)的小波功率谱(a)和全局小波功率谱(b)

2.1.3.3 阿拉木图降水蒸散指数响应生理意义和区域气候信号

阿拉木图附近山区的树木生长与上年 7 月、8 月和 10 月的降水量之间存在显著的正相关,水分变化是树木年轮生长的主要限制因素(图 2.14),并揭示了导致树木年轮在年内变窄(或变宽)的水分条件往往会对次年的生长产生影响。与吉尔吉斯斯坦和中国的天山不同(Zhang et al.,2015b;Chen et al.,2015a,b),阿拉木图的夏季是虽然也是一年中最热的季节,但与其他季节相比,夏季的降水量较低(图 2.13)。夏季的干燥和温暖条件会对树木造成干旱胁迫,抑制碳水化合物的储存,从而限制生长(Fritts,1976)。同时,天山冬季和早春的降水量以降雪的形式为主,地表被大量雪覆盖,导致土壤含水量变化幅度较小(Chen et al.,2013)。因此,树木生长受到上年夏秋降水的影响原因是上年夏秋降水在生长季早期影响土壤含水量,前一年水分充沛,次年进入生长季后有足够的水分来满足树木的需求。这种关系与欧洲和北美的其他发现一致(Cleaveland et al.,2003;Linderholm et al.,2005;Gray et al.,2007)。树木年轮宽度与 SPEI 之间的相关高于与单一气候因素之间的相关性,这可能是因为 SPEI 是水分条件的直接度量,同时考虑了降水量和气温(Vicente-Serrano et al.,2010)。树木生长与夏季气温呈负相关,夏季高温会增加蒸散量,降低土壤水分,加速干旱胁迫。相反,12 月和 1 月的气温对云杉树的树木年轮宽度有一些积极的影响。高海拔针叶树的树轮宽度通常会因冬季低温而变窄,这是由于霜冻会导致的芽损坏和土壤温度低会限制根系活动(Korner,1998),而温暖的 12 月和 1 月可能会降低这种损失。

吉尔吉斯斯坦和中国天山的其他干旱敏感树木年轮宽度记录为验证 SPEI 重建提供了参考。SPEI 重建序列与中国天山西部冷季(1—5 月)PDSI(Chen et al.,2013)以及吉尔吉斯斯坦天山西部上年 7 至当年 6 月降水量重建序列(Zhang et al.,2015b)具有很好的一致性(图 2.18)。SPEI 重建值与降水量(Zhang et al.,2015b)和 PDSI(Chen et al.,2013)在 1785—2014 年的共同期内的相关系数分别为 0.32 和 0.45。计算 3 条重建序列的主成分,发现降水/干旱记录的第一主成分特征值(PC1)大于 1.5,占总方差的 62.6%,揭示了整个天山西部在 1805—1816 年、1877—1887 年、1911—1931 年、1941—1952 年和 1973—1985年期间呈干旱期,在 1833—1856 年、1866—1876 年、1897—1910 年和 1986—2005 年期间为湿润期。阿拉木图的极端干旱事件(1829—1830 年、1879—1880 年、1910—1911 年、1917—1919 年和 1945 年)在其他两个研究区域有出现。虽然在树轮记录之间发现了强烈的共同干旱信号,但干旱/降水重建之间存在的差异可能反映了不同区域的气候特征影响。

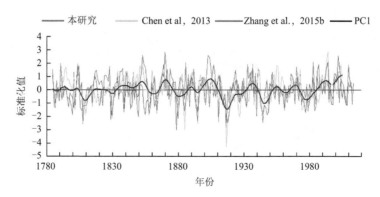

图 2.18　重建 SPEI 与相邻区域重建序列比较

因此,应进一步努力开发一个更全面的树轮分布,以在大空间和长时间尺度上分析天山过去的干旱变化。

虽然 SPEI 重建是基于差值年表,但保留了相当多的年代际周期。1785—2014 年期间,11 a 的准周期性占总方差的 18.9%,这一年代际周期与周边地区的研究结果相似,是太阳活动对中亚干旱变化的影响(Wang et al.,2015c;Zhang et al.,2015b)。60 a 的准周期性可能与 NAO 有关(Chen et al.,2013)。同样,年际周期(2.0~4.0 a)与厄尔尼诺南方涛动(ENSO,Allan et al.,1996)、NAO(Telesca et al.,2013)和热带准两年振荡(TBO,Meehl,1987)一致,这一周期也在许多干旱重建中被检测到(Li et al.,2006;Chen et al.,2016b)。这可能意味着大尺度的陆地—大气—海洋环流会影响阿拉木图对水分敏感的树木生长和干旱变化,这一点需要进一步树木生长—气候响应分析证明。

自 20 世纪 80 年代以来,重建结果显示为湿润期,这意味着天山的水分持续增加(Shi et al.,2007;Chen et al.,2013,2015a)。然而,阿拉木图的干旱重建在过去 10 年中呈下降趋势,增加了气候预测的不确定性。

在 1939—2014 年气象数据中,年降水量略有增加,从季节来看春、秋、冬降水量增加幅度较大,而 20 世纪最后 20 a 的夏季降水量明显较低,在 21 世纪初呈现急剧下降趋势(图 2.19)。同时,阿拉木图 21 世纪初夏季气温的持续上升,高于 1939—2014 年夏季平均气温 1.2 ℃。年降水量增加表明,这一湿润期可能不会在 2004 年结束;然而,由于夏季的高温和低降水量,阿拉木图的湿度可能连续较低。

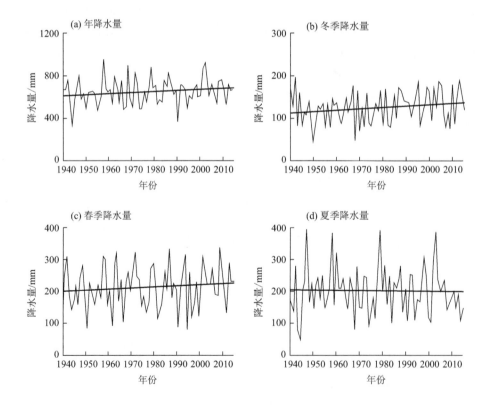

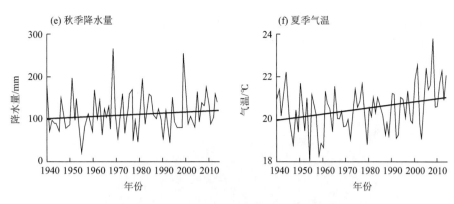

图 2.19 阿拉木图站的不同季节降水量和夏季气温

2.1.3.4 小结

基于雪岭云杉树轮宽度年表重建的 SPEI 序列揭示了哈萨克斯坦阿拉木图区域 1785—2014 年湿度变化,并解释了 1940—2013 年间器测 SPEI 变化的 41.7%。SPEI 重建与中国和吉尔吉斯斯坦西部天山的干旱/降水重建对比较好,反映了天山西部的大范围干旱信号。在 20 世纪后期变湿,与实测气候暖湿化特征一致,这可能是 20 世纪由于人类活动的影响,区域气候发生了前所未有的变化。在这种情况下,干旱重建可能会为气候预测和防灾减灾提供有效的支撑。

阿拉木图区域 SPEI 重建只涉及了过去三个世纪和哈斯克斯坦南部,而哈萨克斯坦的主要山脉天山和阿尔泰山分布有以针叶树种为主的广袤森林,具有进行树轮气候学研究的巨大潜力。因此,应进一步在哈萨克斯坦构建树轮资料网络,使我们能够更好地了解气候变化问题及其影响,减少气候变化评估中的不确定性。

2.1.4 哈萨克斯坦阿拉木图南部高山降雪重建

降雪是一个重要的气候变量,因为它与气温和降水均密切相关。雪对人类的生存和生态过程至关重要,同时也可能是一种威胁:春季的暴风雪、雪崩和融雪性洪水导致巨大的经济损失,甚至威胁到人类的生命。因此,了解天山区域高山降雪的长期变化尤为重要,有助于区域社会经济发展和防灾减灾。然而,天山高海拔地区的气象站点稀少,可用的降雪观测时间特别短且不连续。

树木年轮的氧同位素(δ^{18}O)可以用于过去气候重建(Treydte et al.,2006),因为它受源水 δ^{18}O、蒸腾过程中叶片水的蒸发富集、蔗糖合成过程中的生化分馏以及有机化合物和木质部水之间的氧原子交换的影响(Cernusak et al.,2013)。所有这些过程都直接或间接地受到气候条件的影响,特别是降水和大气湿度条件的影响(Liu et al.,2013a,b)。Treydte 等(2006)利用树木年轮 δ^{18}O 重建了巴基斯坦北部高山过去千年冬季降水变化。然而,到目前为止,在中亚还没有建立起树轮氧同位素序列。本研究利用树轮 δ^{18}O 填补了我们对中亚长期高山降雪变化了解的空白,分析了高山降雪参数与树轮 δ^{18}O 的关系,利用树轮 δ^{18}O 序列重建了历史高山降雪变化。最后,分析了高山降雪的长期变化特征及其可能的影响因子。

2.1.4.1 研究区与资料

树木年轮样本采自哈萨克斯坦阿拉木图阿拉套山脉接近森林上线的雪岭云杉,采样点(43.07°N,77.05°E,CSR)海拔为 2525 m(图 2.20),样本采自天山北坡,坡度 15°～30°,土层较浅(Fritts,1976)。根据树轮气候研究要求,利用 10 mm 直径的生长锥选择采样区域的 26 棵树,在树木的胸径高度处中钻取了 44 个样芯。树木年轮样品在实验室室温下干燥,经过预处理、宽度测量和年表研制,首先建立了树轮宽度年表。

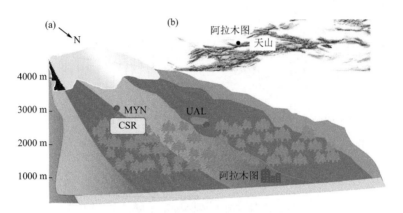

图 2.20 研究区地理位置及采样点示意图

(a)采样区(CSR)和气象站的位置;(b)研究区在天山山区中的位置

2.1.4.2 树轮氧同位素与气候的关系

树轮 $\delta^{18}O$ 与气候(气温和降水)的相关性分析表明,树轮 $\delta^{18}O$ 与上年冬季降水呈显著的负相关关系(图 2.21),其中,树轮 $\delta^{18}O$ 与 Mynzhylky 气象站(MYN)上年 12 月、当年 1 月和 2 月降水的相关系数分别为 -0.428($n=38$, $p<0.01$)、-0.503($n=38$, $p<0.01$)和 -0.333($n=38$, $p<0.05$)。树轮 $\delta^{18}O$ 与阿拉木图 Ulken 气象站(UAL)上年 12 月及当年 1 和 2 月降水的相关系数分别为 -0.411($n=38$, $p<0.01$)、-0.500($n=38$, $p<0.01$)和 -0.327($n=38$, $p<0.05$)。由于中纬度高山区冬季降水以降雪的形式存在,分析树轮 $\delta^{18}O$ 与上年冬季降雪相关参数的关系,结果表明,树轮 $\delta^{18}O$ 与冬季降水(WP)、最大积雪深度(MSD)和最大雪水当量(MSWE)均呈显著的负相关关系。树轮 $\delta^{18}O$ 与降水、MSD 和 MSWE 的相关系数分别为 -0.681($n=38$、$p<0.001$)、-0.510($n=42$, $p<0.001$)和 -0.620($n=42$, $p<0.001$)(表 2.6)。相关性和响应分析表明,树轮 $\delta^{18}O$ 与上年冬季的高山降雪量具有高度的相关性,包括最大雪深度(MSD)、冬季降水量(WP)和最大雪水当量(MSWE)。

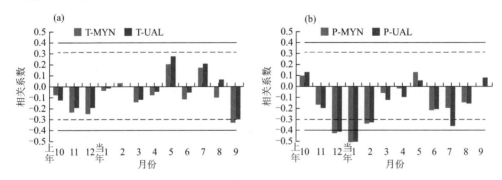

图 2.21 气候和树轮氧同位素的 Pearson 相关

(a)树轮 $\delta^{18}O$ 与月平均气温的相关分析(1978—2015 年);(b)树轮 $\delta^{18}O$ 与月降水量的 Pearson 相关
(1978—2015 年)(T-MYN,T-UAL.,P-MYN 和 P-UAL 分别代表 Mynzhylky 气象站平均气温、
Ulken 气象站平均气温、Mynzhylky 气象站降水量和 Ulken 气象站降水量)

树木年轮 $\delta^{18}O$ 与降雪参数(WP、MSD、MSWE)之间的高相关性表明,上年冬季高山降雪对区域树轮 $\delta^{18}O$ 变化有重要影响。许多研究表明,青藏高原与中国西北部的树轮 $\delta^{18}O$ 与前冬降水呈显著负相关关系(Wernicke et al. ,2017;Liu et al. ,2013a,b;Qin et al. ,2015;Xu et al. ,2020a,b;Foroozan et al. ,2020)。越来越多的研究一致认为,在水分有限的地区,生长季之前的水热条件对后续生长季的树木生长至关重要(Liu et al. ,2013a,b);Vicente-Serrano 等(2013)认为,上年冬季高山降雪可能在降水受限的温带地区对树木年轮的氧同位素分馏有影响;Treydte 等(2006)认为,巴基斯坦北部高山区树轮氧同位素分馏受到冬季降水的限制;Holzkamper 等(2009)认为,积雪厚度和积雪融化时间对树轮 α-纤维素的 $\delta^{18}O$ 组成有很大的影响,因为初夏的水分对木材的形成最为重要。Allen 等(2019)发现,在瑞士,树木在生长季使用源于冬季的水是很常见的,水的同位素特征也表明,山毛榉和橡树主要利用冬季降水。

融雪提供了比降雨更稳定的水分来源(Allen et al. ,2019)。树木的主要水源是土壤水分,因此,树木的水分同位素中的部分信号将来于融雪降水的同位素特征。这可能会影响树轮 $\delta^{18}O$ 下游代谢的光合后效应或前一年气候的遗留效应(Gessler et al. ,2013;Treydte et al. ,2004)。由于树木生长时可能使用树轮形成前吸收的水分,所以年轮 $\delta^{18}O$ 值可能受前期降水 $\delta^{18}O$ 值的影响(Treydte et al. ,2004;Allen et al. ,2019),上年冬季高山降雪的亏缺引起的土壤和大气干旱导致年轮 α-纤维素中 $\delta^{18}O$ 富集。值得注意的是,春季和初夏是生长最快的时期,早材占雪岭云杉年轮的 2/3 以上(Zhang et al. ,2016c)。因此,年轮 $\delta^{18}O$ 相当大一部分受上年冬季降水土壤水源的影响。雪岭云杉喜阴喜湿,很容易受到干旱胁迫的影响,干旱胁迫的树木更依赖于冬季和春季同位素枯竭的水源水(Pflug et al. ,2015;Sarris,2013)。一般来说,树轮纤维素氧同位素组成的变化取决于树根从土壤中吸收的水源,该水源来自大气降水,包括当地降雨和雪,以及储存在更深的土壤层中的水或地下水(Ehleringer et al. ,1992;Ferrio et al. ,2005)。由于雪岭云杉的根系较浅,本研究中的树木在生长季使用的是表层土积蓄的水源,其中可能包含更多的冬季降水(雪)。滞后效应发生的其他原因包括当年到次年过渡期的水储存,特别是在干旱条件下当年早材形成时和上年使用的水具有一定的相似性(Treydte et al. ,2004;Allen et al. ,2019)。此外,上年冬季出现的高山降雪过多会导致叶片被雪覆盖的时间延长,因此处于休眠状态。在这种情况下,春季来自叶片内部的水分蒸散较少,这不利于氧同位素的富集。因此,高山降雪与雪岭云杉树轮氧同位素信号之间存在显著的负相关关系。由于上年冬季高山降雪(WP)对树轮氧同位素分馏有明显的影响,树轮 $\delta^{18}O$ 可以作为哈萨克斯坦南部山区上年冬季高山降雪变化的良好指标。

表 2.6　树轮 $\delta^{18}O$ 与上年冬季积雪参数的分析

气象站	积雪参数	$\delta^{18}O$
Ulken 气象站(UAL)	MSD (1970/1971 年—2011/2012 年)	−0.492**
	MSWE (1970/1971 年—2011/2012 年)	−0.566**
	WP (1977/1978 年—2015/2016 年)	−0.670**
Mynzhylky 气象站(MYN)	MSD (1970/1971 年—2011/2012 年)	−0.496**
	MSWE (1970/1971 年—2011/2012 年)	−0.596**
	WP (1977/1978 年—2015/2016 年)	−0.666**
平均	MSD (1970/1971 年—2011/2012 年)	−0.510**
	MSWE (1970/1971 年—2011/2012 年)	−0.620**
	WP (1977/1978 年—2015/2016 年)	−0.681**

注:MSD、MSWE 和 WP 分别代表最大积雪深度、最大雪水当量和上年冬季降水,** 说明相关系数通过了 99% 的置信水平。

2.1.4.3 阿拉木图南部高山降雪重建及变化特征

在本研究中,树木年轮δ^{18}O序列与上年冬季降水(WP)的相关性最强,因此,我们重点关注于重建冬季降水。转换函数如下:

$$W = 973.1 - 27.8 \times O (R^2 = 0.464, n = 38, p < 0.001, F_{1,36} = 31.11, D_w = 1.94) \quad (2.3)$$

式中,W为两个气象站上年冬季平均降水量,O为CSR采样点的年轮δ^{18}O值,D_w为杜宾-沃森检验。校准和验证试验表明,由于回归模型通过了大多数检验,因此,重建方程是稳定可靠的(表2.7)。误差缩减值(R_E)为正数,且高于0.3(0.411)。基于逐一剔除法检验重建方程的可靠性,结果发现符号检验(29+9-,$p < 0.01$)和相关($r = 0.642, p < 0.01$),一阶差符号检验(25+12-,$p < 0.05$)和一阶差相关性($r = 0.541, p < 0.01$)达到显著置信水平,因此,表明了重建是有效的(表2.7)。进一步比较重建降雪与观测值的一阶差,发现也较为一致,相关系数为0.597($p < 0.01, n = 37$)(图2.22b)。因此,公式(2.3)可用于1849—2014年西天山降水的重建。在本研究中,使用冬季降水的变化来表示高山降雪量的变化。

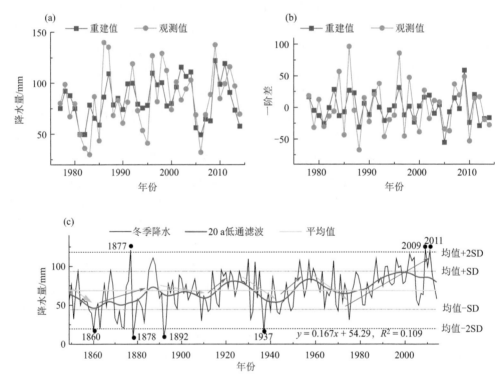

图2.22 重建的冬季降雪与观测值(a)、一阶差(b)对比和1849年以来的
哈萨克斯坦南部冬季重建降水序列(c)

表2.7 重建序列的逐一剔除检验统计值

	r	r_d	z	z_d	t	R_E
冬季降水(1977—2014年)	0.642**	0.541**	9/38**	12/37*	5.708**	0.411

注:r:相关系数,r_d:一阶差相关系数,z:符号检验,z_d:一阶差符号检验,t:乘积平均数,R_E:误差缩减值。*代表通过了95%的置信水平,**代表通过了99%的置信水平。

哈萨克斯坦南部过去166 a冬季降水的高频变化在10～122 mm/a范围内波动。总体来看,哈萨克斯坦南部高山降雪在过去的 166 a 里以 1.7 mm/(10 a)的速率显著增加(图 2.22)。20 世纪 10 年代之前,高山降雪相对较少,20 年代开始,高山降雪有所增加。记录表明,高山降雪在 19 世纪 60—80 年代、20 世纪 10—20 年代、40—50 年代和 80 年代呈增加趋势,其他年份降雪呈减少趋势(图 2.22)。20 世纪 80 年代以来,高山降雪呈快速且持续的增加趋势。如图 2.22 所示,重建记录中 17%(29 a)年份的高山降雪量超过了平均值的一倍标准差,16%(27 a)年份的高山降雪量低于平均值的一倍标准差。高山降雪低于平均值 2 倍标准差的年份分别为 1860 年、1878 年、1892 年和 1937 年;极端高山强降雪(高于 2 倍标准差)发生在 1877 年、2009 年和 2011 年。在过去的 166 a 里,1892 年是高山降雪量最少的一年(9.9 mm);2009 年是降雪量最多的年份(122.4 mm,图 2.22)

重建结果表明,高山降雪在过去的 166 a 显著增加,这与之前的一项研究显示自 1880 年以来高山降雪量有所增加(Jones et al.,2001)的研究结果一致。高山降雪重建结果与 Zhang 等(2017a)利用同一地区的树木年轮宽度年表重建的过去 246 a 的上年 6 月至当年 5 月降水量的比较表明,高山降雪与降水重建序列在高、低频率下均具有良好的一致性。两条序列的相关系数为 0.309($n=166$,$p<0.0001$),说明利用树轮宽度和稳定氧同位素重建的长期降水记录具有较好一致性,间接证明降雪重建的可靠性。此外,还有与相同或相近区域的其他重建长期干湿变化(降水、PDSI 和 SPEI)结果一致(Li et al.,2006;Zhang et al.,2016c,2017a)。

采用多窗谱方法分析高山降雪重建的周期性变化。结果显示,过去 166 a 阿拉木图南部高山降雪的变化存在显著的 2.6~3.0 a(99%)、3.7~4.0 a(95%)、4.6~5.0 a(95%)、6.0~6.4 a(95%)和 10.0~10.4 a(95%)变化准周期(图 2.23)。2.6~3.0 a 的降水周期在中亚干旱区其他地方也有观测到(Huang et al.,2013),并与中部对流层西风环流的变化有关,表明冬季降水的水汽主要来源于西风带,高山降雪重建的变化可能与陆地—大气—海洋环流系统的振荡有一定的遥相关。此外,4~6 a 的周期与厄尔尼诺-南方涛动(ENSO)周期一致(Allan et al.,1996)。这些高频周期表明,区域高山降雪变化与热带海气系统之间存在着很强的联系(Li et al.,2006)。这些变化准周期在天山树轮气候研究中广泛存在(如 Li et al.,2006;Zhang et al.,2016c,2017a),甚至存在于中国西北干旱半干旱区(Liang et al.,2006,2009;Liu et al.,2011)。

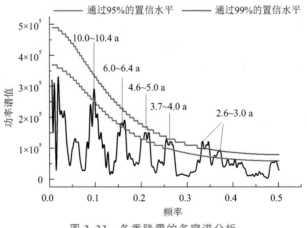

图 2.23 冬季降雪的多窗谱分析

进一步将重建序列与 CRU-TS4.03 降水数据集(Harris et al.,2014)进行空间相关性分析,结果显示了重建序列具有广泛的区域代表性(图 2.24),高山降雪重建序列重现了由中纬度西风引发的欧亚大陆部分地区发生的冬季干湿变化。这说明冬季降水的水汽可能来自大西洋,与西风环流有关。此前也有研究表明,哈萨克斯坦水汽主要由西伯利亚气团和西风带从北大西洋引入(Zubairov et al.,2019)。

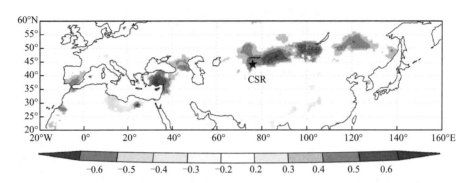

图 2.24　重建的高山降雪序列与 CRU TS4.03 上年 12 月到当年 2 月的降水的空间相关性

2.1.4.4　小结

全球大部分高山地区气象站十分稀少,虽然树轮可以作为良好的气候代用指标,但生长在高山上的树木通常远离气象站,这使得很难准确理解树木生长和气候之间的关系。此外,许多研究表明,树轮氧同位素主要受生长季水分限制,也有研究结果表明,温度影响树轮氧同位素的分馏。很少有研究将冬季降水,特别是降雪和树轮氧同位素分馏联系起来。本研究利用取自西天山同一地区和同一海拔高度的树轮样本和气象数据,建立了树轮 δ^{18}O 序列,发现上年冬季的高山降雪与雪岭云杉树轮 δ^{18}O 之间存在较高的相关关系,上年冬季的高山降雪对氧同位素的分馏有重要的影响。δ^{18}O 序列与哈萨克斯坦南部上年冬季降水(WP)、年最大积雪深度(MSD)和年最大积雪水当量(MSWE)显著相关,因此,树轮 δ^{18}O 对上年冬季高山降雪的响应具有生理学意义。重建高山降雪长期变化显示,哈萨克斯坦南部的高山冬季降雪在过去166 a 显著增加,增加速率高达 1.7 mm/(10 a)。20 世纪 10 年代之前,高山降雪相对较少,1920 年以来相对较多。在年代际尺度上,高山降雪在 19 世纪 60—80 年代、20 世纪 10—20 年代、40—50 年代及 80 年代之后均呈增加趋势,其他时段呈减少趋势。20 世纪 80 年代以来,哈萨克斯坦南部经历了高山降雪快速持续增加的阶段,水汽可能来自大西洋,与西风环流有关。本研究的高山降雪重建可为水资源管理者和天气预报提供基础数据,为能够更好地理解 19 世纪 50 年代以来长期高山降雪的变化提供参考。

2.2　吉尔吉斯斯坦

2.2.1　吉尔吉斯斯坦天山山区气温重建

2.2.1.1　研究区和资料

树木年轮样本采样点位于吉尔吉斯斯坦西天山森林带中上部(图 2.25),森林郁闭度为0.4 左右,土壤为灰褐色森林土。研究区域垂直地带性比较明显,海拔 3000 m 以上以高山草甸和灌木为主,山峰顶部多为常年冰雪覆盖,海拔 3000 m 以下至 1500 m 左右为以雪岭云杉为主的森林覆盖区,山脚以下大部分区域是农牧区。采样区域树木受人类活动影响较少,仍为原始林区。选择树龄较长,没有明显受损的立木钻取样芯,树高 10~15 m,胸径在 1.5~1.8 m 左右。采样点的基本情况见表 2.8。

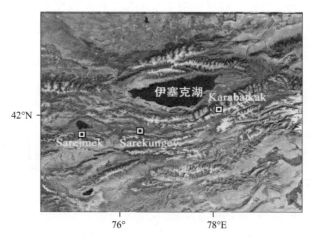

图 2.25　树轮采样点分布图

表 2.8　树轮采点概况和最大密度年表特征统计

采样点	北纬	东经	样本量	海拔/m	平均敏感度	信噪比	样本总解释量
Karabatkak	42°11′	78°11′	19	2800	0.068	7.96	0.855
Sarejmek	41°36′	75°09′	34	2800	0.068	23.91	0.960
Sarekungey	41°40′	76°26′	24	2800	0.053	16.87	0.944
RC					0.057	30.50	0.968

树轮密度资料的获取是采用传统的 X 光树轮密度分析方法,树轮最大密度原始数据获取自美国国家气候资料中心(http://www.ncdc.noaa.gov/)。采用传统的负指数函数进行生长趋势拟合建立树轮最大密度指数序列,最终建立了 3 个采样点树轮最大密度标准化年表(STD)、差值年表(RES)和自回归年表(ARS)。由于 3 个点的树轮最大密度年表变化具有较好一致性($r>0.5, p<0.001$),因此,把 3 个采样点的所有树轮最大密度序列合在一起建立了区域树轮最大密度标准化年表(RC,图 2.26),各年表的统计特征及共同区间(1900—1995 年)分析见表 2.8。EPS 值大于 0.85 的起始年为 1650 年。

由于海拔高度在 2800 m 的采样区没有合适气象站,因此,采用英国东英吉利大学 CRU 中心的月平均气温数据资料(41°—43°N,74°—79°E,1901—2009 年)。

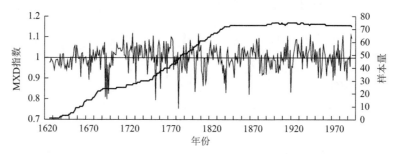

图 2.26　吉尔吉斯斯坦天山山区区域树轮最大密度标准化年表(RC)与样本量曲线

2.2.1.2 吉尔吉斯斯坦天山山区气温重建和特征分析

采样点是典型的森林上限,从树木生理来讲,气温是树轮最大密度的主要生长限制因子。RC 年表与月平均气温数据(1901—1995 年)的相关结果显示(图 2.27),RC 年表与夏季(7—8 月)的气温呈显著正相关关系。将气候因子从上年 7 月至当年 9 月进行各种顺序组合与 RC 年表进行了相关普查计算。相关分析结果表明 7—8 月的平均气温与树轮最大密度显著相关,相关系数为 0.673,因此选择 7—8 月平均气温进行重建。

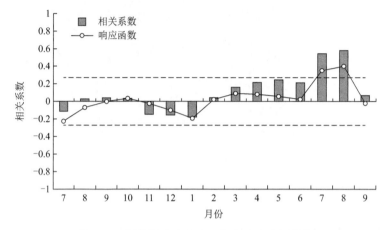

图 2.27 树轮最大密度序列气候响应分析结果

选取覆盖吉尔吉斯斯坦天山山区 7—8 月平均气温数据,同时考虑到气温对雪岭云杉年轮当年 t、次年 $t+1$ 及再次年 $t+2$ 树轮生长的可能影响,用回归分析方法建模,构建重建方程如下:

$$T = 1.033 + 11.847 \times R \tag{2.4}$$

式中,T 为覆盖吉尔吉斯斯坦天山山区 7—8 月平均气温;R 为吉尔吉斯斯坦天山山区区域树轮最大密度标准化年表。

重建方程的相关系数 r 为 0.673,在校准期内,重建值对实测值的解释方差 r^2 为 45.3%,调整自由度后解释方差 r_{adj}^2 为 44.7%,$F=77.029$。从统计特征来说,方程具有很好的稳定性和精确性,从图 2.28 可见重建值与实测值有较好的同步性。气温重建方程独立检验所得的误差缩减值为 0.453;乘积平均数检验值为 5.192,其显著性水平均达到 0.001;一阶差相关系数为 0.793,显著性水平为 0.001。在符号检验方面,符号检验和一阶差符号检验都达到了 0.001 的显著性水平(表 2.9)。

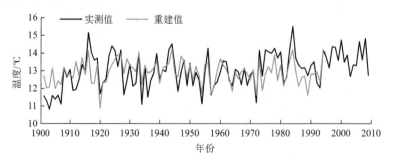

图 2.28 气温实测数据与重建值比较

表 2.9 气温重建方程检验参数

项目	相关系数	方差解释量	乘积平均数	误差缩减值	符号检验	一阶差符号检验
重建方程	0.673	45.3%	5.192	0.453	$26^-/69^+$	$15^-/79^+$

图 2.29 为重建的吉尔吉斯斯坦天山山区公元 1650—1995 年 7—8 月平均气温及其 10 a 的低通滤波曲线。以重建气温的平均值(12.9 ℃)为基准,经 10 a 的低通滤波的重建序列表现出的主要低温时段有:1650—1654 年、1662—1678 年、1693—1703 年、1779—1794 年、1801—1805 年、1811—1819 年、1834—1854 年、1882—1910 年、1917—1923 年、1952—1975 年、1986—1992 年;高温时段有:1655—1661 年、1679—1692 年、1704—1778 年、1795—1800 年、1806—1810 年、1820—1833 年、1855—1881 年、1911—1916 年、1924—1951 年、1976—1985 年、1994—2009 年。其中最长的暖期为 1704—1778 年,出现了持续 75 a 的夏季高温;最长的冷期为 1882—1910 年,共 29 a 的夏季低温。总体来说 17 世纪中期至 20 世纪都出现了较为显著的冷暖期交替变化。进入 20 世纪中期,20—50 年代是较为温暖的 30 a,随后 20 世纪 70—80 年代进入相对寒冷阶段,进入 20 世纪 90 年代后,气温开始迅速上升。采用气温重建序列的标准差($\sigma = 0.7$ ℃)对序列异常高、低温年份进行了判别,定义气温距平大于 1 个 σ 为异常高温年份,小于 1 个 σ 为异常低温年份。过去 346 a 中 7—8 月气温的高温年份和低温年份相当,分别为 40 a 和 46 a,约占总年份数的 11.6% 和 13.3%。在过去的 346 a 中,研究区 7—8 月平均气温最高的年份为 1727 年(14.3 ℃),最低的年份为 1783 年(10 ℃)。

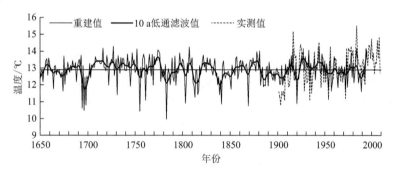

图 2.29 吉尔吉斯斯坦天山山区近 346 a 7—8 月平均气温重建序列、
10 a 低通滤波曲线和 1901—2009 年实测值

图 2.30 为气温重建序列的多窗谱估计值和相应的红噪声临界谱分析结果。由图 2.30 可见,气温重建序列存在着显著的周期性变化,主要的振荡准周期有 68.3 a、26.9 a、17.0 a、11.3a、2.5 a、2.1 a。利用滑动 T 检验对气温重建序列进行突变检验(表 2.10),结果发现吉尔吉斯斯坦天山山区 7—8 月平均气温在 1707 年、1777 年、1818 年、1835 年、1856 年、1882 年、1912 年、1923 年、1951 年发生了突变,而且突变幅度比较大,与干旱半干旱地区的气候变化较剧烈的特征相符。

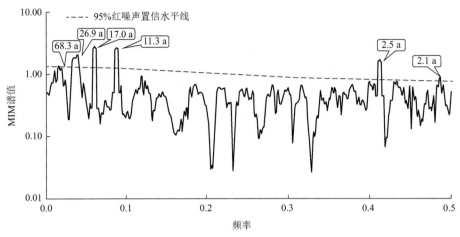

图 2.30　气温重建序列的多窗谱分析

表 2.10　吉尔吉斯斯坦天山山区 7—8 月平均气温变化的突变年份

滑动步长	突变年份								
10 a	1707	1777	1818	1835	1856	1882			
15 a	1707	1777	1818	1835	1852	1885			
20 a	1708	1777	1818	1835	1856	1882	1912	1923	1951
25 a	1706				1856	1882	1912	1923	1951
30 a	1707	1777			1855	1882	1912	1923	1951
最强突变点	1707	1777	1818	1835	1856	1882	1912	1923	1951
突变方向	冷变暖	暖变冷	冷变暖	暖变冷	冷变暖	暖变冷	冷变暖	冷变暖	暖变冷

2.2.1.3　天山北坡树轮最大密度气候响应归因及区域气候信号

生长于吉尔吉斯斯坦天山山区森林上线的雪岭云杉,树轮最大密度表现出同其他一些高海拔和高纬度地区相似的生长特征,主要受夏季气温的限制(Wang et al.,2009)。这一限制规律在中亚地区的针叶林都有体现,而且随着海拔高度上升和纬度北移,所包含的季节越短。夏季中后期进入光合积累的阶段,树木生长主要体现在晚材木质细胞壁的加厚上,较高的气温有利于光合作用从而促进树木晚材细胞壁的加厚过程,进而产生较高的最大晚材密度。10 月份的气温对晚材细胞壁的加厚已经没有显著的影响。除了上述树轮密度与气温的关系,在干旱半干旱地区还存在树轮宽度与降水量的关系。生长季前和生长季中长时间维持少雨,树木生长需要的水分得不到满足,光合作用速度降低或者呼吸作用速度增高将使树木体内营养物质减少,将导致偏窄年轮的形成。相反,如果在生长季节前和生长季中,气候条件良好,降水充足,不仅能够满足树木快速生长的需要,而且水分将保存在土壤当中,有利于土壤墒情的改善,加上生长中存储在树体中的充足养料,能够有效促进整个植物生长季的树木生长,形成较宽的年轮。这两种关系为全面重现区域气候面貌提供了可能。

我们对比基于树轮宽度的中亚西天山区域干湿指数重建序列与气温重建序列发现,两者在大多数时段里处于负相关关系($r=-0.21,n=346$),即湿润时期气温降低,干旱时期气温上升(图 2.31a)。但在 20 世纪 80 年代开始,干湿指数与气温配型发生了重大变化:转湿润的同时,气温却出现了同步升高,即暖湿化。

将吉尔吉斯斯坦天山山区气温重建序列与利用西伯利亚落叶松树轮最大密度年表重建的

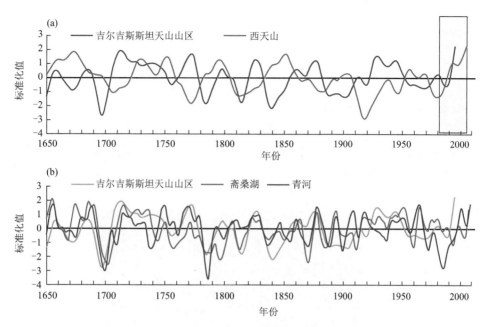

图 2.31　吉尔吉斯斯坦天山山区 7—8 月平均气温重建序列与周边重建序列对比
(a)干湿指数；(b)重建气温

哈萨克斯坦东部斋桑湖(Chen et al.，2012a)和阿勒泰青河(Chen et al.，2012b)的夏季气温序列进行对比，发现天山山区气温重建序列与其他 2 条序列有较好的一致性(r＞0.4)。在过去的 346 a 中，3 条序列都体现了 17 世纪末到 18 世纪初的冷期、1920—1950 年明显的高温期、1980 年以来的升温趋势(图 2.31b)。同时，3 个序列都共同指示 1783 年为最低值，这一年是欧洲冰岛 Laki 火山喷发，该次火山喷发是近 400 年最大的火山喷发之一。进一步对比三条序列和突变分析结果，发现许多西风环流上游和低纬热带地区的大规模火山喷发对中亚地区气温变化有着重要影响，如 1783 年的 Laki 火山喷发，1815 年的 Tambora 火山喷发，1854 年的 Sheveluch 火山喷发，1883 年的 Krakatau 火山喷发，1912 年的 Katmai 火山喷发。同时，我们还发现 3 个序列有类似的周期变化特征。该地区气温变化存在显著的 2～3 a 和 11～12 a 变化周期，表明该区气温变化可能与 ENSO，PDO，NAO 以及太阳活动变化等有一定联系。

2.2.1.4　小结

(1)生长于吉尔吉斯斯坦天山山区森林上限的雪岭云杉，其树轮最大密度对当年 7—8 月平均气温有显著的正响应。

(2)利用区域雪岭云杉最大密度年表重建吉尔吉斯斯坦天山山区 7—8 月平均气温，解释方差量为 45.3%。重建序列显示，在过去的 346 a 中，吉尔吉斯斯坦天山山区发生的异常高温年份数和异常低温年份数相当，约占重建总年数的 13.3% 和 11.6%。发生过 11 个低温时段和 11 个高温时段。吉尔吉斯斯坦天山山区近 346 a 7—8 月平均气温具有 8.3 a、26.9 a、17.0 a、11.3 a、2.5 a、2.1 a 的周期变化，在 1707 年、1777 年、1818 年、1835 年、1856 年、1882 年、1912 年、1923 年、1951 年发生过气温突变。

(3)重建结果与研究区周边的气温序列均有较好的一致性，可以代表较大区域的气候特征。该地区的气温变化受到了火山、太阳活动和海陆气交互作用的共同影响。此外，在过去近 346 a 来，气候以暖干/冷湿为主，近 20 a 来出现了明显暖湿化趋势。

2.2.2 吉尔吉斯斯坦北部降水变化

2.2.2.1 研究区与资料

研究区域位于吉尔吉斯斯坦境内(图 2.32),吉尔吉斯斯坦从东到西大约 375 km,最高海拔 4875 m,属于暖温带大陆性气候。吉尔吉斯斯坦年降水量随海拔增加,在冬季,由大气环流系统主导低海拔区域气候,而夏季高海拔降雨和降雪的主要来源则是对流系统(Aizen et al.,1995)。此区域分布广泛、生长期长的针叶树种有利于开展树木年代学研究,可以用于分析树木生长对气候的响应和历史气候变化。

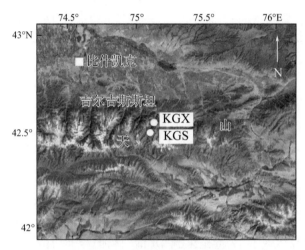

图 2.32　研究区位置和采样点

选取树龄大于 200 a 的雪岭云杉作为研究树木,这些长龄树木通常高度达 40 m,直径 70～100 cm。树芯样本是在 2015 年 9 月采集,采样区域的森林郁闭度较高,土壤厚度相对较薄。取样时在树木的胸高处钻取样芯,且每棵树采集 2 个不同方向的样芯。为了使采集的树芯有一致的气候信号,每个采样点均在海拔高度变化小于 50 m 的森林带里选择样树。2 个采样点总采集 47 棵树,92 根树芯,分别为 KGS(42.49°N,75.08°E,海拔 2600 m)和 KGX(42.56°N,75.11°E,海拔 1990 m)。

根据标准树木年代学方法(Speer,2010),树芯自然干燥后固定在样本板上,使用砂纸打磨,直到树轮能够清晰可辨。然后分别在 10 a、50 a 和 100 a 的树轮处用针清晰地标记,用树木年轮宽度测量系统进行轮宽测量,分辨率为 0.001 mm。

利用 COFECHA(Grissino-Mayer,2001)和 ARSTAN(Cook et al.,2005)两个程序来进行交叉定年质量控制和研制年表。通过交叉定年后,因为个别样本与主序列相关性较低,将 KGS 的 3 个树芯,KGX 的 4 个树芯舍弃。最后,KGS 的 25 棵树的 47 个树芯和 KGX 的 20 棵树的 38 个树芯用来研制三种树轮宽度年表。选择既包含树木样芯的一般变化,又保留低频和高频变化的标准年表进行进一步分析。KGS 和 KGX 年表,EPS 大于或等于 0.85 的可靠长度分别是 256 a(1760—2015 年)和 106 a(1910—2015 年)。2 个年表公共区间(1910—2009 年)的年表特征在表 2.11 中列出。

利用高低通滤波器和 Pearson 相关系数来分析 2 个年表。在 1910—2015 年的公共区间内,KGS 和 KGX 两个年代表在全频域、高频域和低频域内的相关性分别为 0.683、0.650 和

0.717。KGS 和 KGX 年表在 1910—2015 年间的 10 个最高值年份和 10 个最低值年份见表 2.12。比较这些极值年份,发现两个年表都存在 5 个最高值年份(1971 年、1973 年、2000 年、2002 年和 2005 年)和 5 个最低值年份(1917 年、1927 年、1943 年、1944 年和 2008 年)。结果表明,两个年表的极值具有较好的一致性。因此,我们综合了来自 KGS 和 KGX 站点的所有树轮宽度数据,建立了一个区域年表(REG)。

区域年表和样本量见图 2.33,年表统计特征见表 2.11。由于样品的混合,区域年表中的树间相关性和所有序列间相关性略低于 KGS 和 KGX 年表。KGS、KGX 和 REG 年表的一阶自相关系数变化范围为 0.481～0.634。这表明树轮宽度受低频变化驱动,并受气候和树木生理的滞后效应影响。区域年表有比较高的信噪比和 EPS,表现出更强的气候信号。根据 EPS>0.85,区域年表可靠长度是 256 a(1760—2015 年)。

表 2.11　1910—2009 年间吉尔吉斯斯坦北部树轮年表统计特征

统计值	KGX	KGS	REG
缺轮率	0.273%	0.214%	0.231%
平均指数	1.005	1.075	1.015
标准差	0.269	0.308	0.273
平均敏感度	0.236	0.212	0.203
一阶自相关系数	0.481	0.634	0.607
序列间相关性(树)	0.298	0.318	0.279
序列间相关性(全部序列)	0.327	0.331	0.298
平均树内相关系数	0.935	0.834	0.851
信噪比	5.818	18.818	20.307
样本总体代表性 EPS	0.853	0.950	0.953
第一主成分方差	0.426	0.367	0.326
树木/树芯数量	20/38	25/47	45/85
EPS>0.85 的起始年	1910	1760	1760

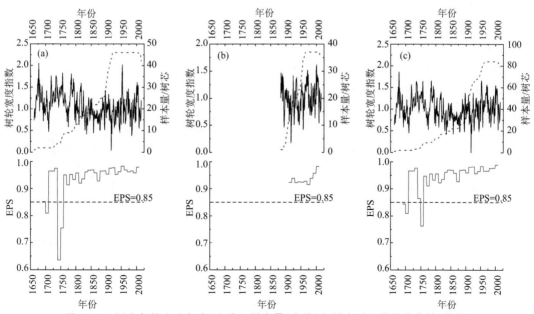

图 2.33　树木年轮宽度年表(实线)、样本量(虚线)和样本对总体的代表性(蓝线)

(a)KGS;(b)KGX;(c)REG

表 2.12 1910—2015 年间树轮年表的最高和最低值年

KGS				KGX			
10 个最高值年份		10 个最低值年份		10 个最高值年份		10 个最低值年份	
年份	值	年份	值	年份	值	年份	值
1953	2.021	1917	0.044	2000	1.601	1917	0.175
1952	1.757	1984	0.385	1999	1.579	1957	0.420
2002	1.615	1919	0.425	1971	1.521	1918	0.492
2005	1.558	1985	0.471	1970	1.445	1944	0.504
2000	1.541	1945	0.490	1973	1.440	1927	0.509
1973	1.468	1944	0.528	1924	1.417	2008	0.538
2004	1.416	2008	0.555	2003	1.416	1911	0.565
1968	1.403	1979	0.584	1967	1.405	1940	0.566
1969	1.386	1927	0.589	2002	1.385	1943	0.602
1971	1.386	1943	0.609	2005	1.385	1995	0.634

使用 CRU 网格数据集(0.5°×0.5°,42°—43°N,75°—76°E,1910—2015 年)的降水和气温月值数据作为研究区的气候状况的分析数据。这些数据获取自荷兰皇家气象研究所(http://climexp.knmi.nl)。大量树轮气候学研究表明,树木年轮的形成不仅受生长季气候条件影响,还受生长季之前气候状况影响(D'Arrigo et al.,2005;Liu et al.,2011;Opała et al.,2014)。因此,选用前一年到当年月气候数据用来分析树木生长和气候状况的关系。

此外,还选择 NCEP(美国国家环境预报中心)20 世纪再分析数据集(V2)来揭示历史时期大气环流的影响(Compo et al.,2011)。V2 水平分辨率是 2°×2°,时期为 1871—2012 年。用集合分析获得湿润年份和干旱年份的大气环流特征。

图 2.34 显示吉尔吉斯斯坦北部高温出现在夏季(6—8 月),最高气温出现在 7 月。年降水量最大值出现在春季(134.4 mm),占年降水量的 39.6%。冬天降水较少,历年平均值为50.8 mm。从月份来看,有两个月出现了降水极大值,其中 5 月为 56.3 mm,10 月为 25.2 mm,分别占年降水量的 16.6% 和 7.4%。

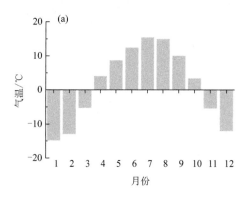

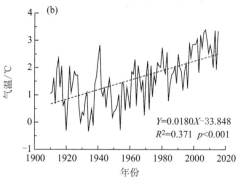

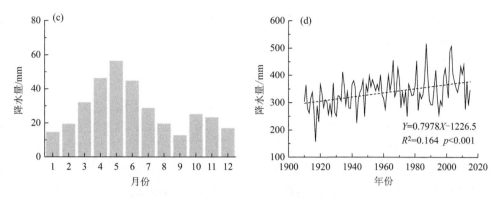

图 2.34　研究区 1910—2015 年间格点气候数据

(a)月平均气温;(b)年平均气温;(c)月降水量;(d)年降水量

2.2.2.2　吉尔吉斯斯坦北部降水重建和变化特征

树轮年表的一阶自相关值较高,表明其具有较强的滞后效应(表 2.11)。因此,利用前一年 6 月至当年 10 月(历时 17 个月)的逐月气候数据(1910—2015 年),评估气候因子对云杉径向生长的影响(图 2.35)。相关分析结果显示,云杉径向生长与降水之间总体呈正相关关系。REG 年表与前一年 6 月($r=0.326$,$p<0.001$)、7 月($r=0.355$,$p<0.001$)、8 月($r=0.394$,$p<0.0001$)和当年 4 月($r=0.250$,$p<0.01$)、6 月($r=0.305$,$p<0.01$)降水呈极显著正相关。相比之下,树轮宽度与平均气温的相关性较低。REG 年表与上年 7 月($r=-0.402$)和 8 月($r=-0.285$)平均温度呈显著负相关($p<0.01$)。不同月份组合后,REG 年表与前一年 6 月至当年 5 月降水的相关系数最高($r=0.622$,$n=105$),而与前一年 7—8 月平均气温的相关系数明显较低($r=-0.429$,$n=105$)。

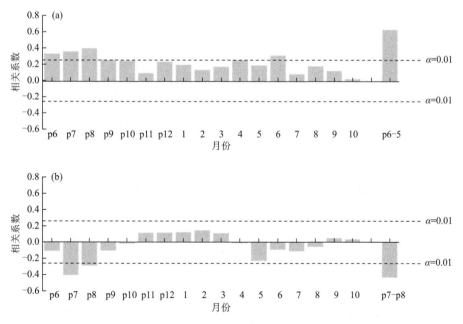

图 2.35　REG 年表和气候数据之间的 Pearson 相关系数

(a)降水;(b)平均气温

计算了1911—2015年云杉径向生长模式和降水在不同月份组合内的相关系数,以便选择最适合重建的季节。最终选择区域年表利用线性回归模型重建了上年6月到当年5月降水量,重建方程如下:

$$P_{p6-5} = 214.583 + 121.478 \times R \tag{2.5}$$

式中,P_{p6-5}是研究区上年6月到当年5月的降水量,R表示区域年表。重建方程解释了校准期内(1911—2015年)降水量38.7%的方差。从图2.36a可以看出,降水量重建值和实际值吻合较好,一阶差相关系数为0.542($p<0.0001$,$n=104$)(图2.36b)。逐一剔除检验和Bootstrap检验(重新计算过程中迭代100次)结果表明,r、R^2、S_E、F和D_W与方程(2.5)的原始回归模型几乎相等(表2.13)。表2.14为降水重建序列独立检验的统计参数。误差缩减值(R_E)和效率系数(C_E)分别超过了0.3和0.1。乘积平均数t检验值为正,这表明树轮估计有显著的准确性。符号检验值,描述了预测值与实际值的吻合度,1964—2015年和1911—1962年的符号检验(S)值分别为$35^+/17^-$($p<0.05$)和$38^+/14^-$($p<0.01$)。以上结果表明,重建方程是稳定和可靠的。因此,使用公式(2.5)重建了吉尔吉斯斯坦北部1760—2015年上年6月到当年5月的降水量,平均值为333.2 mm,标准差为32.2 mm(图2.36c)。

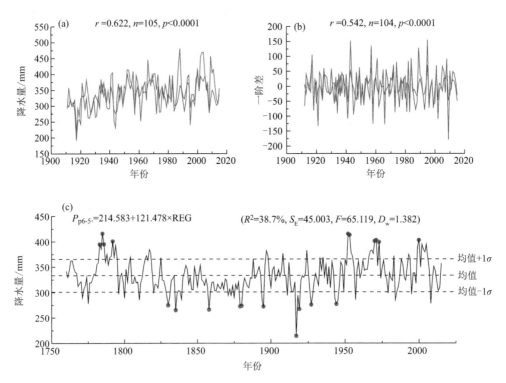

图2.36 (a)吉尔吉斯斯坦北部上年6月—当年5月降水量重建值(红线)和实测值(蓝线)的比较;(b)重建值和实际值的一阶差比较;(c)1760年以来上年6月—当年5月降水量重建序列(实线)

表2.13 降水重建序列逐一剔除检验和Bootstrap检验结果

统计	校准	逐一剔除均值(范围)	Bootstrap(100次迭代)平均值(范围)
r	0.622	0.622(0.590~0.646)	0.624(0.502~0.767)
R^2	0.387	0.387(0.348~0.418)	0.393(0.252~0.589)

统计	校准	逐一剔除均值(范围)	Bootstrap(100 次迭代)平均值(范围)
R_{adj}^2	0.381	0.381(0.342~0.412)	0.389(0.245~0.585)
标准误差(S_E)	45.003	45.002(43.164~45.223)	0.228(0.195~0.263)
F 值	65.119	64.510(54.407~73.153)	68.865(34.736~147.437)
Durbin-Watson(D_W)	1.382	1.384(1.318~1.461)	0.865(0.506~1.192)

表 2.14 降水重建序列独立检验结果

统计	校准期 (1911—1963 年)	检验期 (1964—2015 年)	校准期 (1963—2015 年)	检验期 (1911—1962 年)	全校准期 (1911—2015 年)
r	0.638	0.550	0.549	0.637	0.622
R^2	0.407	0.303	0.302	0.406	0.387
R_{adj}^2	0.395		0.288		0.381
R_E		0.417		0.504	
C_E		0.108		0.173	
t		6.789		4.053	
S	$35^+/17^-(p<0.05)$		$38^+/14^-(p<0.01)$		

在降水重建中,我们根据 Liu 等(2016)的方法,将湿年定义为降水高于均值+标准差(365.4 mm)的年份,干年定义为降水低于均值-标准差(301.1 mm)的年份。降水重建序列湿润年份有 43 a(占 16.8%),干旱年份有 36 a(占 14.1%),剩下的 177 a 为正常年份(占 69.1%)。降水重建序列极端年、极端年代和百年尺度均值见表 2.15。可以看出,最湿年(1785 年)和最干年(1917 年)相差 201.6 mm,最湿和最干年代相差 72.8 mm(18 世纪 80 年代和 20 世纪 10 年代)。

表 2.15 降水重建特征总结　　　　　单位:mm

10 个最湿润年		10 个最干旱年		10 个最湿润十年		10 个最干旱十年		长期	
年份	数值	年份	数值	年代	数值	年代	数值	年	数值
1785	416.2	1917	214.6	1780s	372.8	1910s	300.0	1760—1799	345.5
1952	415.5	1835	265.6	1950s	363.6	1830s	300.6	1800—1899	321.7
1953	413.7	1858	266.7	2000s	361.7	1870s	303.7	1900—1999	337.2
1971	403.5	1919	267.5	1960s	357.2	1860s	313.1	2000—2014	350.0
2000	403.4	1895	272.8	1970s	355.5	1770s	314.2	1714—2014	333.2
1970	401.5	1879	273.1	1790s	355.4	1850s	316.3		
1792	401.1	1880	274.2	1810s	348.6	1940s	318.6		
1973	399.6	1830	275.2	1990s	342.3	1820s	319.5		
1786	395.6	1927	276.1	1930s	340.3	1880s	320.1		
1783	395.1	1944	277.5	1760s	339.7	1920s	324.3		

注:表中 s 指年代,即依照公元纪年年份,可以被 10 整除所在年份及之后 9 a 为一个年代。

2.2.2.3 降水重建序列蕴含大范围历史气候事件及环流影响

水分胁迫是树轮形成过程中主要的气候胁迫。这种胁迫已经在中亚区域雪岭云杉树轮研究中证实(Chen et al.,2017b;Huo et al.,2017;Zhang et al.,2017c)。相关性分析表明,云杉径向生长与降水关系较强,而区域树轮宽度年表和气温关系较弱。基于REG年表与上年6月到当年5月降水量较高的相关性,12个月的总降水量被认为是研究区云杉树轮形成过程主要的气候限制因子。

王忠等(2000)指出针叶树最适合的光合气温是10~25 ℃,气温低于−5~−3 ℃和高于35~42 ℃光合作用将停止。图2.34a显示,研究区4月和10月的平均气温分别是4 ℃和3 ℃,而在3月和11月大约−5 ℃。所以,4—10月被认为是云杉的生长季。将2个年表相关性分析结果结合一起可见,降水影响云杉径向生长的两个时期分别为上年6—8月和当年4—6月(图2.35a)。气温影响云杉径向生长的时期是上年7—8月(图2.35b)。

上年6—8月涵盖了雪岭云杉的快速生长期到生长末期。较多的降水将加强光合作用,有利于叶片、芽、根的生长并贮存丰富的营养物质(Liang et al.,2001;Liu et al.,2010;Gou et al.,2015)。当次年适宜的气候条件出现,将增加总光合作用,能更好地吸收水分或制造生长物质(Liu et al.,2011)。REG年表与前一年7月、8月平均气温之间存在显著负相关($p <$ 0.01),说明上年快速生长期高温可能会加重水分胁迫(图2.35b)。当年4—6月是生长季初期。降水增加导致土壤湿度增加,可减轻水分胁迫,有利于形成层细胞快速生长分裂(Liu et al.,2004)。另外,强太阳辐射、较薄的土壤层和开放的冠层,会导致较高的水分蒸散发(Yu et al.,2007)。在以往的研究中,雪岭云杉和其他树种相似的树木生长对气候的响应关系已经被证实,包括天山的雪岭云杉(Li et al.,2006;Jiao et al.,2017;Zhang et al.,2017b)、阿尔泰山的西伯利亚云杉(Chen et al.,2014)、蒙古国的西伯利亚鸢尾(Davi et al.,2006)、中国甘肃兴隆山的青海云杉(Liu et al.,2013c)、青藏高原北部的青海云杉和祁连圆柏(Liang et al.,2009)。

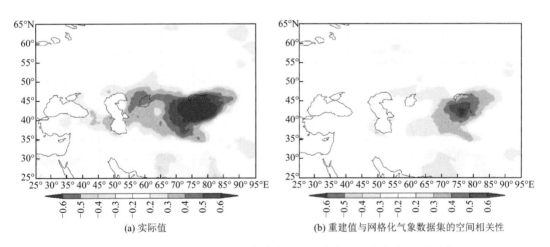

(a) 实际值　　　　　　　(b) 重建值与网格化气象数据集的空间相关性

图2.37　研究区域1911—2014年上年6月—当年5月降水实际值(a)和
重建值(b)与网格化气象数据集的空间相关性

空间分析结果揭示了降水格点数据和基于树轮宽度的重建数据的区域代表性(图2.37)。1911—2015年的降水重建序列和格点数据集在40°—46°N和67°—85°E范围内表现出相对较高的相关性。这些区域包括吉尔吉斯斯坦大部,塔吉克斯坦北部,哈萨克斯坦南部和新疆北部

（图 2.37a）。尽管相关系数较低，但空间相关分析结果显示重建降水与格点降水十分相似。重建降水序列和格点降水数据相关系数＞0.50 的区域分布在吉尔吉斯斯坦中东部和哈萨克斯坦部分地区，相关性最高在山区采样点周围（图 2.37b）

　　已有一些基于观测和重建资料的研究表明，天山不同地区降水变化的相关性相对较弱（Fang et al.，2010b；Zhang et al.，2015b），将本研究重建的吉尔吉斯斯坦北部降水序列与基于树轮重建的四条降水序列进行对比：(a)哈萨克斯坦南部上年 6 月到当年 5 月降水（PIR，1770—2015 年，Zhang et al.，2017a）；(b)伊塞克湖上年 7 月到当年 6 月降水（PIL，1752—2012 年，Zhang et al.，2015b）；(c)伊犁区域上年 6 月到当年 5 月降水（PSK，1682—1995 年，袁玉江等，2000）和 (d)阿克苏区域上年 8 月到当年 4 月降水（PAK，1396—2005 年，张瑞波 等，2009）。表 2.16 显示在 1770—1995 年的公共区间内，吉尔吉斯斯坦北部降水重建序列和周边区域降水重建序列在原始频域和高频域的相关超过了 0.05 显著性水平，而在低频区域相关较差。原始频域和高频域较好的一致性表明降水重序列可能包含相对精确的高频气候信息。此外，最干旱的年代（20 世纪 10 年代）在重建序列和 4 条降水重建序列中得到了证实（图 2.38）。在天山西部（Zhang et al.，2016e）、中部（Zhang et al.，2013）、东部（Chen et al.，2016e）及其以东的河西走廊（Chen et al.，2016f）的树轮气候水文研究中也捕捉到了 20 世纪 10 年代的干旱。这表明在中亚存在一个广泛的和持久的干旱事件，这个干旱事件早于 20 世纪 20 年代，发生在中国北方半干旱和干旱地区的大干旱期（Liang et al.，2006）。另外，基于树木年轮数据的中亚干旱空间分析表明，西部和东部模式的最湿润期都发生在 20 世纪 40—50 年代，而中亚西部最干旱时期则发生在 17 世纪 40—50 年代（Fang et al.，2010a）。虽然重建序列因序列长度的限制没有显示 17 世纪 40—50 年代的干旱期，但 20 世纪 50 年代的次湿润期（表 2.17）与中亚最湿润时期相吻合。上述对最干旱和最湿润时期的比较分析表明，极端气候条件影响了大片地区。

表 2.16　1770—1995 年吉尔吉斯斯坦北部降水重建与周边地区降水重建之间的一致性

	原始域（$n=226$）				高频域（$n=214$）				低频域（$n=214$）			
	PSK	PIL	PIR	PAK	PSK	PIL	PIR	PAK	PSK	PIL	PIR	PAK
PNK	0.519**	0.398**	0.258**	0.142*	0.566**	0.415**	0.311**	0.140*	0.445**	0.267**	0.110	0.110

注：表中显示重建序列在原频域、高频域和低频域的相关系数。显著性水平：* 代表 $p<0.05$；** 代表 $p<0.01$。

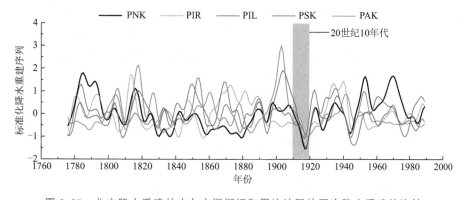

图 2.38　北方降水重建的吉尔吉斯斯坦和周边地区的四次降水重建的比较
红色条表示干燥的 10 a（20 世纪 10 年代）

表 2.17　吉尔吉斯斯坦北部降水重建中最湿润和最干旱的年份与我国新疆地区气象记录的比较

最潮湿的年份	研究区域及周边地区的洪水或旱灾简述
1785—1786 年	1785 年和 1786 年夏天,天山中部北坡迪化(今乌鲁木齐)频繁发生强降雨,乌鲁木齐河泛滥
1792 年	1792 年冬春季天山中部北坡迪化(今乌鲁木齐)大雪
1952—1953 年	1951—1952 年春夏伊犁、阿克苏地区天山西部频繁强降雨
1970—1971 年	1969 年和 1970 年夏,天山西部阿克苏地区、克孜勒苏柯尔克孜自治州、博尔塔拉蒙古自治州出现强降雨。1970 年 7 月,西天山北坡阿克苏地区出现持续强降雪
1973 年	1972 年 6—7 月西天山南坡阿克苏地区频繁发生强降雨
2000 年	1999 年 6—8 月伊犁西天山地区频繁出现强降雨。1999 年 1 月西天山伊犁地区出现大雪(积雪深度 100～200 cm)
最干燥的年份	研究区域及周边地区的洪水或旱灾简述
1917 年	1917 年西天山伊犁地区发生大旱,人们离家出走,90% 的房屋都是空的
1919 年	1918 年南疆大旱
1927 年	1926 年春夏伊犁西天山地区发生大旱
1944 年	1943 年北疆降雪少雨导致大旱

　　与中国南方详细的历史文献记载不同,由于历史上中亚地区的人类生存水平较低,气象灾害记录是零散和孤立的。有限的历史记录不能充分描述过去的气候变化,但可以验证我们重建的可靠性。将在吉尔吉斯斯坦北部降水重建序列的 10 个最湿年份和 10 个最干年份与中国新疆的历史文献(温克刚 等,2006)进行对比。表 2.17 揭示了历史文献中记载的 9 个最湿年和 4 个最干年。这表明,我们的降水重建序列能够捕捉到周边地区的洪水和干旱事件信号。

　　为了进一步研究大尺度气候异常与降水重建序列间的联系,我们分析了湿润年(1924 年、1935 年、1952 年、1953 年、1954 年、1955 年、1966 年、1967 年、1968 年、1969 年、1970 年、1971 年、1973 年、1983 年、1993 年、1994 年、1999 年、2000 年、2002 年、2003 年、2004 年、2005 年、2006 年)和干旱年(1911 年、1914 年、1917 年、1918 年、1919 年、1927 年、1928 年、1943 年、1944 年、1945 年、1957 年、1979 年、1984 年、1995 年、2008 年)的大气环流。可以看出大尺度降水异常值与吉尔吉斯斯坦北部降水匹配明显(图 2.39)。在湿润年份,中亚和中国东南部出现了大量降水,而印度北部则出现了低于正常水平的降雨。相比之下,在干旱年份,来自北大西洋的水汽输送向北转移,气候模式的转变导致了从地中海到中亚的大规模干旱。此外,中国东南部的一次干旱和印度北部的一次洪水与研究区降水序列中的干旱年份明显相关。吉尔吉斯斯坦北部和中国东南部降水的同位相以及吉尔吉斯斯坦北部和印度北部降水的异位相表明,降水重建序列在偏远地区具有潜在的应用价值。

2.2.2.4　小结

　　在吉尔吉斯区域北坡采集雪岭云杉树芯,剔除了几个与主序列相关低的样芯后,利用来自 45 棵树木 85 个样芯的树轮宽度数据建立了区域树轮宽度年表。基于树轮宽度和降水较高的相关关系,利用区域年表重建了吉尔吉斯斯坦北部上年 6 月到当年 5 月的降水变化。吉尔吉斯斯坦东部和哈萨克斯坦部分地区的降水重建与格点降水数据集的空间相关性显示正相关。对比我们的降水重建序列和哈萨克斯坦南部、伊塞克湖、中国伊犁地区及阿克苏地区基于树轮的降水重建序列,发现这些重建序列在高频域的相关性强于在低频域的相关性。降水重建与观

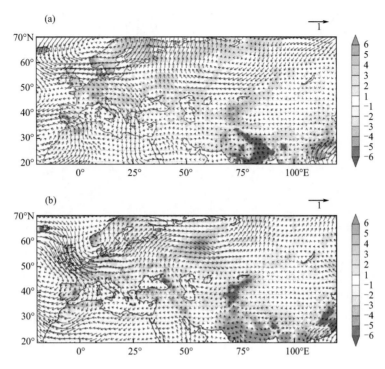

图 2.39　吉尔吉斯斯坦北部降水重建序列降水异常值和 850 hPa 矢量风的复合模式

(a) 湿润年份；(b)干旱年份

测数据匹配较好，洪水年(1785 年、1786 年、1792 年、1952 年、1953 年、1970 年、1971 年、1973 年和 2000 年)和干旱年(1917 年、1919 年、1927 年和 1944 年)与周边历史档案记载一致。重建序列揭示的 20 世纪 10 年代的干旱事件已经在中国天山和河西走廊部分区域得到证实。在干旱年份，来自北大西洋的湿润气流转移到高纬度地区，导致中亚地区的干旱。吉尔吉斯斯坦北部降水与中国东南部和印度北部降水之间存在显著的相关性，这意味着不同区域间存在遥相关关系。

2.2.3　楚河流域降水蒸散指数变化

2.2.3.1　研究区和资料

楚河是中亚最长的河流之一(73°24′—77°04′E,41°45—43°11′N)，全长约 1067 km，流域面积为 62500 km² (图 2.40)。楚河发源于吉尔吉斯斯坦，流经该国 115 km，然后成为吉尔吉斯斯坦和哈萨克斯坦之间的边界，长 221 km，剩余的 731 km 在哈萨克斯坦境内。楚河是吉尔吉斯斯坦和哈萨克斯坦最长的河流之一，主要以冰川和融雪补给为主，降水次之。与干旱地区的大多数河流一样，楚河是一条内陆河流，起源于天山中部，消失在沙漠中。

研究区位于楚河流域的源头区，在吉尔吉斯斯坦北部扎利阿拉套山脉西南部采集了年轮样本。采样点位于琼柯敏河附近(CKM,76°23′E,42°48′N,海拔 2400 m)。气候数据来源于坐落在楚河盆地的 Frunze 气象站 (43.82°N,74.58°E,海拔 756.0 m)，收集了月平均气温 (1896—1988 年)和降水(1895—2004 年)数据作为分析的气候背景，还使用了来自最近格点 (42.75°N,76.25°E)的 SPEI 数据(1901—2014 年)。SPEI 是基于来自东安格鲁大学气候研究单位的每月降水和潜在的蒸散量数据，可以代表干旱强度。全球 SPEI 数据库提供了关于全

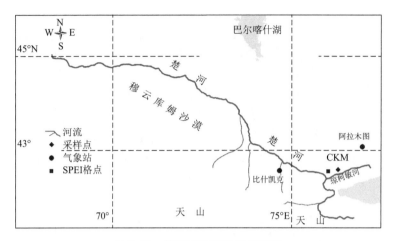

图 2.40　楚河流域研究区位置图

球范围内干旱条件的长期、可靠的信息,并具有 0.5°×0.5° 的空间分辨率。因此,SPEI 全球干旱监测的主要优点是其接近实时的特性,具有最适合干旱监测和早期预警的特征(Vicente-Serrano et al.,2010)。楚河的平均年径流量主要来自楚河峡谷的观测资料,资料时段为 1970—1999 年。

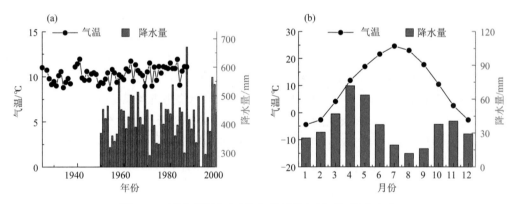

图 2.41　研究区历年(a)和各月平均(b)气温、降水变化

　　由于气象数据不连续,我们分析了 1925—1988 年的平均气温和 1950—2000 年的总降水量。研究区平均气温为 10.3 ℃,年平均降水量为 429.0 mm。气候数据分析表明,楚河流域的气温和降水都有所增加(图 2.41a),振幅分别为 0.1 ℃/(10 a)和 6 mm/(10 a)。月平均气温高峰在夏季,而楚河流域的月平均降水量为双峰式,高峰出现在春季(3—5 月)和冬季(10—12 月)(图 2.41b)。

2.2.3.2　楚河流域降水蒸散指数重建

　　相关性和响应分析显示,在上一年和当年的生长季节,SPEI 与树木生长之间存在显著的相关性。CKM 树轮宽度标准年表(图 2.42)与上年 7 月到当年 6 月的 SPEI 的相关性最强,相关系数为 0.629($n=64,p<0.001$)。上年 7 月至当年 6 月的水分是影响楚河流域树木径向生长的主要气候因素。在相关分析结果的基础上,对楚河流域上年 7 月至当年 6 月的 SPEI 进行了重建。

　　重建方程为:

$$S_{p7c6}=0.911 \times C-0.753 \tag{2.6}$$

式中，S_{p7c6} 是上年 7 月到当年 6 月的 SPEI，C 是由 CKMc 采样点负指数曲线拟合去除树木自身生长趋势的树轮宽度年表。在校准期内（1951—2014 年），重建方程解释了 SPEI 数据中 39.5％的方差（自由度损失调整后的 38.6％），$n=64$、$r=0.629$、$F_{1,62}=40.53$ 和 $p<0.0001$（图 2.43）。交叉检验表明，重建方程通过了所有验证检验（表 2.18），独立检验也验证了该方程的可靠性和稳定性。在两个校准期内所解释的方差均相对较高。所有相关系数（r）、一阶差相关（r_d）、解释方差（R^2）、F 检验（F）、乘积平均数检验（t）、符号检验（S_T）和一阶差符号检验（S_{T1}）均达到或超过 95％的显著性水平。误差缩减值（R_E）和效率系数（C_E）是保证重建可靠性的特别严格的指标，二者皆为正值，表明线性回归方程通过了统计验证。最后，我们比较了 SPEI 重建值与格点数据的一阶差，得到的相关系数为 0.514（$p<0.001$，$n=63$）（图 2.43b）。这表明重建结果与实际值的高频变化具有较好的一致性。因此，利用方程（2.6）成功地重建了 1840—2014 年楚河流域上年 7 月至当年 6 月的 SPEI（图 2.43c）。

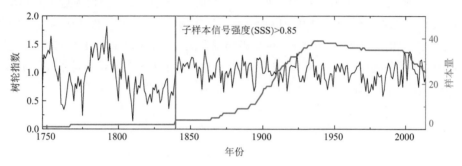

图 2.42　树轮宽度年表和样本量

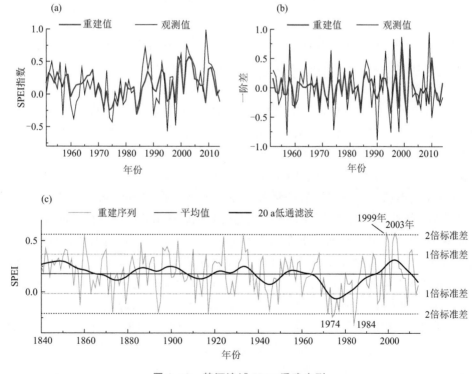

图 2.43　楚河流域 SPEI 重建序列

表 2.18　SPEI 重建序列交叉检验和独立检验结果

交叉检验

	r	r_d	S_T	S_{T1}	t	R_E
SPEI	0.599**	0.470**	47+/17−**	42+/21−*	4.803	0.357

独立检验

校准期				检验期					
时间	r	R^2	F	时间	r	R_E	C_E	S_T	S_{T1}
1951—1982 年	0.653	0.426	22.33	1983—2014 年	0.594	0.409	0.263	22+/10−	22+/9−*
1983—2014 年	0.594	0.353	16.33	1951—1982 年	0.653	0.494	0.235	25+/7−**	19+/12−
1951—2014 年	0.629	0.395	40.53						

如图 2.43c 所示,干旱年和湿润年的数量是一致的:15%(27 a)的年份超过了平均值+1σ(标准差),16%(28 a)的年份低于平均值−1σ。极端干旱年份发生在 1974 年和 1984 年,当时的 SPEI 低于平均值−2σ。相反,1999 年和 2003 年是极端潮湿的年份,SPEI 超过了平均值+2σ。

为了进一步了解过去 175 a 来 SPEI 的低频变化,我们对重建序列进行了 20 a 的低频滤波(图 2.43c)。结果显示,有 5 个干旱期和 4 个湿润期。干旱期发生在 1840—1873 年、1904—1917 年、1934—1945 年、1956—1974 年和 2004—2014 年;湿润期发生在 1874—1903 年、1918—1833 年、1946—1955 年和 1975—2003 年。值得注意的是,楚河流域过去 175 a 的气候从 19 世纪 40 年代到 20 世纪 60 年代经历了一个缓慢变干的过程,在 20 世纪 70 年代经历了一次严重干旱。随后从 20 世纪 70 年代到 21 世纪 00 年初,SPEI 呈现较长时间的快速增湿。自 2004 年以后,又出现了较强的干旱趋势,甚至在 2012—2014 年下降到低于平均值的水平。

2.2.3.3　降水蒸散指数重建的区域代表性及大气环流的影响

先前的许多研究证实,生长在低海拔地区的雪岭云杉径向生长受到生长季之前水分条件的限制(Zhang et al.,2016c,2017a,2017b;Yuan et al.,2001,2003;Solomina et al.,2014;Li et al.,2006)。Zhang 等(2016c)基于连续监测的植物生长测量仪数据进行了年内径向生长分析,认为 5 月底至 6 月底的湿度是天山山脉雪岭云杉径向生长的限制因素。对干旱和半干旱地区针叶树树轮宽度及其与气候关系的研究表明,树轮宽度生长不仅受生长季气候的影响,还受生长季之前的秋、冬、春季气候条件的影响(Fritts,1976)。

大量研究显示 20 世纪 80 年代以来降水呈增加趋势。Shi 等(2007)进一步提出,从 20 世纪 80 年代开始新疆的气候由暖干转向暖湿。还有研究表明(Zhang et al.,2017a,2017b),自 2004 年以来,降水和 PDSI 已经下降,SPEI 重建序列也表现出相同的水分波动现象。

我们将 SPEI 重建结果与西天山地区的其他研究结果的一致性进行了比较(图 2.44),发现该地区过去的水分变化非常一致。SPEI 重建序列与哈萨克斯坦南部(Zhang et al.,2017a)、准噶尔阿拉套山(Zhang et al.,2017b)和 Issyk 湖(Zhang et al.,2016c)重建序列之间的相关系数分别为 $0.596(n=175,p<0.0001)$,$0.482(n=175,p<0.0001)$ 和 $0.399(n=131,p<0.0001)$。这些较强的相关性证实了 SPEI 重建是可靠的。为了确定 SPEI 重建的空间代表性,我们分析了其与来自 CRU-TS 网格数据集的降水、SPEI 和 scPDSI 数据的空间相关性。结果显示,SPEI 重建成功地代表了过去一个世纪整个中亚的气候变化,特别是吉尔吉斯斯坦和哈萨克斯坦东南部(图 2.45)。

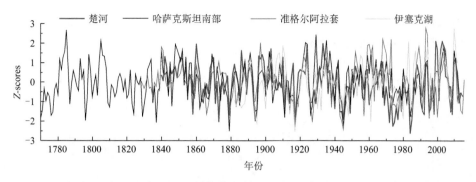

图 2.44　重建序列与西天山区域比较

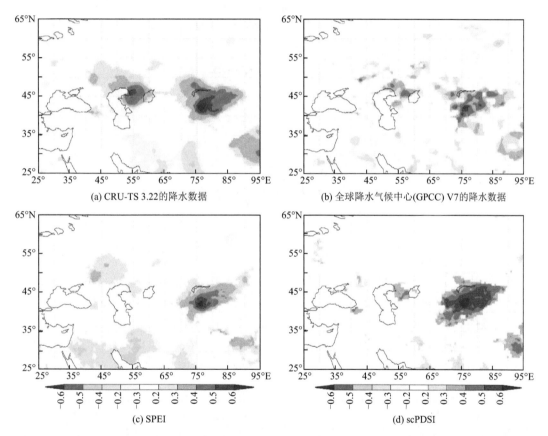

(a) CRU-TS 3.22的降水数据

(b) 全球降水气候中心(GPCC) V7的降水数据

(c) SPEI

(d) scPDSI

图 2.45　重建序列与上年 7 月至当年 6 月格点数据(1951—2012)之间的空间相关性
(a) CRU-TS 3.22 的降水数据;(b) 全球降水气候中心(GPCC) V7 的降水数据;(c) SPEI;(d) scPDSI

　　对比楚河 SPEI 重建和径流的变化,发现它们长期变化是一致的(图 2.46)。1970—1999
年,重建序列与径流的相关系数为 0.540($n=30$,$p<0.01$)。天山的径流主要受气候变化影
响,因为水汽主要由降水和融雪提供。因此,SPEI 重建代表了径流的长期趋势。

　　采用多窗谱分析法(MTM)(Thomson,1982)研究楚河流域 SPEI 变化,发现存在显著的
2.0 a、2.6 a、2.8~2.9 a 和 4.4 a 的周期(图 2.47)。这些周期表明,楚河流域的水汽主要来自
于西风环流。特别是一项研究表明,2~3 a 的周期与对流层中部西风环流的变化有关(Huang
et al.,2013)。另有其他研究发现,2~3 a 是中亚降水或干旱变化的周期特征(Chen et al.,
2011;Fang et al.,2010b,2012),其周期性可能与对流层准两年振荡(TBO)有关(Meehl,

1987）。西风带上游通过影响水分输送，在中亚干旱地区的水汽变化中起着重要作用，因此，TBO 信号可能与西风环流的变化有关。

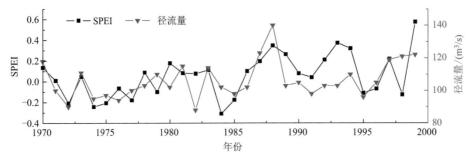

图 2.46　重建 SPEI 与楚河年径流量比较

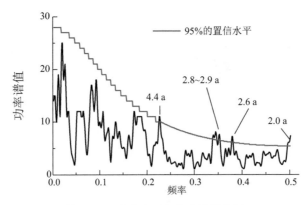

图 2.47　重建序列多窗谱周期分析

我们还比较了 SPEI 变化和海面温度（HadISST1）之间的相关性。研究结果表明，SPEI 与北大西洋的海面温度呈显著的正相关（图 2.48）。这种相关性在过去 30 a 和过去一个世纪中都是很强的。这些时期在天山山脉（Zhang et al.，2016c，2017a，2017b；Wang et al.，2015a）和中国北方其他干旱和半干旱地区（Liang et al.，2009；Liu et al.，2010）的树木气候学和树木水文学研究中经常被提到，说明在楚河流域的 SPEI 的变化可能与西风环流有关。

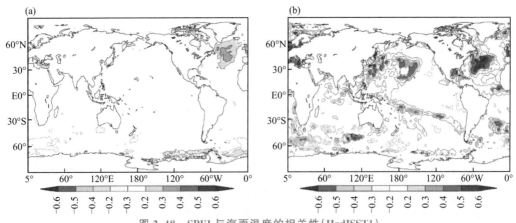

图 2.48　SPEI 与海面温度的相关性（HadISST1）

（a）重建序列与 7—6 月 HadISST1（1870—2013 年）的关系（p<0.1）；

（b）重建序列与 7—6 月 HadISST1（1981—2010 年）的关系（p<0.1）

2.2.3.4 小结

在以往的天山山脉树木气候学研究中,研究人员发现水分的长期变化具有较强的局部特征,变化的一致性随着距离的增加而迅速降低。因此,要充分了解天山的水文气候变化,建立更强有力的重建网络十分重要。为此,我们在中亚最重要盆地之一的楚河流域建立了树轮年表。气候与树木径向生长的响应结果表明,生长季之前和生长季早期的水分是控制楚河流域雪岭云杉径向生长的主要因素。虽然山区的湿度差异较大,但研究表明,雪岭云杉的径向生长对天山山脉的水汽有稳定的响应。

我们还在楚河流域建立了一个可靠的长度为 175 a 的 SPEI 重建序列。结果发现,西天山区域的过去水分变化非常一致。重建显示出从 19 世纪 40 年代到 20 世纪 60 年代有一个缓慢而长期的干旱过程,之后从 20 世纪 70 年代到 21 世纪前 10 年是长期而快速的湿润时期。重建结果也为自 2004 年以来的干旱趋势提供了进一步的证据。楚河流域 SPEI 值的长期变化可能与气候系统的大规模振荡有关。

2.2.4 伊塞克湖干湿变化重建

2.2.4.1 研究区和资料

伊塞克湖位于吉尔吉斯斯坦东北部,天山北坡中部,面积约 6300 km^2。7 月平均气温约 17 ℃,1 月均温约－2 ℃。降水自西向东增加(100～510 mm),盆地东部高山常年积雪。利用采自伊塞克湖流域 Chon Kursun 地区接近森林上线的 KZU(78°11′E,42°10′N,海拔 2800 m)和森林下线的 KZL(78°11′E,42°10′N,海拔 2200 m)两个样点的树轮样本,建立树轮年表。伊塞克湖流域垂直地带性明显,伊塞克湖海拔 1600 m,1600～2000 m 一般为农牧区和人口聚集区,2000～3000 m 为雪岭云杉纯林区,3000 m 以上为高山草原和草甸,高山区常年冰雪覆盖,并发育着许多冰川。

采用距离采样点最近的 CRU 格点(42°15′N,78°15′E)资料的气温和降水数据、SPEI 数据(42°15′N,78°15′E)以及 PDSI 数据(Dai et al.,2004)(41°15′N,78°45′E)进行气候响应和重建分析。

2.2.4.2 伊塞克湖干湿变化重建及特征

取上年 10 月至当年 9 月逐月气象数据与 Chon Kursun 采样点高海拔(KZU)和低海拔(KZL)树轮宽度年表进行相关普查,结果表明(图 2.49),森林下线的树轮年表与 5 月($r=-0.200,n=102$)、6 月($r=-0.243,n=102$)和 7 月($r=-0.272,n=102$)的平均气温显著负相关,表明低海拔的雪岭云杉径向生长对夏季气温响应较好。而高海拔的雪岭云杉径向生长与 4 月($r=-0.296,n=102$)和 5 月($r=-0.293,n=102$)平均气温的相关较好(图 2.49a)。这是因为天山低海拔一般具有较为适宜树木生长的气候条件,如果夏季气温偏高将可能抑制树木正常生长。生长季的高温往往会增加蒸散量,从而降低土壤水分利用率。这是低海拔雪岭云杉树木径向生长与 5 月、6 月和 7 月的气温显著负相关的原因。而高海拔区域,天山山区高海拔拥有更多的积雪,如果春季偏冷,即会推迟融雪,并为生长季节储存了充足的水分。

在雪岭云杉树木径向生长对水分响应方面,位于低海拔森林下线的雪岭云杉径向生长与 5 月($r=0.240,n=100$)和 6 月($r=0.286,n=100$)的降水显著正相关(图 2.49b)。而 5 月($r=0.255,n=111$)、6 月($r=0.278,n=111$)和 7 月($r=0.255,n=111$)的 SPEI 与低海拔树

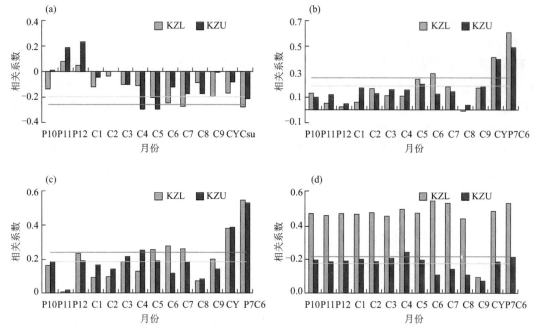

图 2.49　树木年轮标准化宽度年表与逐月气象资料相关
(a)平均气温;(b)降水量;(c)SPEI;(d)PDSI

木径向生长显著正相关(图 2.49c)。上年 10 月到当年 8 月的 PDSI 也与森林下线的树木径向生长显著正相关,均达到 99%置信水平(图 2.49d)。这表明低海拔的树木径向生长对水分响应更强烈。

研究表明,生长季之前和生长季前期的降水(图 2.49b),SPEI(图 2.49c)和 PDSI(图 2.49d)是森林下线树木径向生长的限制性因子。KZL 树轮标准年表(SPL)与上年 7 月至当年 6 月降水,SPEI 和 PDSI 的相关系数分别高达 $0.607(p<0.001,n=100)$,$0.552(p<0.001,n=110)$,$0.531(p<0.001,n=85)$。许多研究表明,天山山区雪岭云杉径向生长由生长季之前和生长季前期的水分条件控制(Yuan et al.,2001,2003;Zhang et al.,2013)。Fritts(1976)认为树木径向生长不仅仅受到生长季节气候的影响,上年秋季、冬季和当年春季的气候条件也可能影响其生长。树木生长受益于上年秋季和冬季降水,是因为它增强了土壤水分储存,这对来年的树木生长至关重要,而生长季降水直接增加土壤水分可用性,从而补偿蒸发蒸腾的土壤水分损失(Li et al.,2006)。

基于相关分析和响应分析结果,采用逐步回归建立拟合方程方法分别重建了伊塞克湖流域上年 7 月到当年 6 月的降水量、SPEI 和 PDSI,转换方程分别为:

$$P_{p7c6}=188.7+112.2\times K_1 \tag{2.7}$$

$$S_{p7c6}=0.795\times K_2+0.529\times K_1-1.309 \tag{2.8}$$

$$P_{Dp7c6}=6.8\times K_1-6.4 \tag{2.9}$$

式中,P_{p7c6} 为伊塞克湖流域上年 7 月到当年 6 月的降水量重建值,S_{p7c6} 为伊塞克湖流域上年 7 月到当年 6 月的 SPEI 重建值,P_{Dp7c6} 是 PDSI 重建值,K_1 和 K_2 分别为低海拔 KZL 采样点的树轮标准化宽度年表和高海拔 KZU 采样点的树轮标准化年表。转换函数(2.7)相关系数为

0.613,在校准期内(1902—2012 年)的方差解释量为 37.6%,调整自由度后为 37.0%,$F_{1,109}$ = 65.73,超过 0.0001 的极显著水平,由该方程可以重建 1886—2012 年伊塞克湖上年 7 月到当年 6 月的降水量;转换函数(2.8)的复相关系数为 0.625,重建序列的方差解释量为 39.1%,调整自由度后为 38.0%,$F_{2,107}$ = 34.34,超过 0.0001 的极显著水平。转换函数(2.9)的相关系数是 0.531,方差解释量为 28.2%,调整自由度后的解释方差为 27.4%,$F_{1,83}$ = 32.66,超过 0.0001 的极显著水平(图 2.50)。

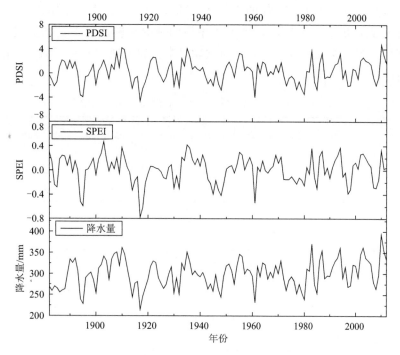

图 2.50　伊塞克湖流域的降水、SPEI、PDSI 重建序列

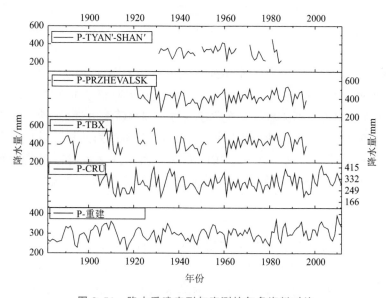

图 2.51　降水重建序列与实测的气象资料对比

对三个回归模型进行交叉检验(表 2.19),结果显示,降水的误差缩减值(R_E)为 0.36,证明了重建模型的稳定可靠性(一般误差缩减值为正即表示可靠),重建序列与实测值的符号检验都通过了 99% 的置信水平,符号检验值为 84$^+$/ 27$^-$,$p<0.01$,序列相关 $r=0.598$,$p<0.0001$,一阶差符号检验结果 81$^+$/29$^-$,$p<0.01$,实测值与估计值一阶差相关为 $r=0.602$,$p<0.001$;SPEI 交叉检验的误差缩减值为 0.25,符号检验和相关分别为 79$^+$/31$^-$,$p<0.01$ 和 $r=0.602$,$p<0.0001$,一阶差符号检验为 76$^+$/33$^-$,$p<0.01$,实测序列与估计序列的相关系数为 $r=0.545$,$p<0.0001$;而 PDSI 的 R_E 为 0.25,均大于 0。由以上结果可以看出,三个重建方程均稳定可靠。伊塞克湖流域降水重建序列的独立检验所有参数均通过了稳定性检验(表 2.20)。因此,利用这三个方程可较好地重建伊塞克湖流域 1882—2012 年的降水量、SPEI 和 PDSI 序列(图 2.50)。

表 2.19 降水、SPEI、PDSI 重建方程的逐一剔除检验统计

	相关系数	一阶差相关系数	符号检验	一阶差符号检验	乘积平均数	误差缩减值
降水量	0.598**	0.602**	84$^+$/27$^-$**	81$^+$/29$^-$**	9.564**	0.357
SPEI	0.602**	0.545**	79$^+$/31$^-$**	76$^+$/33$^-$**	8.277**	0.249
PDSI	0.497**	0.234**	57$^+$/28$^-$**	51$^+$/33$^-$	7.850**	0.245

注:**代表超过 99% 的置信区间;*代表超过 95% 的置信区间。

表 2.20 降水重建序列的独立检验统计

校准时段	相关系数	方差解释量	F	检验时段	相关系数	误差缩减值	效率系数	符号检验	一阶差符号检验
1903—1957 年	0.542	0.294	22.03	1958—2012 年	0.678	0.468	0.444	43$^+$/12$^-$**	43$^+$/11$^-$**
1958—2012 年	0.678	0.460	45.16	1903—1957 年	0.542	0.309	0.283	38$^+$/17$^-$**	37$^+$/17$^-$**
1902—2012 年	0.613	0.376	65.73						

注:**代表超过 99% 的置信区间;*代表超过 95% 的置信区间。

为了进一步验证重建序列的可靠性,将重建的降水序列与吉尔吉斯斯坦伊塞克湖周边的气象观测降水数据进行对比(图 2.51)。结果表明,重建降水与其他观测降水序列一致,相关系数分别为 0.522(CHON-ASHU 站,$n=83$),0.459(PRZHEVALSK 站,$n=76$)和 0.543(TYAN′-SHAN′站,$n=46$)。降水重建序列与气象观测的降水序列一致,同时,重建的序列相比观测序列,时间序列更长、更加完整(图 2.51)。这不但验证了重建序列的可靠性,还进一步表明本研究重建的伊塞克湖流域干湿变化序列对于理解西天山过去百年气候变化具有重要意义。重建的三条历史气候序列的变化趋势完全一致,三条序列的相关系数分别为 0.786(降水-SPEI),0.911(降水-PDSI)和 0.873(SPEI-PDSI)。由于降水重建序列代表性和可靠性较好,本研究使用降水序列代表干湿变化来分析吉尔吉斯斯坦伊塞克湖流域过去百年的降水变化特征。

2.2.4.3 重建序列的区域对比及气候驱动因素

如图 2.52 所示,吉尔吉斯斯坦伊塞克湖流域过去百年中,有 21 a 为干旱年(16%),25 a 为湿润年(19%),因为这些年份的降水量均大于或小于平均值±1 倍标准差。而过去百年的极端干旱年为 1895 年、1917 年和 1961 年,因为降水低于平均值−2σ。1917 年是过去百年最为干旱的一年,其降水量偏少−28.2%。而极端湿润年份是 1983 年和 2010 年,这两年的降水

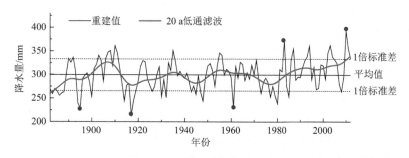

图 2.52　吉尔吉斯斯坦伊塞克湖流域百年降水变化及 20 a 低通滤波

量大于平均值＋2 倍标准差，2010 年是过去百年中最为湿润的一年，降水偏多 31.4%（图 2.52）。重建序列的极端干旱年，尤其是 1917—1918 年的极端干旱年在天山山区的树木年轮气候研究中最为普遍（袁玉江 等，2000；Yuan et al.，2001，2003；Li et al.，2006；魏文寿 等，2008；张瑞波 等，2009，2013；高卫东 等，2011；Chen et al.，2013）。历史文献也明确地记录了 1917 年新疆极端干旱事件。Pederson 等（2001）对蒙古国历史气候重建中也发现了 1917 年的极端干旱事件。

　　为了理解天山山区过去百年干湿变化，将重建序列进行 20 a 的低通滤波，同时与天山山区其他重建的干湿序列进行比较（潘雅婷，2006；喻树龙 等，2005；魏文寿 等，2008；Chen et al.，2013），结果表明，在过去的一个世纪里，无论是中国还是吉尔吉斯斯坦的山区，这种变化都是一致的（图 2.53）。根据 WMO 标准，将 1971—2000 年的 30 a 平均定义为平均值。百年来天山山区无论是南坡还是北坡，东部还是西部都经历了 4 干 4 湿的变化阶段。19 世纪 80 年代和 90 年代偏干（分别为−10.5% 和−1.5%），20 世纪 00 年代偏湿（＋6.8%），为 20 世纪最为湿润的 10 年，20 世纪 10 年代和 20 年代偏干（−8.3% 和−0.4%），10 年代为 20 世纪最为干旱的 10 年，20 世纪 30 年代偏湿（＋0.5%），40 年代偏干（−7.2%），50 年代偏湿（＋5.2%），60—70 年代偏干（−0.2%，−5.7%），80 年代—21 世纪前 10 年偏湿（＋1.1%，＋3.7%，

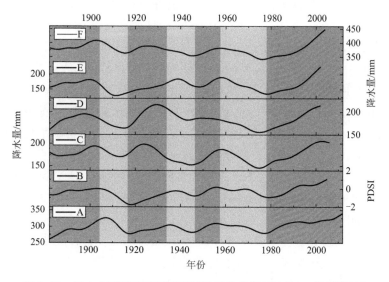

图 2.53　天山山区不同区域百年干湿变化序列对比（20 a 低通滤波）

+5.3%),尤其是 1980 年以后到现在,天山山区经历了 20 世纪以来最为漫长的增湿期。Cheng 等(2012)研究表明,20 世纪中亚气候变化最明显的特征就是 20 世纪 80 年代到现在的降水明显增加的趋势。这一结果与天山干湿变化基本一致(图 2.53)。Shi 等(2007)基于器测资料的中国西北地区气候变化研究表明,从 20 世纪 80 年代新疆气候从暖干转变为暖湿。重建结果显示,在 19 世纪 80 年代到 20 世纪前 10 年,天山经历了缓慢的增湿过程,随后,天山山区呈干旱化趋势,直到 20 世纪 10 年代后期的极端干旱年的出现,20—30 年代缓慢增湿,40 年代变干,50 年代的降水有所增加,但是不明显。从 60 年代到 80 年代,气候持续变干。随后,天山山区经历了过去百年持续时间最长、最明显的增湿过程。

进一步将重建序列与 CRU-TS 3.22 的降水和 scPDSI 数据集进行空间相关分析,结果显示,重建序列具有很好的空间代表性(图 2.54)。干湿变化序列更好地代表了天山西部大部地区的干湿变化,特别是在吉尔吉斯斯坦的北坡。

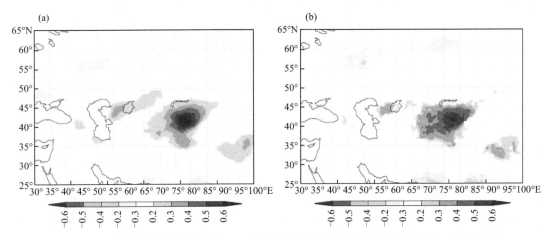

图 2.54 重建的干湿变化序列与 CRU 降水(a)和 PDSI(b)的空间相关(1901—2011 年)

中亚干旱区水汽的主要来源与西风有关。Aizen 等(2001)的研究表明,亚洲中纬度的年度和季节性降水可能与中纬度大气环流的主要组成部分相关。NAO 是影响亚洲中纬度降水量的主要环流模式之一(Aizen et al. ,2001)。天山山区的水文气候系统受西伯利亚高压和西风影响(Aizen et al. ,1997)。NAO 是天山山区降水年际变化的主要因子,本研究重建的干湿变化序列与前一年夏季北极涛动指数(AOI)和 NAO 指数(NAOI)显著负相关(Li et al. ,2003)。重建的降水序列和夏季 AOI / NAOI 的相关系数分别为 $-0.290(p<0.001,n=131)$和 $-0.218(p<0.05,n=131)$。而 6 月的 AOI 和重建的天山百年干湿变化序列相关高达 $-0.348(p<0.001,n=131)$。对比重建序列、NAO 和 AO 的 11 a 滑动平均序列发现,干湿变化序列与 AO 和 NAO 之间的相关系数分别达到 $-0.675(p<0.001,n=121)$和 $-0.654(p<0.001,n=121)$(图 2.55)。因此,过去百年的天山山区干湿变化可能受到夏季 AO / NAO 控制。近年来,基于代用资料和观测数据的研究均发现,夏季 NAO(SNAO)对北半球气候有着重要的影响(Hurrell et al. , 2002;Folland et al. , 2009;Linderholm et al. ,2011)。研究表明,SNAO 与欧洲的气候变率密切相关,特别是在其北部地区。这种关联包括干旱,其中正的 SNAO 对应于北欧大部分地区的干旱条件和南欧的潮湿条件。在夏季,英国低地降水与 NAO 之间存在显著的负相关关系(Burt et al. ,2013);Linderholm 等(2013)指出了东中亚和

青藏高原东部的树木年轮与 SNAO 有很强的相关性。Bao 等(2015)认为蒙古高原东部的干旱变率与 SNAO 相关;Aizen 等(2001)提出中亚尤其是天山降水与 NAO 反相关。NAO 负相位,中纬度西风增强,来自大西洋的水汽更多的到达中亚,受到天山的阻挡,造成西天山地区形成较多的降水;同时,西伯利亚高度场负异常、青藏高原正异常,形成了较大的气压梯度,阿拉伯海和地中海的水汽也向天山山区输送,从而天山山区的降水增多;当 NAO 正相位时,中纬度西风减弱,天山山区处于高压控制,大西洋的西风水汽输送能力偏弱,导致降水天气过程偏少,不利于天山山区降水,容易发生干旱事件。因此,SNAO 与西天山的水分变化密切相关。

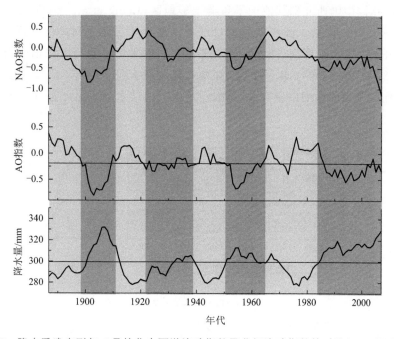

图 2.55 降水重建序列与 6 月的北大西洋涛动指数及北极涛动指数的对比(11 a 滑动平均)

将伊塞克湖流域的干湿变化序列进行多窗谱分析(MTM)以寻找历史气候变化的演变周期(图 2.56),研究表明(Thomson,1982):过去百年的降水具有明显的 3.9 a(95%)、5.6 a(99%)和 5.9~6.3 a(95%)的变化准周期(图 2.56),而过去百年的 PDSI 具有明显的 2.3 a(95%)、2.6 a(95%)、4.6 a(95%)和 5.6 a(95%)的变化准周期,SPEI 具有明显的 2.6 a(95%)、5.6 a(99%)、6.0 a 的变化准周期。其中,重建序列的 2.3 a 和 2.6 a 的变化准周期表明干湿变化

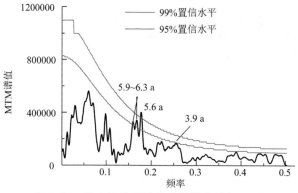

图 2.56 降水重建序列的多窗谱分析(MTM)

可能与西风环流有关。因为 Huang 等(2013)认为,干旱的中亚地区的 2~3 a 的周期与对流层中部西风环流的变化有关。Chen 等(2011)也发现干旱中亚的年降水量存在 2~3 a 周期。Li 等(2006)指出位于中国西北的天山山区干旱变化具有明显的 2~3 a 周期。重建序列中的4~6 a 周期可能与厄尔尼诺—南方涛动(ENSO)(Allan et al.,1996)和准两年振荡(Meehl,1987)一致。Wang 和 Cho(1997)指出了来自欧亚大陆北部降水资料的 4~5 a 信号和准两年振荡。这些高频率周期意味着局部干旱变率与热带海洋大气层系统的强耦合(Li et al.,2006)。在前期的天山山区树轮气候研究中,这些短周期也普遍存在(张瑞波 等,2009;Zhang et al.,2013),同时,中国西北部其他干旱和半干旱地区(Liang et al.,2009)也存在这种周期。另外,本研究进一步使用 Morlet 小波分析对三条干湿变化重建序列进行分析,发现它们具有一致的和显著的 17 a 低频周期(图 2.57)。这表明干湿变化可能与太阳活动有很强的联系,Raspopov 等(2004)指出,17~18 a 的气候振荡可能与在大气—海洋—大陆系统的 Gleissberg 和 Hale 周期性范围内的太阳效应有关,这揭示了西天山的水分变化可能与气候系统的大规模振荡有关。

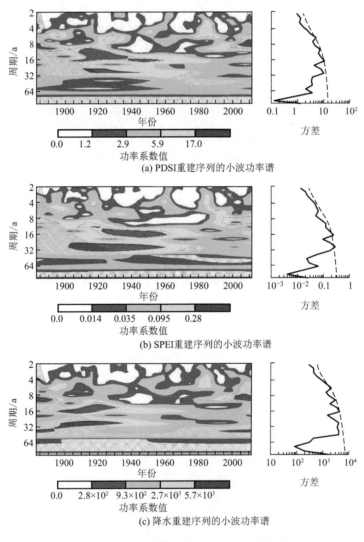

(a) PDSI重建序列的小波功率谱

(b) SPEI重建序列的小波功率谱

(c) 降水重建序列的小波功率谱

图 2.57　三条重建序列的 morlet 小波分析

2.2.4.4　小结

以往的研究工作主要集中在重建局部降水(Zhang et al.,2014b)和干旱指数(Chen et al.,2013),很少了解林线和下树线的树轮宽度对气候的响应差异以及可能的历史气候变化驱动机制。我们利用采集的树木年轮样本,结合更多类型的气候资料,分析了西天山林线和下树线树木年轮宽度对气候响应的异同。研究结果表明,对于下树线树木径向生长对夏季气温和春季气温的响应,下树线树轮宽度与湿度的相关性最强。上年 7 月至当年 6 月的降水一直是影响西天山树木生长的主要气候因子。我们重建和讨论了西天山过去近百年的降水变化。在 19 世纪 80 年代到 20 世纪前 10 年气候缓慢增湿,20 世纪 10 年代天山山区呈干旱化趋势,后期出现极端干旱年,20—30 年代缓慢增湿,40 年代变干,50 年代的降水有所增加,但是不明显。从 60 年代到 80 年代,气候持续变干。随后,天山山区经历了过去百年持续时间最长、最明显的增湿过程。这种湿度变化适用于天山西部的大部分地区,特别是在吉尔吉斯斯坦山脉的北坡。我们认为,20 世纪以来,湿度的变化可能受夏季 AO/NAO 的控制,可能与气候系统的大尺度振荡有关。

2.3　塔吉克斯坦

2.3.1　塔吉克斯坦北部夏季干旱变化研究

2.3.1.1　研究区和资料

由于气候因素的影响,中亚的森林正在逐渐从云杉林过渡到吉尔吉斯斯坦南部的圆柏林。中亚森林以吉尔吉斯斯坦南部为边界,分为西部森林和东部森林,西部森林以圆柏为主,东部森林以云杉为主。研究区域位于费尔干纳盆地附近的库拉明山脉(塔吉克斯坦北部)(图 2.58),那里的气候主要受西风带的影响(Chen et al.,2016e)。距离采样点最近气象站(苦盏站,40°13′N,69°44′E,海拔 414 m)的年均降水量为 164.1 mm,暖季降水(5—9 月)只占年降水量的 19.1%。7 月(月平均气温 28.6 ℃)和 1 月(月平均气温−0.8 ℃)分别是最热和最冷的月份(图 2.59)。从库拉明山脉低海拔地区选择了两个点 Obiasht 和 Adrasman(表 2.21)采集树木样本,共采集了 40 棵树 81 个样芯。采样区域树木稀疏,土壤较薄(图 2.60),采集树种为区域内的优势树种泽拉夫尚圆柏,最大树龄的样本(1594—2015 年)采集于 Adrasman 采样点。

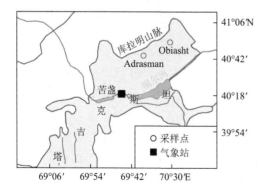

图 2.58　塔吉克斯坦北部采样点分布图

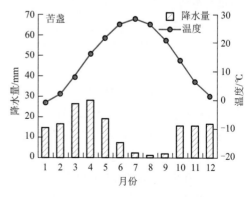

图 2.59　苦盏气象站月平均气温和降水

图 2.60　采样区域圆柏林生长环境

表 2.21　采样点信息

采样点	纬度	经度	树(数量)	海拔/m	坡向	坡度
Obiasht	40°52′N	70°27′E	24	1663	东	30°
Adrasman	40°42′N	70°04′E	27	2035	东南	20°

将树轮样本风干后固定在样本板上,用砂纸进行打磨,使树轮的边界清晰。初步交叉定年后使用精度为 0.001 mm 的 Velmex 测量系统测量年轮宽度。利用 COFECHA 软件(Holmes,1983)和 ARSTAN 程序(Cook et al.,1990)进行交叉定年质量控制和初步年表研制。利用年表相关性来评估 2 个采样点间共同信号的强度。结果表明,2 个年表之间存在较高的相关($r=0.52,p<0.001$),反映了 2 个区域对气候影响的共同响应。这可能是由于 Obiasht 和 Adrasman 采样点海拔高差为 372 m,都为库拉明山脉南坡,两个采样点的距离在 37 km 左右,属于同一气候区,因而 2 个年表呈现相同的信号。使用 2 个采样点所有圆柏树的年轮宽度序列来构建区域年表。利用 ARSTAN 程序研制库拉明山脉的区域年表,用负指数曲线来消除非气候趋势,为了最大限度地减少树木年轮指数中异常值的影响,使用了双权重平均法建立区域标准、差值和自回归年表。最终选取区域标准年表(RC)进行分析,EPS 大于 0.85 的起始年份为 1650 年,最小样芯数为 5 个。

除了分析树轮年表对苦盏站的月平均气温、月降水量等气候因子的响应外,我们从 KNMI 网站获取了库拉明山脉的 1901—2012 年期间的 scPDSI(40°30′—41°30′ N,70°00′—71°00′E)用于相关分析。

2.3.1.2　干旱指数重建及变化特征

库拉明山脉区域树轮年表在 1901—2015 年的公共区间的标准差(0.45)、信噪比(32.22)和 EPS(0.97)较高,第一特征向量方差占总方差的 51.6%,树轮年表特征进一步表明两个地点的圆柏生长受相似气候要素的影响。库拉明山脉树轮年表与当年 4—7 月的月总降水量之间存在显著的正相关(0.26~0.36,$p<0.05$)(图 2.61);与当年 5—6 月的月平均气温呈显著负相关(−0.28~−0.44);与上年 7 月至当年 9 月的 scPDSI 呈显著正相关,尤其是当年 4—9 月(0.59~0.637);库拉明山脉树轮年表与 6—7 月平均 scPDSI(1901—2012 年)的相关性最强(0.637)。因此,对 scPDSI 重建是通过使用 6—7 月的平均 scPDSI 数据校准库拉明山脉树轮年表来实现的。

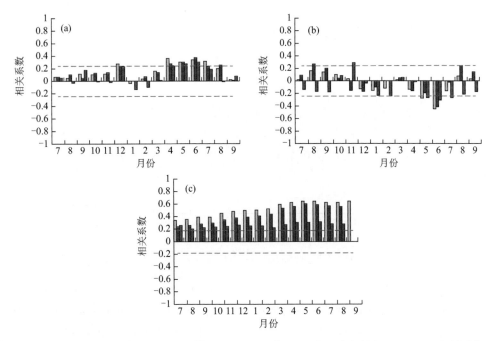

图 2.61　树轮宽度年表对月总降水量(1927—1990 年)(a)、月平均气温(1927—1990 年)(b)和
月度 scPDSI(1901—2012 年)(c)的响应图。水平虚线表示 95％置信水平

在 1901—2012 年的校准期内,重建值占 scPDSI 数据原始值方差的 40.5％(调整自由度
损失后为 40.0％)。转换方程如下：

$$Y = -3.857 + 2.647X \qquad (2.10)$$

式中,Y 是 6—7 月 scPDSI 的平均值,X 是库拉明山脉区域树轮宽度指数。

将 1901—2012 年期间分为 1957—2012 和 1901—1956 年两部分进行分段独立检验评估
scPDSI 重建方程的可靠性(表 2.22)。误差缩减值 R_E 和效率系数 C_E 为正,表明统计模型具
有较好的重建能力。符号检验 S_T 和一阶符号检验 S_{T1} 都超过了 99％的置信水平。这些检验
结果表明,重建方程是可靠的。图 2.62 显示了 1901—2012 年期间库拉明山脉 6—7 月 scPD-
SI 重建数据与器测数据的比较。结果表明,在 20 世纪的不同时间尺度上,重建 scPDSI 与器
测数据是基本一致的。

表 2.22　6—7 月 scPDSI 重建序列分段独立检验统计分析

统计量	校准期	检验期	校准期	检验期	全校准期
r	0.705	0.637	0.637	0.705	0.637
R^2	0.497	0.406	0.406	0.491	0.406
R_E		0.351		0.360	
C_E		0.282		0.329	
S_T		$41^+/15^-*$		$41^+/15^-*$	
S_{T1}		$45^+/10^-*$		$46^+/9^-*$	

注：＊表示达到 0.05 的显著性水平。

重建结果显示了塔吉克斯坦北部 1650—2015 年干旱变化(图 2.63)。将 PDSI 的低通滤
波值连续 10 a 以上低于或高于长期平均值,则确定为干旱期或湿润期。干旱期发生在 1659—

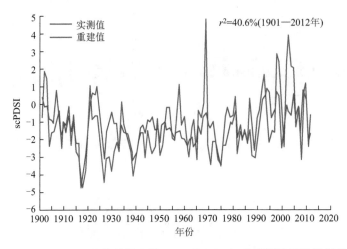

图 2.62　1901—2012 年库拉明山脉 6—7 月 scPDSI 的器测值与重建值的比较

1696 年、1705—1722 年、1731—1741 年、1758—1790 年、1800—1842 年、1860—1875 年和 1931—1987 年,其中持续干旱最长时段出现在 19 世纪上半叶和 20 世纪中期。湿润期分别为 1742—1752 年、1843—1859 年、1876—1913 年、1921—1930 年和 1988—2015 年。虽然 1988—2015 年夏季属于湿润期,但在重建结果中呈现下降趋势,这与观测结果一致。

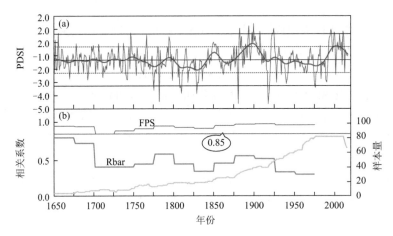

图 2.63　(a)库拉明山 6—7 月 scPDSI 重建序列(细线)和 31 a 低通滤波(粗线);
(b)样本量、EPS(样本总体代表性)和 Rbar(序列之间的平均相关性)

　　库拉明山脉的 2 个树轮宽度年表和区域年表之间存在显著相关($p<0.001$),此外,区域年表与 Seim 等(2016b)和 Chen 等(2016e)使用的树轮宽度年表在 1700—2012 年公共区间内的相关系数为 0.34 和 0.40。主成分分析表明,三个年表的第一主成分(PC1)特征值大于 1.5,占总方差的 52.53%。将 Chen 等(2015a)在库拉明山脉的干旱重建序列与基于云杉树轮资料的中亚地区干旱重建记录进行比较,相关系数为 0.35($p<0.001,n=306$)。PC1 也反映了中亚地区干旱序列相似的干/湿区间。在两个区域发现共同的干旱期(1710 年、1770—1780 年、1800 年、1910—1940 年和 1970—1980 年)和湿润期(1720—1730 年、1790 年、1850 年、1890 年、1950—1960 年和 1990—2000 年)(图 2.64)。多窗谱(MTM)表明,在库拉明山脉重建的 scPDSI 数据中发现了百年尺度(128 a),年代际(24.3 a 和 11.4 a)和年际(8.0 a、3.6 a、

2.9 a 和 2.0 a)周期(图 2.65)。

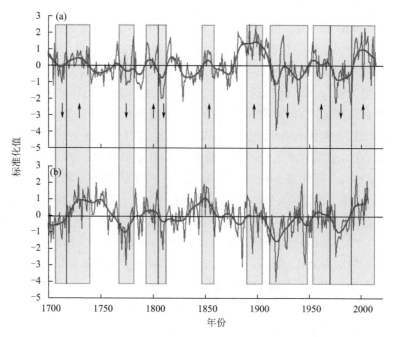

图 2.64　中亚西部以圆柏为主(a)与以云杉为主(b)的干旱序列比较

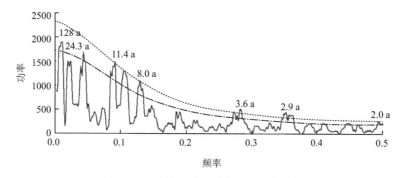

图 2.65　干旱重建序列多窗谱周期分析

2.3.1.3　重建序列区域代表性及气候驱动因素

　　区域树轮年表与气候因子之间的相关性表明,库拉明山脉低海拔地区泽拉夫尚圆柏的径向生长主要受水分条件的限制。这与亚洲内陆干旱区的其他发现类似,表明了水分条件对圆柏生长的影响(Chen et al.,2016e;Seim et al.,2016b;Wang et al.,2008;Gou et al.,2015;Zhang et al.,2015c)。正如一些研究(Fritts,1976)所示,前一个生长季的低降水量和高温的结合导致下一年光合物质的积累减少。此外,当年的气候条件对早材有影响,而早材又主要决定了树木年轮的年宽度。对祁连山圆柏生长的观测研究表明,6 月的径向生长量占树轮宽度的 50% 以上(Gou et al.,2013)。由于我们的树芯是在低海拔地区采集的,6—9 月的降水量只有 12.7 mm,因此,圆柏的径向生长主要取决于降雨补充的土壤水分,对 scPDSI 和降水变化的响应较好。6—9 月降水量占全年总降水量的 7.7%,而 6—7 月是最热的月份。5—6 月气温的上升促进了蒸发,并加剧了已经存在的干旱压力(Adams et al.,2009;Williams et al.,2013)。还有研究表明(Seim et al.,2016b),生长在中亚西部低海拔地区的圆柏对夏季干旱非常敏感。因此,库拉明山脉低海拔地区泽拉夫尚圆柏的径向生长对夏季干旱变化响应较好是可靠的。

干旱记录之间存在的一些差异(即 18 世纪 00 年代、40—60 年代、19 世纪 10—40 年代、60—80 年代和 20 世纪 00 年代)可能反映了当地自然环境的局部影响(例如中亚地区更湿润)或树种(圆柏和云杉)的差异。尽管如此,较高的相关系数表明,干旱胁迫是中亚树木生长的主要限制因素,且覆盖了整个地区。Chen 等(2015c)还发现,中亚干旱序列与热带海洋的海水温度之间存在显著相关性($p<0.05$),这与本研究中泽拉夫尚圆柏的研究结果非常相似,都对热带海洋表面温度有强烈响应,以圆柏和云杉为主的中亚地区干旱变化可能与这些热带区域有关。特别在 20 世纪 70 年代—21 世纪 10 年代,中亚地区均呈现湿润趋势,这意味着中亚地区的水分持续增加,这对于缓解淡水资源的严重短缺具有重要意义。为了进一步揭示中亚大规模极端干旱事件的特征,我们进一步提取了中亚地区树木年轮年表的第一主成分,发现了 20 世纪中亚地区在 1917—1918 年、1944—1945 年和 1974—1976 年发生的大规模严重干旱事件。图 2.66 显示,在这三个干旱事件期间,中亚的 scPDSI 异常为负值,印度次大陆 scPDSI 异常则呈现为潮湿。库拉明山脉最干旱的年份(1917 年)也出现在中亚其他地区(Esper et al.,2002;Chen et al.,2013,2015c;Seim et al.,2016b)。基于上述分析可以确认,中亚的圆柏和云杉林主要受到强烈的大规模干旱胁迫的限制。

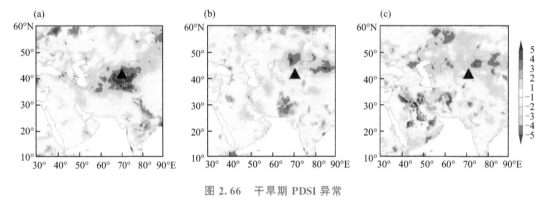

图 2.66　干旱期 PDSI 异常

(a) 1917—1918 年;(b) 1944—1945 年;(c) 1974—1976 年(三角形为研究区域)

8.0 a、3.6 a、2.9 a 和 2.0 a 周期与厄尔尼诺-南方涛动(ENSO)的变化(Li et al.,2013)和西印度洋的赤道低空急流(Gong et al.,2008)(图 2.67a、b)有关。一些研究表明,中亚和南亚之间的大气环流受到来自热带非洲和阿拉伯海的 ENSO 引起的西南水汽通量异常的影响(Zhao et al.,2014b;Mariotti,2007)。在温暖的 ENSO 事件期间,沿印度洋和西太平洋高压异常的西北侧产生了强烈的西南风水汽通量,导致中亚地区降水量增加,反之亦然(Barlow et al.,2002;Mariotti,2007)。重建序列的天气气候学分析结果证实了上述 ENSO 与中亚和西南亚干旱变化之间的联系。24.3 a 和 11.4 a 的周期性可能与太阳活动大尺度模式的变化有关(Hale,1924;Hodell et al.,2001)。scPDSI 重建序列和太阳黑子相对数的比较也表明,在 1700—2000 年的 11 a 波段中存在着显著的关系(图 2.67c)。树轮气候研究也表明了太阳周期对中亚干旱变化的影响(Li et al.,2006)。这些发现表明过去三个世纪太阳活动是中亚干旱变化的一个重要驱动因子。太阳被认为是地球气候系统最重要的驱动力(Beer et al.,2000),许多研究表明,太阳活动与全球表面温度之间的变化具有良好的相关性(Reid,1987;Friis-Christensen et al.,1991)。干旱周期可能与气温变化有关,气温变化由长期太阳活动以某种方式直接或间接控制。蒸发量随着气温的升高而增加,这加强了已经存在的水分胁迫(图 2.61)。因此,太阳活动是陆地干旱诱导机制的最佳调节因素,并在中亚树木年轮上留下了太阳活动的印记。然而,中亚区域干旱的大规模气候模式比预期的更复杂,在不同时间尺度上的许多未知物理过程有待进一步研究。

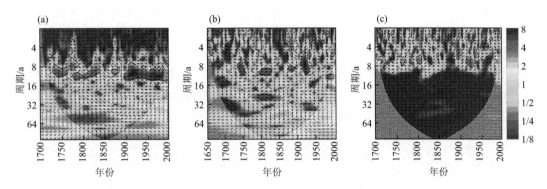

图 2.67　库拉明山 scPDSI 重建序列与 ENSO 指数(a),西印度洋低空跨赤道急流(b)和
太阳黑子数(c)(http://www.sidc.be/silso/DATA/yearssn.dat)的交叉小波变换
相对位相关系显示为箭头(同相指向右,反相指向左)

2.3.1.4　小结

本研究基于泽拉夫尚圆柏的树轮宽度序列,在塔吉克斯坦北部的库拉明山脉重建了 6—7 月 scPDSI 序列,它显示了过去 366 a 中不同时间尺度的干旱变化。干旱重建很好地捕捉到了中亚西部湿润趋势,并代表了大面积的干旱变化,干/湿期与中亚干旱序列非常一致。此外,对气候变化与 scPDSI 重建之间的联系的分析表明,scPDSI 重建中存在的一些极端值与印度洋边缘的异常大规模大气环流有关。

2.3.2　中亚(塔吉克斯坦)与西亚(约旦)干旱信号对比研究

2.3.2.1　研究区和资料

土耳其斯坦圆柏采样点(QAR,39°33′N/68°46′E)位于塔吉克斯坦伊斯塔拉夫尚的西北部,海拔 2675～2800 m(图 2.68)。研究区气候受西风带影响,属干旱大陆性气候。年平均降

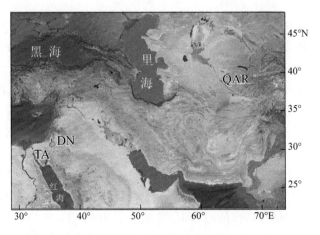

图 2.68　采样点分布图

水量约为 273 mm,年平均气温为 15.8 ℃,夏季降雨非常稀少。采样点坡向为东南,坡度为
40°。树木生长在浅薄的岩石土壤上,枯树约占总面积的 1.5%,树高 5～8 m,每棵树之间都有
稀疏的植被,这是一个干旱胁迫的现象。我们在胸高处使用直径为 5 mm 的生长锥在树不同
方向采集两根样芯。总共采集了 24 棵柏树的 48 根样芯,最大树龄的样本始于 1456 年。

约旦南部 2 个采样点(TA/DN,30°28′—30°38′N,35°30′—35°43′E)的红果圆柏(*Junipe-
rus phenici*)年轮宽度数据来自美国国家气候数据中心。基于 Touchan 等(1999)对采样点的
描述,两个采样点位于约旦南部的高地地区,海拔为 1100～1400 m。约旦南部属半干旱的地
中海气候,年平均降水量约为 270 mm,年平均气温为 13 ℃。降水集中在前一年 10 月到当年
5 月的时间内(图 2.69)。在冬季,海拔 1000 m 以上的地区被厚达 1 m 的积雪覆盖,持续时间超
过 1 个月。研究区的主要植被为柏树、灌木和草地,土壤为浅钙质壤土(Touchan et al.,1999)。

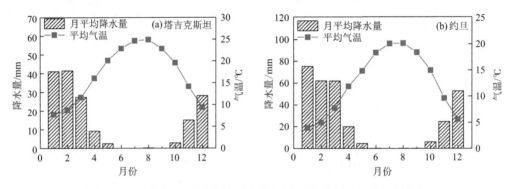

图 2.69　塔吉克斯坦(a)和约旦南部(b)月平均气温和降水量变化图

采集的样芯经风干后,先固定在样本板上,使用砂纸打磨抛光,再使用 Lintab 测量系统以
0.01 mm 的精度测量每个样芯的树轮宽度,最后使用 COFECHA 程序(Holmes,1983)检验树
轮宽度定年和测量质量。为最有效提取树轮宽度中的气候信号并剔除年龄和林分动态相关的
增长趋势,使用负指数函数对两个区域的树轮宽度序列进行去趋势。通过 ARSTAN 程序计
算年轮指数的双权稳定平均值建立树轮宽度年表。在年表编制过程中使用 Briffa Rbar 加权
方法稳定年表的方差,使用序列之间的平均相关性结合每年的样本量来调整样本量变化的方
差(Osborn et al.,1997)。由于标准年表(STD)保留了更多的低频信号,因此使用标准宽度年
表进行后续分析(Cook et al.,1990)。

气象数据来源于 CRU TS 3.22 数据集,包括月降水量、月平均气温和 PDSI,涵盖时间为
1901—2013 年,范围为塔吉克斯坦北部(27.5°—28.5°N,86°—89°E)。为了确定树木生长和气
候关系,使用 Pearson 相关分析上年 7 月至当年 9 月 2 个区域的气象数据和年轮宽度年表的
相关性。约旦南部已基于差值年表重建了过去 396 a 的上年 10 月至当年 5 月降水(Touchan
et al.,1999)。因此,我们从美国国家气候数据中心获得了该区 1600—1995 年约旦南部上年
10 月至当年 5 月降水重建序列(Touchan et al.,1999)和约旦南部标准树轮宽度年表。

2.3.2.2 树轮年表记录的气候信息

以样本总体代表性(EPS)大于 0.85 为标准确定年表的可靠区间(Wigley et al.,1984)。
其中,塔吉克斯坦树轮宽度年表(TTR)的可靠区间起始于 1570 年,对应样本量为 5 根样芯;
而约旦南部树轮宽度年表(JTR)的可靠区间起始于 1600 年,对应样本量为 6 根样芯(图
2.70)。我们将两个年表的起始年统一以 1600 年开始。塔吉克斯坦和约旦的树轮宽度年表的

序列间平均相关系数和第一个特征向量的方差解释量均较高,表明其可能记录了大范围的共同气候信号。

　　基于差值树轮宽度年表重建的约旦南部上年 10 月至当年 5 月的降水序列与 JTR 具有良好的相关性($r=0.901,n=396,p<0.001$)(Touchan et al.,1999)。因此,可以假设 JTR 代表了约旦南部与区域干旱变化相关的降水信号(图 2.71a)。TTR 与上年 8 月降水量及当年生长季节的 2 月、3 月、5 月和 7 月降水量正相关,但与 3 月的气温负相关。在生长季,树木年轮和 PDSI 之间存在更高的正相关(图 2.71b)。为了进一步研究气候—树木年轮的关系,我们计算了 TTR 与上年 7 月至当年 9 月的气温、降水和 PDSI 的季节性组合的相关系数。其中,TTR 与上年 8 月至当年 7 月的 PDSI 之间的相关性最高($r=0.57,n=111,p<0.001$)。因此,TTR 可以代表塔吉克斯坦北部的区域干旱变化。

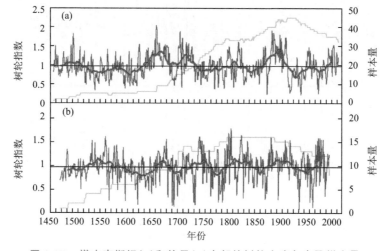

图 2.70　塔吉克斯坦(a)和约旦(b)南部的树轮宽度年表及样本量

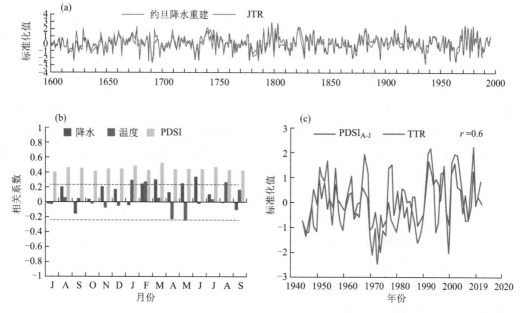

图 2.71　(a)约旦南部降水重建序列与 JTR 年表对比;(b)TTR 与上年 7 月至当年 9 月降水量、平均气温和 PDSI 相关分析;(c)塔吉克斯坦北部上年 8 月至当年 7 月 PDSI 与 TTR 树轮年表对比

将两个树轮宽度年表标准化,并使用 10 a 低通滤波器进行平滑处理,以突出低频气候信号。结果表明,约旦南部(JTR)的干旱期发生在 1600—1655 年、1683—1708 年、1724—1735年、1758—1791 年、1801—1816 年、1843—1875 年、1926—1941 年、1952—1968 年和 1987—1990 年;相对湿润的时期为 1656—1682 年、1709—1723 年、1736—1757 年、1792—1800 年、1817—1842 年、1876—1925 年、1942—1951 年、1969—1986 年和 1991—1995 年。塔吉克斯坦北部(TTR)的 9 个湿润期为:1622—1626 年、1636—1683 年、1698—1730 年、1794—1803 年、1813—1824 年、1863—1870 年、1878—1911 年、1951—1962 年和 1992—2013 年;干旱期为1600—1621 年、1627—1635 年、1684—1697 年、1731—1793 年、1804—1812 年、1825—1862年、1871—1877 年、1912—1950 年和 1963—1991 年(图 2.72)。

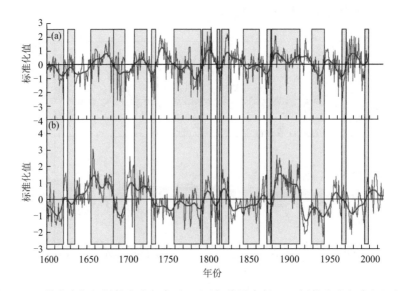

图 2.72　塔吉克斯坦树轮宽度年表 TTR(a)与约旦南部 JTR 树轮宽度年表(b)对比

周期分析得出,JTR 存在显著的 55～100 a 周期。此外,在 17 世纪 60 年代—19 世纪 30年代存在 20～35 a 的周期,在 19 世纪 90 年代至 20 世纪 80 年代减弱(图 2.73a)。在 17 世纪80 年代、18 世纪 20 年代—19 世纪 10 年代和 20 世纪 50—80 年代存在 2～4 a 的周期。而 TTR则存在显著的 55～100 a 的周期。其中,在 17 世纪 80 年代—18 世纪 10 年代存在 20～30 a 的周期,在 18 世纪 80 年代—19 世纪 30 年代减弱,同时,TTR 还存在 2～6 a 周期(图 2.73b)。

JTR 和 TTR 之间的相关性在大多数谱带上随时间变化。然而,最一致的时期发生在较长的时间尺度上(55～100 a)。此外,在公元 1700—1980 年期间,在长时间尺度(20～30 a)上,两个树木年轮系列之间也观察到了显著的协同性。小波变换分析还表明,其在 1670—1769 年和 1950—1989 年期间存在 2～4 a 周期的显著变化(图 2.74)。

2.3.2.3　干旱信息大尺度对比和周期特征

在 1600—1995 年共同时期内,两个树轮宽度年表之间的相关性为 0.15($p<0.05,n=$396),经 20 a 平滑后增加到 0.25($p<0.01,n=$396)。在 1600—1621 年、1627—1635 年、1683—1697 年、1731—1735 年、1758—1791 年、1810—1812 年、1843—1862 年、1871—1875年、1926—1941 年和 1963—1968 年同步干旱;在 1656—1682 年、1709—1723 年、1794—1803年、1817—1824 年、1878—1911 年和 1992—1995 年同步湿润(图 2.72)。同时,在 19 世纪 40

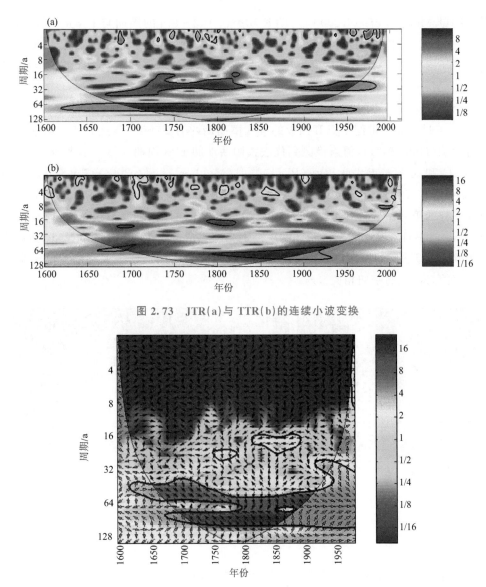

图 2.73　JTR(a)与 TTR(b)的连续小波变换

图 2.74　塔吉克斯坦树轮宽度年表 TTR 与约旦南部 JTR 树轮宽度年表小波平方相干性

年代、50 年代、70 年代和 20 世纪 40 年代、60 年代和 80 年代的塔吉克斯坦北部的干旱期也与扎格罗斯山脉中部的干旱同步(Azizi et al.，2013)。尽管山区地形复杂,局部气候和树木生长存在空间差异,但两条曲线的干湿期在年代际尺度上一致,反映了相似的干旱变化,表明中亚和西亚存在共同的大尺度气候强迫。同时,两个序列之间存在的一些差异(17 世纪 30 年代、50 年代、18 世纪前 10 年、50—60 年代、19 世纪 40 年代、60—70 年代、20 世纪 10—20 年代和50—80 年代)可能反映了不同地理特征的局部影响。

　　基于 TTR 和 JTR 的标准差,我们将极端湿润的年份定义为值大于平均值加 1.5 倍标准差,将极端干旱的年份定义为值小于平均值减 1.5 倍标准差。结果表明,干旱事件发生在1609—1910 年、1688 年、1748 年、1750 年、1777—1778 年、1803—1804 年、1811—1812 年、1827 年、1883—1884 年、1955—1956 年、1958—1959 年和 1970—1971 年。

　　在 TTR 和 JTR 中发现了年际尺度周期性。JTR 中 2～4 a 的短周期可能与北大西洋涛动有关(NAO,Mokhov et al.,2000)。TTR功率谱中2~8 a的周期与ENSO事件有关(Allan et al.,1996)。另外,中亚器测记录(Mariotti,2007)及树木年轮(Li et al.,2006)和冰芯(Zhang et al.,2012b)等代用资料也发现了ENSO事件。这通常被认为是其与亚洲季风系统的相互作用(Mariotti,2007;Zhao et al.,2014a;Huang et al.,2015b)。

在两个研究区域的不同时间尺度上观察到两个年轮宽度年表小波变换的显著年代际周期性(图2.73)。过去4个世纪中亚和西亚的准太阳周期约为20~30 a,这表明太阳活动对干旱变化具有影响(Hale,1924),但未检测到代表太阳活动的11 a周期。另一个大约55~100 a的周期与NAO和太平洋年代际涛动(PDO)类似(Mokhov et al.,2000;Glueck et al.,2001;MacDonald et al.,2005;Trouet et al.,2009)。使用小波变换分析(Torrence et al.,1998)两个树轮宽度序列的第一主成分与PDO指数和NAO指数之间的关系(MacDonald et al.,2005;Trouet et al.,2009)。发现两个树轮宽度序列的第一主成分与PDO指数和NAO指数之间存在55~100 a的显著共同振荡(图2.75)。因此,这些低频周期表明中亚和西亚的干旱变化可能与大规模的海洋振荡密切相关。

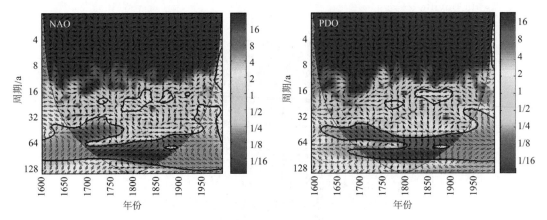

图2.75　两个树轮宽度序列与PDO指数和NAO指数小波平方相干性第一主成分

2.3.2.4　小结

根据塔吉克斯坦北部和约旦南部的年轮宽度数据,研制了2个区域的树轮宽度年表。相关分析表明,塔吉克斯坦北部树木年轮宽度年表与上年8月至当年7月PDSI相关,而约旦南部树轮宽度年表主要与上年10月至当年5月总降水量相关。2个树轮宽度序列可以代表两个研究区的区域干旱变化。比较塔吉克斯坦北部的树轮宽度年表与约旦南部的年轮宽度年表,这些地区气候变化受共同的大尺度环流因子影响。在干旱年份,塔吉克斯坦和约旦南部受到来自大陆上空的干燥气团的控制。在塔吉克斯坦的湿润年份,研究区受西风急流控制,增强的西南气流为西亚带来丰富的水汽,并进一步向北移动,导致中亚降水增加。

分析两个树轮宽度序列在年际和年代际时间尺度上准周期性得出,太阳活动对亚洲干旱地区气候变化有一定的影响。同时,这两个年轮宽度序列的多个年代际周期表明,中西亚区域干旱与大尺度海洋振荡之间可能存在联系。然而,我们的结果是初步的,需要通过更多的中亚和西亚树轮气候学研究来证实。两个年轮序列的协同性表明,通过使用中亚和西亚的树轮资料场,可以开展反映大规模干旱变化的空间气候重建,能够更好地了解中亚和西亚及其周边地区干旱和降水的变化特征。

第 3 章
中亚树木年轮水文研究

地球上陆地生命的生存与发展都有赖于淡水资源,而淡水资源作为一种有限量的自然资源,仅占世界水资源总量的 2.5%(Abd El-Hack et al.,2018)。大部分淡水资源是以冰川或深层地下水的形式储存,以江河湖泊为载体的水资源才是最容易被利用的部分,而这部分只占地球水资源总量的 0.26%(Oki et al.,2006)。气候变化对人类的生存和发展构成了重大的挑战,是当今一个重大的国际政策问题(Campbell et al.,2011;Carter et al.,2015)全球变暖加速了水的循环(Douville et al.,2002)以及干旱区的扩张(Ma,2007;Huang et al.,2016),导致许多生态系统的干旱风险增加(Ning et al.,2019;Zhang et al.,2019b)。以全球变暖为主要特征的现代气候变化以及人类水资源需求量的快速上升都在一定程度上改变着水资源时空分布格局,进而影响水资源的可持续开发利用(Vörösmarty et al.,2010;IPCC,1990,2013;夏军 等,2015;吴立钰 等,2020)。气候变化背景下水资源利用成为各国学者研究热点,世界气象组织(WMO)、联合国环境规划署(UNEP)等组织陆续发起以水科学为主题的专项,如政府间气候变化专门委员会(IPCC)、世界气候研究计划(WCRP)、国际地球生物圈计划(IGBP)、国际水文计划(IHP)和全球水系统计划(GWSP)等(吴立钰 等,2020)。

中亚地区位于欧亚大陆腹地,远离海洋,是世界上跨境河流分布最密集的地区之一,也是古丝绸之路的重要廊道(Yang et al.,2019)。地表水资源是中亚的主要供水来源,因此,地表水对该地区的经济和社会可持续发展至关重要(Greve et al.,2018;Malsy et al.,2012)。受地形影响,3/4 水资源集中在上游吉尔吉斯斯坦和塔吉克斯坦两国,但下游哈萨克斯坦、土库曼斯坦和乌兹别克斯坦三国的总需水量却超过中亚五国总用水量的 85%,跨境水资源的分配问题长期困扰中亚各国,严重制约了中亚五国发展(安成邦 等,2017)。随着农业和工业生产的发展、城市化和人口的增长,水资源的可持续供应问题越来越令人关注(Lee et al.,2018)。全球变暖对以冰雪融水为主要水资源的中亚干旱区影响复杂,受冰川面积,积雪量和融雪速率等因素影响,中亚干旱区不同地域水资源对气候变化的响应也存在差异(Li et al.,2017;许腾等,2019)。由于不同地区水循环过程对于全球变暖的响应存在显著差异,而极端气候事件发生频率和严重程度的上升正威胁着许多地区水资源安全,器测数据已经无法满足中亚地区日益增长的水文预报和水资源管理需求。因此,有必要深入了解区域河流径流量长期变化及其驱动机制,以便更好应对气候变化(Dai,2013;Milly et al.,2016;郑景云 等,2021),有助于科学地解决与水资源有关的问题和制定相关政策。

由于器测径流量数据长度相对较短,不能有效揭示径流量长期变化特征,影响了水文变化的可预报性,而这就迫切地需要使用一些代用资料以延长径流量序列长度(刘普幸 等,2004)。树木年轮具有可靠性高、分布广泛、样本易获取、分辨率高、时间序列长等优点,干旱环境下的宽轮往往对应偏高的径流量,窄轮往往对应偏低的径流量,树木年轮在径流量重建研究中被广泛应用(Meko et al. ,1995;谢成晟 等,2020;郑泽煜 等,2021)。Woodhouse 等(2006)对科罗拉多河上游进行了不同时间尺度的径流量重建,为流域水资源管理提供了可靠的数据支撑;Gou 等(2007,2010)重建了中国黄河千年的径流量历史,揭示了黄河径流量长时间尺度变化规律;Pederson 等(2001)利用树轮宽度重建了蒙古国东北部克鲁伦河345 a 的径流量序列,探讨区域径流量变化与太阳活动等可能存在的联系;Yang 等(2012)重建了中国黑河自公元 575 年以来的径流量变化;Panyushkina 等(2018)利用雪岭云杉树轮宽度重建了巴尔喀什湖流域 235 a 径流量变化历史,发现径流量多年代际变化受到西伯利亚高压(SH)和北大西洋涛动(NAO)的影响;Yang 等(2019)利用树轮资料对跨境河流湄公河—澜沧江展开了径流量重建工作,发现流域内表现出湿润趋势;Xu 等(2019)利用树轮氧同位素重建湄南河 257 a 径流量,并发现其径流丰枯变化与赤道东太平洋海温存在紧密联系;Liu 等(2020)使用对湿度敏感的树轮宽度年表重建黄河中游径流量,发现径流量减少导致黄河上游泥沙负荷减少 58%,中游减少了 29%。上述研究成果在一定程度上解决了器测径流量资料时空分辨率不足问题,使得我们对亚洲不同地区径流量变化有了更加深刻的认识。

针对以上问题,我们在中亚地区额尔齐斯河流域、楚河流域和锡尔河流域开展树轮水文研究工作,利用流域山区树木年轮资料、气象观测资料和水文站径流量资料,分析树轮—气候—水文之间的响应关系,建立树木年轮宽度指数与径流量之间的转换方程,重建中亚地区主要河流几百年径流量变化历史,分析其丰枯阶段、极端丰枯年、周期等变化特征,并结合大尺度环流因子等特征,探讨影响径流量变化的气候驱动因子,为区域水资源管理和水利工程建设应用提供基础数据。

3.1 额尔齐斯河流域

额尔齐斯河是中国唯一流入北冰洋的河流,全长 4248 km,在中国境内 546 km。发源于中国新疆富蕴县阿尔泰山南坡,沿阿尔泰山南麓向西北流,在哈巴河县以西进入哈萨克斯坦,流经哈萨克斯坦的斋桑湖,在那里汇合伊希姆河和托博尔河,然后在西伯利亚西部的汉特曼西斯克附近与鄂毕河汇合。

3.1.1 额尔齐斯河上游径流量重建

3.1.1.1 研究区和资料

本研究中使用的树种为西伯利亚云杉,通常分布在阿尔泰山脉的低海拔地区保水能力较弱的稀薄土壤上。共在研究区完成了 7 个西伯利亚云杉采样点(QBL、TLD、XSK、SEE、XTK、KYS 和 DEN)的采样工作。所有采样均在土壤较薄或者岩石的开阔森林中进行,每棵树(包括死树)至少钻取 2 根样芯,共采集了 189 棵树中的 356 根样芯。此外,从美国国家气候资料中心获得了来自阿尔泰山脉东坡蒙古国 3 个地点的落叶松年轮宽度数据:Ankhny Khoton(AK)、Khovd Golgi(KG)和 Khoton Nuur(KN)(Davi et al. ,2009)。综上所述,这个树轮资料场覆盖了额尔齐斯河的大部分源头区域,采样点信息如表 3.1 所示。

表 3.1　树轮采样点、水文气象站信息

采样点	北纬	东经	海拔/m	坡向	坡度	芯/株	树种
TLD	47°49′	89°00′	1260～1280	西	30°～40°	57/29	西伯利亚云杉
XSK	47°42′	88°59′	1130～1280	东北	5°～40°	46/26	西伯利亚云杉
SEE	47°35′	88°48′	1155～1167	西北	0°～15°	48/25	西伯利亚云杉
XTK	47°41′	89°06′	1667～1700	南	30°～45°	51/28	西伯利亚云杉
KYS	47°31′	89°39′	1590～1660	东	10°～40°	51/27	西伯利亚云杉
DEN	47°25′	89°38′	1430～1460	东	10°～40°	62/34	西伯利亚云杉
QBL	48°00′	87°36′	1204～1215	南	0～10°	41/20	西伯利亚云杉
KN	48°30′	88°30′	2145				西伯利亚落叶松
KG	48°30′	87°48′	2021				西伯利亚落叶松
AK	48°36′	88°22′	2121				西伯利亚落叶松
富蕴	46°59′	89°31′	826.6				
库威	47°20′	89°41′	1200				

额尔齐斯河发源于中国的阿尔泰山脉,山区森林分布在海拔 1130～2145 m 之间。山区海拔最高 4374 m,在高海拔地区有小型高山冰川发育。富蕴气象站($46°59′N$,$89°31′E$,海拔高度 826.6 m)1962—2010 年年平均降水量为 189.7 mm,年平均气温为 3.0 ℃。降雪通常持续 6 个月(上年 10 月至当年 3 月)(图 3.1a)。7 月平均气温最高(22.2 ℃),而 1 月最冷(−20.5 ℃),是中国冬季最冷的地区之一。额尔齐斯河流域上游库威水文站($47°20′N$,$89°41′E$,海拔高度 1200 m)1958—2008 年间年平均径流量为 307.1 m³/s。降水和径流的季节分布有所不同,但均在 4—6 月迅速增加(图 3.1b),径流量在 6 月到达高峰,而降水有 7 月和 11 月两个峰值。流量峰值与流域高海拔地区升温期积雪融水补给直接相关。年际变化特征分析表明,气温和降水均呈显著上升趋势(图 3.1c),而年径流量无显著上升趋势(图 3.1d)。

按照标准程序对树芯样本进行前处理(Stokes,1968)并测量年轮宽度。使用 COFECHA 程序检测目测定年和树轮宽度测量的准确性(Holmes,1983)。在 ARSTAN 程序中使用负指数曲线消除单根样芯中与树龄相关的生长趋势(Cook et al.,1990)。进一步使用双权重稳健平均值(Cook et al.,1990)将来自单个树芯的去趋势数据组合生成年表。由于年表间的高相关性($r=0.58$),我们将所有采样点的去趋势树轮宽度序列合并建立区域年表(RC)。在年表研制过程中,采用 Briffa Rbar 加权法(Osborn et al.,1997)稳定了年表的方差。使用样本总体代表性(Wigley et al.,1984)达到 0.85 为界限确定年表的可靠区间,保证有足够的复本量,并使用标准年表进行后续分析。

额尔齐斯河库威水文站($47°20′N$,$89°41′E$,海拔高度 1200 m)上游没有水坝,并且源头区域没有农场或工业等设施,因此,该水文站记录能反映自然的径流量变化。同时,周边山区只居住着少量的哈萨克牧民,人类活动对该流域流量的影响非常有限。相关分析表明,上年 8 月至当年 7 月库威水文站径流量与富蕴气象站同期降水量显著相关($r=0.73$,$p<0.001$),表明径流量与区域降水密切相关。

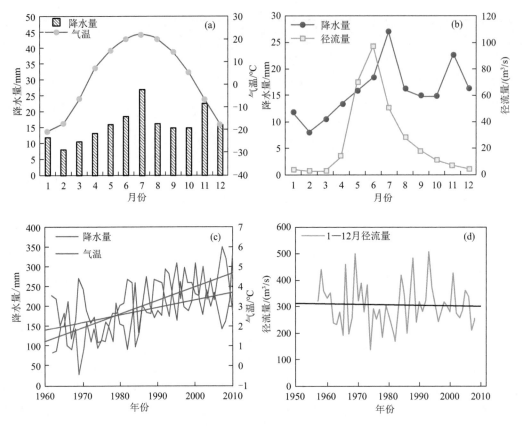

图 3.1　(a)富蕴气象站月降水量和月平均气温;(b)库威水文站月径流量和富蕴气象站月降水量;
(c)富蕴气象站 1962—2010 年年降水量与年平均气温变化;(d)库威水文站 1957—2008 年径流量变化

　　首先分析了年表与上年 7 月至当年 9 月的水文气象记录的相关性,并进一步评估了月降水量和径流量的季节性组合与树轮年表之间的相关性,以确定水文重建的最佳时段。使用线性回归模型重建额尔齐斯河上游的水文气象变化。采用分段独立检验法验证径流量重建序列的可靠性(Cook et al.,1990),其中,校准期和验证期分为 30 a(1959—1988 年和 1979—2008年)和 20 a(1989—2008 年和 1959—1978 年)。30 a 数据用于校准,20 a 数据用于验证。统计数据包括误差缩减值(R_E)和效率系数(C_E)以及符号检验(S_T)(Cook et al.,1990)。使用 20 a 低通滤波法分析额尔齐斯河重建序列的低频信息,定义连续 10 a 超过和低于多年平均值分别为丰水期和枯水期。使用多窗谱(Mann et al.,1996)和小波分析(Torrence et al.,1998)用于分析重建序列的周期特征。

　　为证明重建序列对干旱变化的区域代表性并探索其遥相关特性,使用 KNMI 网站将1950—2010 年重建径流量与帕尔默干旱格点(van der Schrier et al.,2013)和海温数据集进行了空间相关性分析。为确定径流重建序列与大尺度大气环流的联系,选取 1948—2010年间径流量值最高和最低的 10 个年份,分析 5—9 月 500 hPa 矢量风异常的组合特征。为进一步揭示亚洲内陆大尺度水文气象特征,使用主成分分析(Jolliffe,2002)提取了新疆和蒙古河流径流量和干旱重建序列的第一主成分(Davi et al.,2006;Pederson et al.,2001,2013a)。

3.1.1.2　额尔齐斯河上游径流量重建与特征分析

如图 3.2a 所示,上年 9 月和当年 5—6 月的气温与树木生长负相关,上年 7—8 月、上年 12 月和当年 5—7 月的降水量与树木生长正相关(图 3.2a、b)。显然,气温和降水对研究区的树木生长都有显著影响。树木年轮宽度指数与上年 7—12 月径流量显著相关,当年 6—9 月和 6—7 月径流量显著正相关($p < 0.01$)。其中,树木年轮宽度指数与上年 8 月至当年 7 月径流量正相关系数最高($r = 0.696, p < 0.001$)。研究区树木的生长明显受到气候变化的限制,尤其是与上年 8 月至当年 7 月降水量相关的最为显著($r = 0.659, p < 0.001$)。

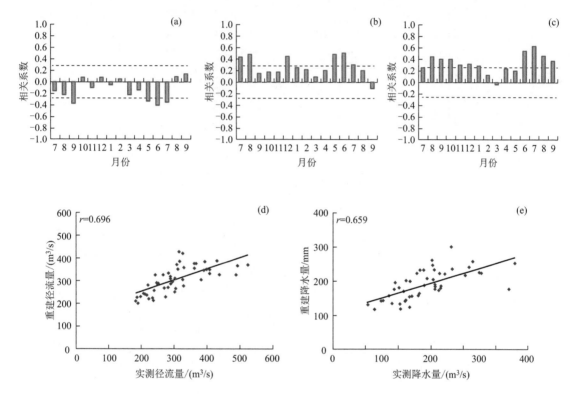

图 3.2　区域年表与上年 7 月至当年 9 月平均气温(1962—2010 年)(a)、降水量(1962—2010 年)(b)、径流量(1958—2008 年)相关分析(虚线为相关系数 0.05 显著性水平线)(c),额尔齐斯河上游器测径流量与重建径流量散点图(d),富蕴气象站年降水量(上年 8 月—当年 7 月)器测值与重建散点图(e)

基于相关性分析结果,利用区域树轮宽度年表重建了额尔齐斯河上游上年 8 月至当年 7 月的径流量变化。重建方程解释了 1958—2008 年器测径流量变化的 48.4%(图 3.2d)。校准期和验证期检验的结果统计表明模型拟合良好,其中模型检验参数 R_E(0.608 和 0.282)和 C_E(0.524 和 0.126)均为正值;符号检验($19^+/1^-$)和($15^+/5^-$)的结果均超过 0.05 置信水平。同时,从图 3.2d 可以看出,除了一些异常的高值点外,重建径流量值与器测径流量值非常吻合。基于树轮年表 EPS 的阈值(0.85),重建了公元 1500 年以来额尔齐斯河径流量变化(图 3.3a)。

额尔齐斯河上游 1500—2010 年期间上年 8 月至当年 7 月的平均径流量为 302.58 m³/s,丰枯阶段如表 3.2 所示,极端枯水(低于平均值两倍标准差)年份为 1506 年、1570 年、1602 年、1645 年、1646 年、1811 年、1812 年、1885 年、1945 年和 1951 年(表 3.2)。如图 3.3c 所示,径流量重建序列存在 22.8 a、13.8 a、7.4 a、5.4 a 和 2.1～3.0 a 的准周期特征,显著性水平均达
到 95%。

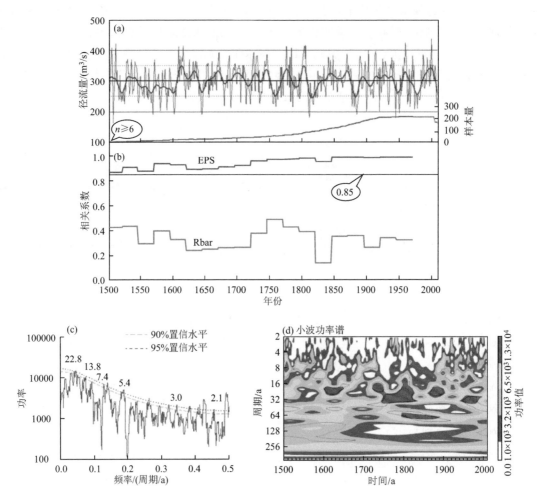

图 3.3 (a)额尔齐斯河上游径流量重建值,红线为 20 a 低通滤波曲线,水平粗实线为平均值,虚线和细实线
分别代表距平 1 倍和 2 倍标准差;(b)样本总体代表性(EPS)和序列的平均相关(Rbar);(c)额尔齐斯河
上游径流量重建值功率谱分析,虚线和点线代表 90% 和 95% 置信水平;(d)Morlet 小波分析

表 3.2 额尔齐斯河上游径流量重建序列特征

枯水年	径流量/ (m³/s)	丰水年	径流量/ (m³/s)	连续 5 a 枯水 事件	径流量/ (m³/s)	连续 5 a 丰水 事件	径流量/ (m³/s)	枯水期	丰水期
1506	164.1	2000	442.1	1883—1887	224.4	1802—1806	400.1	1512—1526	1500—1511
1945	180.5	1960	428.1	1566—1570	226.8	1958—1962	378.6	1545—1606	1527—1544
1812	181.6	1806	420.9	1810—1814	228.7	1613—1617	371.1	1641—1653	1607—1640
1570	190.6	1804	418.8	1974—1978	232.9	1608—1612	364.2	1713—1722	1654—1677
1885	191.6	1784	411.7	1643—1647	233.1	1743—1747	363.7	1735—1737	1685—1712
1602	191.8	1776	416.0	1601—1605	233.3	1773—1777	363.5	1751—1768	1723—1734

续表

枯水年	径流量/(m³/s)	丰水年	径流量/(m³/s)	连续 5 a 枯水事件	径流量/(m³/s)	连续 5 a 丰水事件	径流量/(m³/s)	枯水期	丰水期
1646	193.1	1616	418.8	1947—1951	242.7	1998—2002	360.8	1785—1796	1738—1750
1645	193.9	1609	416.2	1756—1760	243.9	1669—1673	360.6	1809—1829	1769—1784
1811	195.5	1510	425.4	1520—1524	247.6	1869—1873	357.0	1876—1889	1797—1808
1951	195.9	1504	411.9	1579—1583	248.7	1527—1531	353.0	1900—1910	1830—1875
								1943—1954	1911—1942
								1966—1985	1955—1965
									1986—2005

小波分析(图 3.3d)结果表明,重建序列在 1630 年、1800 年和 1870 年为中心的三个时期内存在 13~20 a 的显著周期,还发现了存在 50~60 a 周期。1950—2010 年期间,重建的径流量序列与额尔齐斯河流域大部分地区的上年 8 月至当年 7 月 scPDSI 格点数据显著正相关,其中正相关最高的区域仍然集中在阿尔泰山南坡。结果表明,径流量重建序列代表了额尔齐斯河流域大范围的水分变化。同时,重建径流量也与额尔齐斯河流域 6—8 月格点气温(Mitchell et al.,2005)显著负相关($p<0.05$),与赤道太平洋东部、印度洋北部和赤道大西洋海温显著相关。

3.1.1.3　额尔齐斯河上游径流量变化归因与区域对比

(1)自然强迫对额尔齐斯河上游径流的影响

在阿尔泰山的低海拔地区,树木生长与降水和径流量之间的关系为线性关系,落叶松和云杉的年轮宽度捕捉到强烈的共同的干旱信号(Davi et al.,2009;Chen et al.,2014)。树木生长与生长季气温的负相关及与降水的正相关与决定土壤水分和径流量的蒸散和降水过程有关。春季和夏季(5—7月)气温升高时,落叶松和云杉树需要更多的水分来维持早材生长,因此,较高的降水将有助于形成更宽的年轮、低温和径流量增加。另一方面,在变暖的条件下,土壤水分供应减少,树木生长可能会减慢,形成窄轮,径流量减少。由于 PDSI 和径流量都受到降水和气温(蒸散损失)的综合影响,树轮宽度与 PDSI 和径流之间存在显著的相关关系。阿尔泰山上树线(河流源区)对气温敏感的树木年轮密度序列(Chen et al.,2012a)与重建径流量显著负相关($r=-0.213,p<0.001,n=375$)。然而,在小冰期期间,这种关系在阿尔泰山脉较弱(Büntgen et al.,2016),而在当前温暖时期,气温对区域干旱和径流的影响有所增强。这意味着这种关系的强度受到气候变化的影响。然而,气候变暖程度的不确定性也将会增加水文气候预测的难度(Loaiciga et al.,1996;IPCC,2007)。

在极端潮湿的年份,500 hPa 平均风场在亚洲内陆上空表现为强烈的北风和西北风。气温和降水组合表明,研究区在极端丰水年气候偏冷湿。这与北冰洋冷湿空气的高空输送相一致,为亚洲内陆提供足够的水分。同时,这种大气环流模式在中国东部产生了异常的南风,增加了来自于中低纬度海洋的水汽输送。而在最干旱的年份,则会出现相反的模式。

年代际周期(22.8 a 和 13.8 a)表明太阳活动对额尔齐斯河径流量的影响(图 3.4a),周边地区也有类似的研究结果（Hale,1924;Davi et al.,2006）。2.1～5.4 a 的周期属于自然气候振荡的作用,例如厄尔尼诺—南方涛动（ENSO）(Li et al.,2011),表明研究区径流与大尺度大气系统之间可能存在联系(图 3.4b)。此前基于树轮的研究表明,赤道东太平洋和印度洋北部海温可能驱动新疆北部水文气候变化(Li et al.,2010)。在干旱期,热带东太平洋和印度洋北部海温负异常,温带北太平洋海温正异常,表明 ENSO(或拉尼娜)处于冷相位,反之亦然(Li et al.,2010)。本研究重建径流量与太平洋、大西洋和印度洋海温的显著相关支持了这种联系。

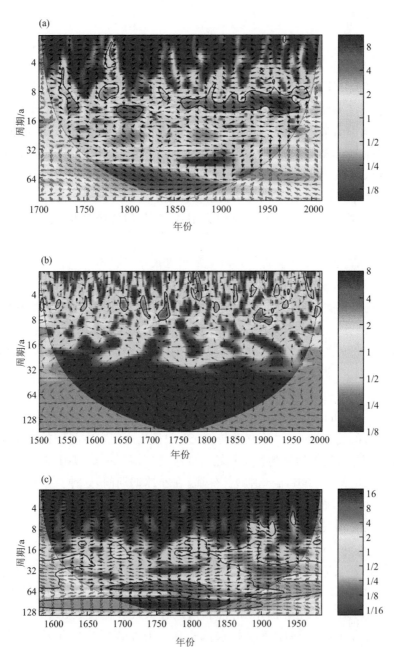

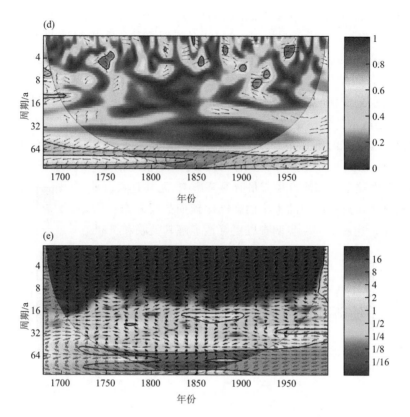

图 3.4　额尔齐斯河上游重建径流量分别与太阳黑子(a)和 ENSO(b)的交叉小波变换；
AMO 指数与新疆树轮宽度序列的交叉小波变换(c)、蒙古区域与新疆区域重建序列的交叉
小波变换(d)、APO 指数与 AMO 指数的交叉小波变换(e)

（2）区域—大尺度的水文气候对比

将本研究结果与已有的中国新疆天山区域基于树轮重建的干旱和降水序列(Chen et al.，2013，2015a，2016c)比较发现，本研究的干旱期 1566—1570 年、1579—1583 年、1601—1605 年、1643—1647 年、1756—1760 年、1810—1814 年、1883—1887 年、1947—1951 年、1974—1978 年(表 3.2)与天山山区重建序列的干旱期一致(图 3.5)。新疆的径流、干旱和降水在 20 世纪 80 年代—21 世纪前 10 年呈现上升趋势。新疆 4 个树轮记录的主成分分析表明第一个主成分特征值大于 2.4，占总方差的 60.89%。强烈的共同信号表明本研究重建序列可以代表新疆大范围水文气候变化。基于器测资料研究发现，新疆降水变化与欧亚大陆中纬度大气环流显著相关(Dai，2013；Huang et al.，2015a)。在大西洋多年代际振荡(AMO)正相位阶段，由于从欧洲到中亚的向东水汽输送增加，中亚降水增加，进一步导致新疆水汽含量增加(Dai，2013；Chen et al.，2013；Huang et al.，2015a)。重建的 AMO 指数(Gray et al.，2004)与本研究重建的径流量序列在 50~100 a 时间尺度上的同步关系支持了这种联系(图 3.4c)，尤其是在 18 世纪 50 年代—19 世纪 30 年代和 20 世纪 40 年代—21 世纪前 10 年期间。

蒙古也有几条河流开展了树轮水文重建工作，主成分分析表明，蒙古几条河流重建序列的第一主成分占 1680—1997 年共同时期的总方差的 64.29%。新疆区域重建序列与蒙古区域重建序列对比未发现明显相关，这可能与区域水文气候特征和不同的自然强迫有关。然而，交

叉小波变换分析表明,在整个 50~70 a 的时间尺度上存在反相位关系(图 3.4d)。这可能由于亚洲太平洋涛动(Zhou et al. ,2009)和 AMO 对亚洲夏季风和中纬度西风带活动的显著影响。通过交叉小波变换分析,发现 APO 和 AMO 在 50~70 a 的时间尺度上具有很强的反相位关系(图 3.4e)。同样,基于孢粉和湖泊水位的古气候记录研究也显示出季风主导地区和西风主导地区之间水分变化的对比趋势(Chen et al. ,2008)。综合考虑中国新疆区域和蒙古区域的位置,这些地区水文气候变化的反相位关系与中纬度西风带与亚洲夏季风相互作用的结果有关。本研究和已有的研究(Fang et al. ,2010a)比较发现,AMO 和径流量重建序列在 18世纪 50 年代—19 世纪 30 年代和 20 世纪 40 年代—21 世纪前 10 年显著正相关(图 3.4e),表明 AMO 对亚洲内陆干旱和河流径流量有显著影响,尤其是蒙古地区(图 3.4c)。因此,中纬度西风带和亚洲夏季风对亚洲内陆干旱的影响比预期的要复杂得多,其复杂性可能与许多未知的物理过程有关。这需要进一步调查以更好地了解其关联和机制。

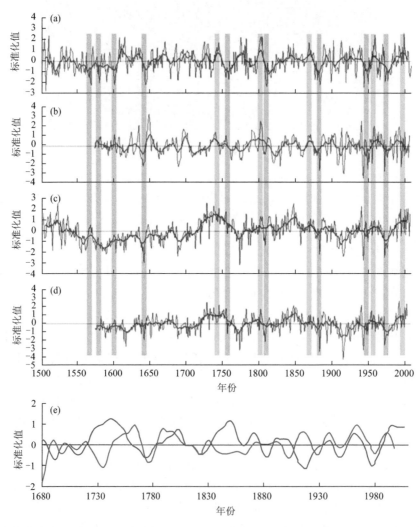

图 3.5　额尔齐斯河上游径流量重建序列(a)和乌鲁木齐降水重建序列(b)、PDSI 重建序列(c)、西天山重建序列(d)对比,以及 1680—1997 中国年新疆区域和蒙古区域重建序列 20 a 低通滤波对比(e)

3.1.1.4　小结

基于年表统计数据,合并了阿尔泰山南坡 10 个采样点的树轮宽度,研制了公元 1500—2010 年的区域树轮年表,进一步重建了额尔齐斯河上游上年 8 月至当年 7 月的径流量,方差解释量为 48.4%。随着全球变暖导致气温上升,其对区域径流量和干旱变化的负面影响会越来越大。径流量重建序列的显著周期属于自然气候振荡,例如 ENSO 和太阳活动。同时,径流量重建序列与印度—太平洋海温的空间相关表明区域径流量变化与大规模海洋—大气—陆地环流系统相关。基于极端干湿年份相关的天气气候学分析得出,在高径流量年份,亚洲内陆地区气候凉爽,西北偏北气流强烈;而在干旱年份,则会出现相反的现象。另外,对比中国新疆和蒙古区域重建序列发现,研究区存在中纬度西风带与亚洲夏季风之间的相互作用。

3.1.2　额尔齐斯河支流哈巴河径流量重建

3.1.2.1　研究区和资料

哈巴河全长 214.1 km,发源于中国新疆阿尔泰山脉南部(47°52′—49°09′N,86°06′—87°08′E,图 3.6)。哈巴河年平均径流量约为 2.476×10^9 m³,流域面积 7224 km²。研究区域属于温带大陆性气候。年平均气温为 4.7 ℃,年降水量为 100～350 mm,年蒸发量为 2010.3 mm。研究对象为两种长龄针叶树,即西伯利亚落叶松和西伯利亚云杉。落叶松分布海拔高度在 1200～2600 m,而西伯利亚云杉分布海拔高度在 1200～1860 m 不等。林分适度开阔,郁闭度较低。采样点的土壤类型为薄层黑钙土,很薄,含有大量砾石和岩石(FAO et al.,2012)。亚高山灌木和草本植物,如越橘(*Vaccinium vitis-idaea* L.)、大果枸子(*Cotoneaster megalocarpus* M. Pop)、阿尔泰忍冬(*Lonicera altaica* Pau)、圆叶鹿蹄草(*Pyrola rotundifolia* L.)、圆叶乌头(*Aconitum rotundifolium* Kar et Kir.)、仰卧早熟禾(*Poa supine* Schrad.)和柄状薹草(*Carex aneurocarpa* V. Krecz.),散布在森林的下层植被中(刘立诚,1997)。

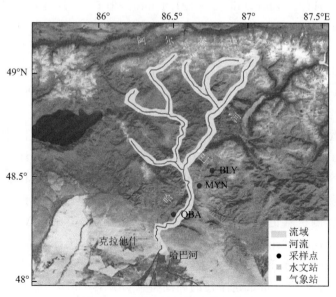

图 3.6　哈巴河流域及采样点地图

表 3.3 给出了 QBA、MYT 和 BLY 三个采样点的信息。为了尽量减少非气候因素对树木生长的影响,选择了没有火灾或人为干扰迹象的健康树木进行采样。为了进行交叉定年,从选定树木的两个不同方向采集了样芯。共在三个采样点使用生长锥,采集了来自于 84 棵活树的 161 个样芯。

所有树芯标本均按照标准树木年代学程序自然干燥、固定、打磨和标记(Speer,2010)。使用分辨率为 0.001 mm 的 Velmex 测量系统测量年轮宽度。采用 COFECHA 程序进行交叉测年质量控制(Grissino-Mayer,2001)。用 ARSTAN 程序(Cook et al.,2005)去除生长趋势并研制树木年轮年表。用保守的负指数函数对树轮宽度序列进行去趋势处理,以去除与树龄有关的非气候信号(Liu et al.,2010),利用年表研制程序建立每个采样点的三种类型年表(Cook et al.,1990)。通常来说,年表中的样本量时间越早就越少,这可能导致年表早期的时间方差变化较大和共同信号偏弱(Woodhouse,2003)。因此,在年表研制过程中,使用 Osborn 等(1997)提出的方法稳定年表的方差,子样本信号强度(SSS)用于评估年表早期可信度(Wigley et al.,1984),为了保证年表的可靠性,将 SSS≥0.85 作为阈值,确定可信年表的开始时间。

表 3.3　哈巴河流域采样点信息

采点代号	北纬(N)	东经(E)	株/芯	海拔/m	坡向	坡度	最大树龄/a	缺轮百分比/%	树种
QBA	48.42°	86.51°	32/58	~1700	南	~30°	405(1605—2009 年)	0.328	西伯利亚落叶松
MYN	48.46°	86.70°	26/52	~1150	北	~30°	303(1708—2010 年)	0.149	西伯利亚云杉
BLY	48.49°	86.88°	26/51	~1650	西北	~25°	305(1710—2014 年)	0.354	西伯利亚云杉

1958—2014 年的月平均气温和降水数据来自哈巴河气象站(48.05°N,86.40°E,海拔 534 m)。1956—2008 年的月径流数据来自位于哈巴河流域山口的克拉他什水文测量站(86.42°E,48.22°N,海拔 590 m)。图 3.7a 显示最高平均气温出现在 7 月(22.1 ℃),降水量有两个峰值,出现在 7 月(21.8 mm)和 11 月(21.4 mm),但 5—7 月是全年降水量的主要季节,冬季降水量要少得多。1958 年以来,研究区气温($p<0.001$)和降水量($p<0.01$)都有显著的增加趋势(图 3.7b、c)。图 3.7d 显示,6—8 月的径流占年总径流的比例较高,6 月达到峰值(204.6 m³/s)。1956—2008 年,年径流量在平均值附近波动,下降趋势不显著(图 3.7e)。年径流量与年降水量($r=0.599$,$p<0.001$,$n=51$)以及年径流量与年平均气温($r=-0.356$,$p<0.01$,$n=51$)的相关系数均达到 0.01 显著性水平。

利用 13 a 倒数滤波器将树轮年表分解为高通和低通分量,以评估不同频率域的变化特征(Yuan et al.,2013),滤波器的权重由 Fritts(1976)描述的倒数滤波器计算。利用 Pearson 相关分析评估树木生长的气候响应强度以及树木径向生长中包含的气候和水文信号。在确定了树轮宽度与观测资料之间最强的季节关系后,使用线性回归模型进行水文重建。对于独立的校准和校验而言,器测资料记录长度相对较短,因此采用 Bootstrap(Young,1994)和 Leave-one-out(LOOCV)(Michaelsen,1987)方法来评估重建模型的统计可靠性。在 LOOCV 分析中,使用效率系数、符号检验和乘积平均数等参数来评估观测值和重建值之间的一致性(Cook et al.,1999)。采用功率谱分析重建序列的周期特征(Fritts,1976),利用小波分析(Morlet 小波)研究重建序列的周期以及周期随时间变化的特征。使用 KNMI 网站开展空间相关分析,分析本研究重建序列与 0.5°×0.5° 的格点 PDSI(Wells et al.,2004)之间的空间相关性,来评

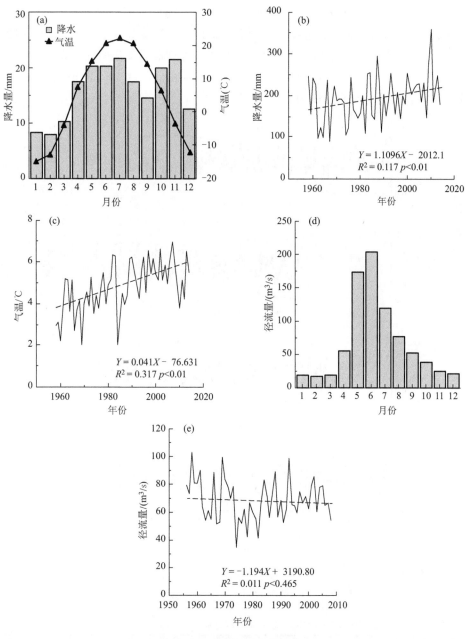

图 3.7 哈巴河和水文资料

(a)月降水量和月平均气温;(b)1958—2014 年年降水量;

(c)1958—2014 年年平均气温;(d)月径流量;(e)1956—2008 年年径流量

估本研究重建序列与区域干旱指数变化的一致性。

为保留树轮资料中的更多原始信息,气候水文响应分析采用了树轮标准年表(Cook,1985)。由于与主系列的相关性较低,剔除了 QBA 站点的 4 个样芯(来自 3 棵树)、MYN 站点的 1 个样芯(来自 1 棵树)和 BLY 站点的 1 个样芯(来自 1 棵树)。最终,使用 QBA 场地的 54 个样芯(来自 31 棵树)、MYN 场地的 51 个样芯(来自 26 棵树)和 BLY 场地的 50 个样芯(来自 25 棵树)研制树轮宽度年表。图 3.8 显示了 3 个采样点和区域合成树轮宽度年表及其样本量,表 3.4 列出了 1900—1999 年的公共期分析的年表统计信息。区域年轮宽度合成年表（WAM）的标准差（SD）和平均敏感度（MS）值略低于单个采样点的年表。一阶自相关（AC1）在 0.459～0.636 之间,这表明年表包含由气候和树木生理滞后效应引起的低频方差。由于三个采样点的样本量增加,WAM 的序列间相关性也相对较低。以 SSS 的值超过 0.85 为临界值,区域合成年表的可信时间跨度为 301 a（1714—2014 年）。

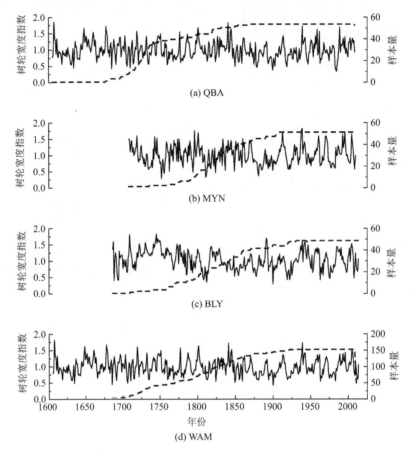

图 3.8　流域内三个树轮宽度年表（QBA、MYN、BLY）和区域合成年表（WAM）
及其样本量。实线表示树轮宽度指数,虚线表示样本量

表 3.4　树木年轮年表的统计特征（1900—1999 年）

统计参数	QBA	MYN	BLY	WAM
标准差（SD）	0.271	0.299	0.297	0.250
平均敏感度（MS）	0.214	0.240	0.197	0.188
一阶自相关（AC1）	0.459	0.505	0.636	0.513
种间相关性（树）	0.360	0.508	0.256	0.245
种间相关性（所有序列）	0.365	0.515	0.266	0.249
树间平均相关系数	0.541	0.811	0.749	0.658
信噪比（SNR）	31.091	49.877	15.621	47.623
样本代表性（EPS）	0.969	0.980	0.940	0.979
SSS>0.85 的第一年（树芯数量）	1704（8）	1773（5）	1773（11）	1714（15）

应用 13 a 倒数滤波器后，对原始数据、高通滤波数据和低通滤波数据三组数据进行 Pearson 相关性分析。如表 3.5 所示，1773—2009 年期间，三个采样点在原始、高频和低频域中存在显著相关性。因此，合并三个采样点（QBA、MYN 和 BLY）的所有原始树轮宽度数据，建立区域合成年表（WAM）（图 3.8）。

表 3.5　1773—2009 年三个采样点在原始、高频和低频域的相关系数

| | 原始（$n = 237$） | | | 高频（$n = 225$） | | | 低频（$n = 225$） | | |
	QBA	MYN	BLY	QBA	MYN	BLY	QBA	MYN	BLY
QBA	1	0.431*	0.319*	1	0.250*	0.273*	1	0.599*	0.363*
MYN	/	1	0.382*	/	1	0.257*	/	1	0.378*
BLY	/	/	1	/	/	1	/	/	1

注：* 表示 $p < 0.01$ 水平的显著性。

3.1.2.2　哈巴河径流量重建与特征分析

（1）哈巴河树轮-气候-水文响应特征与径流量重建

树轮年表的较高的一阶自相关值（0.459～0.636），表明存在较强的生物滞后效应。因此，利用上年 7 月至当年 10 月的月降水量（1958—2014 年）、月平均气温（1958—2014 年）和月径流量（1956—2008 年）资料，分析气候和水文因子对研究区针叶树径向生长的影响。从相关结果（图 3.9）可以看出，树轮年轮宽度和降水量之间的关系总体上呈正相关，其中与上年 7 月降水显著正相关（$r = 0.411, p < 0.01, n = 56$）。同时树木的径向生长与气温负相关，其中 6 月（$r = -0.475, n = 57$）、7 月（$r = -0.291, n = 57$）和 8 月（$r = -0.262, n = 57$）的达到 0.05 的显著性水平。在对不同月份降水组合后，发现 WAM 与上年 4 月至上年 9 月降水量之间的正相关系数最高（$r = 0.445, p < 0.001, n = 56$）。此外，还将上年 7 月至当年 10 月的月径流量与区域合成年表进行了相关分析，发现上年 7 月至当年 9 月（上年 10 月除外）各月的正相关均达到了 0.05 的显著性水平，WAM 与上年 7 至当年 6 月径流量的相关系数最高（$r = 0.690, p < 0.001, n = 52$）。本研究发现的树轮宽度与径流量之间的关系与之前在中国北方的树木气候研究中发现的类似，例如玛纳斯河流域（Yuan et al., 2007）、黑河流域（Liu et al., 2010；Yang et al., 2012）、黄河流域（Gou et al., 2007）、伊敏河流域（Bao et al., 2012）。

我们计算了研究区域内落叶松和云杉的径向生长与 1957—2008 年期间不同月径流组合之间的相关系数，以确定重建的合适季节。利用区域合成年表重建了上年 7 月至当年 6 月的径流量。建立了树轮年表与径流之间的线性回归模型：

$$S_{7-6} = 31.081 + 36.149 \times X \tag{3.1}$$

式中，S_{7-6} 是哈巴河上年 7 月至当年 6 月的平均径流量（m^3/s），X 区域合成树轮宽度年表 WAM。在 1957—2008 年校准期间，模型的方差解释率为 47.5%（调整后方差为 46.5%）。图 3.10a 显示了上年 7 月至当年 6 月径流量的重建值和实测值，发现二者之间高低频变化拟合良好。我们进一步比较了重建和观测值一阶差变化特征（逐年变化），发现二者相关系数为 0.595（$p < 0.0001, n = 51$，图 3.10b）。

Bootstrap 检验（重复迭代 100 次）的结果表明，r、R^2、R^2_{adj}、标准误差（S_E）、F 值、P、Durbin-Watson（D_W）所有值都与原始回归模型的值接近（表 3.6）。此外，LOOCV 的统计结果如表 3.6 所示（Cook et al., 1999）。低频符号检验（S1）和高频符号检验（S2）的结果都超过了 0.01 显著水平，效率系数大于 0，乘积均值检验（t）的值为正值，这表明树轮重建稳定可信

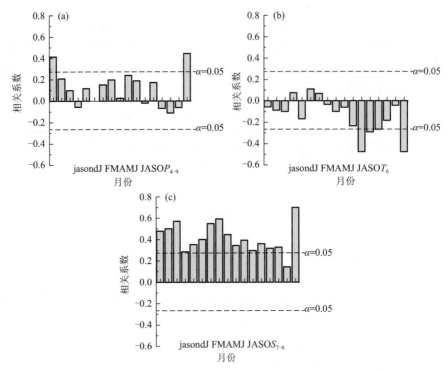

图 3.9　哈巴河站 WAM 与降水量(a)和平均气温(b)以及克拉塔什站径流量(c)的相关分析结果
(小写字母表示上一年的月份,大写字母表示下一年的月份。P_{4-9} 表示 4—9 月的降水量。T_6 表示
6 月的平均气温,S_{7-6} 表示上年 7 月到当年 6 月的径流量。虚线表示 0.05 的显著性水平)

(Fritts,1976),可以用于径流重建。基于线性回归模型重建了 1714—2014 年上年 7 月至当年
6 月的哈巴河径流量,得到重建序列的平均值 66.74 m³/s,标准差 σ=8.89 m³/s(图 3.10c)。

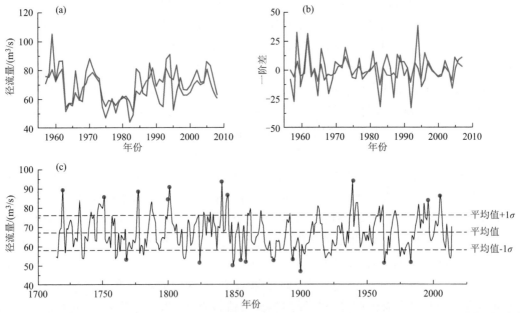

图 3.10　(a)哈巴河上年 7 月至当年 6 月实测(蓝线)和重建(红线)径流量之间的比较;(b)实测(蓝线)和重建
(红线)上年 7 月至当年 6 月径流序列的一阶差比较;(c)1714 年以来哈巴河的上年 7 月至当年 6 月径流量重建(实线)
(水平虚线代表 1714—2014 年期间的平均值和距平 1 倍标准差。蓝色和红色圆点分别表示最湿润和最干旱的年份)

表 3.6　哈巴河径流量重建 Bootstrap 和逐一剔除检验验证结果

统计参数	校准	Bootstrap（100 次重复）平均值（范围）	统计参数	逐一剔除（LOOCV）
r	0.690	0.692（0.525～0.879）	低频符号检验（S1）	$40^+/12^-$（$p<0.01$）
平方多重相关（R^2）	0.475	0.484（0.275～0.773）		
调整后平方多重相关（R^2_{adj}）	0.465	0.474（0.258～0.767）	高频符号检验（S2）	$37^+/14^-$（$p<0.01$）
标准估计误差（S_E）	9.599	9.332（6.172～12.362）		
F 值（F）	45.318	51.132（13.535～142.179）	乘积均值检验（t）	8.25
p	0.001	0.001（0.001～0.001）		
Durbin-Watson（D_W）	1.583	1.222（0.552～1.953）	效率系数（C_E）	0.43

（2）哈巴河径流量重建序列变化特征

根据 Liu 等（2014）使用的方法，将湿润年定义为＞平均值＋1σ（75.63 m³/s），干旱年定义为＜平均值－1σ（57.85 m³/s）。重建的上年 7 月至当年 6 月径流序列显示，51 a 可归类为"湿润年"（占总量的 16.9%），47 a 可归类为"干旱年"（占总量的 15.6%），其余 203 a 为"正常年"（占总量的 67.5%）。表 3.7 列出了极端年份的值和极端年代的平均值。可以看出，最湿润年份（1939 年）与最干旱年份（1900 年）径流量之差为 47.36 m³/s，最湿润年代（18 世纪 40 年代）与最干旱年代（19 世纪 80 年代）径流量之差为 14.99 m³/s。

表 3.7　哈巴河径流量重建特征

10 个最湿润年		10 个最干旱年		10 个最湿润年代		10 个最干旱年代		长期趋势		
年份	值/(m³/s)	年份	值/(m³/s)	年代	平均值/(m³/s)	年代	平均值/(m³/s)	年份	平均值/(m³/s)	变异系数
1939	94.02	1900	46.66	1740	74.99	1880	60.00	1714—1799	67.08	0.131
1841	93.55	1849	50.13	1840	72.55	1760	60.61	1800—1899	66.24	0.136
1801	90.80	1824	51.18	1990	71.99	1920	60.67	1900—1999	66.74	0.134
1719	89.68	1963	51.18	1800	71.56	1900	60.70	2000—2014	68.17	0.132
1777	88.49	1983	51.54	2000	71.05	1810	61.93	1714—2014	66.74	0.133
1845	86.68	1859	51.58	1830	70.44	1850	62.02			
2005	86.21	1880	52.45	1930	70.39	1870	63.06			
1751	85.63	1894	52.73	1940	69.95	1890	63.87			
1800	84.29	1855	53.02	1750	69.77	1770	64.46			
1996	83.35	1768	53.06	1950	69.39	1970	64.74			

表 3.7 还显示了径流重建的长期均值和变异系数（白松竹 等，2014）。结果表明，18 世纪哈巴河流域径流量相对充沛，19 世纪径流量明显减少。此后，径流量开始增加，并在 21 世纪初达到峰值。19 世纪的变异系数略高于 1714 年以来的任何一个时期。此外，19 世纪包括最湿润的 4 a 和最干旱的 6 a，以及最湿润的 3 个年代和最干旱的 5 个年代。这些发现与阿尔泰山脉南部长达 305 a 的初夏气温重建结果一致（Zhang et al.，2015a），该研究发现 19 世纪的气候波动比其他两个世纪更大。

由于历史上人类活动水平较低,有关中国新疆气象灾害的记录较为零散,关于哈巴河流域气候灾害的历史记录也非常有限。中华人民共和国成立(1949 年)后,新建了许多气象站,我们将水文重建中 10 个最湿润年份中的 1 a(1996 年)和 10 个最干旱年份中的 2 a(1963 年和 1983 年)与 1949—2000 年期间的气象记录进行比较(温克刚 等,2006)。结果表明,重建序列、气象观测和描述之间有很好的一致性(表 3.8)。此外,在额尔齐斯河上游的径流量重建(Chen et al.,2016c)和阿尔泰山南部的降水重建(Chen et al.,2014)中,分别发现 1776 年和 1900 年为极端湿润年和干旱年。历史记录(史辅成 等,1991)和基于树木年轮的水文气候重建(Liang et al.,2006;Gou et al.,2007)中提到了 20 世纪 20 年代发生在中国北方广大地区的一个非常严重的干旱期。这种持续干旱也被记录为哈巴河径流量系列中第三个最干旱的 10 a(表 3.7)。因此,本研究重建的水文序列可以捕捉哈巴河流域的洪涝灾害信号。

将重建水文序列进行 21 a 滑动平均计算,反映其年代际变化特征(图 3.11),可将重建水文序列划分为 5 个湿润期和 4 个干旱期。高于重建平均值的湿润期为 1724—1758 年(69.03 m³/s)、1780—1810 年(68.09 m³/s)、1822—1853 年(69.50 m³/s)、1931—1967 年(69.11 m³/s)和 1986—2004 年(70.24 m³/s)。低于平均值的干旱期为 1759—1779 年(63.67 m³/s)、1811—1821 年(65.16 m³/s)、1854—1930 年(63.49 m³/s)和 1968—1985 年(64.65 m³/s)。图 3.11 显示,共有 4 个时期在低频域的径流重建中存在增加的趋势,即 1770—1796 年(27 a)、1816—1836 年(21 a)、1884—1949 年(66 a)和 1973—1997 年(25 a)。

表 3.8　1949—2000 年哈巴河流域水文重建最湿润和最干旱年份与气象记录的比较

		洪涝灾害简述
极端湿润年	1996 年	1. 1995 年 7 月和 8 月,阿勒泰地区发生了洪水。 2. 1996 年 6 月、7 月、8 月和 9 月,阿勒泰地区发生了洪水。
极端干旱年	1963 年	1. 1962 年,新疆大旱。阿尔泰径流量减少 50%,布尔津河径流量减少 40%。人畜用水缺乏。 2. 1963 年,阿勒泰、塔城、伊犁地区发生旱灾。阿勒泰地区春季少雨少雪导致干旱。
	1983 年	1. 1982 年,阿勒泰、塔城、伊犁和克拉玛依地区发生干旱。灌溉地减产 10%,布尔津地区绝收。 2. 1983 年,全疆干旱频发。布尔津地区冬季降雪较少,随后降雨较少,发生了特大干旱。 4 月,布尔津河的径流量为 13 m³/s,5 月 3 日,额尔齐斯河的径流量仅为 0.5 m³/s。

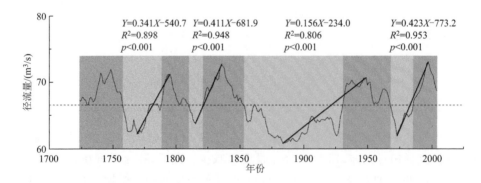

图 3.11　重建径流量的低频变化特征。黑线显示用 21 a 低通滤波器平滑的数据,以反映长期波动。黑色粗实线代表径流量增加时期的趋势线。水平虚线代表 1714—2014 年期间的长期平均值。蓝色条表示湿润期;红色条表示干旱期

一般来说,降水越多,径流就越多;而气温越高,蒸发就越强,径流就越少。然而,在干旱和半干旱地区,尽管气温升高,河流仍可能有较高的径流量(陈玲飞 等,2004)。李珍等(2007)发现,1984 年新疆北部降水发生了由少到多的突变。气象观测资料显示了自 20 世纪 80 年代以来的变暖趋势(李帅 等,2006)。Shi 等(2007)也指出,自 1987 年以来,中国新疆气候由暖干型转为暖湿型。重建的哈巴河径流序列在 1973—1997 年的增加趋势最为剧烈,表明哈巴河等新疆小流域径流量明显增加,对西北地区增温增湿趋势有响应。

3.1.2.3　哈巴河径流量重建序列蕴含的区域/大尺度气候信号

Dai 等(2004)发现,世界上七条最大河流和几条较小河流流域年平均 PDSI 值与其径流量密切相关。因此,PDSI 可以很好地反映地表水分条件和径流量。阿尔泰山北部 251 a 的干旱指数与额尔齐斯河的年径流量之间显著相关($r=0.583$, $p<0.01$)(陈峰 等,2015)。采用空间相关分析评价基于树轮宽度的径流重建的区域代表性。1956—2012 年,重建径流量与 43°—51°N 和 79°—90°E 范围内上年 7 月至当年 6 月的 PDSI 格点数据显著正相关($r>0.5$),最高的相关($r>0.6$)出现在准噶尔盆地北部和整个阿尔泰山。

研究区树木年轮宽度年表与降水量的相关性不高,研究区已有的树轮水文研究成果较少。将阿尔泰山上年 7 月至当年 6 月的降水重建(Chen et al.,2014),与本研究结果进行对比,探讨其是否存在联系。径流重建序列和降水重建序列的相关系数为 0.54($p<0.0001$, $n=185$)。在采用 13 a 倒数滤波器后,基于树轮宽度的重建序列被分解为高通和低通分量进行比较。高频域和低频域的相关系数分别为 0.44 和 0.59。图 3.12a 显示,1825—2009 年期间,二者一致性较好。此外,两次重建中的大多数高值和低值出现在高频域的相似年份(图 3.12a、b),重建序列的长期趋势在低频域也基本同步(图 3.12c)。这些结果证实,大尺度区域气候要素可能会影响哈巴河的径流量变化。

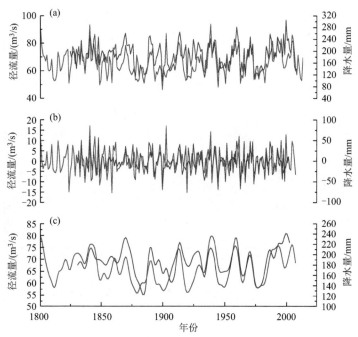

图 3.12　使用 13 a 倒数滤波器对哈巴河的径流重建和阿尔泰山脉的降水重建进行比较

(a)原始序列;(b)高频域;(c)低频域

整个重建期间(1714—2014 年)的功率谱分析结果显示(图 3.13a),存在 4.5 a(90%)、3.2 a(95%)和 2.2 a(90%)的显著性周期。使用小波分析评估了不同周期的时间特征(图 3.13b),结果表明,1880—1950 年,有一个大约 24 a 的稳定周期,在 1780—1810 年和 1940—1980 年期间,存在 12 a 左右的周期。重建的径流系列中的 12 a 周期表明,可能与太阳活动的 11 a 周期有重要联系 (Nagovitsyn,1997)。24 a 的周期大致相当于 22 a 的黑子周期——11a 周期的双重谐波。4.5 a 和 3.2 a 周期属于厄尔尼诺—南方涛动(ENSO)的范围 (Allan et al.,1996)。Luo (2005)还指出,中国西北地区的降水变化存在一个大约 3 a 的周期。此外,在阿尔泰山脉的早期树木年轮气候学研究中,经常可以发现哈巴河径流量重建中包含的上述周期。尚华明等(2011)对哈萨克斯坦东北部初夏气温重建序列的功率谱分析也发现了存在 11 a 和 2 a 周期。Zhang 等(2015b)利用树木年轮 $\delta^{13}C$ 重建的阿尔泰山脉南坡夏季序列也存在 11 a 和 2.0~2.7 a 的周期。姜盛夏等(2016)还现,额尔齐斯河上游上年 7 月至当年 6 月的重建降水量变化有 24.3 a、3.2 a 和 2.1 a 的周期。

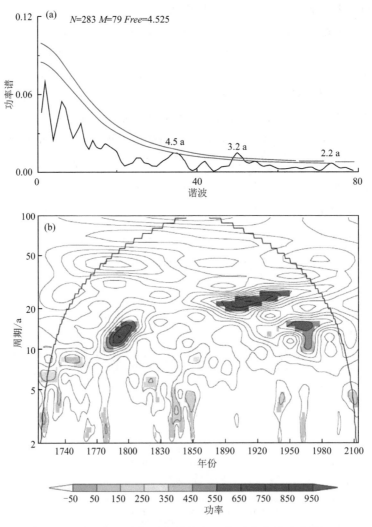

图 3.13　哈巴河重建径流序列的功率谱(a)和小波功率谱(b)
(蓝线代表 90% 的置信水平,红线代表 95% 的置信水平)

3.1.2.4　小结

从哈巴河流域三个地点采集的 32 株落叶松和 52 株云杉,研制了 301 a 的区域合成树轮宽度年表。由于基于仪器的水文数据与研究树种的径向生长之间存在较高的相关系数,因此可以使用区域合成年表对哈巴河进行年径流量重建(从上年 7 月至当年 6 月)。重建结果与观测数据吻合得很好,准确地捕捉到了气象记录和其他基于树木年轮的水文气候重建中提到的1776 年、1900 年、1963 年、1983 年和 1996 年发生的洪水和干旱事件。19 世纪有最湿润的 4 a和最干旱的 6 a,以及最湿润的 3 个年代和最干旱的 5 个年代,也是哈巴河重建水文序列中波动最大的时期。应用 21 a 滑动平均后,1724—1758 年、1780—1810 年、1822—1853 年、1931—1967 年和 1986—2004 年期间出现了 5 个湿润期,而 1759—1779 年、1811—1821 年、1854—1930 年和 1968—1985 年 4 个期间在低频域相对干燥。此外,重建中发现了 4 个明显的增长趋势期(1770—1796 年、1816—1836 年、1884—1949 年和 1973—1997 年)。自 20 世纪 70 年代以来,在对中国西北地区暖湿趋势的反映中,这一时期的变化最为剧烈。径流重建和网格化PDSI 数据集之间的空间相关性表明,准噶尔盆地北部地区和整个阿尔泰山脉地区存在显著的正相关。在原始、高频和低频域,阿尔泰山脉的径流重建和降水重建之间的显著相关性表明,径流重建不仅包含局部水文气候信号,还包含大尺度水文气候信号。重建中的 24 a、12 a 和2.2~4.5 a 周期表明,哈巴河的径流量变化可能受到太阳活动和大气-海洋系统的影响。

3.1.3　额尔齐斯河支流伊希姆—托博尔河径流量重建

哈萨克斯坦是世界上最大的内陆国家,拥有大陆性气候和大约 39000 条河流(Didovets et al.,2021)。虽然哈萨克斯坦的气候干燥,国家降雨量少,但由于连续降雨、融雪和其他因素,每年都有洪水发生(Stoyashcheva et al.,2014)。洪水的发生与全球和区域气候变化密切相关。一些研究报告中的数据表明,20 世纪 80 年代以来,中亚的夏季和冬季气温呈现出越来越明显的上升趋势(Lioubimtseva et al.,2009;Xu et al.,2018)。气温的上升直接导致了雪盖储存的减少和冰川的枯竭,并影响了极端洪水或干旱事件的发生(Shen et al.,2017;Chen et al.,2021)。这些因素不仅会威胁到哈萨克斯坦人民的安全,也会严重破坏当地的农业和水利基础设施。因此,加强对哈萨克斯坦区域历史水文特征和气候变化机制的了解,对于评估当前的水资源安全和管理计划是非常迫切的(Viviroli et al.,2011;Brown et al.,2015;Ceola et al.,2016)。然而,目前可用的短期水文监测记录限制了我们研究历史时期的水文变化的能力。为了延长径流量记录的时间,可以使用高分辨率的替代数据。树轮已被证明是有效的水文气候替代数据,因为其空间分布广,分辨率高,时间尺度长,对水文气候条件敏感(Cook et al.,2013a;Rao et al.,2020;Xu et al.,2017)。

2010 年以来,哈萨克斯坦的树轮重建研究迅速增加。Akkemik 等(2020)在哈萨克斯坦北部重建了前一年 10 月至当年 7 月的降水,发现布拉拜地区极端天气事件的发生呈现出增长趋势。Zhang 等(2017a)证明降水的变化可能与哈萨克斯坦南部的大规模气候震荡有关。Mazarzhanova 等(2017)重建了哈萨克斯坦北部的历史火灾,表明火灾对树木生长的影响持续了 1~8 a;以 Chen 等(2012a)利用西伯利亚落叶松树轮重建了斋桑湖地区 6—8 月的暖季气温,并说明了中亚地区大范围的气候强迫。然而,很少有研究对这一地区的径流量进行重建。研究表明,树轮、径流量和气候变化之间的关系可能是非线性的(Graumlich,1993;Gea-Izquierdo et al.,2011;Griesbauer et al.,2011;Speed et al.,2011)。特别是中亚地区的森林经历了气候变化和人类活动的强烈影响。基于这种非线性,可以用新的统计方法来解决线性回归方法的缺陷,提高重建的准确性。Gangopadhyay 等(2009)使用 K 最邻近法(KNN)非参数方法重建了科罗拉多河 605 a 的径流量。Jevšenak 等(2018)证实了从树轮重建气温的非线性人工神经网络回归模型的适用性。即便如此,使用树轮数据来提高重建精度还需要进一步研究。

3.1.3.1 研究区和资料

伊希姆—托博尔河发源于哈萨克斯坦中北部,向北流入俄罗斯,与额尔齐斯河汇合,最终到达北冰洋。采样点位于哈萨克斯坦北部布拉拜地区的国家森林公园内。该公园面积为 1.30×10^5 hm²,包括大量的动物和植物物种。森林中的主要树种是樟子松(65%)、桦树(*Betula pendula* L.)(31%)、杨树(*Populus tremula* L.)(3%)和灌木(1%)(Akkemik et al.,2020)。研究区的气候属于温带大陆性气候,夏季炎热,冬季严寒(Eremeeva et al.,2020)。夏季气温相对较高,7 月的最高气温达到 40 ℃,12 月至翌年 1 月的最低气温达到 −23 ℃。研究区的年平均降水量为 295 mm,最大降水量出现在夏季和初秋。夏季和秋季的降水经常以阵雨的形式出现,并伴有雷暴。冬季的平均积雪深度为 25~35 mm,降雪分布不均,通常为暴雪(Akiyanova et al.,2019)。研究区的春天很短(20~30 d),通常在 4 月后期开始。然而,春季(3 月、4 月和 5 月)极度寒冷的天气,使雪无法融化,露水无法形成(Yapiyev et al.,2017)。即使在 5 月和 6 月初,在研究区也可以观察到大面积的霜冻;每年有 100~150 d 出现霜冻。

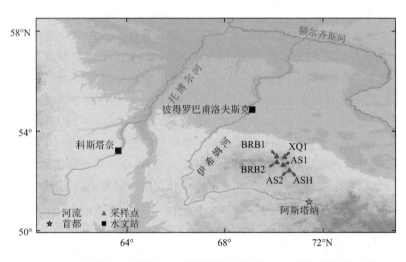

图 3.14　伊希姆—托博尔河流域的树轮采样点、水文站和城市的位置

在布拉拜地区完成了 6 个点的树芯样本采集工作(图 3.14),用生长锥从每棵树上取了 2 个树芯,共在 6 个地点的 143 棵树上获得了 263 个样本。采样点的树种为樟子松和桦树。按照基本的树轮分析程序进自然风干、固定、打磨。使用 CDendro 9.4 分析系统测量每个年轮的宽度。使用 COFECHA 程序的交叉定年检验,获得了高度准确的树龄和年轮宽度数据(Holmes,1983)。树轮宽度年表是用 ARSTAN 程序制作的(Cook,1985)。经过对原始序列的比较和分析以及对不同拟合方法的测试,选择了负指数回归函数来消除树木的生长趋势。对于不符合负指数函数曲线的个体生长趋势,用 Friedman 平滑曲线来拟合序列,以减少任何个体树木引起的噪声。按照这种方法,得到了三种类型的年表:标准(STD)、差值(RES)和自回归(ARS)年表。由于构建的年表的样本由两个树种组成,因此,对樟子松和桦树的气候响应

的一致性进行了检验。通过对 6 个年表和气候因素的相关分析,其结果和年代学统计特征显示这两个树种的气候响应相对一致(表 3.9)。

表 3.9　RES 年表的统计学特征

采样点	北纬/°	东经/°	海拔/m	时段	芯/株	MS	SNR	S_D	EPS
AS1	52.69	70.29	376	1894—2016	42/22	0.22	30.33	0.19	0.97
AS2	52.47	70.64	392	1925—2016	36/19	0.27	36.08	0.23	0.97
ASH	52.47	70.64	392	1933—2016	37/20	0.34	13.89	0.30	0.93
XQ1	53.00	70.21	419	1778—2016	61/31	0.26	63.63	0.24	0.99
RC1				1778—2016	176/92	0.26	92.39	0.22	0.99
BR1	53.02	70.13	509	1802—2018	49/28	0.25	42.47	0.23	0.98
BR2	53.01	70.14	434	1723—2018	38/23	0.36	31.01	0.31	0.97
RC2				1723—2018	87/51	0.33	70.13	0.29	0.99

　　BRB1 和 BRB2 的年表是高度相关的,它们的线性距离和生长环境极为接近。经过综合考虑,BRB1 和 BRB2 被合并为一个区域年表,同样,AS1、AS2、ASH 和 XQ1 被合并为另一个区域年表(图 3.15,图 3.17)。区域差值年表通过自回归模型消除了所有树木样本的自相关,并且与水文数据有较好的相关性。因此,我们选择两个区域差值年表进行下一步分析(RC1和 RC2)。表 3.9 显示了所有年表的统计特征值。高 SNR(92.39 和 70.13)和 EPS(0.99 和0.99)值表明 RC1 和 RC2 中存在更强的气候信号;高 MS(0.26 和 0.33)和 S_D(0.22 和 0.29)表明对气候的反应更敏感。这些结果意味着这两个树种所拟合的年表是可靠的。最后,用EPS 高于 0.85 的区域差值年表来重建 1788—2016 年的径流量。

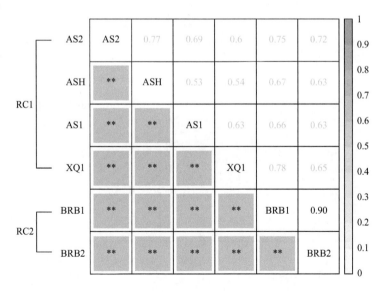

图 3.15　六个采样点的 RES 年表的相关系数

(* * 表示 99% 的置信限)

采样点附近的气象站数据缺失较为严重,尤其是 2001—2016 年的数据几乎是空白。因此,我们使用 CRU(TS4.04)月平均气温和降水格点数据(51°—54°N,68°—72°N,1901—2016年),以及该区域 0.5°×0.5°的空间分辨率的标准化降水蒸发指数(SPEI)和帕尔默干旱严重程度指数(PDSI)数据(1901—2016 年)(图 3.16)。此前的研究已经证明了 CRU 数据在布拉拜地区的适用性和可靠性(Mazarzhanova et al.,2017;Akkemik et al.,2020)。水文数据来自于托博尔河的中上游科斯塔奈水文站(53°11′N,63°37′E,1967—2016 年,海拔 170 m)和伊希姆河中下游的彼得罗巴甫洛夫斯克(Petropavlovsk)水文站(54°49′N,69°09′E,1967—2016年,海拔 142 m)。在观测期间,两个水文站的测量仪器的位置和类型都没有变化。由于这两条河都是额尔齐斯河下游的支流,而且距离相对较近,因此,将这两条河的径流量合并起来进行进一步分析。研究表明,树木年轮的形成不仅受到树木生长期的水文气候条件的影响,也受到生长期之前的条件的影响(Barber et al.,2000;Cook et al.,2000),我们分析了不同月份水文气象数据与树木径向生长的关系。

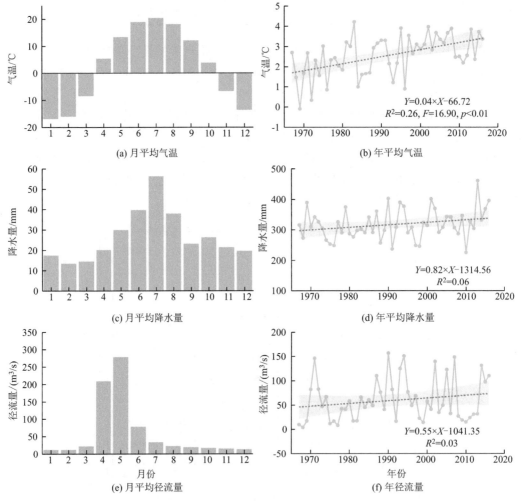

图 3.16　伊希姆—托博尔河的月份和年份水文气候数据
(虚线表示水文气候数据的趋势,蓝带表示 99%的置信水平)

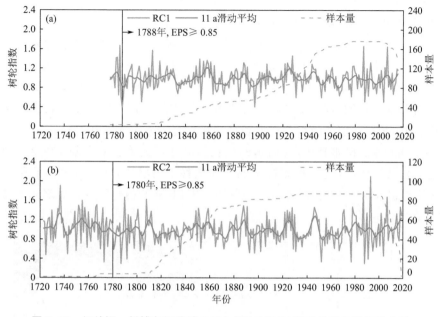

图 3.17　伊希姆—托博尔河流域 RC1(a) 和 RC2(b) 区域差值年表和样本量

随机森林是一种改进的决策树算法模型 (Breiman, 2001; Wang et al., 2020), 本研究采用 Python 3 scikit-learn 库的 RF 包进行建模 (Nelli, 2018)。RF 模型有五个重要参数: n_estimators、max_depth、min_samples_leaf、min_samples_split 和 max_features (Bisong, 2019)。n_estimators 指的是 RF 中树的数量, 用于提高预测精度和控制过拟合。max_depth 表示决策树的最大深度。min_samples_leaf 和 min_samples_split 分别表示处于叶子节点所需的最小样本数和分裂内部节点所需的最小样本数。max_features 指的是要考虑的变量的数量 (Paper, 2020)。经过参数调整, 将 n_estimators 设为 204, max_depth 设为 3, max_features 设为 2, min_samples_leaf 和 min_samples_split 分别为 1 和 2。

多元线性回归模型 (MLR) 和 KNN 也被用来重建伊希姆—托博尔河的径流量, 并将其结果与 RF 模型结果进行了比较。KNN 是一种基于近邻规则的简单有效的机器学习算法。MLR 是传统的回归分析方法之一。将 Python 3 scikit-learn 库的 KNN 包用于建模。KNN 模型中的参数 K 被设定为 8。用于分析的最终序列是由三个模型的集合重建产生的。首先, 对两个区域差值年表与 1967—2016 年伊希姆—托博尔河的径流量数据进行了相关性分析。结果显示, 两个区域差值年表与伊希姆—托博尔河 6—7 月的径流量显著相关 ($p < 0.01$), 说明两个区域差值年表可以用来重建径流量。经过严格的分析和验证, 以两个区域差值年表为自变量, 以伊希姆—托博尔河实测径流量为预测变量, 建立了三个重建模型。

用 Pearson 相关系数 (R)、解释方差 (R^2)、误差缩减值 (R_E)、乘积平均数 (PMT)、符号检验 (S_T)、Nash-Sutcliffe 效率 (NSE) 和均方根误差 (RMSE) 来评价三个回归模型; 计算低通滤波器值以显示重建序列建的低频变化特征; 通过空间相关分析来分析重建序列的空间代表性; 采用多窗谱分析方法 (MTM) (Therrell et al., 2006) 和小波分析 (Torrence et al., 1998) 评估重建序列的周期特征及其与大尺度大气环流的关系, 并分析了 1950—2016 年 5 次极端干旱事件和 5 次极端洪水事件的 850 hPa 水汽通量。

3.1.3.2 伊希姆—托博尔河径流量重建与变化特征

RC1 和 RC2 年表与上年 10 月至当年 3 月的月平均气温呈正相关,但与 4 月至 7 月的月平均气温呈负相关(图 3.18)。研究区的气温从 3 月开始上升,温暖的环境和冰雪融化对树木的生长有利。4—7 月,春末夏初的高温有利于导致形成宽年轮(Barnett et al.,2005;Jonas et al.,2008;Kopabayeva et al.,2017)。上年 10 月至当年 7 月的降水对树木生长有正面影响,这种影响在 4 月和 6 月最明显($p<0.05$)。中亚地区树木的生长不仅受到生长季气候因素的影响,而且还受到生长期之前的降水和气温条件的影响(Jiang et al.,2020;Wang et al.,2006)。研究区在冬季和春季的降水较少,对树木的生长影响并不显著。夏季降水量为 133.30 mm,占全年降水量的 42.01%。这一时期降水的增加改善了土壤的含水量,弥补了高温造成的水分亏缺(Bell et al.,2010;Berg et al.,2016)。SPEI、PDSI 和树轮宽度指数之间的高度关联性验证了这一概念。

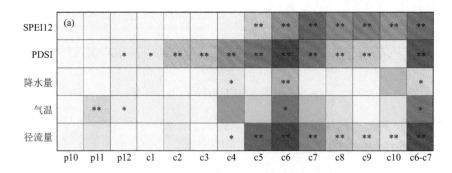

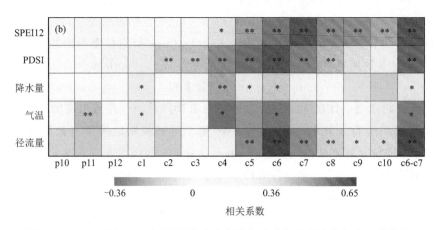

图 3.18 RC1(a)和 RC2(b)的树轮宽度指数与水文气候因素的相关系数热图
(＊表示 95% 的置信度;＊＊表示 99% 的置信度)

6 月,树轮宽度指数与水文气候因素之间显著相关($p<0.05$)。这里,树轮宽度指数低于平均值减去一倍标准差定义为窄轮,而高于平均值加上一倍标准差定义为宽轮。统计了 1967—2016 年 6 月 RC1 和 RC2 年表中气温高于平均值且降水量低于平均值的年份,发现窄轮的概率分别为 86.67% 和 80.0%。反之,宽轮的概率分别为 72.73% 和 63.64%。这一现象说明,6 月的气温和降水条件对树木的生长和径流量有很大影响。降水补给是夏季径流量的直接来源,并影响树木的生长。此外,径流量的变化消除局地小气候的影响,可以更好地反映

流域的整体情况(Wagesho et al.，2012；Yin et al.，2008)。将 RC1 和 RC2 年表与月径流量的各种季节组合进行筛选,发现年表与 6—7 月径流量的相关最为显著($p<0.01$),6—7 月的径流量是预测变量的最佳选择。

　　RF 模型每次运行的重建结果都不同,因为每个决策树都是通过从原始数据中随机抽取训练样本构建的(Yang et al.，2016)。可能有些样本在决策树训练中被采用了不止一次,有些样本根本就没有被采用(Millard et al.，2015)。数据抗干扰是 RF 模型的一个优势,每棵树的随机抽取的样本数据不会对整体评价产生额外的影响。尽管这样,一次重建的结果仍然是不确定的。基于这些信息,对 RF 模型进行了 10000 次重建,通过这 10000 次重建得到的平均序列作为最终结果。

　　为了评估 RF、KNN 和 MLR 模型的效果,将仪器观测期间的径流量与三个模型的输出值进行了比较。MLR 模型如下:

$$Y=64.12 \times X_1 + 30.03 \times X_2 - 37.31 \qquad (3.2)$$

式中,X_1 和 X_2 分别代表 2 个区域差值年表 RC1、RC2,Y 代表伊希姆—托博尔河 6—7 月的平均径流量。图 3.19 显示,在校准和验证期间,三个重建模型的输出与观测数据匹配良好,一阶差分分析也显示了同样的结果。表 3.10 列出了 RF、KNN 和 MLR 模型在校准和验证期间的统计特征(表 3.10 中的 RF 模型是 10000 次操作后的平均值)。发现 RF 模型的相关系数和解释方差是最高的,表明 RF 回归模型比其他重建模型更好。关于 PMT 和 RE 值,三个模型都通过了显著性检验。在符号检验中,RF 和 KNN 模型比 MLR 模型表现得更好,说明 RF 和 KNN 模型在对低频变化建模时具有更好的一致性。通过分析三个模型的 RMSE 和 NSE 值确定,RF 模型的预测值与观测值最接近。虽然 RF 模型的综合性能显示出更好的重建能力,但可能只是边缘性的优势。因此,为了保留更多的重建信息和结果,我们集成了 RF、KNN 和 MLR 模型进行集合重建。这个新的序列是由三个模型的算术平均处理得到的,并用于后续的分析和讨论。

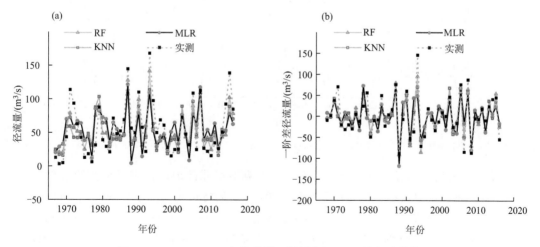

图 3.19　1967—2016 年伊希姆—托博尔河 6—7 月径流量的
记录和重建(a)以及一阶差(b)之间对比

表 3.10　3 个重建模型的验证统计

模型	校准	R	R^2	RMSE	NSE	检验	R	R^2	RMSE	NSE	S_T	PMT	R_F
	1967—1992	0.88[a]	0.77	0.46	0.73	1993—2016	0.69[a]	0.47	0.78	0.37	18+/6−[b]	4.63	0.45
RF	1993—2016	0.87[a]	0.75	0.50	0.75	1967—1992	0.63[a]	0.40	0.84	0.30	16+/10−	2.87	0.37
	1967—2016	0.87[a]	0.75	0.49	0.73						42+/8−[a]	3.93	0.73
	1967—1992	0.76[a]	0.58	0.69	0.50	1993—2016	0.71[a]	0.49	0.75	0.39	19+/5−[a]	5.36	0.49
KNN	1993—2016	0.77[a]	0.61	0.57	0.59	1967—1992	0.66[a]	0.44	0.81	0.43	17+/9−	2.89	0.43
	1967—2016	0.77[a]	0.58	0.67	0.57						36+/14−[a]	4.80	0.57
	1967—1992	0.64[a]	0.40	0.74	0.41	1993—2016	0.61[a]	0.37	0.86	0.32	19+/5−[a]	5.20	0.37
MLR	1993—2016	0.68[a]	0.46	0.74	0.51	1967—1992	0.61[a]	0.37	0.88	0.25	16+/10−	3.26	0.30
	1967—2016	0.66[a]	0.43	0.82	0.44						32+/18−	4.49	0.43

注:a 表示显著性水平 $p<0.01$,b 表示显著性水平 $p<0.05$。

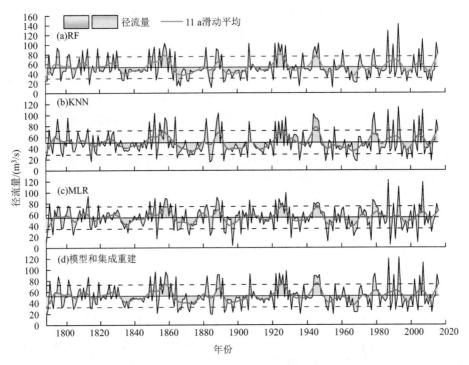

图 3.20　RF(a)、KNN(b)、MLR(c)模型和集成重建(d)伊希姆—托博尔河自公元 1788 年以来 6—7 月的径流量

伊希姆—托博尔河径流量的集成重建为哈萨克斯坦北部地区提供了重要的水文信息(图 3.20)。为了研究重建数据中的极高和极低径流年,我们将重建值高于平均值加 1 倍标准差定义为极丰水年,重建值低于平均值减 1 倍标准差定义为极枯水年(Gou et al.,2010)。1788—2016 年期间,伊希姆—托博尔河共有 37 个极丰水年和 39 个极枯水年(表 3.11)。如果重建值低通滤波处理后连续低于(高于)长期平均值≥10 a,则判定为干旱(湿润)期。发现 1831—1846 年、1863—1878 年、1892—1905 年和 1950—1971 年为干旱期,1792—1803 年、1821—1830 年、1847—1862 年、1920—1931 年和 1985—1995 年为湿润期。

表 3.11 集合重建极高和极低径流量年

枯水年				丰水年			
年份	径流量/(m³/s)	年份	径流量/(m³/s)	年份	径流量/(m³/s)	年份	径流量/(m³/s)
1788	18.82	1902	24.45	1790	78.47	1922	92.30
1789	31.22	1906	26.28	1795	88.16	1924	93.29
1792	30.79	1921	27.17	1796	74.39	1926	89.98
1797	31.74	1931	27.04	1801	82.84	1928	97.90
1804	29.50	1936	19.83	1813	87.40	1944	88.85
1814	31.67	1952	25.06	1819	78.06	1945	88.68
1815	30.11	1955	19.32	1825	73.27	1946	84.35
1834	31.84	1963	31.57	1849	87.95	1947	90.25
1836	30.27	1967	23.31	1852	96.23	1956	73.35
1853	21.27	1968	22.69	1855	87.12	1978	83.47
1865	22.83	1969	23.66	1858	96.11	1979	92.51
1866	29.99	1977	25.54	1859	87.97	1987	119.84
1867	27.81	1988	25.33	1861	75.62	1990	89.78
1871	31.52	1991	26.58	1864	87.44	1993	122.14
1872	23.65	1995	29.66	1882	88.82	2002	81.74
1884	20.23	1998	22.55	1888	90.35	2005	88.47
1885	19.38	2001	31.72	1889	91.06	2007	112.62
1892	22.34	2004	24.76	1891	84.58	2015	90.54
1893	28.47	2012	22.24	1907	92.25		
1897	22.77						

MTM 分析发现了重建序列在 0.05 的显著性水平存在 2.8~3.2 a 和 2 a 的周期(图 3.21a)。小波分析结果支持了 MTM 分析的结果(图 3.21b),也表明重建的径流量中最主要的周期性为 2.8~3.2 a。此外,我们使用 CRU 的 scPDSI 网格数据(Dunn et al.,2020)来分析 1967—2016 年观测和重建的径流量数据的空间相关性。结果发现,重建的(图 3.21c)和实测(图 3.21d)的径流量数据与 PDSI 格点数据之间存在较好的空间相关性。与 PDSI 相关最高的地区位于伊希姆—托博尔河流域的中、低平原地区。

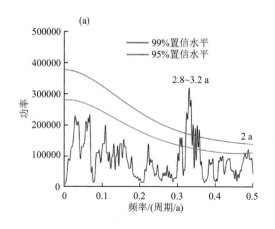

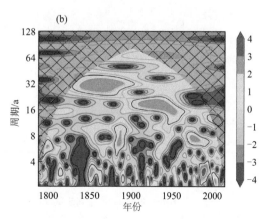

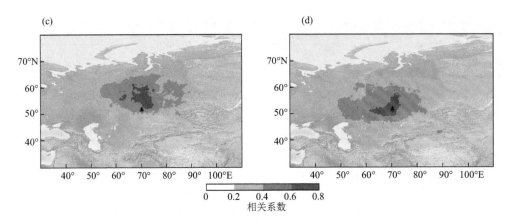

图 3.21　重建径流量的多窗谱(MTM)分析(a),重建径流量的小波功率谱(黑线表示95%的置信度)(b),
1967—2016 年伊希姆—托博尔河重建径流量(c)和观测径流量(d)与 CRU TS4.04 scPDSI 数据集的空间相关性

3.1.3.3　径流量的区域对比及其与海气间相互作用

将本研究成果与两个重建序列进行比较,以研究大尺度水文气候条件的时间和空间变化
(图 3.22)。包括亚洲区域基于树轮的 PDSI 格点重建数据(51°—54°N,68°—72°E,空间分辨
率:2.5°×2.5°)(Cook et al.,2010)和布拉拜地区上年 10 月至当年 7 月的重建降水量
(Akkemik et al.,2020)。布拉拜地区 1800 年以来的降水重建序列($r=0.41,n=200,p<$
0.01)和 PDSI 序列($r=0.25,n=200,p<0.01$)都与本研究中伊希姆—托博尔河径流量重建
显示出高度的相关性。如图 3.22 所示,19 世纪 10 年代、19 世纪 30—40 年代、19 世纪 70 年代、

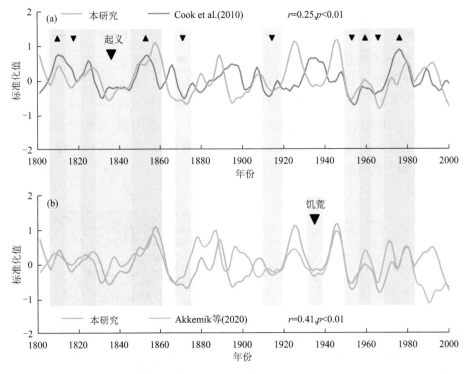

图 3.22　伊希姆—托博尔河径流量的 11 a 低通滤波与重建的亚洲 PDSI(a)(Cook et al.,2010)和
布拉拜的降水重建(b)(Akkemik et al.,2020)的比较。橙色带表示丰水期,蓝色带表示枯水期

20 世纪 10 年代、20 世纪 50 年代和 20 世纪 60 年代是明显的低径流量时段,而 19 世纪前 10 年、19 世纪 20 年代、19 世纪 50 年代和 20 世纪 70—80 年代在 1800 年以来为高径流量时段。在重建序列中,1831—1846 年这一时期被认为是一个长期的干旱期,在吉尔吉斯斯坦北部也有类似的研究结果。Zhang 等(2020e)表明研究区的水文变化与周边区域密切有关。在这个干旱时期,哈萨克民族曾多次起义反对沙皇的统治。其中最引人注目的是 1836 年的起义,这次起义持续的时间最长,而且与 1836 年的极低的径流量相对应,这表明干旱与文明的发展之间可能存在联系(Kasenov,2014)。哈萨克斯坦的大饥荒(1931—1933 年)是由农业集体化和长期干旱造成的,与重建序列的干旱期一致 (Janmaat,2006)。此外,1921 年乌拉尔地区的大饥荒在重建序列中对应于一个极端干旱的年份(Chen et al.,2016d;Zou et al.,2021;Katzer,2005)。值得注意的是,自 1970 年以来,伊希姆—托博尔河的径流量增加,区域气候似乎已经从"暖干"转变为"暖湿",这种变化反映了与全球变暖的关系(Chen et al.,2016d;Zou et al.,2021)。

伊希姆—托博尔河径流量的主要周期性与北大西洋振荡(NAO)和准两年振荡(QBO)有关,表明大气环流和中亚地区的径流量之间存在关联(Bothe et al.,2012;Sauer et al.,2021)。伊希姆—托博尔河径流量与 NAO 指数之间的相关分析(Cook et al.,1998)发现二者有很强的正相关关系($r = 0.40, n = 193, p < 0.01$)(图 3.23a)。小波分析显示,在 1788—1980 年的共同时期,在准 3 a、7 a、16 a 和 32 a 尺度上有明显的相关性(图 3.23b)。图 3.23b 中的箭头显示了从 1825 年到 1890 年确定的正相关关系。然而,在 20 世纪 50 年代,在大约 16 a 的时间尺度上发现了一个反相关关系。这种变化可能是由于 NAO 的年际振荡造成的。中亚位于副极地西风带的影响区域,该地区的降水主要受西风环流模式的影响(Aizen et al.,2001;Wang et al.,2020)。同时,中亚地区也是大西洋和北冰洋水汽纬向输送的重要通道,影响着进入中亚干旱地区的水汽强度。从 1950 年到 2016 年选择了 5 个丰水年(1987 年、1990 年、1993 年、2007 年和 2015 年)(图 3.23c)和 5 个枯水年(1955 年、1968 年、1969 年、1998 年和 2012 年)(图 3.23d)进行水汽通量合成分析。我们发现,在湿润的年份,来自北大西洋和北冰洋的水汽影响了研究区,导致降水和径流量增加,而在干旱的年份,北大西洋的气流无法到达内陆地区,因此,研究区受到大陆气流的显著影响,导致干旱事件。这种关系与 NAO 有关。在 NAO 的正值阶段,副极地西风带偏北偏强,水汽梯度增加,中亚和中国干旱地区的水汽通量输送增加(Chen et al.,2013;Gerlitz et al.,2016)。在 NAO 负值阶段,由于水汽通量辐散,水汽和降水减少(Hu et al.,2017)。此外,历史记录表明,中国西北地区的干旱事件发生在 NAO 的负值阶段(Lee et al.,2011;Li et al.,2015)。

3.1.3.4 重建径流量序列对流域水资源管理的意义

目前,伊希姆—托博尔河流域内的水资源问题主要包括跨界水资源管理、水污染和水资源短缺问题(Krasnoyarova et al.,2019;Ospanov et al.,2020;Yunussova et al.,2016)。研究区位于哈萨克斯坦北部,是一个人口集中的地区,农业和工业生产活动密集,水污染问题严重(Alimbaev et al.,2020;Karatayev et al.,2017)。该地区的主要污染物是来自人类活动的重金属和有机物;这些污染物严重威胁着流域内地表水资源的利用(Zinoviev et al.,2020)。为了进一步分析该流域地表水资源的供应情况,我们将伊希姆—托博尔河的重建径流量与观测数据进行了比较。根据重建径流量序列和枯水期径流量的累积分布函数,1800 年以来的径流量达不到多年平均值的概率为 64.19%,而枯水期径流量达不到多年平均值的概率为 82.99%

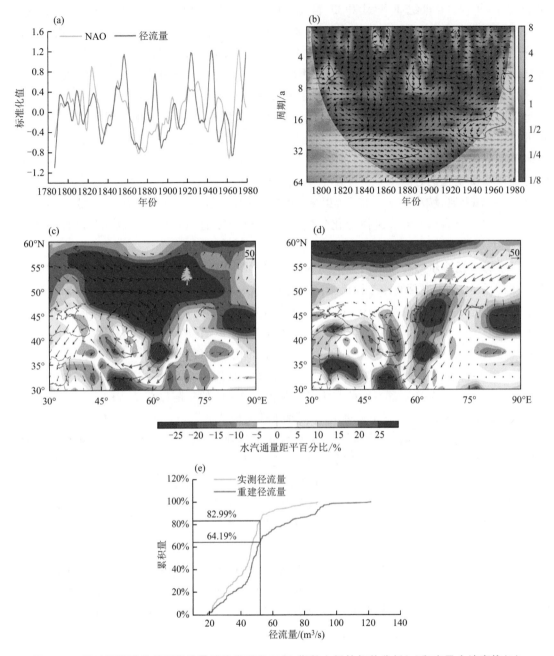

图 3.23　通过低通滤波处理径流量重建序列和 NAO 指数之间的相关分析(a)和交叉小波变换(b),
黑线表示 95% 置信度;1950—2016 年 5 个丰水年(c)和 5 个枯水年(d)期间的水汽通量分析;
重建径流量序列和枯水期径流量的累积分布函数(CDFs)(e)

(图 3.23e)。此外,我们计算出重建期有 63.76% 的年份的数值低于多年平均数,表明该流域
处于常年缺水状态,人为用水量已经超过了径流的阈值限制。因此,如果未来的气候变化情景
导致径流量偏少,该流域的地表水需求将在 10 a 中有 7 a 无法得到满足。值得注意的是,解决
污染和缺水的问题对该地区的水资源管理至关重要。如果这些问题继续同步增加,哈萨克斯
坦的可持续发展将受到不利影响。由于水文观测的时间很短,重建的径流量变化可以代表实

测的径流量数据,从而为水资源的预测和管理政策的制定提供科学依据。

在本研究中,三个模型的集成重建表明 1800 年以来伊希姆—托博尔河的径流量变化过程,三个模型重建效果的比较反映了它们在树轮重建中的表现。特别是随机森林算法在重建工作中很少被使用,它在处理非线性因子关系方面具有优势(Li et al.,2019)。例如,气温、降水和土壤水分等因素可以纳入重建的指标中。随机森林算法的应用应该被认为是一个合适的拓展。我们的研究证明了 RF 算法、KNN 算法和 MLR 的集成重建在中亚地区的适用性和可靠性,这不应该局限于目前的地区。可以为其他地区的水文变化研究提供方法上的参考,并扩展到沿海平原或内陆高原树轮水文研究。

流域水文变化的过程是复杂的、非线性的过程(Feng et al.,2020;Ouali et al.,2016)。人口数量、灌溉土地、城市面积和水利设施等因素影响着流域的水文变化(图 3.24)。伊希姆—托博尔河主要以融雪为补给源,这限制了我们探索以高山冰川融水或地下水为主要补给源的河流的能力。尽管如此,我们的研究可以为其他地区的河流研究提供一个更广阔的视角,可以应用于水文建模。本研究所探讨的方法仅限于利用树轮指标来重建水文变化。未来的研究应着重于了解人类活动对流域的影响,并扩大重建的范围。

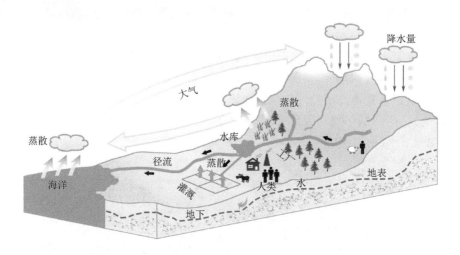

图 3.24 一个以主要河流、农业灌溉、工业设施、水库和森林等为特征的流域系统的概念模型

3.1.3.5 小结

利用树轮数据重建了哈萨克高原伊希姆—托博尔河 1788—2016 年的径流量,从而验证了所研究流域的树木径向生长是由降水和气温主导的。通过比较所利用的 RF 模型与 KNN 和 MLR 模型,发现 RF 模型在重建径流量时表现更好,但这可能只是边缘优势的表现。为了在序列中包括更多的信息和结果,三个模型被整合到一起进行集成重建。在 1788—2016 年期间,伊希姆—托博尔河经历了五个高径流量期和四个低径流量期。我们在重建序列中发现了几个周期(周期为 2.8~3.2 a 和 2 a)。

本研究获得的重建数据中记录了 1836 年的起义以及 1921 年和 1931—1933 年的大饥荒,这显示了与文明的联系。小波分析和相关性显示,NAO 指数可能是影响伊希姆—托博尔河径流量变化的一个自然强迫因素。水汽通量分析表明,在高径流量年,研究区主要受到来自北冰洋和大西洋的暖湿气流的影响,而在低径流量年,研究区受到大陆气流的影响。通过与其他重建的比较,我们进一步验证了集成重建的可靠性和真实性。

　　研究表明,使用机器学习算法进行树轮重建在中亚地区是适用的。这种集成重建应该扩展到其他地区,而且重建指标不应该局限于单一变量。影响一个流域内水文变化的因素包括自然和人类活动等力量。简单的线性关系不足以表达这种复杂的变异性。需要进一步加强对流域内各因素之间非线性关系的定量研究。

3.2 楚河流域

3.2.1 伊塞克湖入湖径流量重建

　　伊塞克湖是中亚的高山封闭湖泊,是世界上高山湖泊中深度和体积最大的湖泊。基于观测记录(王国亚 等,2006;Salamat et al.,2015)和遥感数据(李均力 等,2011;成晨 等,2015)的研究集中在该湖径流和水位的变化。然而,实测水文资料时间较短,难以描述几个世纪以来的水文变化特征。因此,需要代用资料帮助我们认识几个世纪以来季节或年度时间尺度上的水文变率。树木年轮数据经常被用于评估树木生长和径流量变化之间的关系,从而延长水文记录。

3.2.1.1 研究区和资料

　　伊塞克湖位于泰尔斯凯山和昆格山之间,中心在 77.33°E 和 42.42°N(图 3.25)。湖长 178 km,宽 60.1 km,面积约 6236 km²。其平均深度为 278 m,最大深度为 702 m。湖水量 1735 km³。源自伊塞克湖流域的现代冰川面积约为 650.4 km²,其储存量为 48 km³。该湖属温带大陆性气候。1 月的平均气温为 6 ℃,7 月的平均气温在 15~25 ℃。湖泊的供水来源是径流、降水和地下水(杨川德 等,1993)。

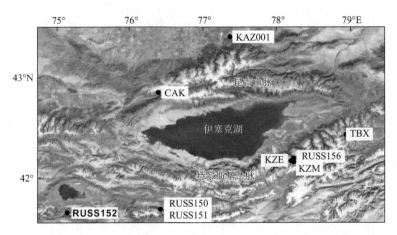

图 3.25　伊塞克湖地图和山区 9 个年轮采样点

　　研究对象为雪岭云杉。这些云杉通常能长到 40 m 高,树龄达 200 多年。天山山脉海拔 1200~2600 m 的森林中,超过 90% 由雪岭云杉组成,是山区森林的主要树种。林分密度适中,郁闭度较低。2012 年和 2014 年在 4 个点(TBX、KZE、KZM 和 CAK)进行了采样,通常选择森林火灾、滑坡或人畜干扰迹象较少的健康树木,以避免非气候因素对径向生长的影响。对于大多数样本树,我们从不同的方向提取两个树芯。共采集了 79 株的 142 个树芯样本。另外,从国际树轮数据库获取了伊塞克湖周围 5 个点的树木年轮宽度数据,分别为 sarekungey

（russ150 和 russl51）、sarejmek（russl52）、karabakak（russl56）和 KAZ001，共包括 60 棵树，
108 个树芯。采样点信息见表 3.12。

表 3.12　树轮采样点信息

采样点编号	纬度（N）	经度（E）	样本量（芯/树）	海拔 /m	坡向	最大树龄/a
TBX	42.42°	78.95°	25/48	~2,900	西北	362（1651—2012 年）
KZE	42.17°	78.20°	24/43	~2,800	东北	409（1604—2012 年）
KZM	42.19°	78.20°	12/21	~2,700	东北	349（1666—2014 年）
CAK	42.81°	76.38°	18/30	~2,500	东	161（1847—2007 年）
RUSS150	41.67°	76.43°	12/24	~2,800	—	243（1753—1995 年）
RUSS151	41.67°	76.43°	4/8	~2,800	—	146（1850—1995 年）
RUSS152	41.60°	75.15°	18/37	~2,800	—	357（1639—1995 年）
RUSS156	42.18°	78.18°	11/19	~2,850	—	346（1650—1995 年）
KAZ001	43.35°	77.35°	15/20	—	—	432（1570—2001 年）

　　将采集的样本自然晾干后，进行固定、打磨、标记、轮宽测量等处理。并将所有新获取 4 个
采样点和国际树轮数据库已有的 5 个点的树轮宽度数据合并，研制为区域年表（RCC）。使用
COFECHA 程序进行交叉定年质量控制（Grissino-Mayer，2001；Holmes，1983），使用 Arstan
程序建立树轮宽度年表（Cook et al.，2005），采用负指数函数去除了与树龄和林分动态相关但
与气候变化无关的生长趋势，并通过计算双权重稳健平均值，将所有单独的去趋势年轮宽度序
列合并成一个年表。最终，获得了标准化、差值和自回归标准化树轮年表。通过样本对总体的
代表性（EPS）和平均序列互相关（Rbar）评估树轮年表的可靠性（Wigley et al.，1984）。以
EPS 稳定大于 0.85 为临界值确定可靠的年表的长度（Esper et al.，2003），区域合成年表 RCC
的可靠长度为 345 a（1670—2014 年）。图 3.26 显示了 RCC 年表及其样本量、EPS 和 Rbar，
该年表在公共期（1890—1990 年）的统计数据列于表 3.13。

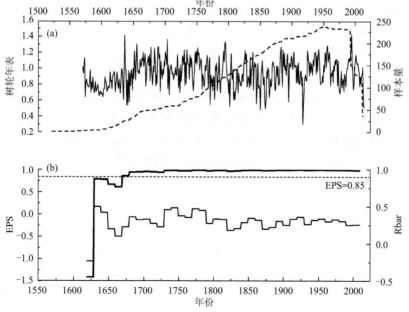

图 3.26　（a）区域年表样本量。实线表示树轮宽度指数和虚线表示样本量；
（b）EPS 及 Rbar。粗线表示 EPS 数据，细线表示 Rbar 数据。虚线表示 EPS=0.85

表 3.13　区域合成年表(RCC)的统计特征

特征参数	RCC
标准差(S_D)	0.13
偏度系数(S_C)	−0.34
峰度系数(K_C)	3.27
平均敏感度(MS)	0.16
一阶差相关(AC1)	−0.13
树间相关系数	0.13
所有序列间相关系数	0.13
树内相关系数	0.16
信噪比(SNR)	76.02
样本对总体的代表性(EPS)	0.99

气候数据采用空间分辨率为 2.5°×2.5°的格点气候数据(CRU TS 4.00),区域范围为 40°—45°N,75°—80°E(Mitchell et al.,2005),要素包括月降水量和平均气温,数据来源于 KNMI 网站。伊塞克湖的水文数据来自于已发表的论文(王国亚 等,2006)。线性趋势分析用于评估水文气象数据的趋势。Pearson 相关用于分析研究区域树轮宽度年表的气候水文信号,通过双尾检验评估相关系数的显著性水平。在确认树轮宽度与实测数据之间的关系后,使用线性回归模型进行径流量重建。使用 Bootstrap(Young,1994),逐一剔除交叉验证(Michaelsen,1987)和交叉独立检验(Meko et al.,1995a)等方法来评估重建模型的统计可靠性。在分割样本校准验证测试期间,气候数据分为两部分,用于校准和验证。计算包括效率系数、乘积平均数和符号检验在内的若干统计量,以评估实测值和重建值的数据(Cook et al.,1999)。采用功率谱方法分析重建序列的周期特征(Fritts,1976),并与小波分析结合,以研究重建序列的周期性,并检查这种周期性如何随时间变化。我们使用 KNMI Climate Explorer 评估了重建径流量对 scPDSI 格点数据的空间代表性。

图 3.27 显示,研究区最高气温出现在 7 月(17.2 ℃)。年降水量的大部分集中在 4—6 月 (120.3 mm),5 月(45.5 mm)和 10 月(22.9 mm)出现两个降水峰值,分别占年降水总量的 15.4% 和 7.8%。自 1935 年以来,研究区的年平均气温呈显著上升趋势($p<0.001$),年降水量呈非显著上升趋势($p<0.1$)。年径流量在 1942 年达到峰值(732.3 mm),最小值在 1972 年(486.3 mm),最大值和最小值之差为 246.0 mm。年径流量在 1940—1999 年期间呈显著上升趋势($p<0.01$),增加速率为 9.6 mm/(10 a)。年降水量与平均气温的年径流相关系数分别为 0.421($p<0.001,n=66$)和 0.251($p<0.05,n=66$)。

3.2.1.2　伊塞克湖入湖径流量重建与特征分析

选择上年 7 月—当年 9 月的月和年降水量、气温和径流量,以评估气候和水文因素如何影响伊塞克湖周围云杉树的径向生长。图 3.28 表明,年轮宽度和降水量之间总体为正相关,与前一年的 7 月、8 月、11 月和 12 月以及当年 3 月显著正相关($p<0.05$)。与气温的关系以负相关为主,其中与上年 7 月和当前 4 月的平均气温负相关达到了 0.05 的显著性水平。与年降水量、年平均气温和年径流量的相关系数分别为 0.20、0.07 和 0.54。一般来说,降水是干旱和半干旱地区树木年轮发育的主要气候限制因素,但气温会通过调节土壤湿度来影响树木的径

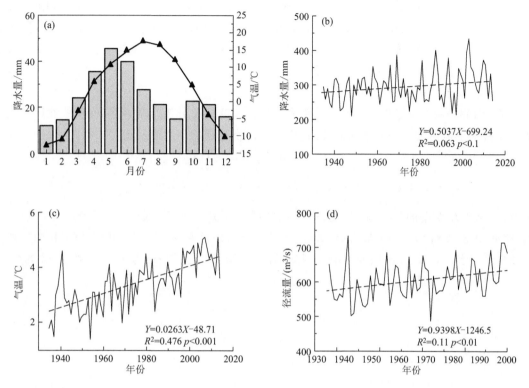

图 3.27　(a) 月降水量(柱形图)和月平均气温(带点的曲线)；(b) 1935—2014 年年降水量(实线)
和线性趋势线(虚线)；(c) 1935—2014 年年平均气温(实线)和线性趋势线(虚线)；
(d) 1935—2000 年年径流量(实线)和线性趋势线(虚线)

向生长(Zhang et al.,2014a)。更多的降水可能会增加土壤中积累水储量,从而形成宽轮,而
更高的气温可能会增加蒸散速率和水分胁迫,从而导致窄轮(Zhang et al.,2015a)。

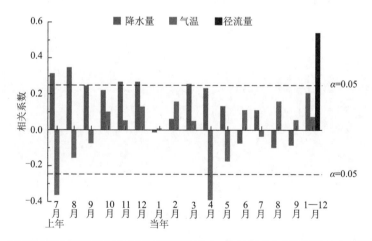

图 3.28　区域合成年表(RCC)与水文气象资料的 Pearson 相关(虚线表示 0.05 显著性水平)

年径流量和年降水量之间的显著正相关($r=0.421$,$p<0.001$,$n=66$)揭示了二者变化的
一致性。更多的降水不仅会导致进入湖泊的径流增加,还会导致采样点树木的年轮宽度变宽。
径流对树木生长的影响与研究区域降水的影响相似。充足的降水有利于树木的径向生长

（Bao et al.，2012；Sun et al.，2013）。天山山区雪岭云杉树轮宽度年表与玛纳斯河和阿克苏河水年径流量的正相关（Yuan et al.，2007；Zhang et al.，2016b），Chen 等（2017a）指出，降水有利于土耳其斯坦圆柏树轮生长，而高温会抑制树木的生长。此外，在中国北方广泛发现了类似的树木年轮生长与径流量的关系，如黑河流域（Liu et al.，2010；Yang et al.，2012）、黄河流域（Gou et al.，2007）和伊敏河流域（Bao et al.，2012）。

基于 1935—2000 年期间区域合成年表与年径流的相关分析结果，我们使用线性回归模型来描述树木年轮年表与径流之间的关系，重建了伊塞克湖的年入湖径流量：

$$R = 381.26 + 220.36 \times X \tag{3.3}$$

$$\left(n = 52, r = 0.54, R^2 = 29\%, R_{adj}^2 = 28\%, S_E = 45.99, F = 26.12, \frac{D}{W} = 1.57 \right)$$

式中，R 是伊塞克湖的年径流，X 是 RCC 是区域树轮宽度年表。在 1935—2000 年的校准期间，模型（3.3）能解释实测径流方差的 29%（经调整自由度后为 28%）。图 3.29a，b 为重建的年径流量和实测值的对比以及重建和实测值的一阶差对比，一阶差相关系数为 0.59（$p <$ 0.000001，$n = 65$）（图 3.29b）。

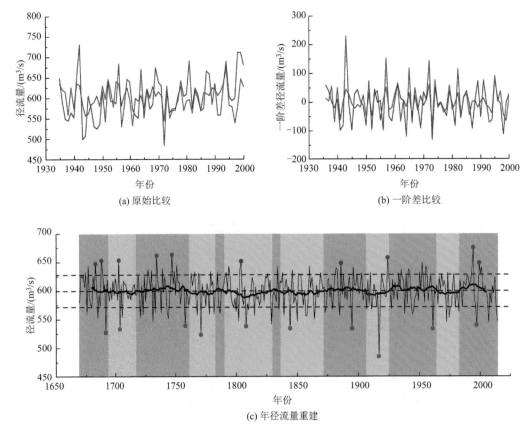

(a) 原始比较

(b) 一阶差比较

(c) 年径流量重建

图 3.29 （a）伊塞克湖实测（蓝线）与重建（红线）年径流量的比较；（b）实测的（蓝线）年径流序列与重建的（红线）年径流序列的一阶差（逐年变化）的比较；（c）1670 年以来伊塞克湖的年径流量重建值（细线），粗线表示经过 21 a 低通滤波器平滑的数据。1670—2014 年的长期平均值和平均值±σ。蓝色和红色条分别表示湿润和干旱时期。蓝点和红点分别代表最湿润和最干旱的年份

Bootstrap 和检验的结果表明，r、R^2、R^2_{adj}、标准误差（S_E）、F 值和 Durbin-Watson（D/W）与原始回归模型（式(3.3)）非常相似（表 3.14）。表 3.15 为独立检验的参数，效率系数（C_E）的为正值，乘积平均数（t）达到显著性水平，表明重建方程稳定可信。1965—2000 年期间符号检验（S_1）和一阶差符号检验（S_2）的值分别为 $28^+/8^-$（$p<0.01$）和 $27^+/8^-$（$p<0.01$），1935—1970 年期间分别为 $26^+/10^-$（$p<0.05$）和 $23^+/12^-$（$p<0.10$），以上的检验结果都证明了该模型是稳定可靠的，可用于年径流重建（Fritts，1976）。因此，重建伊塞克湖 1670—2014 年的年径流量平均值为 599.87 mm，标准偏差为 28.24 mm（图 3.33c）。

表 3.14　重建方程的 Bootstrap 和逐一剔除检验

参数	校正 (1935—2000 年)	校准（1935—2000）	
		Bootstrap（100 次迭代）均值（范围）	逐一剔除 均值（范围）
r	0.54	0.54（0.31~0.69）	0.54（0.51~0.58）
R^2	0.29	0.29（0.10~0.48）	0.29（0.26~0.34）
R^2_{adj}	0.28	0.28（0.08~0.47）	0.28（0.24~0.33）
S_E	45.99	44.56（37.00~53.02）	45.99（43.35~46.36）
F	26.12	28.03（6.71~58.65）	25.75（21.67~31.86）
Durbin-Watson	1.57	1.06（0.61~1.52）	1.57（1.44~1.72）

表 3.15　重建方程的独立检验

统计参数	校准期 (1935—1964 年)	检验期 (1965—2000 年)	校准期 (1971—2000 年)	检验期 (1935—1970 年)	全部校准期 (1935—2000 年)
r	0.57	0.55	0.57	0.56	0.54
R^2	0.33	0.30	0.33	0.31	0.29
R^2_{adj}	0.30	/	0.30	/	0.28
C_E	/	0.00	/	0.09	/
t	/	4.93	/	6.66	/
S_1	/	$28^+/8^-$（$p<0.01$）	/	$26^+/10^-$（$p<0.05$）	/
S_2	/	$27^+/8^-$（$p<0.01$）	/	$23^+/12^-$（$p<0.10$）	/

对于径流重建，根据 Liu 等（2013b）的划分方法，将高于平均值加一倍标准差（628.11 mm）的值定义湿润年，将低于平均值减一倍标准差（599.87 mm）的值定义为干旱年。重建的径流系列显示，59 a 可归类为湿润年（占总数的 17.1%），54 a 可归类为干旱年（占总数的 15.7%）。其余 232 a 为正常年（占总数的 67.2%）。年际和年代际极值列于表 3.16。最湿润年（1994 年）和最干旱年（1917 年）之间的差值为 189.7 mm，最湿润和最干旱的年代（分别为 20 世纪 50 年代和 20 世纪 10 年代）之间的差值为 131.7 mm。

表 3.16 还给出了年径流重建的长期平均值和变异系数（白松竹 等，2014）。结果表明，18 世纪伊塞克湖水资源相对丰富，19 世纪径流量明显减少，20 世纪开始增加，20 世纪的变异系

数略大于其他时间。20 世纪的包括 3 个最湿润和 3 个最干旱的年份,以及 4 个最湿润和 3 个最干旱的年代(表 3.16),证明了 21 世纪水文波动最大。对重建水文序列进行 21 a 滑动平均处理,突出其年代际变化(图 3.29c),并以此为标准将其划分为 7 个湿润期和 6 个干旱期。湿润期(高于重建的平均值)为 1680—1693 年(601.9 mm)、1717—1760 年(603.4 mm)、1782—1789 年(602.1 mm)、1828—1836 年(601.1 mm)、1872—1903 年(602.4 mm)、1926—1964 年(603.8 mm)和 1983—2004 年(605.5 mm)。干旱期(低于重建的平均值)为 1694—1716 年(598.3 mm)、1761—1781 年(596.9 mm)、1790—1827 年(595.4 mm)、1837—1871 年(596.6 mm)、1904—1925 年(595.7 mm)和 1965—1982 年(596.1 mm)。7 个湿润期平均值的比较表明,在 20 世纪 80 年代以来升温湿润趋势的背景下,1983—2004 年是 1670 年以来伊塞克湖的年径流量最多的阶段。

表 3.16　伊塞克湖年径流重建特征

最湿润的 10 a		最干旱的 10 a		10 个最湿润的年代		10 个最干旱的年代		长期		
年份	值/mm	年份	值/nim	年份	平均值/mm	年份	平均值/mm	年份	平均值/mm	变化系数
1994	675.9	1917	486.2	1950	617.5	1910	585.8	1670—1699	602.4	0.049
1747	663.5	1771	524.3	1990	609.6	1800	589.1	1700—1799	600.9	0.047
1734	662.0	1692	528.0	1930	609.4	1810	590.5	1800—1899	597.9	0.047
1924	658.3	1704	534.0	1880	608.3	1850	590.5	1900—1999	600.8	0.048
1703	653.6	1895	534.4	1670	606.7	1970	590.5	2000—2014	595.4	0.046
1688	653.4	1961	534.4	1790	606.3	1940	592.0	1670—2014	599.9	0.047
1804	652.1	1844	535.1	1740	606.0	1770	593.4			
1886	648.6	1808	538.8	1680	605.7	1690	594.6			
1999	648.6	1758	539.9	1920	605.6	1780	595.8			
1683	648.1	1997	540.6	1730	604.2	1840	596.4			

径流量重建序列的功率谱分析结果表明,存在 9.6 a(90%)、5.4 a(95%)、2.5 a(90%)和 2.1 a(90%)的显著周期(图 3.30a)。同时还使用小波分析评估了不同周期随时间的变化特征(图 3.30b)。功率谱分析和小波分析检测到的重要周期相对一致。小波分析表明,1780—1820 年和 1850—1870 年,有一个稳定的准 10 a 周期。1680—1690 年、1730—1740 年、1910—1920 年和 1990—2000 年期间,存在准 5 a 周期。太阳活动周期约为 11 a(Nagovitsyn,1997)。重建的径流量序列中的 10 a 周期可能与太阳活动的 11 a 周期有关。5.4 a、2.5 a 和 2.1 a 周期属于厄尔尼诺-南方涛动(ENSO)的范围(Allan et al.,1996)。Chen 等(2017a)在吉尔吉斯斯坦库尔沙布河上游基于树轮宽度的径流量重建中发现了 11.5 a 的周期。这些年际和年代际周期在天山西部(Zhang et al.,2015b)、中部(Li et al.,2006;Yuan et al.,2013)和东部(王劲松 等,2007;张同文 等,2015)的树轮气候水文重建序列中广泛存在。

3.2.1.3　径流量重建序列与大范围的水文气候联系

使用空间相关性来评估基于年轮宽度的年径流重建序列的空间代表性。1935—2014 年,

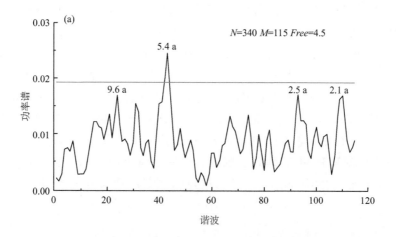

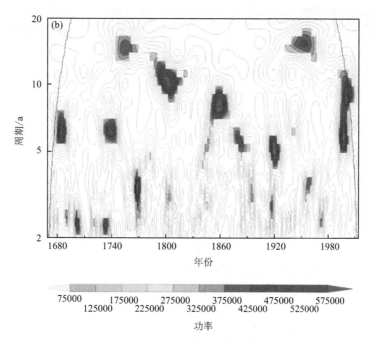

图 3.30 伊塞克湖重建年径流量序列功率谱(a)和小波功率谱
(b)特征。蓝线表示 90% 置信水平,红线表示 95% 置信水平

重建年径流量与 40°—48°N 和 70°—90°E 大范围 PDSI 格点数据(上年 8 月—当年 7 月)正相关($r>0.3$),区域包括天山山脉西部和准噶尔盆地。将本研究重建的水文序列(RIL)与区域 3 条基于树轮的水文气候重建序列进行对比,包括库尔沙布河上游年径流量(SKR,Chen et al.,2017)、阿克苏河上年 10 月—当年 9 月径流量(SAR,Zhang et al.,2016b)、哈萨克斯坦南部上年 8 月—当年 1 月 SPEI 指数(Chen et al.,2017a)。表 3.16 显示,在 1785—2005 年的共同时期,RIL 和 SKR 之间原始、高频和低频域相关性超过了 0.05 的显著性水平,但它们的相关系数相对较小。RIL 和 SAR 之间原始($p<0.05$)和高频($p<0.05$)的相关性相对较强,而低频域中的相关性不显著。RIL 和 SPEI 正相关最为显著,原始、高频和低频域的相关系数均超过 0.65。

张同文等(2015)研究表明,基于树轮的天山山脉从东到西的降水重建相关性在低频域随着距离的增加而减弱。从表3.17可以看出,低频域相对较弱的相关性与上述发现相吻合,证实了天山地区降水的局地变化。高频域内较强的相关性表明,这些重建序列极值之间存在一致性。我们将重建序列中10个最湿润和10个最干旱的年份(表3.16)与历史文献(温克刚等,2006)和3个水文气候重建序列(SKR、SAR和SPEI)进行了比较,结果显示这些序列中极端干湿年的一致性(表3.18)。将该地区10个最湿润年份中的4个(1804年、1924年、1994年和1999年)和10个最干旱年份中的3个(1917年、1961年和1997年)与历史记录进行比较。此外,SKR、SAR和SPEI地区出现了2个最湿润年份(1804年和1886年)和3个最干旱的年份(1808年、1829年和1917年),重建的水文序列较好地捕捉了西天山地区的旱涝灾害信号。

表3.17 重建序列原始值、高频和低频变化对比(1785—2005年)

	原始值			高频			低频		
	SKR	SAR	SPEI	SKR	SAR	SPEI	SKR	SAR	SPEI
r	0.141*	0.358**	0.691**	0.214**	0.530**	0.698**	0.157*	0.109	0.652**
n	221	221	221	209	209	209	209	209	209

注:* 表示显著性水平 $p < 0.05$;** 表示显著性水平 $p < 0.01$。

表3.18 伊塞克湖年径流重建极端湿润年和干旱年与气象记录和其他树轮水文气候重建序列比较

	年份	洪涝灾害简述
极端湿润年	1804	1.1804年7月叶尔羌河发生洪水。 2.SAR和SPEI重建中出现了相同的最湿年份。
	1886	1.SPEI重建中出现了同样最潮湿的年份。
	1924	1.喀什地区泽普县1924年发生洪水。
	1994	1.1994年4月、5月、6月、7月、8月伊犁、阿克苏、喀什地区发生洪水。
	1999	1.1999年6月、7月、8月伊犁、阿克苏、喀什地区发生洪水。
极端干旱年	1808	1.SPEI重建中出现了同样的最干旱年份。
	1829	1.SPEI重建中出现了同样最干旱的年份。
	1917	1.1917年伊犁和喀什地区大旱,人们逃离家园,十室九空。
	1961	1.1961年伊犁、阿克苏、喀什大旱。 2.SKR重建中发生了同样的干旱年份。
	1997	1.1997年,新疆大旱。伊犁牧区无降水。喀什地区牧草减产40%~60%,牲畜大量死亡。

3.2.1.4 小结

年径流量重建的特征表明,20世纪有3个最潮湿和3个最干旱的年份,以及4个最湿润和3个最干旱的年代。21 a滑动平均处理后确定了7个湿润期,即1680—1693年,1717—1760年,1782—1789年,1828—1836年,1872—1903年,1926—1964年和1983—2004年。在低频域中,1694—1716年,1761—1781年,1790—1827年,1837—1871年,1904—1925和1965—1982年6个时期相对干旱。天山西部到东部的一些基于年轮的水文气象重建序列中频繁出现 10 a 和 2.1～5.4 a 的周期,这表明伊塞克湖的年径流变化可能受太阳活动和大气—海洋系统的影响。年径流重建序列与上年 8 月至当年 7 月 PDSI 格点数据之间的空间相关性显示出天山西部和准噶尔盆地的显著正相关。根据库尔沙布河,阿克苏河和哈萨克斯坦东南部的树木年轮数据,年径流重建和三个水文气候重建之间的比较表明,这些重建序列在高频域的一致性比低频域强。因此,重建的径流系列可以准确地捕获气象记录和其他树木年轮中记录的一些洪水事件(1804 年、1886 年、1924 年、1994 年和 1999 年)和干旱事件 (1808 年、1829年、1917 年、1961 年和 1997 年)。

3.2.2　楚河径流量重建

3.2.2.1　研究区和资料

楚河发源于天山山区,横跨哈萨克斯坦和吉尔吉斯斯坦两国,介于 41.75°—43.18°N,73.40°—77.07°E(图 3.31),是吉哈两国重要的农业灌溉水源。本研究利用楚河上游天山山区雪岭云杉树轮宽度数据,采样点位置如图 3.31 所示,代号分别为 KA、KG、TB、SJ 和KK,具体采样点信息见表 3.19。在土层薄、坡度大的地方,至少选择 20 棵树,使用生长锥在每棵树胸高位置的不同方向采集两个树芯样本(勾晓华 等,2010)。将样本带回实验室晾干,先后用砂纸打磨样本至轮宽清晰可见。使用高精度扫描仪将样本轮宽生成图像,在CooRecorder 9.4 中测量树轮宽度数据;运用交叉定年质量控制程序 COFFCHA 校验并修订树轮宽度数据。

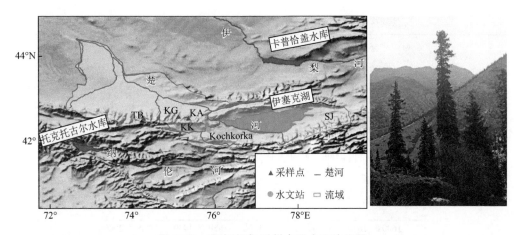

图 3.31　研究流域、采样点及水文站位图

SJ 和 KK 采样点的树轮宽度数据下载自美国国家气候资料中心。5 个采样点距离较近,且树轮宽度序列有着较高的相关性($r > 0.60$, $p < 0.01$),具有显著公共信号。负指数函数能够保留天山山区雪岭云杉更多的气候信息,因此选择负指数函数进行生长趋势拟合,对于个别不适用负指数函数的样本,采用 Friedman 超级平滑方法(Meko et al.,1995)。采用双权重平均方法将去趋势的序列通过 ARSTAN 程序合成树轮宽度年表,得出树轮宽度标准化年表(STD)、差值年表(RES)和自回归年表(ARS)(Ma et al.,2015;Kriegel et al.,2013)。后续分析基于标准化年表,统计参数如表 3.20 所示。以样本总体解释量(EPS)大于 0.8 作为重建可靠时段,最终得到 1610—2016 年树轮宽度年表(图 3.32)。

表 3.19　楚河流域采样点信息

采样点代号	经度(°E)	纬度(°N)	海拔/m	坡度/°	坡向	郁闭度
KA	75.35	42.52	1935	30	北	0.4
KG	75.10	42.50	2200	30	北	0.3
TB	74.28	42.52	2020	20	北	0.3
SJ	75.15	42.60	2800			
KK	78.96	42.41	3010			

表 3.20　楚河流域树轮标准化年表统计特征

统计项	标准化年表
平均敏感度 M_S	0.16
第一主成分方差解释量 PC1	41.10%
标准差 S_D	0.16
一阶自相关 AC	0.39
树间平均相关系数 RT	0.80
信噪比 SNR	46.39
样本总体代表性 EPS	0.98
年表长度	466 a(1551—2016 年)

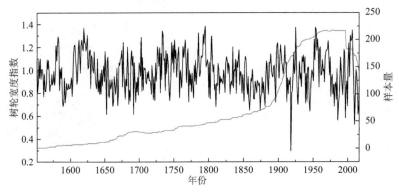

图 3.32　楚河流域雪岭云杉树轮宽度区域年表和样本量

　　1932—2018 年月径流量由楚河上游 Kochkorka 水文站(42.25°N,75.83°E;海拔 1770 m)提供,其中 1995 年和 2006—2013 年数据缺失。1932—2019 年逐月平均气温和降水量来自 CRU TS4.04 格点数据(Holmes,1983),格点资料的范围为 73.00°—77.00°E,41.50°—43.00°N。楚河流域气候具有显著的大陆性特征,多年平均降水量 379.8 mm,夏季(6—8月)平均气温 13.4 ℃,冬季(12—次年 2 月)平均气温 −13.4 ℃(图 3.33)。多年平均径流量 28.00 m³/s(1932—1994 年),径流量连续最大的 3 个月为 6—8 月,占总径流量的 35.96%。径流量年内分配不均匀系数为 0.28,年内分配完全调节系数为 0.12,降水年内分配不均匀系数为 0.46，年内分配完全调节系数为 0.18，径流量年内分配比降水更均匀（陆志华 等，2012）。

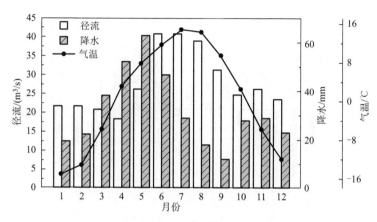

图 3.33　楚河流域多年月平均气温、月降水量和 Kochkorka 水文站多年月径流量

基于 Pearson 相关分析计算楚河流域树轮宽度序列与实测径流量的相关性，计算年表与不同组合月（上年 6 月至当年 10 月）径流量的相关系数，以相关性最高组合为径流量重建目标。基于线性回归方程重建楚河流域 1610—2016 年径流量，采用分段检验法检验重建方程的稳定性，根据相关系数（R）、方差解释量（R^2）、符号检验（ST1）、一阶差符号检验（ST2）、误差缩减值（R_E）、乘积平均数（PMT）6 个统计参数判断重建结果的可靠性（Harris et al.，2020；陆志华 等，2012）。为检验径流量与气候因子的响应关系，绘制重建径流量与格点降水、气温、PDSI（van der Schrier et al.，2013）和海温（SST）空间相关图。对重建径流量进行丰枯分类，定义偏离平均值两倍标准差为径流量极值年。采用 Gray 等（2011）提出的分类方法，对多年（≥2 a）径流量变化进行了分析，具体方法如下：以实测期径流量平均值为基准，根据重建径流量序列的距平值分为正、负两组，计算持续时间、累积距平值、强度（累积距平值/持续时间），引入参数“分数”对湿润和干旱程度进行评估，将累积距平值和强度由小到大的序列号加和，得到“分数”。采用多窗谱分析法（MTM）（Mann et al.，1996）分析径流的准周期特征。采用交叉小波（Piao et al.，2010）和奇异谱分析（SSA）（Vautard et al.，1989）对楚河流域重建径流序列与 NAO，AMO，ENSO 等指数进行时频空间相位分析以及周期提取分析。ENSO 数据采用 Li 等（2011）重建的 ENSO 指数资料，AMO 数据采用 Wang 等（2017）基于代用资料重建的夏季 AMO 指数，NAO 数据采用 Trouet 等（2009）重建的冬季 NAO 指数。

3.2.2.2　楚河径流量重建与特征分析

如图 3.34 所示，降水在上年 6—10 月、当年 1 月、3—6 月和 8 月与树轮宽度年表呈显著正相关关系（$p < 0.05$），上年夏秋季降水对当年树木径向生长的正相关超过 0.01 显著性水平，上年 6 月（$r = 0.40$，$p < 0.01$）降水与树木径向生长的正相关性最高。气温在上年秋末和冬季（11 月—次年 2 月）与树木径向生长呈弱正相关关系，表明气温升高增加融雪量，促进了树木的径向生长。上年 6—9 月和当年 4—7 月气温与树轮宽度呈显著性负相关。径流量在上年秋末、冬季和春初（11 月—次年 3 月）与树木径向生长呈不显著负相关，其余月份均呈显著正相关（$p < 0.05$），其中当年 6 月（$r = 0.56$，$p < 0.01$）径流与树轮宽度相关性最高。径流、降水与树轮宽度指数相关性最高的组合月分别为当年 4—9 月平均径流量（$r = 0.66$，$p < 0.01$）、上一

年 6 月至当年 5 月降水量（$r = 0.67, p < 0.01$）。

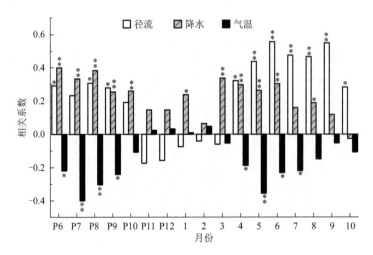

图 3.34　树轮宽度序列与径流量、降水和气温逐月相关系数

横坐标 P6—P12 表示上一年 6—12 月，1—10 表示当年 1—10 月；

* 和 ** 分别表示通过信度 0.05 和 0.01 显著性检验

基于相关分析的结果，以当年 4—9 月径流量为重建目标。由于径流数据存在缺测，选择 1932—1994 年为校准期，建立一元回归方程如下：

$$R_{4-9} = 4.36 + 28.30\,X \tag{3.4}$$

式中，R_{4-9} 代表楚河流域当年 4—9 月重建平均径流量，X 代表云杉宽度标准年表。如表 3.21 所示，根据 Durbin-Watson 临界值表（Neter et al., 1996），D/W 超过检验值上限（$n = 63$，上限值为 1.62，$p < 0.05$），表明实测径流量与树轮宽度指数相互独立，可建立回归方程。图 3.35 中，重建径流量与实测径流量序列在时间上的趋势一致，树木年轮能够成功记录径流量高低变化，得到的重建方程方差解释量为 44%。以 1996—2016 年、1932—2016 年作为验证期，统计结果显示校准期和验证期均有超过 0.01 显著性水平的相关性，误差缩减值（R_E）远大于 0，乘积平均数（PMT）为 8.12；校准期的符号检验（ST1）和一阶差符号检验（ST2）通过 0.05 的显著性检验。以上统计特征值表明重建方程稳定、可靠。

表 3.21　径流量重建校准期与验证期统计特征

校准期	R	R^2	ST1	ST2	R_E	PMT	D/W	验证期	R	R^2
1932—1994 年	0.66**	0.44	40+/22−*	42+/21−*	0.44	8.12	1.67	1996—2016 年	0.64**	0.41
—					—		—	1932—2016 年	0.67**	0.44

注：* 表示显著性水平 $p < 0.05$，** 表示显著性水平 $p < 0.01$。

重建径流量与降水、PDSI 和气温在流域内有显著性相关，其中径流量与 PDSI 的相关性最强，说明重建结果能够反映楚河流域及周边区域的干湿变化，而径流量与降水的相关性高于气温。楚河自 1610 年以来 4—9 月多年平均重建径流量为 32.65 m³/s，标准差为 5.00 m³/s。如图 3.36 中所示，在重建径流序列中捕捉到 9 次极大值年，7 次发生在实测期前；7 次极小值年，3 次发生在实测期前。径流最大和最小年均发生在实测期前（1795 年，44.54 m³/s；1917 年，12.58 m³/s）。发现 18 世纪出现径流极大值年频率最高，分别出现在 1734 年、1785 年、

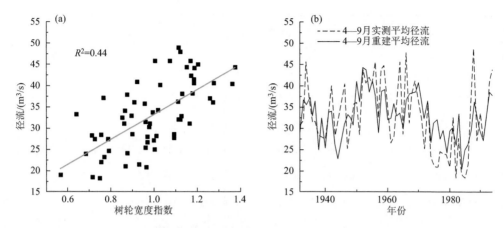

图 3.35 4—9 月实测平均径流量与标准年表散点图(a)(实线为线性拟合曲线)
以及与重建平均径流量对比(1932—1994 年)(b)

1794 年和 1795 年。其次是 20 世纪,出现 3 次极大值年(1924 年、1952 年和 1953 年)。20 世纪也是径流极小值年频率最高的时段,分别在 1917 年、1984 年和 1995 年。重建期内 15 个最湿润和最干旱时段列于表 3.22 中,其中 4 个最湿润和 6 个最干旱时段出现在实测期。综合考虑径流量数量级、强度与持续时间,最严重湿润期与干旱期均发生在 20 世纪,即实测期,分别持续了 7 a(1950—1956 年)和 4 a(1984—1987 年)。干旱期持续最长的为 19 a(1863—1881 年),持续时间超过重建期内其他枯水期。根据表 3.22 的结果,18 世纪长期湿润在持续时间、数量级和强度上最为严重,出现 8 个丰水期(1789—1795 年、1734—1737 年、1763—1767 年、1746—1753 年、1700—1703 年、1726—1730 年、1769—1770 年、1755—1757 年),20 世纪长期干旱在持续时间、数量级和强度上最为严重,出现 6 个枯水期(1984—1987 年、1995—1998 年、1911—1920 年、1943—1946 年、1977—1982 年、1926—1928 年),其次是 19 世纪,出现了 5 个枯水期(1863—1881 年、1808—1812 年、1854—1861 年、1894—1895 年、1814—1823 年)。

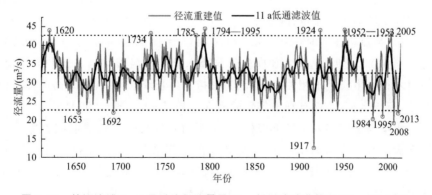

图 3.36 楚河流域 4—9 月重建径流量及 11 a 低通滤波曲线(1610—2016 年)
中间及上、下三条虚线分别代表重建径流量多年平均值,偏离多年平均值两个标准差;
标注年份为径流量极值年,判断依据为偏离重建径流量多年平均值 2 倍标准差

表 3.22　楚河 4—9 月重建径流量高于(左)和低于(右)1932—1994 年平均值的时间段(≥2 a)＊

分数	时间段(年)	持续时间/a	数量级/(m²/s)	强度/(m²/(s·a))	分数	时间段(年)	持续时间/a	数量级/(m²/s)	强度/(m²/(s·a))
124	1950—1956	7	58.42	8.35	114	1984—1987	4	−26.47	−6.62
120	2002—2006	5	41.71	8.34	107	1863—1881	19	−90.66	−4.77
118	1789—1795	7	43.28	6.18	107	1995—1998	4	−24.20	−6.05
117	1734—1737	4	29.96	7.49	105	1911—1920	10	−47.58	−4.76
117	1966—1973	8	45.18	5.65	104	2007—2009	3	−19.03	−6.34
111	1763—1767	5	28.19	5.64	103	2011—2014	4	−22.17	−5.54
105	1746—1753	8	37.03	4.63	103	1808—1812	5	−26.24	−5.25
104	1700—1703	4	20.85	5.21	102	1854—1861	8	−36.35	−4.54
101	1999—2000	2	11.50	5.75	100	1943—1946	4	−21.20	−5.30
99	1921—1925	5	21.73	4.35	98	1685—1687	3	−16.09	−5.36
99	1896—1899	4	19.41	4.85	96	1977—1982	6	−25.27	−4.21
95	1726—1730	5	20.91	4.18	90	1694—1699	6	−23.12	−3.86
94	1688—1691	4	17.94	4.48	89	1894—1895	2	−10.52	−5.26
91	1769—1770	2	10.40	5.20	88	1814—1823	10	−30.91	−3.09
89	1755—1757	3	12.64	4.21	87	1926—1928	3	−13.09	−4.36

注：＊实测期用粗体表示；强度是累积距平值/持续时间；分数是根据累积距平值和强度按照由小到大的序列号加和,表
中列出了"分数"最高的 15 个干旱时段和湿润时段。

降水与径流量在大多数时段呈正相关关系(图 3.37),因为降水是楚河流域的主要来水
源,降水量升高增加河流径流量。冬末春初(12 月、2 月)气温和径流量呈正相关关系,表明随
气温升高的融雪量增加了径流量(陈亚宁 等,2017)。到了夏季,气温升高引起蒸发量变大,融
雪量减少,气温与径流量在 4 月($r=-0.32$)、5 月($r=-0.39$)和 7 月($r=-0.28$)呈显著负
相关关系($p<0.01$)。类似地,树木径向生长与降水量和气温密切相关。平均气温在 11 月—
次年 2 月与树木径向生长呈正相关关系,因为在树木生长季前期,气温升高能促进树木形成层
活动提前开始,延长生长季,这有利于年轮的径向生长(Davi et al.,2002)。上年夏秋季和当年
大多数时段降水量与宽度年表呈显著正相关,说明树木生长受生长季前期和生长季水分含量
限制。气温在大多数时段与树木径向生长呈负相关关系,4 月、5 月和 7 月负相关关系超过
0.01 的显著性检验。因为生长季融雪量减少,高温会增加蒸散发量,从而降低土壤有效含水
量。水分胁迫会使树叶气孔导度下降,影响植物净光合速率,影响植物生产力而抑制树木径向
生长(吴燕良 等,2020)。在其他干旱与半干旱地区高山树木的径向生长中也发现了与降水和
气温类似的响应机制(吴燕良 等,2020;Tychkov et al.,2019)。气温和降水对树木径向生长
和径流量形成产生了类似的影响,宽度年表与 4—9 月径流量之间的显著正相关关系进一步验
证了该结论。这是基于云杉宽度年表重建楚河径流量的机制(吴燕良 等,2020)。重建结果

表明雪岭云杉宽度对气候变化敏感,我们的径流重建捕捉了区域水文变化信号。

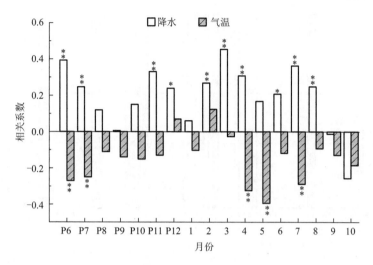

图 3.37　径流量与逐月降水和气温的相关系数

横坐标 P6—P12 表示上一年 6—12 月,1—10 表示当年 1—10 月;

＊和＊＊分别表示通过信度 0.05 和 0.01 显著性检验

3.2.2.3　重建径流量的区域代表性及其对大气环流因子的响应

重建径流量与 PDSI 格点数据的较高的正相关说明了本研究重建结果能够代表研究区域及周边地区干湿变化。为了验证重建结果以及检验是否存在大范围联系,我们整理了研究区周边径流量重建结果,与楚河径流量重建进行比较。以天山北麓玛纳斯河(上年 10 月到当年 9 月)(Yuan et al.,2007)、天山北坡东段开垦河(上年 8 月到当年 6 月)(Zhang et al.,2020b)和天山北坡乌鲁木齐河(年径流总量)(袁玉江 等,2013)重建结果为对比对象。在公共区间 1660—1989 年,楚河与 3 个重建序列按相关性由高到低排序为开垦河($r = 0.22,p <$ 0.0001),乌鲁木齐河($r = 0.20,p < 0.001$),玛纳斯河($r = 0.17,p < 0.01$)。按每 100 a 进行相关计算,发现楚河与其他 3 条河流在 1770—1869 年相关性非常高,与乌鲁木齐河、玛纳斯河和开垦河的相关性系数分别为 0.44、0.68 和 0.42($p < 0.0001$)。将重建序列标准化并 11 a 低通滤波处理后(图 3.38)可以看出 4 条河流在 18—19 世纪的丰枯变化非常一致。楚河流域和其他 3 条河流都在 1726—1730 年、1747—1753 年、1783—1786 年和 1788—1799 年经历了湿润期。上述流域在 20 世纪和 19 世纪都经历了严重干旱,其中 1917 年极端干旱事件在其他 3 个地区也被捕捉到。楚河流域 1808—1812 年、1854—1861 年、1863—1881 年、1911—1920 年和 1974—1982 年的干旱均与乌鲁木齐河流、开垦河和玛纳斯河的干旱记录对应。其他时段如 1656—1667 年和 1773—1778 年持续干旱、1671—1675 年和 1966—1971 年持续湿润均与其他重建结果对应。上述结果不仅验证了楚河的重建结果,表明该径流量重建序列在较大空间尺度上具有代表性,也说明天山北坡水文变化受到相似大气环流模式影响,这些径流量重建序列之间存在较强的公共信号。

研究区径流变化主要受到降水和气温的影响,而与 PDSI 的空间相关分析以及与周边重建序列的对比结果(图 3.38)表明,我们的重建结果指示了天山北坡的区域水文气候变化。楚河径流量重建序列与海温的相关分析图表明(图 3.39a),4—9 月径流量变化与北大西洋、印度

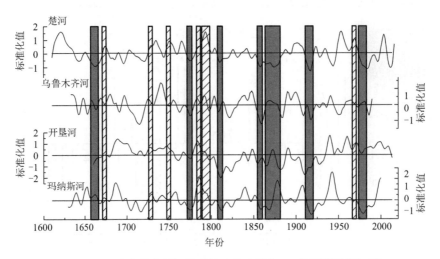

图 3.38　天山北坡主要河流径流变化序列(11 a 低通滤波值)对比

洋和太平洋环流模式之间可能存在遥相关关系。根据 MTM 周期分析结果(图 3.39b)可知,楚河流域径流量主要有 2 a、2.3～2.4 a、3 a 和 5 a 的高频准周期和 30 a、46～69 a 的低频准周期,其中 2 a、2.3～2.4 a、3 a 的准周期表明研究区域的水汽来源于西风环流。因为 2～3 a 周期是西风环流的摆动周期,且大量研究结果证明了西风环流对中亚干旱区降水变化的影响(Huang et al.,2013;陈发虎 等,2011;Lan et al.,2020);5 a 周期表示径流变化可能与 ENSO 有关(Allan et al.,1996);30 a 周期可能与 AMO 变化有关,从交叉小波变化(图 3.39c)中可以看到,楚河流域径流变化与 AMO 在 1610—1800 年和 1870—1995 年有 30 a 左右的同相位准周期变化。30 a 准周期中发现径流量和 AMO 在 1610—2000 年呈正向变化(图 3.39e),相关系数为 0.22(n＝391,p＜0.001);46～69 a 周期可能与 NAO 变化有关,楚河径流量与 NAO 呈反相位周期变化(图 3.39d),且这种关系在 1610—1995 年保持稳定;同时,我们也发现楚河径流量与 NAO 在 56 a 准周期中存在显著的反向变化(r＝－0.61,n＝386,p＜0.0001)(图 3.39f)。因此,上述周期分析结果都佐证了楚河径流量变化与大范围海陆气交互作用存在显著关联。

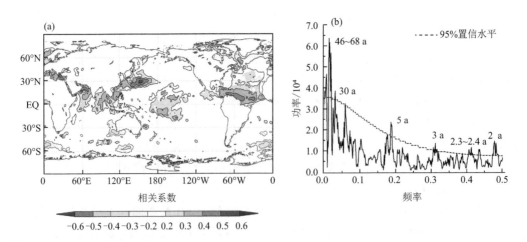

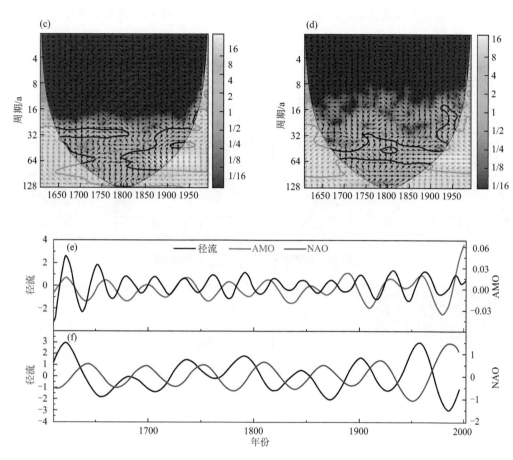

图 3.39　(a)1950—2016 年楚河重建径流与上年 6 月—当年 5 月 SST 空间相关分析；(b)楚河重建径流 MTM 周期分析；(c)1610—1995 年楚河重建径流量与 AMO 交叉小波分析；(d)1610—1995 年楚河重建径流量与 NAO 交叉小波分析；(e)1610—2000 年楚河重建径流与重建 AMO 指数 30 a 准周期序列；(f)1610—1995 年楚河重建径流与 NAO 指数 56 a 准周期序列

　　分别画出 1948—2016 年期间前 10 个径流量低值年份(1979 年、1983 年、1984 年、1985 年、1986 年、1995 年、1998 年、2008 年、2013 年和 2014 年)和前 10 个径流量高值年份(1950 年、1952 年、1953 年、1955 年、1970 年、2002 年、2003 年、2004 年、2005 年和 2016 年)在上年冬季(12 月至翌年 2 月)的海温合成图，结果如图 3.40a、b 所示。在径流量低值期间，北大西洋海温偏低，AMO 处于负相位；在径流量高值期间，海温分布相反，北大西洋海温异常升高，AMO 处于正相位。北大西洋在上年冬季形成一个异常低温(高温)中心，随后中亚地区出现径流量偏低(高)年。从水汽通量图可知，径流低值年西风环流偏北(图 3.40c)，研究区域内水汽含量少；而径流高值年西风环流偏南(图 3.40d)，为楚河流域以及中亚大范围地区带来了湿空气团。NAO 和 AMO 是大西洋产生的两个主要环流模式，通过控制西风强弱影响进入中亚地区的水汽团含量，进而影响降水量。比较图 3.39a、c 和图 3.39b、d 可以发现，当 AMO 处于正相位时，西风环流扰动增强，为楚河流域带来更多的水汽。戴新刚等(2013)也发现负相位 NAO 会产生强西风环流，给中亚地区带来更多降水。Ogi 等(2003)发现冬季 NAO 可以将信号延续到夏季，影响接下来一年中亚地区的降水量。NAO 自 20 世纪 60 年代负相位转为 80

年代正相位,而楚河径流自 20 世纪 70 年代开始减少,到 90 年代末一直处于低径流状态。

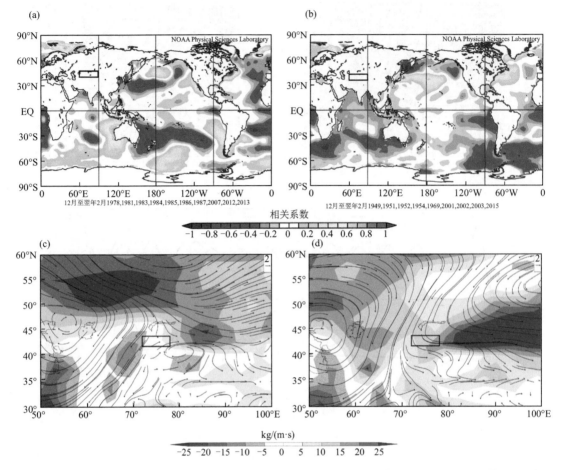

图 3.40　楚河流域 10 a 低径流量(a)、高径流量(b)12—2 月海温合成;楚河流域 10 a 低径流量(c)及高径流量(d)水汽通量距平场分布。以 1948—2019 年为研究时间段,黑色长方形指示研究区位置

3.2.2.4　小结

基于云杉树轮宽度年表与楚河流域实测径流量的显著相关性,重建了楚河流域 4—9 月径流量,得出以下结论。

(1)楚河流域重建径流量方差解释量为 44%,径流量主要受到降水变化影响,重建结果能够代表流域及周边区域干湿变化情况。

(2)楚河流域自 1610 年以来,出现 9 次径流量极大值和 7 次径流量极小值,其中实测期间出现 2 次径流量极大值年和 4 次径流量极小值年。18 世纪出现极大值最多(1734 年、1785年、1794 年和 1795 年),20 世纪出现极小值最多(1917 年、1984 年和 1995 年)。径流量最大值年和最小值年均出现在实测期前,分别是 1795 年和 1971 年。18 世纪长期湿润在持续时间,数量级和强度上最为严重,出现 8 个湿润期(1700—1703 年、1726—1730 年、1734—1737 年、1746—1753 年、1755—1757 年、1763—1767 年、1769—1770 年和 1789—1795 年),20 世纪长期干旱在持续时间,数量级和强度上最为严重,出现 6 个枯水期(1911—1920 年、1926—1928年、1943—1946 年、1977—1982 年、1984—1987 年和 1995—1998 年),其次是出现 5 个枯水期的 19 世纪(1808—1812 年、1814—1823 年、1854—1861 年、1863—1881 年和 1894—1895 年)。
楚河流域出现干旱事件的频率变高。

(3)多窗谱分析发现重建序列在 95％置信水平上存在 2 a、2.3～2.4 a、3 a、5 a、30 a 和 46
～68 a 周期;2 a、2.3～2.4 a、3 a 周期变化说明楚河流域干湿变化受到西风环流的影响。
AMO 和 NAO 通过控制西风环流强度影响楚河流域径流量,在 AMO 正相位和 NAO 负相位
时,强西风环流带来大量水汽团,流域径流量偏多;当 AMO 负相位和 NAO 正相位时,西风环
流偏北,流域径流量偏低。周期分析发现楚河径流量 5 a 周期变化与 ENSO 密切相关,30 a 周
期变化与 AMO 变化有关,56 a 左右周期变化与 NAO 有显著相关性。楚河重建序列与天山
乌鲁木齐河流、开垦河和玛纳斯河径流丰枯变化有一定程度的一致性,说明该区域径流变化有
共同的驱动因子。

3.3　锡尔河流域

3.3.1　锡尔河上游纳伦河径流量重建

3.3.1.1　研究区与资料

纳伦河起源于吉尔吉斯斯坦的天山,是锡尔河的主要支流之一。纳伦河从大纳伦河和小
纳伦河开始,然后流入费尔干纳山谷,在那里与卡拉河汇合,形成锡尔河(Hagg et al.,2013)。
它长 807 km,年径流高达 13.7 km³。盆地流域面积 59100 km²。在锡尔河及其支流上有许多
水电站。托克托古尔(Toktogul)水电站建于 20 世纪 70 年代,80 年代扩建(Taltakov,2015)。
水库的调节作用干扰了我们对自然径流变化的了解。因此,本研究使用来自锡尔河上游(即纳
伦河)的水文站的径流数据。本研究收集的月径流数据来自纳伦站(上游)、Kekirim(中游)和
托克托古尔(下游)3 个水文站(表 3.23)。纳伦水文站上游的水库和发电站大坝较少,农业引
水和其他人类活动也较少。由于上游受人类影响程度最轻,纳伦水文站的径流能较好代表纳
伦河自然径流的变化。该观测站也有最长的观测记录。在研究期间,水文站的位置和观测设
备没有变化,径流观测数据是均一的。由于部分数据缺失,本研究使用了 1939—2017 年期间
的连续数据进行分析。

气候资料来自世界气象组织(WMO),我们收集了纳伦站(41.43°N,76.00°E,海拔 2041.0
m)的月平均气温(1886—2017 年)和月降水(1891—2004 年)数据,因为它是离采样点最近,直
线距离仅 10 km。水汽通量数据来自 NCEP/NCAR 再分析(Ning et al.,2017)的数据集,为
地面至到 300 hPa 集成数据。水汽压来自英国东安格利亚大学气候研究中心(CRUTS4.03)
的高分辨率全球逐月格点数据集,空间分辨率为 0.5°×0.5°,包括全球陆地的 9 个变量。海面
温度数据来自哈德莱中心海冰和海表面温度数据集(https://www.metofce.gov.uk/hadobs/
hadisst/)。

2013 年、2016 年、2018 年在天山山区纳伦河流域采集了树芯标本(表 3.24)。所有采样点
均为雪岭云杉纯林,该树种浅根,喜荫,广泛分布于天山山区。使用标准的树木年代学方法进
行取样(Stokes,1968),选择无明显伤害或疾病迹象的树木进行采样,以尽量减少非气候因素
对树木生长的影响。一般使用直径为 10 mm 的生长锥从每株雪岭云杉中取两个样本,总共从

101 棵树中采集了 201 个树芯(表 3.24)。

表 3.23 纳伦河水文站信息

站点	代号	纬度	经度	海拔高度	起始年份	结束年份	资料长度/a
纳伦	NRY	41.43°N	76.02°E	2039 m	1933	2017	85
Kekirim	UKE	41.42°N	73.98°E	1260 m	1934	1980	47
托克托古尔	TOK	41.66°N	72.64°E	1015 m	1951	1995	45

表 3.24 树轮采样点信息

采样点	代号	纬度	经度	海拔高度	株/芯	可靠年表时段 SSS>0.85
Doolon	DOO	41.81°N	75.76°E	2800～2850 m	24/48	1790—2013 年
Bosogo	BSG	41.23°N	76.45°E	2700～2850 m	29/57	1707—2017 年
Chychkan	CCS	42.13°E	72.87°N	2363～2400 m	21/42	1811—2017 年
Naryn	NLS	41.33°E	76.08°N	2800～2820 m	27/54	1753—2017 年

对树芯样品进行风干、固定、打磨等前处理,并测量树轮宽度(Stokes,1968)。在树芯上用明显的点做标记进行目测定年,经过严格的目测定年后使用 Lintab 6 测量仪器和 TSAP-Win 程序测量年轮宽度,精度为 0.001 mm。用 COFECHA(Holmes,1983)程序进行交叉定年质量控制。使用 ARSTAN 程序建立了树木年轮宽度的年表(Cook,1985,1990)。AR-STAN 的标准化过程剔除了每个树木年轮系列中的非气候变化因素,并对一个采样点的所有序列去趋势后的年轮宽度进行平均,以减少单个树木产生的噪声(Fritts,1976)。然后,我们使用样条函数法来消除树木的生长趋势,样条函数的窗口长为 80～120 a。为了保留树木年轮数据中的低频变化,以下分析都采用标准年表。使用 r-bar 加权法稳定了年表方差,并使用样本的总体代表性(EPS)来确定 ARSTAN 程序中年表的公共期(Cook et al.,1990)。使用子样本信号强度(SSS)来评估年表早期样本量,从而评估重建的环境信号的可靠性(Wigley et al.,1984)。为了同时确保树木年轮年表的最大长度和可靠性,设定 SSS 的阈值为 0.85。

采用标准的树木年代学程序(Fritts,1976)进行径流量重建和检验。采用 Pearson 相关性分析和 SPSS 程序分析了径流和树木年轮宽度之间的关系。所有统计程序均在 $p<0.05$ 或 $p<0.01$ 的显著性水平下进行评估。采用转换函数方法进行年径流建模(Fritts,1976;Cook et al.,1990)。使用线性回归模型基于树木年轮参数评估径流变化(Fritts,1976)。确定回归模型后,就可以将该模型应用于径流量重建。采用逐一剔除方法(Michaelsen,1987)检验了径流重建的可靠性和稳定性。所使用的检验统计量方法包括误差缩减值(R_E)、符号检验(S_T)和相关系数(Cook et al.,1990)。采用多窗谱方法(MTM)(Mann et al.,1996)和 Morlet 小波分析径流量重建序列的周期特征(Torrence et al.,1998)。

纳伦河盆地为典型的大陆性气候,夏季炎热,冬季寒冷。年平均气温为 3.15 ℃,7月平均最高值为 17.36 ℃,1月平均最小值为 −16 ℃(图 3.41a)。纳伦气象站的年降水量为 284 mm,流域的降水量在 280～450 mm 之间(Kriegel et al.,2013)。降水主要集中在春季和初夏(5—7月)(图 3.41a)。自有观测记录以来,平均气温和降水缓慢增加,分别为 0.1 ℃/(10

a)和 4.6 mm/a,表现出微弱的暖湿化趋势(图 3.41b),这种暖湿化趋势与天山和中亚干旱区的观测结果相似。例如 Chen 等(2011)的研究表明 20 世纪 30 年代以来中亚地区的年降水量显著增加。位于研究区以东的新疆,自 20 世纪 80 年代中期以来气候由暖干转变为暖湿状态。1987—2000 年的年平均降水量比前 15 年高出 22%,在新疆北部增加了 36 mm(Shi et al.,2007)。

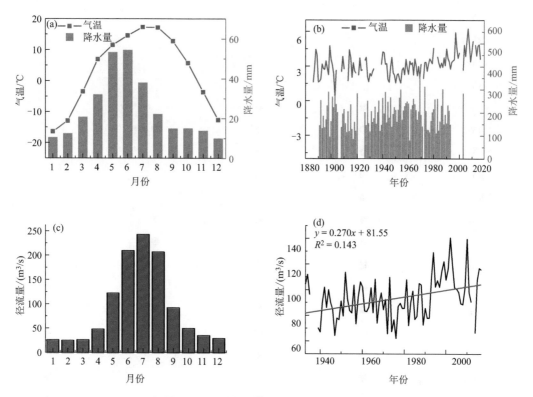

图 3.41　纳伦河流域器测水文气候背景

(a)气温和降水的年内分布特征;(b)平均气温和降水量年际变化;(c)径流量年内分布特征;(d)径流量年际变化

纳伦水文站的年平均径流量(1933—2017 年)为 93.3 m³/s。夏季的径流可达 219.8 m³/s,而冬季的平均径流量仅为 26.9 m³/s。最大径流发生在 7 月(243.1 m³/s),此时山区积雪融化并对河流径流产生影响(图 3.41c)。融雪贡献了相当大的一部分,冰川融化也增加了夏季径流(Kriegel et al.,2013)。由于升温和增湿过程,纳伦河的径流量显著增加(图 3.41d)。

3.3.1.2　纳伦河径流量重建及其变化特征

我们将纳伦河的上游(Naryn,NRY)、中游(Kekirim,UKE)、下游(托克托古尔,TOK)月径流量资料与所有采样点树轮宽度年表进行相关分析,结果显示,在 95% 的置信水平上,树轮年表与 5 月、6 月、7 月和 8 月的径流变呈显著的正相关(表 3.25)。NLS 年表与纳伦水文站径流在 5 月、6 月、7 月、8 月的相关系数分别超过了 99% 的置信水平。进一步分析显示,NLS 年表与该站 5—8 月径流之间的相关系数为 0.612($p < 0.0001, n = 79$;图 3.42)。此外,三个水文站记录的径流变化是一致的。纳伦水文站与两个较低的水文站之间的年径流的相关系数超过 0.7(Kekirim 和托克托古尔)。因此,纳伦水文站的径流数据可以用来代表纳伦河流域的径流变化。

表 3.25　纳伦河流域树轮年表与三个水文站径流相关分析

	NLS	BSG	DOO	CCS
NRYp10	●	○	●	
NRYp11	●	○		
NRYp12	●			
NRYc1				
NRYc2	○			
NRYc3	○	○		
NRYc4				
NRYc5	●	●		○
NRYc6	●	●	●	
NRYc7	●	●		
NRYc8	●	○		
NRYc9	●	○		
NRYp10c9	●	●	●	
NRYc6c8	●	●	●	
NRYc5c8	●	●	●	
TOKp10	●	●	●	●
TOKp11	●	●	●	●
TOKp12	○	●	○	●
TOKc1	●	●	○	●
TOKc2	●	●		●
TOKc3	○	●	●	●
TOKc4		●	●	○
TOKc5	○	●		●
TOKc6	●	●	●	●
TOKc7	●	●	○	○
TOKc8	○	●	○	●
TOKc9	○	●	○	●
TOKp10c9	●	●	●	●
TOKc6c8	●	●	●	●
TOKc5c8	●	●	●	●
UKEp10	●	●	●	●
UKEp11	●	●	●	●
UKEp12	●	●	○	
UKEc1	●	○		
UKEc2	●	●	○	

续表

	NLS	BSG	DOO	CCS
UKEc3	○	●	●	
UKEc4		●	●	
UKEc5	●	●	○	●
UKEc6	●	●	●	○
UKEc7	●	●		●
UKEc8	○	○		●
UKEc9				
UKEp10c9	●	●	●	●
UKEc6c8	●	●	●	●
UKEc5c8	●	●	●	●

注：NRY、TOK、UKE 分别代表纳伦、托克托古尔和 Kekirim 水文站；p10—p12 代表上年 10—12 月，c1—c9 代表当年 1—9 月；●代表相关达到了 99% 的置信水平，○代表 95% 的置信水平。

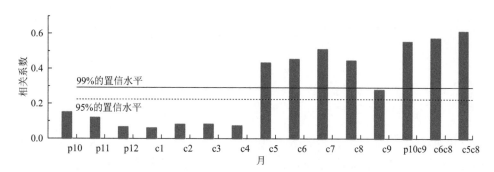

图 3.42　纳伦河流域 NLS 树轮年表与月径流量之间的相关系数
p10—p12 代表上年 10—12 月，c1—c9 代表当年 1—9 月

基于树木年轮年表与 5—8 月径流量之间的相关关系，重建了 1753 年以来的 5—8 月的径流，建立了二者之间的转换函数：

$$Q_{5-8} = 44.5 + 151.9\ X \tag{3.5}$$
$$(R^2 = 0.374, n = 79, p < 0.0001, F_{1,77} = 46.1, D_W = 1.327)$$

式中，Q_{5-8} 为 5—8 月的平均径流量，X 为 NLS 采样点的标准化树轮宽度年表。D_W 表示 Durbin-Watson 值（Durbin et al.，1950）。在校准期间（1939—2017 年），重建与实测值对应较好，解释方差为 37.4%（调整自由度后为 36.6%；图 3.43a）。重建序列揭示了 1753 年以来的径流变化（图 3.43c）。该模型通过了所有的检验，交叉验证检验参数 R_E（0.345）为正值，表明回归模型具有预测能力。实测数据和逐一剔除序列通过符号检验（51[+]，28[-]，$p <$ 0.05）、相关系数（$r = 0.588, p < 0.0001$），以及一阶差符号检验（56[+]，22[-]，$p < 0.01$）和相关系数（$r = 0.672, p < 0.0001$）。此外，实测序列和重建序列的一阶差相关系数较高（$r = 0.689, p < 0.0001, n = 78$）（图 3.43b），实测和重建序列中高频变化的一致性，进一步验证了重建的可靠性。

年际变化分析表明，1917 年是最干旱的一年，而 1956 年是最湿润的一年。纳伦河的径流

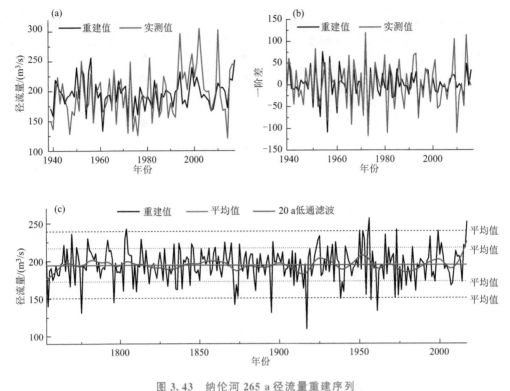

图 3.43　纳伦河 265 a 径流量重建序列

(a)5—8 月径流量实测值和重建值对比;(b)径流量实测值和重建值的一阶差对比;

(c)265 a(1753—2017 年)径流量重建序列和 20 a 滑动平均序列

在 19 世纪相对稳定,但径流量及其变率在 20 世纪都有所增加。大多数极端洪水事件出现的年份都发生在公元 1900 年以后(表 3.26)。中亚及周边区域大量的树轮气候水文研究均表明,1917 年是极端干旱的一年(Yuan et al.,2001,2003;Zhang et al.,2016a,2019a)。包括天山其他河流中树轮水文重建序列也记录了这一点(Yuan et al.,2007;Zhang et al.,2016b,2016c)。许多历史文献记录,1917 年是整个天山地区特别干旱的年份(Shi et al.,2007)。与天山地区的其他河流一样,纳伦河的径流在 20 世纪 80 年代以来迅速增加(图 3.43d)。这可能与当前的暖湿化过程有关,这导致了冰川融化的增加(Kriegel et al.,2013),降水和冰川融化的共同增加导致了纳伦河的径流增加。

表 3.26　纳伦河重建径流量序列极端旱涝年的排序

排序	年份	径流量/(m³/s)	年份	径流量/(m³/s)
	极端干旱		极端洪水	
1	1917	109.7	1956	256.2
2	1895	131.2	2017	252.0
3	1775	131.5	1804	242.7
4	1961	133.5	1973	241.3
5	1754	140.2	1950	240.0
6	1872	142.2	1999	239.4
7	1796	145.0	1952	239.2

续表

排序	年份	径流量/(m³/s)	年份	径流量/(m³/s)
	极端干旱		极端洪水	
8	1957	147.8	1769	236.2
9	1938	149.6	1966	234.7
10	1972	151.6	1925	233.0

　　在年代际时间尺度上,21世纪10年代是值得注意的,在这一时期发生了严重的洪水,而20世纪10年代是最干旱的10年之一。从19世纪70年代到20世纪10年代,纳伦河经历了一段持续了近半个世纪的低水位时期。另外两个连续低水位的时期是20世纪60—80年代和19世纪10—30年代。连续丰水期为18世纪80年代—19世纪00年代和19世纪40—60年代(图3.44)。我们对比了纳伦河与天山山区玛纳斯河(Yuan et al.,2007)、阿克苏河(Zhang et al.,2016c)和托什干河径流的长期变化发现,纳伦河的径流变化与其他河流长期变化特征一致(图3.45)。这种一致性也证明了本研究重建的可靠性。

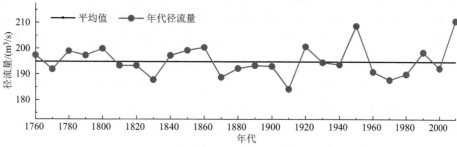

图 3.44　纳伦河 1753—2017 年的径流量年代际变化特征

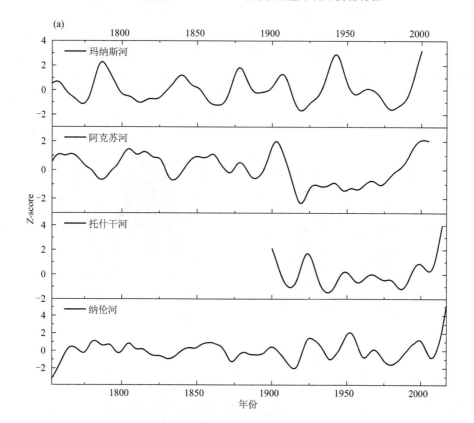

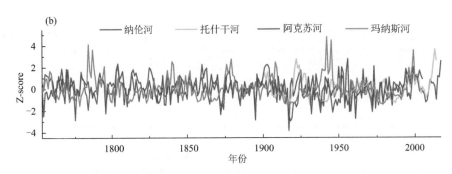

图 3.45　纳伦河重建径流量与天山山区托什干河、阿克苏河、玛纳斯河径流量比较

(a)重建序列的 20 a 低通滤波曲线对比；(b)4 条重建序列的对比

3.3.1.3　纳伦河径流量变化的气候驱动因素

天山是中亚的"水塔"，为数百万人提供了水源。中亚山区主要受到西风带的控制，在天山北坡产生了该地区赖以生存的降雨和降雪。如图 3.46 所示，春季降水增加直接导致纳伦河径流的增加。同时，气温的升高有效地补充了河流的径流。径流的增加是由纳伦河上游的冰雪融化以及 5—8 月降水的增加引起的(图 3.41a)。因此，气候变化是影响 5—8 月径流变化的决定性因素(图 3.46)。同时，雪岭云杉在 5—8 月期间的径向生长最迅速，并且在这一时期对气候变化更为敏感。Zhang 等(2016c)利用天山山区雪岭云杉径向生长监测数据分析了年内径向生长变化特征，发现其关键生长季节为 5 月底至 7 月底，快速生长阶段为 6 月中旬至 7 月初。研究区年降水量和 5—8 月降水量分别为 284 mm 和 189 mm。雪岭云杉喜欢潮湿的环境，这少量的降水不足以支持雪岭云杉的正常生长。年平均气温为 3.15 ℃，5—8 月的平均气温为 15.21 ℃。纳伦气象站的海拔高度 2039 m，NLS 采样点为 2800 m，升温促进了细胞的快速分裂和扩大，导致较宽树轮的形成。Walter(1997)认为，常绿针叶树光合作用的最适气温范围在 10～25 ℃之间，基于气温垂直递减率估计，5—8 月采样点的平均气温约为 10.26 ℃。因此，自 20 世纪 80 年代以来暖湿化有利于早期木材的形成。相比之下，5—8 月的低温或较少的降水会减缓细胞分裂，甚至导致生长停滞。以往的许多研究表明，春季干旱对雪岭云杉的径向生长有显著影响。因此，径流和树木的生长都受气候(气温和降水)的控制，因此存在一种间接稳定的关系(图 3.47)，因此，树木年轮可以用来重建纳伦河可靠的径流记录。

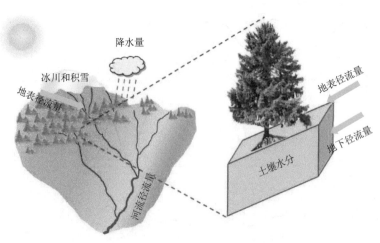

图 3.46　纳伦河流域树木生长、气候与径流量的关系

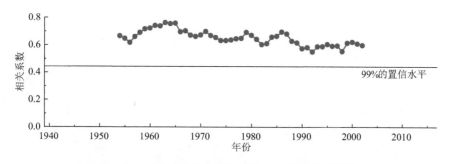

图 3.47　树轮宽度与和径流量的 21 a 滑动相关系数

相关分析表明纳伦水文站 5—8 月的径流与纳伦气象站的降水之间存在显著的正相关关系($r=0.409,p<0.01,n=54$)。这说明降水在径流变化中起着重要的作用。为了解可能影响径流变化的气候驱动因素,我们分析了中纬度欧亚大陆 5—8 月的水汽压变化,并比较了径流变化与大范围水汽压和海面温度的相关性。结果表明,纳伦河流域的水汽主要来自大西洋,并通过西风环流输送。纳伦河的径流变化与中亚和中国西北部大片地区的水汽压显著相关。同时,径流与北大西洋海温呈显著正相关。Guan 等(2019)认为,中亚地区的水汽来自于夏季的大西洋。

Aizen 等(1997)的研究表明,决定河流径流变化的主要因素是降水的类型(液态或固态)。天山山区西部地区在很大程度上依赖于西风带所带来的水分。Aizen 等(2001)发现,亚洲中纬度地区的年降水量和季节性降水可能与中纬度大气环流有关。Burt 和 Howden(2013)发现,高海拔地区的降雨和河流径流等水文气候特征与大气环流的强度密切相关。西风越强,天山降水越丰富,从而增加纳伦河的径流。这表明,大气环流可能通过影响降水间接影响纳伦河的径流变化。纳伦河是一条内陆河流,其主要水源为冰川融水和高山降水。因此,气候变化对径流的影响尤其强烈。径流的变化与气温和降水的变化直接有关。降水和气温的上升趋势加速了冰雪的融化,这是 20 世纪 80 年代径流迅速增加的直接原因(图 3.41b)。我们认为,纳伦河径流的迅速增加是全球变暖和中纬度大气环流变化的结果。

Morlet 小波分析表明,纳伦河的径流存在 60 a、21 a 和 11 a 的准周期(图 3.48)。多窗谱分析法(Thomson,1982)也发现了 21 a 和 11 a 的准周期,纳伦河的径流在还存在 2~4 a 的短周期(图 3.48)。对天山河流的树木水文研究发现了存在 2~4 a 和 11 a 的周期(Liu et al.,2010;Gou et al.,2010;Yuan et al.,2007;Zhang et al.,2016b,2016c)。2~4 a 的准周期表明,纳伦河的径流的变化可能与西风环流有关。Huang 等(2013)认为,2~4 a 期与对流层中部西风环流的变化有关,是中亚地区气候变化的特征。纳伦河径流的这一准周期表明其可能受到大规模气候系统的影响。20 a 和 11 a 的准周期与太阳黑子活动一致(Rind,2002),表明径流的变化也与太阳活动有关。

3.3.1.4　小结

因为器测记录相当短,我们对于咸海流域(包括锡尔河流域)径流自然变化,以及水文观测值和重建序列的比较等方面缺乏深刻的认识。我们使用了来自纳伦河上游河流的水文数据,建立了公元 1753 年以来的径流量系列。中亚水文观测资料不足以了解长期的气候和水文变化。由于树木年轮的年分辨率和对气候的敏感性,是可靠的代用指标,可以用来延长水文观测记录。树木年轮重建为纳伦河的径流变化提供了一个有价值的信息来源,从几百年时间尺度

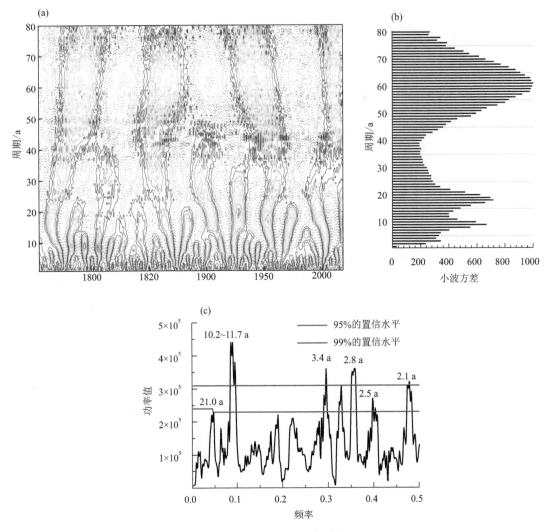

图 3.48　重建径流量的周期变化特征

(a)Morlet 小波分析；(b)Morlet 小波分析变化；(c)多窗谱分析结果

看来,20 世纪 80 年代以来的径流模式是不寻常的。本研究的结果有助于更好地了解中亚干旱地区的气候、冰川、径流和生态之间的关系,本研究给出了河流长期水文变化的定性信息,可以为水资源管理者、利益相关方和决策者提供科学参考。

3.3.2　锡尔河流域支流库尔沙布河径流量重建

3.3.2.1　研究区和资料

阿赖山脉属于半干旱大陆性气候,年平均降水量为 340～940 mm,年平均气温为 2.0～5.2 ℃(图 3.49)。海拔 3000～4000 m 的地区从 9 月到次年 4 月有降雪,海拔 4000～5500 m 的地区被高山冰川和雪覆盖。库尔沙布河是吉尔吉斯斯坦帕米尔—阿赖山脉的主要河流之一。它沿着东帕米尔高原,从阿赖山脉流入奥什附近的安集延水库。库尔沙布河上游没有人为干预。古勒查水文测量站的径流量数据始于 1938 年,可被视为自然径流量记录。

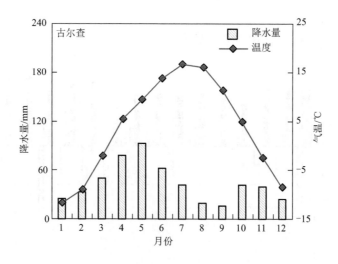

图 3.49　古勒查站月平均气温和降水量的年内分布特征(1951—1990 年)

采样点优势种为土耳其斯坦圆柏,土层薄,森林稀疏,是本研究的对象。采样点位于在古勒查附近(GUL,39°50′N,73°15′E),海拔高度 2850～3000 m,坡向为东南。2013 年 9 月,我们选择健康的老树采集树芯标本,一般每株树采集了两个树芯,共采集了 21 株树木的 41 个树芯。样本干燥后,将固定、打磨。并使用 Velmex 测量系统(精度为 0.001 mm),交叉定年的质量由 COFECHA 软件控制(Holmes,1983)。用 ARSTAN 软件(Cook et al.,1990)研制树轮年表,利用负指数曲线每个原始树木年轮宽度序列中去除非气候因素引起的趋势。基于样本总体解释量(EPS)0.85 为临界值,确定可信年表的起始时间为 1720 年(Wigley et al.,1984)。

我们计算了树轮宽度年表和古勒查气象站(1951—1991 年)的月降水量和气温之间的相关系数。使用 CRU 的 PDSI(0.5°×0.5°)格点资料对库尔沙布河流域 1951—2012 年(39.5°—40.5°N,73.0°—74°E)进行进一步分析。还计算了树木年轮宽度年表与水文站月平均径流量之间的相关性。建立树轮年表和径流量之间的线性回归模型,并采用逐一剔除法评估回归模型的可靠性(Blasing et al.,1981)。在本研究中,如果 20 a 的低通值连续 10 a 以上低于 1720—2013 年的长期平均值,则确定为低径流量期。使用了小波分析(Torrence et al.,1998)揭示重建径流量序列的周期特征以及周期如何随时间变化。

3.3.2.2　径流量重建及其变化特征

对树木年轮宽度序列与上年 7 月至当年 9 月的月降水量数据之间的相关分析表明,上年 7 月($r = 0.43, p < 0.05$)、当年 6 月($r = 0.32, p < 0.05$)和当年 7 月($r = 0.32, p < 0.05$)存在显著的正相关(图 3.50)。上年 7 月($r = -0.44$)和当年 7 月($r = -0.52$)与气温呈显著负相关。在上年 7 月至当年 9 月期间,树轮宽度系列与 PDSI 呈正相关。根据 PDSI 的不同月份组合,树木年轮宽度序列与 1—9 月的平均 PDSI 之间存在高度相关,$r = 0.58$($p < 0.001, n = 62$)。

1—9 月的 PDSI 与 1—12 月的月平均径流量之间也存在高度相关性($r = 0.74, p < 0.001$,1951—1980 年)。因此,PDSI 对树木生长和库尔沙布河上游的径流量都有显著影响。树木年轮宽度序列与月平均径流量之间的最高相关系数为 0.667($p < 0.001, n = 38$)。考虑到了解库尔沙布河径流量变化的重要性以及树轮宽度序列与径流量之间的高度相关性,使用线性回归方程建立库尔沙布河上游的平均径流量序列(1—12 月)。在 1938—1980 年的器测

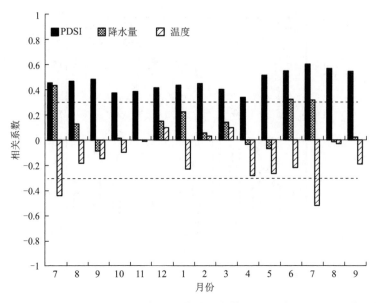

图 3.50 树轮年表与上年 7 月至当年 9 月的月降水量、月平均气温和 PDSI 的相关系数
虚线表示显著水平($p < 0.05$, $n = 40$)

期内，树轮宽度序列占实际径流量数据总方差的 44.4%（调整后的 $r^2 = 0.429$）。图 3.51 显示了 1938—1980 年库尔沙布河上游实际径流量和重建径流量的比较；实际径流量与重建径流量一致。效率系数和误差缩减量均为正值，描述重建径流序列和观测数据变化的符号测试结果超过 95% 置信水平（表 3.27）。结果表明，在器测期间，回归方程是可靠的。

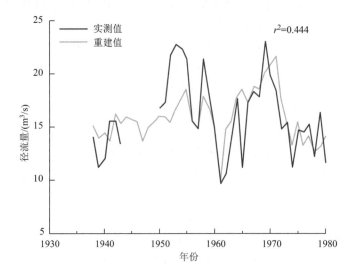

图 3.51 1938—1980 年观测和重建径流量之间的比较

表 3.27 库尔沙布河上游径流量重建的逐一剔除检验参数

R	F	符号检验	一阶差符号检验	误差缩减值	效率系数
0.624	28.796	$6^-/32^+$	$11^-/26^+$	0.386	0.289

图 3.52 显示了自 1720 年以来库尔沙布河上游的重建径流量(细线)。粗线是 20 a 的低通滤波径流重建,中心水平线是年径流重建的平均值(16.7 m³/s)。根据径流重建,相对较低的径流出现在 1729—1751 年、1756—1769 年、1812—1842 年、1860—1876 年、1930—1963 年和 1973—1989 年。1770—1776 年、1784—1811 年、1843—1859 年、1877—1911 年和 1990—2013 年是相对较高径流量的时期。

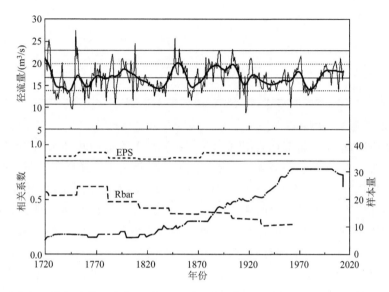

图 3.52　库尔沙布河上游径流量重建值(细线)和 20 a 低通滤波(粗线)。中心水平线为重建序列平均值;
内部水平线(虚线)表示距平 1 倍标准偏差,外部水平线表示距平 2 倍标准偏差

根据观测和干旱重建(Chen et al.,2013,2015b),1917 年中亚的干旱事件是 20 世纪最严重的(Esper et al.,2001)。库尔沙布河上游重建的径流序列也表明,1917 年是最低径流年。根据库尔沙布河上游的径流重建,对极低径流量年进行排名,结果表明,1917 年是 20 世纪最严重的干旱年,也是 1720—2013 年间的最低径流量年(表 3.28)。在 20 世纪发现了 4 个最低和 2 个最高的径流年。相比之下,9 个最低径流量年和 7 个最高径流量年发生在 18 世纪。这表明,18 世纪库尔沙布河上游发生了更为极端的事件。

表 3.28　1720—2013 年库尔沙布河上游丰枯年排序

排名	枯水年	年平均径流量/(m³/s)	排名	丰水年	年平均径流量/(m³/s)
1	1917	8.70	1	1751	27.36
2	1748	9.50	2	1848	25.59
3	1918	9.71	3	1725	25.18
4	1747	9.73	4	1809	24.51
5	1961	9.85	5	1753	23.41
6	1746	10.52	6	1852	23.25
7	1790	10.70	7	1726	23.24
8	1760	10.89	8	1904	23.18

排名	枯水年	年平均径流量/(m³/s)	排名	丰水年	年平均径流量/(m³/s)
9	1781	11.38	9	1724	23.05
10	1807	11.46	10	1891	22.85
11	1864	11.53	11	1892	22.16
12	1732	11.59	12	1787	21.99
13	1911	11.84	13	1890	21.98
14	1734	11.86	14	1971	21.64
15	1764	11.95	15	1721	21.50

3.3.2.3　重建径流量区域联系及其对流域水资源管理的意义

天山西部和巴基斯坦北部已经建立了一些对水分敏感的树木年轮年表。Treydte 等（2006）对巴基斯坦北部千年降水量（上年 10 月至当年 9 月）进行了重建（见图 3.51），占 1898—1990 年期间降水量变化的 33.6%。Chen 等（2013）建立了天山西部的区域树木年轮系列，并揭示了年轮宽度对干旱变化的敏感性。为更好地进行对比并突出显示低频径流变化信号，所有树木年轮记录均进行标准化及 20 a 低通滤波平滑处理。我们的径流重建反映了附近地区干旱和降水重建的类似干湿时段（图 3.53）。17 世纪 30—40 年代、17 世纪 60 年代、17 世纪 80 年代、18 世纪 80 年代—19 世纪 40 年代、19 世纪 60 年代、19 世纪 10 年代和 20 世纪 30—40 年代，库尔沙布河上游的低径流量期与巴基斯坦北部的干旱期相一致（Treydte et al.，2006）。Chen 等（2013）在天山西部将 18 世纪 30—40 年代、18 世纪 60 年代、18 世纪 80 年代、19 世纪 10—30 年代、19 世纪 60 年代、20 世纪 10 年代、20 世纪 30—40 年代和 20 世纪 70—80 年代的低径流量期也定为干旱期。序列中的一些差异（即 18 世纪 90 年代、19 世纪 70 年代和 20 世纪 20 年代）可能反映了各种重建的季节性差异或区域气候的影响。特别是，图 3.53 显示出从 20 世纪 70 年代到 21 世纪 10 年代的上升趋势，这意味着中亚持续的水分增加可能会缓解严重的淡水资源短缺。

径流重建在使用小波分析后发现了一些低频和高频周期。低频（11.5 a 和 70～100 a）和高频（2～4 a）峰值均超过 95% 置信水平。2～4 a 和 70～100 a 周期可能对应于北大西洋涛动（NAO）重建（Glueck et al.，2001；Trouet et al.，2009）。NAO 重建（Trouet et al.，2009）和我们从 17 世纪 20 年代到 20 世纪 10 年代的河流重建之间的反位相关系，时间尺度为 70～100 a。基于中亚降水量与 NAO 的显著相关性，提出了一种可能的气候机制。在 NAO 的负位相期间，由于欧洲向中亚的东向水汽输送（强西风带）增加，中亚的降雨量增加（戴新刚 等，2013）。NAO 重建和我们的降水重建之间的反位相关系支持这种联系。

库尔沙布河上游 11.5 a 的径流重建周期可能与太阳强迫有关（Hale，1924）。径流重建与太阳黑子相对数序列在年和年际尺度上没有明显的关系，可能与强迫数据的不同特征有关。然而，从 1770 年到 2000 年的 11 a 期间存在着显著的关系。17 世纪 20 年代至 18 世纪 10 年代、19 世纪 50 年代至 20 世纪 20—70 年代的同位相关系，时间尺度约为 11 a。如上所述，这两个时间序列具有一些显著的共同振荡，这意味着太阳活动对库尔沙布河径流量的十年至几十年变化有很大影响。然而，序列之间的不同关系（即 20 世纪 20—30 年代）表明，太阳活动和大尺度环流对干旱中亚区域径流的影响比预期的更为复杂，不同时间尺度的许多未知物理过程

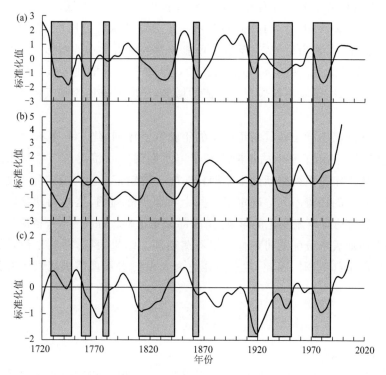

图 3.53　中亚树木年轮的各种重建的图形比较。所有序列均进行标准化及采用 20 a 低通滤波平滑处理，以突出长期波动。灰色阴影表示干旱期(a)库尔沙布河上游的径流量重建(本研究)；(b)巴基斯坦北部降水重建(Treydte et al.，2006)；(c)天山西部干旱重建(Chen et al.，2013)

有待进一步研究。

与低径流量期相比，平均径流量长期减少的影响突出了库尔沙布河流域水资源供应的潜在限制。区域淡水来源包括：(1)来自库尔沙布河的地表径流；(2)大量地下水井；(3)一些水库可以通过大坝从库尔沙布河流域分流。在某种程度上，多种淡水来源减少了干旱风险：如果一种淡水来源的供应量较低，那么其他两种淡水来源可以补充供应。长期干旱(低径流量)可能表明这种多源方法的局限性。中亚发生大规模干旱的可能性是潜在的限制。库尔沙布河和其他发源于中亚高山地区的河流经常经历类似的降水变化，从而决定了径流和冬季积雪。中亚一些常见的干旱期在干旱/降水重建中很明显(图 3.53)。为了减少未来大规模干旱事件的影响，需要建立国际合作机制。

器测期间重建的径流与器测数据进行了信息比较，以达到径流地表水资源年分配的目标。根据河流径流量重建的累积分布函数，在前几个世纪，径流量无法满足需求的可能性高达 9.5%。然而，根据枯水期的径流量重建值，径流量不满足需求的可能性为 70.5%。因此，如果未来的气候变化导致径流量恢复到这些低水平，那么每 10 年中几乎有 7 a 的地表水供应将不足以满足需求。目前，中亚河流的仪器径流量记录不完整。使用代表实际径流量系统的径流量重建将更准确地反映径流量系统的固有变化。因此，此处介绍的径流重建为水资源预测和政策提供了有价值的见解。

气候变化对水资源影响的评估仍然存在很大的不确定性(Nepal et al.，2015)。树木年轮提供了气候和水文变化的全面了解，也有助于减少不确定性。虽然未来几年总的年可供水量可能会增加,但降水量的季节性分布和气候变暖可能在一定程度上抵消。例如,冬季和早春降水和降雪的增加(Chen et al.,2011,2013)并不一定会增加水的可用性,因为大部分降水无法储存在饱和的地面上,而成为径流,这反过来可能会导致融雪洪水的增加。与此同时,自 20 世纪末以来,夏季气温持续升高(Esper et al.,2003),导致中亚干旱地区蒸发量增加。根据树木年轮的气候水文信息,决策者不仅应考虑径流的增加,还应考虑径流和气候的季节变化。

3.3.2.4 小结

根据帕米尔—阿赖山脉土耳其斯坦圆柏的年轮宽度序列,建立了库尔沙布河上游 1720—2013 年的径流序列。揭示了 6 个枯水期和 5 个丰水期的发生情况。一些枯水期与根据天山和巴基斯坦北部树木年轮系列推断的干旱期相匹配。树轮记录的时空差异可能反映了区域地理条件的影响。重建的径流序列中确定了一些十年和年际周期,这些周期被解释为进一步证明了 NAO 和太阳活动对径流变化的影响,至少部分是这样。在干旱期,径流量不符合河道内径流量目标和当前地表水分配的可能性大于器测期间。结果表明,器测径流量记录不包含低流量和高径流量的全部范围。因此,重建的径流为未来的水管理需求提供了有价值的古水文信息。

3.3.3 锡尔河流域支流卡拉河径流量重建

3.3.3.1 研究区和资料

卡拉河是锡尔河的支流,年径流由雪/冰川融水控制,积雪和冰川的变化是受中纬度西风带等大尺度大气环流的影响。卡拉河的源头位于帕米尔—阿赖山脉,人类对水文的干扰很小,随着河流离开山区进入吉尔吉斯斯坦和乌兹别克斯坦的费尔干纳河谷,灌溉渠和水坝等水利设施正在改变其自然特征。

卡拉河流域包括吉尔吉斯斯坦和乌兹别克斯坦境内 30100 km² 的绿洲和山区。1950—2016 年的卡拉河流域(39°—41°N,29°—35°E)逐月格点气候资料来自英国东英吉利大学气候研究中心(CRU,Harris et al.,2014)。如图 3.54b 所示,研究区夏季高温少雨,降雨集中在冬春季节。土耳其斯坦圆柏是卡拉河流域上游森林的优势树种之一。本研究所用的资料包括树木年轮资料、卡拉河月径流数据、区域气候数据和气候重建数据。水文数据来自于吉尔吉斯斯坦卡拉河上游的乌兹根水文站(Uzgen,73°17′E,40°46′N,海拔 975 m,1950—1995年)月径流记录,并使用卡拉河下游乌兹别克斯坦 Uchtepe 水文站(71°52′E,40°56′N,海拔413 m,1996—2015年)的月径流数据来验证径流的可靠性。两个水文站的年平均径流量分别为 93.3 m³/s 和 137.1 m³/s,受冰雪融水影响,径流高峰出现在 5—6 月(图 3.54a)。

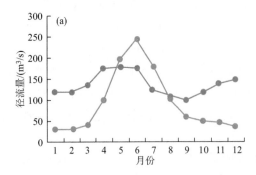
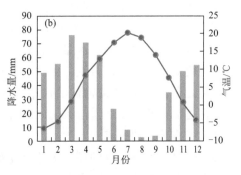

图 3.54　研究区两个水文站径流量的年内分布特征(a)和卡拉河流域气候背景图(b)

基于帕米尔—阿赖山脉两个土耳其斯坦圆柏采样点的树轮资料,建立了流域合成树轮年表。在 Chagyr 附近的山区,我们采集了生长在陡峭山坡上的圆柏样本,这里土层较薄,多岩石,地形开阔。采样点($39°51'$N,$73°17'$E,海拔 2700—3000 m)坡向为东南方向,分别在 2013年和 2016 年采集了来自于 41 株树木的 68 个样本。并使用了国际树木年轮数据库已有的数据(BN 和 MR,$41°10'$N,$72°35'$E,海拔 2800～3000 m)。样本经过精细打磨和交叉定年,并通过 COFECHA 软件检查宽度测量和的交叉测年质量(Holmes,1983)。使用保守的去趋势方法(负指数曲线或直线回归)进行标准化处理,并建立树轮宽度年表。

将树木年轮宽度年表与月气候水文资料(上年 7 月至当年 9 月共 15 个月)相关分析,揭示树轮对气候水文的响应特征。多窗谱分析(Lees et al.,1995)用于分析重建水文序列的总体周期特征,小波分析(Torrence et al.,1998)用于分析这些周期随时间变化特征。为揭示径流量与冰川和积雪变化的联系,我们将重建径流量与罗格斯大学全球积雪实验室 1970—2016 年间的网格积雪数据集(Estilow et al.,2015)进行对比分析。

3.3.3.2　径流量重建及其变化特征

尽管区域树轮宽度年表可以追溯到公元 1157 年,但直到公元 1411 年样本量达到 12 时,样本对总体的代表性(Wigley et al.,1984)才超过建议的最小阈值 0.85。标准差和平均敏感度分别为 0.28 和 0.23。

区域年表与上年 7 月至当年 9 月降水量数据的相关性分析表明,宽度年表与上年 12 月($r=0.36$,$p<0.05$)和当年 6 月($r=0.27$,$p<0.05$)降水量呈显著正相关(图 3.55)。与上年8—10 月以及当年 2—3 月和 8—9 月气温呈显著正相关($p<0.05$)。树轮与上年 7 月到当年9 月径流之间的正相关性要高于其他要素(图 3.55),特别是当年 8 月、9 月相关最为显著。通过径流和气候的季节组合与区域年表相关分析后,区域年表与 8—9 月平均径流($r=0.642$,$p<0.01$)、11—12 月降水量($r=0.367$,$p<0.01$)和 8—10 月平均气温($r=0.451$,$p<0.01$)正相关最高。

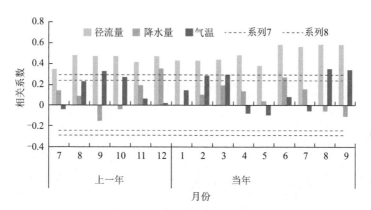

图 3.55　树轮年表与气候和径流量的相关分析结果。黑色和红色虚线
分别代表径流量和气候要素的 0.05 的显著性水平线

建立了树轮宽度年表与卡拉河 8—9 月平均径流量之间的一元线性回归模型:

$$Y = 88.781X - 2.003 \qquad (3.6)$$

式中,Y 是卡拉河 8—9 月平均径流量,X 是区域树轮宽度年表。在 1950—1995 年校准期间,

方差解释量达到 41.3%（调整方差为 39.9%）。图 3.56 显示了 1950—1995 年卡拉河乌兹根站实际径流与重建径流对比，重建径流与实测径流吻合较好。逐一剔除检验（Blasing et al.，1981）参数得到的 R_E（0.37）和 C_E（0.35）证明回归方程是可靠和稳定的。此外，符号检验（12$^-$/34$^+$）也超过了 99% 的置信水平。我们使用 Uchtepe 的仪器径流数据进一步校准了重建的径流，这解释了 49.7%（$r = 0.705$，$p < 0.01$）的仪器径流方差。

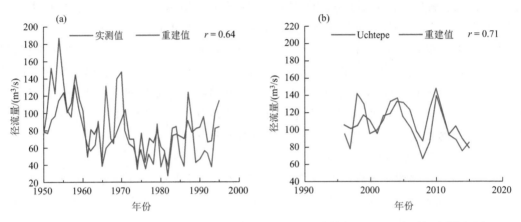

图 3.56　1950—1995 年径流量实测值和重建值对比（a），重建值与 Uchtepe 实测径流量对比（b）

图 3.57 显示了自公元 1411 年以来重建的卡拉河 8—9 月平均径流。1411—2016 年重建径流量平均值为 84.9 m³/s，标准差（σ）为 24.0 m³/s。根据径流量低频变化曲线，确定了 1411—1513 年、1527—1536 年、1551—1574 年、1676—1693 年、1705—1726 年、1794—1813 年、1874—1935 年、1951—1962 年和 1991—2016 年为丰水期，1514—1526 年，1537—1550 年、1575—1675 年、1694—1704 年、1727—1793 年、1814—1873 年、1936—1950 年和 1963—1990 年为枯水期。

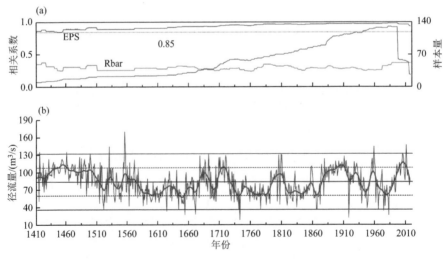

图 3.57　树轮年表的样本的总体代表性 Rbar 和样本量（a），
重建径流量序列（蓝色）及其 21 a 低通滤波曲线（红色）（b）

功率谱分析发现卡拉河重建径流存在 303.0 a、42.7 a、25.6 a、14.2 a、5.3 a、3.0 a、2.4 a

和 2.0 a 的周期,整个径流重建最显著的周期是 100~300 a,在 1700 年和 1980 年左右,40 a 周期最为显著(图 3.58)。

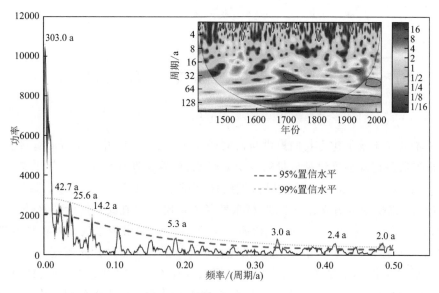

图 3.58　重建径流量的功率谱和小波功率谱特征

3.3.3.3　径流量变化的气候驱动因子及其对水资源管理的意义

中亚地区的河流径流重建一般都是利用对降水敏感的树轮宽度资料(Yuan et al.,2007; Cook et al.,2013b; Davi et al.,2013b; Zhang et al.,2016a.,2016b; Panyushkina et al.,2018)。在帕米尔—阿赖山脉,树木的生长和降水与夏季气温有关,反映了这些高海拔山区的区域水文气候联系(Esper et al.,2003,2007; Chen et al.,2017a)。已有的水文研究发现,径流和暖季气温之间通常为正相关关系,暖季气温升高导致的冰川融化增加了河流径流量(Tahir et al.,2011; Starheim et al.,2013)。气温升高通常伴随融雪提前,导致水文循环加速和季节性径流增加(Yang et al.,2003; Huntington,2006; Stewart,2009),同时气温升高造成冰川加速融化、径流增加也不容忽视(Yao et al.,2007; Sorg et al.,2012)。基于树轮—水文—气候的联系,我们重建了卡拉河 8—9 月的径流。

重建径流量与 1970—2016 年 5—9 月和 1—9 月气温格点资料的空间相关结果表明,二者以负相关为主。大范围异常积雪覆盖对欧亚大陆大气环流有重要影响。有证据表明,20 世纪以来,欧亚大陆腹地较多积雪会对印度夏季风的强度产生负面影响(Blanford,1884; Zhang et al.,2019c)。为了研究这种影响是否存在于更长的时间尺度上,我们分析了重建径流量与喜马拉雅西北部春季(4—5 月)标准化降水指数(SPI)(Yadav et al.,2017)之间的相关性,发现二者的相关系数为 0.05,经过 31 a 的移动平均后,相关系数增加到 -0.25($p<0.01$)(图 3.59)。表明高温和偏少的积雪意味着卡拉河径流增加和喜马拉雅西北地区季风暴发前的干旱胁迫增强。虽然 6—8 月是一年中气温最高的月份,但随着印度夏季风的开始和强度增加,干旱胁迫已经不再是喜马拉雅森林生长的问题。罕见的气候变暖不仅对亚洲河流的水循环有重要影响,而且对邻近地区的气候也有重要影响(Bamzai et al.,1999; Wang et al.,2000; Huang et al.,2017; Zhang et al.,2019d),这与此前已有的研究的结果相似(Fan et al.,2008; Panthi et al.,2017)。

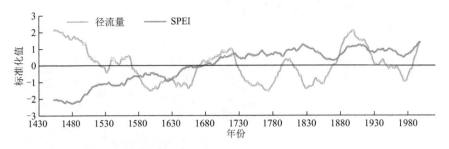

图 3.59　重建径流量与喜马拉雅 SPI 重建序列(Yadav et al.,2017)的低频变化(31 a 滑动平均)

　　基于树轮的径流量重建为我们提供与器测径流的对比信息,并为水资源管理提供了可靠的参考。根据器测记录和重建径流量的累积分布函数,重建期径流低于多年平均水平的可能性降低了 12.38%(图 3.60)。然而,根据重建序列枯水期(1575—1675 年、1727—1793 年和1814—1873 年)累积分布函数分析发现,枯水期径流量比平均值低一倍标准差(60.9 m³/s)的可能性为 31.1%,比 20 世纪 60—90 年代高 9.7%。因此,如果未来气候处在枯水期情景下,几乎每 10 a 中就有 3 a 为干旱年,地表水供应将不足以满足正常的用水需求。此外,重建径流序列中还包括以下极端干旱年:1624 年、1653 年、1670 年、1742 年、1917 年、1974 年和 1982年。如果再次发生长期枯水期和干旱事件,将对中亚可持续发展产生负面影响。目前,中亚地区的水文观测记录并不完善,因此,基于树轮重建径流量可以反映更长时间的径流变化,为水资源科学管理提供了有用的信息。

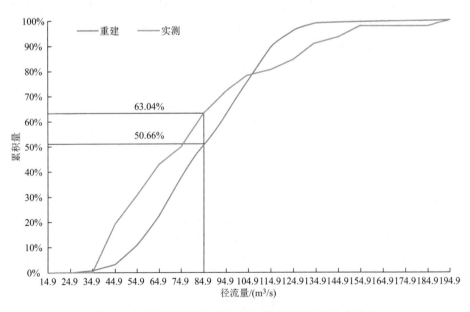

图 3.60　实测径流量和重建径流量的累计频率分布特征

　　卡拉河的径流量重建序列显示,在水文观测期以前,径流的变化幅度更大。鉴于水文观测数据没有完全反映极端水文气候事件的频率和严重程度,因此在反映过去的极端干旱和枯水期等方面,重建径流量序列比水文观测资料更为可信,表明过去的水资源变化可能比观测时期更不稳定。与观测数据相比,重建的径流也表现出更长的变化周期。在对周边流域和中亚区域的树轮水文研究中,重建序列可以捕捉到器测记录没有观测到的更大的自然变化范围

(Yuan et al.，2007；Cook et al.，2013b；Davi et al.，2013；Chen et al.，2016a，2016b，2017b；蒋子堃 等，2016；Panyushkina et al.，2018）。中亚地区不断增长的人口可能会加剧水资源短缺，预计到 2050 年，中亚人口将增长 40%，并超过目前的水资源供应（Siegfried et al.，2012）。基于树木年轮的径流重建将为研究中亚地区水资源变化和承载能力提供新的认识，对水资源管理和决策具有很高的价值。

3.3.3.4 小结

卡拉河径流重建将现有的水文观测记录追溯到公元 1411 年，并为评估吉尔吉斯斯坦和乌兹别克斯坦的夏季径流提供了一个长期的视角。随着中亚地区（特别是吉尔吉斯斯坦和乌兹别克斯坦）的绿洲农业区的人口继续增加，用水量也将迅速增加。然而，目前的水资源分配计划几乎完全基于水文和气象观测资料。相对较短的器测记录不可能捕捉到研究区可能经历的所有可能的径流条件。卡拉河重建径流量序列中有几个时期的径流持续低于器测记录。这一结果表明，卡拉河的仪器径流观测记录不能代表长期的水文条件。我们发现喜马拉雅西北标准降水指数与卡拉河重建径流之间存在着微弱的负相关，这可能与中亚地区的积雪变化有关。对于水资源管理者来说，如何在长期的低径流阶段应对冲突的需求是一项重大挑战，尤其是在中亚干旱地区。

第 4 章
中亚树木年轮生态研究

树木年轮生态学是树木年代学的分支学科之一。广义的树轮生态学涵盖从树轮中获取各种环境信息(包括气候、水文、地貌、冰川)的研究(Schweingruber,1996),而狭义的树轮生态学专注于回答树木生长的生态过程与格局研究问题,包括树木生长对自然干扰的响应与弹性、树木生长与生境因子的关系、森林结构的形成与维持等。树轮生态学有两个基本概念和原理,第一,树木生长遵循"谢尔福德耐受性定律"(Shelford's law of tolerance),即树木的生理机能在生态因子的一定范围内发生作用,超过该范围将会被抑制(Shelford,1931)。第二,树木生长遵循限制因子定律,就是树木生长虽然受诸多环境因子的影响,但决定其生长极限的是某一限制因子(Blackman,1905;Fritts,1976)。

中亚位于欧亚大陆腹地,具有典型的大陆性干旱气候特征,区域气候干旱,大部分树木生长受水分限制,在中亚高海拔区域,气温较低,树木生长同时可能受到气温限制。因此,气候变化对区域树木生长影响显著。中亚树轮气候和树轮水文研究成果较多,树轮生态研究整体处于起步阶段。研究团队 2008 年起,在天山的乌鲁木齐西白杨沟和阿尔泰山的布尔津贾登峪分别建立了中天山雪岭云杉森林生态监测基地和阿尔泰山西伯利亚落叶松森林生态监测基地,2014 年在塔里木河的肖塘建立了胡杨森林生态监测基地,2015 年在吉尔吉斯斯坦伊塞克湖流域建立了西天山雪岭云杉森林生态监测基地,所有基地安装有自动气象站实时观测区域微气象环境,同时安装有树木径向生长和周长生长变化监测仪以及树干液流监测仪,这些仪器用于实时监测树木生长和水分运移变化状况。另外,自 2019 年开始,在中天山雪岭云杉森林生态气象站和阿尔泰山西伯利亚落叶松森林生态气象站还开展每周一次的微树芯采样。以期准确理解不同时间尺度的中亚树木生长过程以及与气候环境因子的关系,进一步深入理解环境影响树木生长的生理学机制。

本章总结了近年来研究团队有关树轮生态研究的初步成果,主要以中亚天然建群针叶树种雪岭云杉、西伯利亚落叶松、泽拉夫尚圆柏和西伯利亚云杉为研究对象,开展了以下五个方面的研究:第一,气候变化对不同树种径向生长的影响,着重从不同树种的树轮宽度和年内径向生长分析气候变化如何影响树木径向生长;第二,不同树高树木径向生长对气候变化的响应,主要基于解析木探讨气候变化对不同树干高度的树木径向生长和树轮密度的响应;第三,不同海拔树木生长对气候的响应,分析不同海拔梯度树轮宽度和密度对气候变化的响应;第四,稳定同位素在树轮生态学中的应用,分析中亚主要树种树轮稳定碳同位素对气候变化的响应,理解不同树种和区域树轮稳定碳同位素分馏的主要影响因子;第五,基于树轮的生态指标重建研究,基于树轮宽度、稳定碳氧同位素重建中亚植被指数(NDVI)和冰川物质平衡变化,深入理解中亚历史生态环境变化特征及可能的影响机制。

4.1　气候变化对不同树种径向生长的影响

　　近百年来的全球升温已成为不争的事实(叶笃正 等,1994),而全球气候变化对生态系统的影响是一个重大的科学问题。大量的研究利用模拟实验、定位观测和样带研究、模型模拟等方法研究森林生态系统对全球气候变暖的响应(秦大河,2002)。在北半球中高纬度地区,有发现随着全球升温,原本对气温敏感的树轮资料在 20 世纪后期对气温不再敏感(Jacoby et al. ,1995;Briffa et al. ,1998;Wilmking et al. ,2004,2008;Carrer et al. ,2006;Wilson et al. ,2007;D'Arrigo et al. ,2008)。响应分异产生的原因可能有:水分胁迫,树木与气候要素的非线性和阈值效应,去趋势的影响,环境污染影响,立地条件差异(D'Arrigo et al. ,2008;IPCC,2013)。气候变暖对森林生态系统的稳定性产生一系列影响(刘国华 等,2001)。部分区域气温升高促进树木生长(Salzer et al. ,2009;Allen et al. ,2010;McMahon et al. ,2010),同时也有加剧森林区域干旱的可能。树轮气候响应模式的研究不仅是进行古气候重建的基础,也是研究森林生态系统对全球变化响应的重要依据。不同树种对气候变化的响应,是生态系统对全球变化的响应研究的重要方面(Cullen et al. ,2001),也是植物生态学研究的一个热门话题(崔海亭 等,2005)。另外,树木径向生长对水热因子的敏感性也因海拔的高低而不同。一般认为,森林分布的上限区域气温升高对树木径向生长有利(Koprowski,2012;Andreu et al. ,2007),而在森林生长下限,降水则是树木生长的主要限制因子(Salzer et al. ,2009)。此外,坡向是森林生态系统重要的地形因子,尤其是干旱半干旱区域,坡向会改变水分和热量的分配,使树木径向生长对水热因子的敏感性发生改变(朱海峰 等,2004)。中亚区域是全球气候变化的敏感区域,也是环境相对脆弱的地区之一(Becker et al. ,1990)。然而,在气候变化背景下,对于中亚山区不同生境不同树种树木径向生长对气候要素的响应及响应稳定性的研究仍相对有限。

4.1.1　气候变化对雪岭云杉生长的影响

　　雪岭云杉是亚洲内陆干旱区特有树种,是天山山区的建群种,普遍分布于天山山区海拔1200～3500 m 的山体阴坡,而在中亚南部的昆仑山,雪岭云杉的高山林线超过 3600 m(Qin et al. ,2022b)。关于雪岭云杉树轮宽度对气候的响应研究较多,大量研究表明,在整个天山山区,树木年轮径向生长对降水响应要远远好于气温,尤其是在接近森林下线的区域,树轮宽度对生长季及生长季前期的降水响应均较好,尤其是生长季之前和生长季前期(上年 7 月到当年6 月,上年 8 月到当年 7 月)的水分是树木径向生长的主要限制性因子(Zhang et al. ,2016c)。袁玉江等(2008a)针对新疆天山西部不同区域雪岭云杉上树线树木年轮资料,采用三种不同生长去趋势方法,分析不同采样点和树轮去趋势方法对树轮宽度年表气候信号的响应也发现:降水是天山西部云杉上树线的树轮宽度生长的主要限制因子,且树轮宽度生长对降水的响应具有显著的滞后性。郭允允等(2007)认为中天山树木生长主要受到上年 7—8 月由高温引起的干旱和当年 4—5 月由降水不足导致的干旱的影响。袁玉江等(2005)认为,在乌鲁木齐河山区,5 月下旬的降水是森林下线云杉生长的主要限制因子。关于树轮宽度对气温的响应方面,不同区域有一定差异。在乌鲁木齐河流域,树轮宽度对≥5.7 ℃积温响应最好;在天山西部伊犁地区,由于部分地区水热组合配比较好,树木径向生长对气候的响应往往较为复杂,很难提取绝对的限制性因子,而 Liu 等(2015)在树轮宽度对气候响应复杂的伊犁地区,运用简单的气温降水分离方法,较好地分离出了树轮宽度中的气温和降水信号;Qin 等(2022c)研究中亚南部昆仑山高山林线处雪岭云杉对气候的响应发现,夏季平均最低气温是昆仑山高山林线处雪岭云杉树木径向生长的主要限制性因子,过去 60 年,气温对树木径向生长的响应稳定且显著,随着全球变暖,降水对树木生长的影响逐渐增强。

在天山山区长期树轮气候研究过程中一般认为,森林下线树木径向生长的限制性因子是生长季以前及前期的降水(水分)信息。而树木径向生长对气温的响应不显著或包含的是水热综合信息,因此,很难从树轮中提取温度信息。研究认为,树轮密度一般对生长季气温响应较好,因此,近几年树轮密度手段在天山山区树轮气候学中的应用弥补了树轮宽度和稳定同位素难以捕捉到温度信号的缺点,树轮密度研究为理解天山山区历史温度变化和全球变暖提供了新的证据。陈峰等(2014)发现吉尔吉斯斯坦天山山区雪岭云杉树轮最大密度与 7—8 月平均气温显著相关。而伊犁地区雪岭云杉树轮最大密度年表与 4—8 月的平均气温和平均最高气温均有较好的正相关关系(Chen et al.,2009;Yu et al.,2013)。Chen 等(2010)认为,乌鲁木齐河流域的雪岭云杉树轮早材密度对夏季(7 月)气温响应强烈。树轮图像灰度实际上是树轮密度的间接反映,与树轮密度变化具有较好的相关性。张同文等(2011)分析了树轮灰度和树轮密度对气候的响应差异,发现早材平均灰度和晚材平均灰度的变化能够较好地反映早材平均密度和晚材平均密度的变化。在天山西部,树轮图像建立的全轮灰度、早材灰度和最大灰度与 4 月、5 月气温相关较好(张瑞波 等,2008)。

基于以上研究,为进一步厘清气候对雪岭云杉树木生长的影响,选取天山山区自西向东不同海拔的 9 个雪岭云杉树轮年表(图 4.1,表 4.1),结合邻近采样点的气象站观测数据和 CRU 格点数据。为了能够较好地反映研究地点的气候特征,将包含采样点的格点数据(QL,DL,KG,ST,WQ,KS)与对应的气象站点(特克斯县、沙湾县、奇台县、新源县)的实测数据进行相关性分析,结果发现 1962—2008 年时段内,CRU 格点数据与实测数据的月平均气温和月降水量的相关性极高($p < 0.01$)。因此说明在该研究区域,使用 CRU 格点数据研究树木径向生长与气候要素的关系较为可靠。将 6 个格点的气象要素数据进行平均,最终到月平均气温(T_{mean})、月平均最低气温(T_{min})、月平均最高气温(T_{max})、月降水量(PCP)和月均温日较差(DTR)。

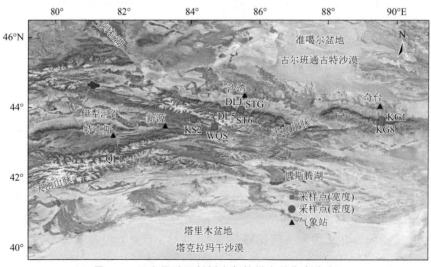

图 4.1 天山雪岭云杉树木年轮样本采集点分布

表 4.1　采样点具体信息

采样点名称	采样点代码	地点	纬度（N）	经度（E）	海拔/m	坡向	坡度
乔拉克铁热克 1	QL1	特克斯	42°47′	81°43′	2760	西北	25°
喀什河 2	KS2	尼勒克	43°37′	84°8′	2400	东	30°
温泉上限	WQS	巩乃斯	43°25′	84°45′	2601	东	21.5°
大鹿角湾	DLJ	沙湾	43°56′	85°09′	2600	东北	30.4°
大鹿角湾 5	DL5	沙湾	43°57′	85°10′	2155.8	北	6°
石头沟	STG	沙湾	43°53′	85°31′	2606	北	47.5°
石头沟 6	ST6	沙湾	43°55′	85°31′	1761	北	20°
宽沟 1 号	KG1	奇台	43°31′	89°36′	2530	东北	40°
宽沟 8 号	KG8	奇台	43°37′	89°37′	1833	北北西	30°

　　根据树木径向生长的一致性特点，使用主成分分析方法，揭示各样点第一主成分（以下简称 PC1）和第二主成分（以下简称 PC2）随着经度、纬度和海拔高度的空间分布格局，并用线性回归方法描述。另外，将 9 个采样点的树轮数据进行分组，提取每个组的第一主成分，得出树木径向生长特征信号。

4.1.1.1　气候对雪岭云杉树木径向生长的影响

　　为揭示天山山脉雪岭云杉径向生长与气候因子在公共区间（1962—2008 年）内的相关性，将树轮宽度年表 PC1、树轮最大密度年表 PC1 分别与气候因子相关性分析（图 4.2、图 4.3）发现，高低海拔处的雪岭云杉径向生长对气候因子的响应差异明显（图 4.2）。树轮宽度方面，高海拔 PC1 与当年 2 月气温（平均气温、平均最低气温和平均最高气温）呈显著正相关（$p < 0.05$），其中与当年 2 月平均最低气温相关最好，与当年 7 月平均最低气温呈显著正相关（$p < 0.05$）。另外还发现，高海拔 PC1 与降水和月均温日较差的响应时段都为上年 7 月、当年 1 月和 7 月，但响应结果相反。2 月（冬季）气温偏低时，在积雪覆盖较少的年份，云杉根系更容易受到冻害，将进一步影响生长季树木对土壤中营养物质的吸收，导致其枝叶发育不良（袁玉江 等，1999）。反之，树木在生长季开始之前，2—3 月气温升高可以促进形成层活动提前，从而延长了树木的生长季（张艳静等，2017a,b）。7 月处于云杉快速生长季，平均最低气温在一定程度上反映的是夜间气温。研究认为当植物处于生长季，气温成为影响形成层活动的主要因素，尤其提高夜间气温，在一定程度上能够促进形成层细胞的快速分裂（苏军德，2012）。此外，从研究结果中还发现，树木径向生长与上年和当年 7 月、当年 1 月月均温日较差呈显著负相关（$p < 0.05$），尤其与当年 7 月月均温日较差呈极显著负相关（$p < 0.01$）（图 4.2）。7 月是一年中气温最高、太阳辐射量最强的时段，因此，上年及当年 7 月月平均日较差与树木径向生长呈显著负相关。Shen 等（2014）的研究还发现，在中国西北地区，月均温日较差可能还与降水量有关，降水量的增加会导致月均温日较差的减小。反之，当月均温日较差增大时，降水量较小，这会加剧土壤水分蒸发，进而抑制光合作用对有机物的积累（Balducci et al.，2016）。所以树木径向生长与降水和月均温日较差的响应时段相同，但相关系数相反（图 4.2）。这也合理地解释了高海拔树木径向生长仅与 7 月平均最低气温和降水量正相关，而与平均气温和平均最高气温的相关性较弱，且这种干旱胁迫现象在 1973—2003年时段和 1969—2005 年时段内表现明显（图 4.4）。滑动相关结果显示，1976 年以后，树轮宽度 PC1 与上年 8 月降水的正响应显著增强（图 4.3）。通过分析数据可知，相较之前，1976 年以后 8月降水增加率为 0.2%，气温增加率为 3.3%，气温增加的速率明显高于降水，增加降水将有助于

植被生长。另外,高海拔树木径向生长与冬季降水量呈显著正相关($p<0.05$)。冬季气温较低,当降雪量增加时,地面积雪覆盖度增大,会对植物根部起到一定的保温作用(荀晓霞 等,2021)。与此同时,1月月均温日较差减小,与雪岭云杉径向生长呈显著负相关(图4.2)。

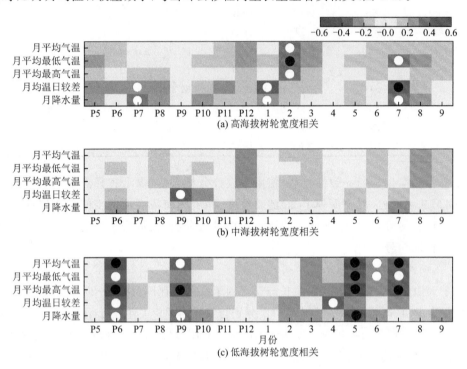

图4.2 树轮宽度年表 PC1 与气候因子的相关性分析(●表示 $p<0.01$;○表示 $p<0.05$)

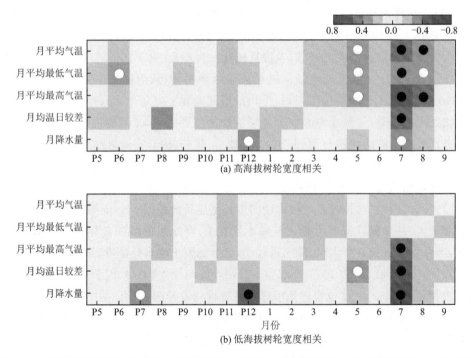

图4.3 树轮最大密度年表 PC1 与气候因子的相关性分析(●表示 $p<0.01$;○表示 $p<0.05$)

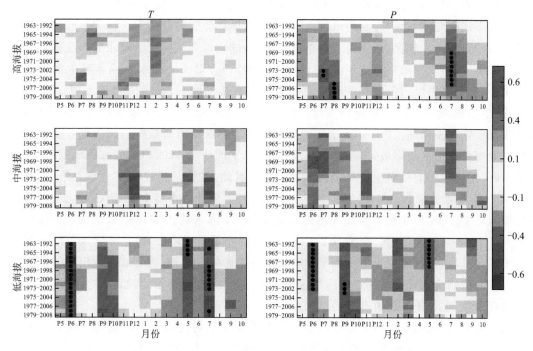

图 4.4　树轮宽度年表 PC1 与气候因子的滑动相关分析

(T 代表平均气温，P 代表降水量，●表示 $p < 0.01$)

中海拔处雪岭云杉径向生长与气温和降水没有显著相关关系(图 4.2)，仅与上年 9 月月均温日较差呈显著相关($p < 0.05$)。与高海拔不同，低海拔 PC1 与气温和降水有明显的相关关系(图 4.2)。PC1 与上年 6 月和上年 9 月，以及当年 5—7 月的气温呈显著负相关($p < 0.05$)，其中 PC1 与当年 5 月的气温呈极显著负相关($p < 0.01$)，与上年 6 月和当年 7 月平均气温和平均最高气温呈极显著负相关($p < 0.01$)。低海拔 PC1 与上年 6 月、9 月和当年 5 月的降水量呈显著负相关($p < 0.05$)。此外，PC1 还与上年 6 月和当年 4 月的月均温日较差呈显著负相关($p < 0.05$)。9 个样点的树木径向生长与海拔变化有着直接的联系，而经度和纬度的差异，对其影响较小。与高海拔不同，中海拔树木径向生长仅与上年 9 月月均温日较差呈显著负相关(图 4.2)。研究表明，9 月是雪岭云杉生长季末期，在降水偏多、白昼气温适宜、太阳辐射较弱的湿润条件下，有利于积累更多的光合产物，促进当年树木生长，为来年树木生长提供更多的营养物质(张艳静 等，2017a，b)。反之，当上年 9 月太阳辐射强烈，气温偏高时，将会导致该地区土壤中的水分大量蒸发，影响来年生长季初期营养物质的供给，继而抑制树木的生长。另外，相较于高海拔地区，中海拔地区气温相对偏高，土壤中水分的蒸发量会进一步增加。因此，9 月月均温日较差与中海拔树木径向生长呈显著负相关($p < 0.05$)。

通过低海拔雪岭云杉树轮宽度年表 PC1 与气候因子做相关分析发现(图 4.2)，低海拔树木径向生长与上年及当年生长季气温呈显著负相关($p < 0.05$)，表明上年 6 月、当年 5 月、当年 7 月气温抑制雪岭云杉的径向生长。研究发现，雪岭云杉生长季主要集中在 5—8 月(张艳静 等，2017a，b)。这一时期，气温在全年中偏高(7 ℃以上)，此时若有较多的降水量，会增加土壤湿度，减少干旱胁迫，有利于植物形成层细胞分裂(Liu et al.，2004)。但当气温过高，蒸发失水量过大时，会加剧干旱胁迫(Zhang et al.，2014a)。5—8 月是降水量较多的时段，水汽

来源分析表明,夏季新疆本地和中亚地区的水汽贡献超过 80%(姚世博,2021)。首先,天山山区位于北半球中纬度,处于盛行西风带内,纬向的西风环流将西部的水汽源源不断向新疆地区输送(宁理科,2013);其次,新疆进入夏季以来,本地的河流湖泊等也为降水的形成提供了可靠的水分来源,且水汽贡献率超过了 52%(姚世博,2021)。增大的降水量原本利于雪岭云杉的径向生长,但是新疆天山山区夏季降水量和海拔有直接的联系,最大降水带出现在海拔 2000 m 左右(郭玉琳 等,2022)。低海拔雪岭云杉分布在 1850 m 以下,降水量相较于高海拔偏少,且海拔偏低处气温偏高。5 月以后增加的降水量可能难以抵消高温所引起的水分蒸发。雪岭云杉一般生长在山区的阴坡,喜湿润的环境(石仁娜·加汗 等,2021)。低海拔气温偏高、降水量偏少时,雪岭云杉的径向生长易受到干旱胁迫。因此,雪岭云杉径向生长与上年 6 月、当年 5—7 月气温显著负相关。与此同时,与上年 6 月、当年 5 月降水显著正相关(图 4.2)。另外,低海拔树轮宽度 PC1 与上年 6 月气温的负响应,以及降水的正响应持续增强(图 4.4)。从 1963 年开始,6 月气温的增长率为 0.2 ℃/(10 a),降水量虽有增加,但是可能难以削弱高温引发的干旱,所以云杉径向生长中受到干旱胁迫的持续影响。同理,当年 5 月也出现树木径向生长对气温的负响应和对降水的正响应加强的现象。自 1968 年开始,与当年 7 月气温的负响应逐渐增强现象,也是干旱胁迫造成的结果。

结果还发现,低海拔雪岭云杉径向生长与上年 9 月平均气温和平均最高气温呈显著负相关($p<0.05$),与平均最低气温的响应较弱。9 月是雪岭云杉的生长季末期,研究发现,天山山区降水量和总降水频次的峰值出现在 20:00—22:00,且夜间的降水多于白天,主要由长时降水贡献(郭玉琳 等,2022)。降水会进一步降低气温,所以夜间气温,即平均最低气温对云杉生长影响较小。与此相反,平均最高气温一般出现在白天,低海拔的雪岭云杉生长区白天降水量偏少且气温偏高,高温限制了植物有机物的积累,影响来年生长季初期营养物质的供给。与上年 9 月降水正响应,说明生长季末期雪岭云杉生长受到干旱胁迫,且这种现象在 1972—2003 年期间加强(图 4.4)。另外还发现,雪岭云杉径向生长与上年 6 月月均温日较差显著负相关,这可能也是由太阳辐射量过强导致的。此外,从图 4.2 看出,雪岭云杉径向生长与当年 4 月月均温日较差显著负相关($p<0.05$)。已知土壤湿度决定的平均生长速率比气温决定的生长速率对树轮宽窄形成的影响更为明显(吴燕良 等,2020)。生长季前期阶段(4—5 月),4 月月均温日较差较 5 月明显高出 0.1%,但 4 月降水量却比 5 月低 16.7%,说明 4 月太阳辐射度高于 5 月。太阳辐射度过高,加速积雪融化,蒸发量增加,进一步导致土壤湿度减少,限制了雪岭云杉在生长季前期的生长。

4.1.1.2 气候对雪岭云杉树轮最大密度的影响

树轮最大密度年表对气候因子的响应与树轮宽度不同(图 4.2 和图 4.3)。高海拔树轮最大密度 PC1 与当年 5 月、7 月和 8 月的气温呈显著正相关($p<0.05$),其中与当年 7 月和 8 月气温(8 月平均最低气温除外)呈极显著正相关($p<0.01$)(图 4.3)。另外,高海拔树轮最大密度 PC1 与当年 7 月的月均温日较差呈极显著正相关($p<0.01$);与上年 12 月和当年 7 月的降水量呈显著负相关($p<0.05$)。低海拔树轮最大密度 PC1 对气温的响应相对较弱(图 4.3),PC1 仅与当年 7 月平均最高气温呈极显著正相关($p<0.01$)。低海拔 PC1 与降水的响应较为显著,与上年 12 月和当年 7 月的降水量呈极显著负相关($p<0.01$)。另外,低海拔 PC1 与当年 5 月和 7 月的月均温日较差呈显著正相关($p<0.05$)。

树轮最大密度与树轮宽度对气候因子的响应差异明显。树轮密度年表与当年生长季气温显著正相关(图 4.3)。就高海拔地区而言,大多研究表明树轮最大密度与生长季气温显著正相关(Sun et al.,2016)。在本研究中,位于高海拔区域的雪岭云杉树轮最大密度与当年 5—8 月(6 月除外)气温有强烈的正响应(图 4.3)。其生理变化可能有以下原因:在树木生长季前期,形成层细胞快速扩大,年轮生长变化主要体现在树轮宽度增加,上年生长季气温、上年冬季气温以及当年春季气温对雪岭云杉树轮宽度有较为明显的影响(石仁娜·加汗 等,2021;李淑娟 等,2021)。当树木径向生长进入后期阶段,细胞壁加厚,细胞内部物质积累,树轮密度在该时段内显著增加(孙毓 等,2012)。结果显示,树轮最大密度与生长季气温表现出强烈的正相关关系,该结果与前人研究结果一致(Sun et al.,2016)。同理,位于低海拔的雪岭云杉树轮最大密度与 7 月平均最高气温显著正相关。

4.1.1.3　气候变化对雪岭云杉树木径向生长的影响

对比发现,高低海拔雪岭云杉径向生长对气候变化的响应存在异同。高海拔区域雪岭云杉 PC1 与上年及当年 7 月、上年 8 月降水正响应逐渐增强(图 4.4)。1973—2003 年时段内树轮宽度 PC1 与上年 7 月降水呈显著正相关;1976 年以后,树轮宽度 PC1 与上年 8 月降水的正响应显著增强。另外,在 1969—2005 年时段内雪岭云杉径向生长与当年 7 月降水呈显著正相关。气候变化对中海拔雪岭云杉径向生长的影响较小,反之,对低海拔雪岭云杉径向生长影响较大。就气温而言,在低海拔区域雪岭云杉径向生长与上年及当年生长季气温的负响应逐渐增强;与上年 6 月和 9 月,以及当年 5 月降水的正响应逐渐增强。从 1963 年开始,树轮宽度年表 PC1 与上年 6 月气温的负响应,以及与该月降水的正响应持续增强;1962—1994 年时段内,树轮宽度 PC1 与当年 5 月气温呈负响应,与当年 5 月降水的正响应持续至 20 世纪末。1968—2002 年、1964—1993 年和 1978—2007 年内,树轮宽度 PC1 与当年 7 月气温呈负响应。在 1972—2003 年的 3 个时段内,树轮宽度 PC1 与上年 9 月降水正响应明显。

4.1.1.4　气候变化对雪岭云杉树轮最大密度的影响

雪岭云杉树轮最大密度 PC1 与气候因子的响应也存在不稳定性,树轮最大密度 PC1 与生长季气温的正响应逐渐减弱(图 4.5)。就高海拔而言,在 1963—2001 年内树轮最大密度 PC1 与当年 7 月气温呈正响应;在 1979—2008 年时段内,树轮最大密度 PC1 与当年 8 月气温呈正响应。在部分时段内,树轮最大密度年表与降水的负响应有逐渐增强的趋势,主要表现在上年 12 月和当年 7 月,负响应时段分别为 1968—1997 年和 1967—1997 年。低海拔生长的雪岭云杉,树轮最大密度 PC1 与生长季(当年 7 月)气温的正响应逐渐减弱,仅在 1963—1995 年和 1974—2003 年时段内,与当年 7 月气温呈显著正相关($p < 0.01$)。在 1977—2008 年内,树轮最大密度 PC1 与上年 11 月气温的负响应逐渐增强。树轮最大密度 PC1 与降水的负响应逐渐增强,该现象在生长季内表现尤为明显。从 1962 年开始树轮最大密度 PC1 与当年 7 月降水的负响应持续增强。此外,在 1970—2008 年时段内(1975—2004 年除外),树轮最大密度 PC1 与上年 12 月降水负响应加强;1975 开始,树轮最大密度 PC1 与当年 2 月降水负响应加强。

滑动相关结果表明,在研究时段(1962—2008 年),气温呈逐渐增加趋势,在一定程度上会促进树轮最大密度形成。此时,降水量也逐渐增加,降低了气温,从而使树轮密度生长所需温度降低。因此,在 1962—2001 年时段内,树轮最大密度年表与当年 7 月气温呈正响应,与降水呈负响应。树轮最大密度年表与 8 月气温的正响应显著增强,也是降水量明显增加造成的结果。另外,在低海拔区域,树轮最大密度年表也表现出与 7 月气温正响应,与降水负响应,且响应结果显著增强。高海拔组树轮最大密度与当年 7 月月均温日较差显著正相关(图 4.3)。雪

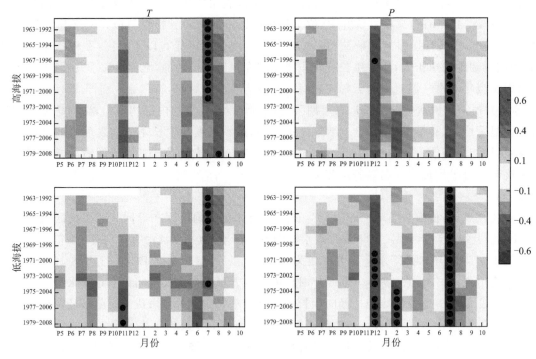

图 4.5　树轮最大密度年表 PC1 与气候因子的滑动相关分析
(T 代表平均气温，P 代表降水量，●表示 $p < 0.01$)

岭云杉生长季阶段（当年 7 月），太阳辐射量最强，气温最高，月均温日较差最大，造成细胞壁持续增厚，生成的树轮晚材密度值增大。同理，低海拔相对高海拔气温更高，树轮最大密度与 7 月月均温日较差也呈现极显著正相关（$p < 0.01$）。与气温不同，树轮最大密度与 7 月降水量呈显著负相关。这可能有以下原因：首先，7 月充沛的降水量对提高土壤含水量有积极作用，土壤中水分增加，加快了树木形成层细胞的分化，促进了细胞的生长，使细胞腔不断膨胀，细胞壁变薄，从而降低了树轮最大密度值（刘可祥 等，2021）。因此树轮最大密度与 7 月降水量显著负相关，该结果与前人研究一致（刘可祥 等，2021）；其二，7 月气温偏高，此时当降水量增加，树轮木质部原有的水热平衡被打破，细胞可能再一次进入快速生长阶段，树轮最大密度减小。图 4.3 结果还显示，低海拔树轮最大密度与上年及当年 7 月降水量呈极显著负相关（$p < 0.05$）。通过计算发现，该区域雪岭云杉生长的平均海拔约 1920 m，新疆天山山区夏季最大降水带出现在海拔 2000 m 左右（郭玉琳 等，2022），云杉生长区域接近最大降水带，降水量较大，土壤含水量也更高，当气温适宜时，细胞快速生长，从而影响树轮最大密度值。冬季（上年 12 月）降水同时影响高海拔与低海拔雪岭云杉树轮最大密度。已知天山山脉冬季以降雪为主，冬季降雪量增加，为来年春季树木径向生长提供了更多的水源，促进云杉形成层分裂、分化，因此，降低了密度值（刘可祥 等，2021）。也有研究发现，当冬季降雪量增加时，来年春季升温，保存在土壤中的冰雪融水会改善土壤墒情，促进树木生长形成宽轮，因此，树轮最大密度值减小（陈峰 等，2014）。另外，1970 年以后，上年 12 月降水量以 0.8 mm/(10 a)的速度增加；1975 年以后，当年 2 月降水量以 0.8 mm/(10 a)的速度增加。以上变化会促进树轮径向生长，反之会抑制树轮最大密度。因此，树轮最大密度年表与冬季降水的负响应逐渐增强（图 4.5）。滑动相关分析结果还显示，1976 年以后，树轮最大密度年表与上年 11 月气温的负响应逐渐增

强。从气温变化图看出，上年 11 月气温以 0.5 ℃/(10 a)的速度增加，这可能在一定程度上增强了云杉的呼吸作用。

4.1.1.5　小结

不同海拔高度处的雪岭云杉树轮宽度和树轮最大密度对气候因子的响应也存在明显差异。就树轮宽度而言，高海拔雪岭云杉径向生长与当年生长季前期气温呈正响应。当生长季来临，太阳辐射量增强，此时当降水量增加，会促进雪岭云杉径向生长，且这种正响应现象逐渐增强；低海拔区域气温偏高，上年及当年生长季气温会抑制树木径向生长。随着气候变化，气温的抑制作用也会逐渐加强，反之，与上年 6 月和 9 月，以及当年 5 月降水的促进作用也逐渐增强。本研究还发现，树轮最大密度变化对当年生长季气温的响应更加敏感。生长季的月均温日较差和降水量对树轮最大密度值变化产生相反的影响。冬季降雪量也影响树轮最大密度值变化。滑动相关分析表明，低海拔区域树轮最大密度 PC1 与生长季气温正响应逐渐减弱，与降水的负响应逐渐增强。在部分时段内，低海拔区域树轮最大密度 PC1 与上年 11 月、12 月、当年 2 月降水负响应加强。最大密度变化主要受生长季气温的控制，且没有明显海拔界限。

4.1.2　雪岭云杉年内径向生长及其对气候的响应

在全球变暖的背景下，深入评估不同时间尺度上树木径向生长对气候的响应规律对于深入理解树木生长的生理机制及其对环境的响应尤为重要。树木径向生长监测仪(Dendrometer)是树木生长过程研究的重要工具，因为它允许在高时空分辨率下监测树木半径变化，而无需对形成层进行侵入性采样(Deslauriers et al.，2011)。研究团队在天山中部北坡乌鲁木齐河流域海拔 2000 m 的原始雪岭云杉林中建立雪岭云杉森林生态气象监测站，以监测树木径向生长和气象因子实时变化，旨在利用实时监测数据，揭示雪岭云杉径向生长的气候限制性因子及其生理机制。本研究基于生长季的四个雪岭云杉 Dendrometer 数据和气象站日气象资料，评估雪岭云杉生长季节和快速生长阶段，并揭示树木径向生长的主要限制气候因子。

研究区位于天山北坡乌鲁木齐河上游的乌鲁木齐市牧业气象试验站(以下简称牧试站)对面山坡($43°26'$N，$87°12'$E)。研究地点位于森林下线偏上的海拔 2250 m 处。平均坡度为 $10°$。距离研究地点最近的牧试站($43°27'$N，$87°11'$E，海拔 1933 m)的气象数据分析表明，2003—2014 年的年平均降水量为 485.1 mm，其中 70%降水分布在 5—9 月，年平均气温为 3.14 ℃，7 月是最暖的月份(15.41 ℃)，1 月是最冷的月份(−10.50 ℃)。

表 4.2　用于监测的雪岭云杉基本信息

树号	编号	胸径/m	树高/m	树龄	冠幅/m
1 号树	T1	24.8	13	73 a(1932—2014 年)	5.8
2 号树	T2	26.4	22	105 a(1910—2014 年)	6.3
3 号树	T3	46.2	23	74 a(1931—2014 年)	7.0
4 号树	T4	33.8	16	67 a(1948—2014 年)	6.6

在研究区林中选择百年左右、健康直立、胸径 78～134 cm 的雪岭云杉(表 4.2)，在胸高处(距离地面 1.3 m)安装自动的连续的高分辨率树木径向生长测量仪(Point/Band Dendrometer；Ecomatik GmbH，Munich；DR/DC)，温度系数：0.11 m/K，测量精度：2 μm)，该仪器直接观测实时的树木半径变化。许多针叶树种都是基于 Dendrometer 方法确定其年内生长变化规

律的(Deslauriers et al. ,2003;Wang et al. ,2015b)。为了减少树皮膨胀和收缩的影响,安装前去除了树皮表层死皮直到形成层露出。树木径向生长变化通过感应探头转化成电信号,通过Dendrometer 数据采集器(Ecomatik)自动记录收集,本研究选取的数据时段为 2014 年 4 月 27日至 10 月 1 日,数据间隔为 30 min,即每天 48 个数据。树木茎干变化是由实际木质部的形成和茎干水分变化决定的,因此,不可能从原始数据中确定树木的生长量。本研究采用茎干周期变化方法确定树木生长量的变化,树木茎干半径变化在 24 h 内大致经历了三个阶段(Deslauriers et al. ,2003):(1)收缩阶段:早晨生长量最大值和日最小值之间的时段;(2)扩张阶段:从日最小值到早晨最大值阶段;(3)茎干净生长阶段:从生长阶段中的茎干生长量超过早晨的最大值到下一个最大值之间的时段。生长阶段最大值和第三阶段开始之间的差值被确定由 DR+(μm) 估计表示。采用日茎干生长方法,每天每棵树提取两个树木茎干生长变化(Bouriaud et al. ,2005),即日平均径向生长和日最大径向生长。通过计算连续两日的平均值/最大值之间的差异计算两个序列的日半径的变化,然后计算由半径变化的净振荡(振幅,mm)组成的连续的每日时间序列。

为了分析树木径向生长与微气象因子的关系,本研究使用了两个 10 m 自动气象站(Vaisala,Finland)的实时监测数据,分别是:①位于生长观测点附近的山顶平地上(43°26′N,87°12′E,海拔 2274 m),该站与树木微生长监测站的直线距离<100 m,海拔高度相差 24 m,可代表树木微生长监测站的林外的气候背景;②位于距离监测点 500 m 左右,低于监测点 53 m 的林中(43°26′N,87°12′E,海拔 2197 m),该站可以代表森林内部的小气候状况。两站气象和土壤参数被记录并存储于 CR1000 数据采集器中(Campbell Scientific,Logan,UT,USA)。气象参数包括 1.5 m 和 10 m 的降水量、气温、相对湿度、气压、风速风向、光合辐射和净辐射等,土壤温湿度(0 cm、5 cm、10 cm、20 cm 和 40 cm)。另外,还采用距离监测点最近的牧试站的日气象数据(43°27′N,87°11′E,海拔 1933 m),该站提供了全面的日气象观测要素,能够代表较大范围的气候背景。本研究使用的气象参数包括日平均气温、平均最高气温、平均最低气温、降水量、相对湿度(RH)、云量、蒸发量、日照时数、水汽压等。另外,还计算了日水分亏缺(VPD),计算方程如下:

$$VPD=(1-RH)\times0.6108\times e^{(17.27T/(T+273.3))} \tag{4.1}$$

式中,VPD 代表日水分亏缺,RH 代表日相对湿度,T 代表日平均气温。

4.1.2.1 雪岭云杉径向生长的日变化

所有树木累积径向变化曲线既有季节变化的规律,也有昼夜波动。基于 Deslauriers 等(2003)茎干生长关键期确定方法,我们选择确定无降水日持续快速生长的生长期来分析雪岭云杉径向生长日变化的夏季模式。从日变化来看(图 4.6),雪岭云杉树木径向变化三个时段为:(1)收缩阶段,持续时间:10:00—19:00;(2)扩张阶段,持续时间:19:00—10:00;(3)净增加阶段,持续时间:05:00—10:00。生长测量仪记录的树木径向变化主要由两部分构成,即可逆的收缩—膨胀变化和不可逆的径向生长,在生长季,树木径向增长表现为周期性波动上升(Bouriaud et al. ,2005;Tardif et al. ,2001)。国内外大量基于不同地区和树种的研究都发现树木径向生长具有日周期模式(Deslauriers et al. ,2003),认为夏季模式受水分条件控制,反映了水分在土壤、根系及茎干光合吸水及蒸腾失水这一水分运移过程中的平衡状态(Drew et al. ,2009)。在夜间,气温较低,树木蒸腾很小,树木根系吸收水强于蒸腾耗水,水分能够在树木茎干中累积,从而造成茎干膨胀,而早晨气温上升后,树木开始光合作用,而且蒸腾耗水也不断增多,超过了水分吸收和运移,树木茎干开始失水收缩,直到下午气温降低后,树干才再次吸水膨胀(Zweifel et al.,2000)。

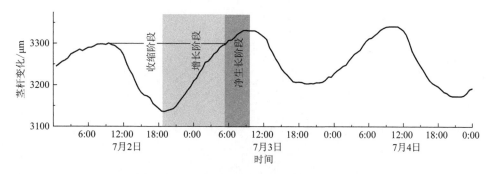

图 4.6 径向生长的日变化周期(7 月 2—4 日)

在天山北坡林区,太阳辐射和气温在上午 10:00 开始增加和升高,随着太阳辐射强度增加和气温的上升,蒸发增大、相对湿度逐渐降低(图 4.7),从而引起雪岭云杉的光合作用和蒸腾作用增强,进一步导致树干水分向上输送速度加快、水势增加,树干的细胞膨胀速度减缓,所以白天虽然树木径向生长增加,但是整体树干由于失水而收缩,表现为径向生长的降低。因此,雪岭云杉的径向生长在 10:00—19:00 处于收缩期。随着太阳下山,太阳辐射和气温的降低(图 4.7),叶片中的水势也下降,树干中的水分运输和膨胀减弱。同时,光合作用产物向下移动,细胞壁变厚,导致树木径向生长显著增加。另外,夜间相对湿度(RH)和水分的增加有助于树干再膨胀。因此,19:00 到第二天 10:00 为树木径向生长扩张阶段。

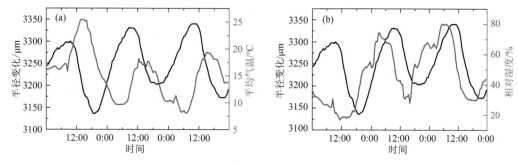

图 4.7 雪岭云杉径向生长与日气温(a)和相对湿度(b)对比

4.1.2.2 雪岭云杉径向生长的年内变化

利用改进的累计日生长茎干量计算方法(Deslauriers et al.,2003),图 4.8 展示了 4 棵雪岭云杉 2014 年 4 月 28 日—9 月 30 日径向生长变化过程。尽管 5 月初就呈现出明显的径向增长,但是这种增长可能是由于冬季干燥和随后降水的结果,不能代表雪岭云杉开始径向生长的实际时间。直到 5 月下旬,径向生长表现为持续的增长过程。此时,气温逐步稳定且达到树木生长的条件。这时,积雪融化、降水和湿度增加,树木开始生长,这种持续快速生长一直延续到 7 月下旬。因此,天山北坡雪岭云杉主要生长期为 5 月下旬到 7 月下旬,持续 2 个月左右。这一时期,细胞快速分裂、增大,细胞壁明显加厚。特别是雪岭云杉径向生长在 6 月中旬到 7 月初最快,这一时期是早材生长和径向生长的关键时期。7 月底以后,细胞分裂和扩增缓慢,细胞壁缓慢增厚仍然较快,细胞生长基本结束。这一时期是晚材形成的关键时期,它对树木径向生长的贡献很小(图 4.8)。

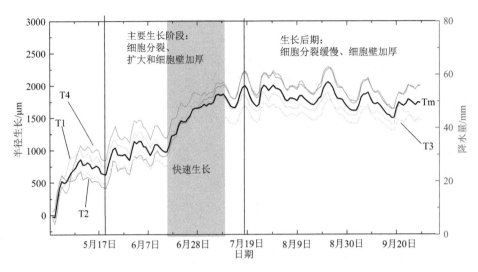

图 4.8 4 棵雪岭云杉 2014 年 5—9 月日均径向生长变化趋势

T1、T2、T3 和 T4 分别代表 Dendrometer 观测 4 棵雪岭云杉树木径向生长日变化,Tm 为 4 棵树的平均序列

4.1.2.3 雪岭云杉树木径向生长与气候的关系

利用 Pearson 相关分析了气候因素与主要生长期(5 月 20 日—7 月 18 日)的每日净径向生长之间的关系。结果显示,雪岭云杉在生长季的日径向生长量与日平均气温、平均最高气温、蒸发量、日照时数和水分亏缺(VPD)显著负相关。其中,与蒸发量的相关系数高达 $-0.748(p<0.0001, n=60)$(图 4.9)。而日径向生长变化与降水量、相对湿度和云量呈明显的正相关,其中,与相对湿度相关高达 $0.750(p<0.0001, n=60$;图 4.9)。日径向生长和气候的关系分析结果显示,无论雪岭云杉径向生长与主要气候因子显著正相关还是显著负相关,均反映树木径向生长的水分胁迫。研究显示,水分在雪岭云杉径向生长中扮演着重要的作用。树木生长和降水之间的正相关性以及和气温之间的负相关性表明,树木生长受天山北坡水分的限制。最高的正相关性是径向生长与相对湿度,而最大的负相关关系是径向生长与蒸发而不是降水或气温。这可能是因为相对湿度和蒸发是水分信息的直接体现,同时也考虑了气温。

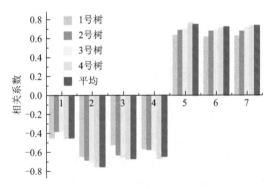

图 4.9 主要气象因子与主要生长季(5 月 20 日—7 月 18 日)日净生长的相关

为了进一步了解影响径向生长的主要气候因子,本研究利用牧试站 30 d 移动平均记录,计算了日径向生长与日气候数据[气温、降水、相对湿度(RH)、水分亏缺(VPD)和蒸发]的关

系(图 4.10)。结果表明,雪岭云杉的径向变化与降水和 RH 呈正相关,与蒸发和 VPD 呈负相关,与生长季节的平均气温无显著的相关。降水和径向生长之间的最强正相关发生在 5 月 16 日—6 月 30 日,相关系数均高于 0.7,最高相关高达 0.909($p<0.01$)。5 月 19 日—6 月 29 日,蒸发和径向生长之间的最强负相关,相关系数高于−0.7,最高达−0.842($p<0.01$)(图 4.10)。从而可以得出,5 月下旬到 6 月下旬的水分是天山北坡雪岭云杉径向生长的主要限制因子。降水和相对湿度与雪岭云杉径向生长的显著正相关,以及水分亏缺和蒸发与径向生长负相关均表明,天山北坡雪岭云杉树木径向生长受到水分限制。Yuan 等(2001)认为天山西部伊犁地区雪岭云杉的树木径向生长与 5—6 月降水量显著正相关。因此,5—6 月是雪岭云杉树木生长最重要的时期。5 月中旬至 7 月下旬期间处于树木生长的重要时期,也是树木形成的最活跃时期。从这个角度来看,5 月中旬至 7 月下旬降水的生理意义及其对雪岭云杉树木径向生长过的影响是显著的。Yuan 等(2003)也认为天山北坡中部的乌鲁木齐河流域 5 月 20 日—6 月 8 日的降水日数与树木径向生长显著正相关。

　　生长季节的缺水抑制了管胞的扩大,当管胞变窄时,细胞壁在年径向生长中的比例由于管腔尺寸的减小而增加。6 月和 7 月是天山北坡一年中最热的月份,更高的气温和蒸发速率以及更长的日照时间会导致林内和土壤相对湿度和水分的降低,同时导致雪岭云杉叶片的光合作用和蒸腾加剧。随着叶片水势的增加,水在树干中向上移动,最终到达幼芽和叶,之后树干的膨胀减小,蒸发随着 6 月和 7 月的气温升高而增加,这加剧了已经存在的水分胁迫,导致径向生长速率的减缓。然而,云量增加导致日照和蒸发的减少,气温相对较低,太阳辐射的强度下降,光合作用进一步削弱。此时叶片水势也下降,树干木质部中的水运输减弱,水滞留在导管中,使得细胞膨胀逐渐恢复。同时,由光合产物的向下运动引起的细胞壁增厚导致径向生长的显著增加。树木径向生长与相对湿度显著正相关表明,径向生长的变化与太阳辐射同步,径向生长受植物光合作用和蒸腾调节。位于中亚干旱区的天山山区降水较少和相对湿度较大意味着水分的作用对雪岭云杉的径向生长非常重要。大量的天山山区树轮气候研究均表明,水分(降水,PDSI,SPEI,RH)是雪岭云杉森林下线树木径向生长的限制因素(Yuan et al.,2001;Yuan et al.,2003;Chen et al.,2013;Zhang et al.,2016),尤其春季干旱是雪岭云杉径向生长的最重要的限制性因子。

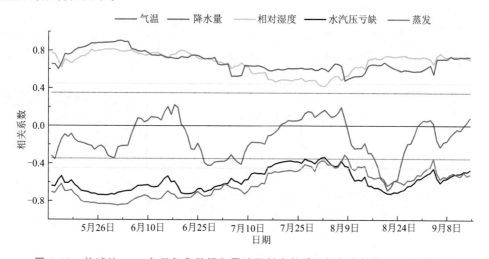

图 4.10　牧试站 2014 年日气象数据和雪岭云杉生长季日径向生长的 30 d 滑动相关

4.1.2.4 小结

本节基于天山北坡 2014 年 4 月 27 日至 9 月 30 日的径向生长仪实时监测数据和气象数据,分析了天山北坡雪岭云杉树木径向生长的年内变化规律及其对主要气象因子的响应。研究表明,雪岭云杉的关键生长期是 5 月下旬—7 月下旬。在生长季,雪岭云杉径向生长的变化与日气温、蒸发、日照时间和水分亏缺(VPD)呈负相关,并与降水和相对湿度(RH)呈正相关。径向生长和 RH 之间的相关系数可以高达 0.750($p<0.0001,n=60$)。水分在雪岭云杉树木径向生长过程中起主要作用。5 月下旬至 6 月下旬的降水是天山山脉北部雪岭云杉径向生长的限制性因子。

4.1.3 气候变化对泽拉夫尚圆柏径向生长的影响

中亚帕米尔高原、泽拉夫尚山、土耳其斯坦山、阿赖山及天山西部分布有大量柏树,本节以塔吉克斯坦苦盏山区生长在高低海拔和南北坡向处的泽拉夫尚圆柏为对象,采样点分别为苦盏北矿坑(编号:KZU,坡向:北,海拔:2000 m)、苦盏北上线(KZS,南,海拔 2000 m)、苦盏北下线(KZX,南,海拔 1600 m),具体位置如图 4.11 所示。利用内径为 10 mm 的生长锥在每棵树胸高处不同方向采集 2 个样芯。每个样点采集树木大于 20 棵(40 个样芯以上),3 个样点共采集 75 棵树。

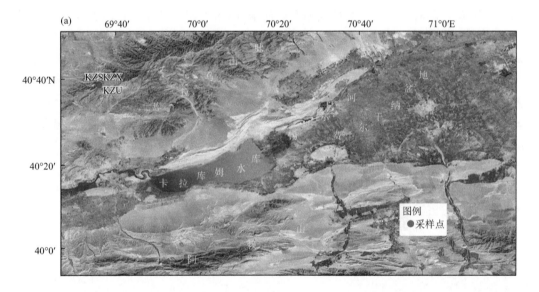

图 4.11　(a)研究区位置示意图;(b)KZU 采样点;(c)KZS 采样点;(d)KZX 采样点

4.1.3.1　气候对泽拉夫尚圆柏树木径向生长的影响

为揭示塔吉克斯坦苦盏山区圆柏径向生长对水热因子的响应关系,将 KZU、KZS 和 KZX 年表与平均气温和降水两个气候因子做相关分析。研究表明,树木径向生长对气候变化具有"滞后效应"(吴祥定,1990)。树轮年表的一阶自相关系数都大于 0.350,说明树木径向生长受上年气候影响较大。因此,选择上年 5 月至当年 10 月的气候因子与树轮年表做相关分析。

KZU 年表与气温的相关系数没有通过显著性检验(图 4.12)。南坡海拔 2000 m 范围内 KZS 年表与上年 5—10 月、当年 3 月、当年 7—10 月平均气温显著正相关($p<0.01$),其中 KZS 年表与上年 5—10 月、当年 7—10 月组合月份平均气温相关系数分别达 0.624 和 0.566。南坡低海拔区域 KZX 年表与当年 10 月平均气温相关系数通过信度 0.01 的显著性检验($r=0.315,p<0.01$)。

从图 4.12 中可以看出,山脉北坡高海拔的圆柏径向生长主要受生长季降水影响。KZU 年表与当年 5 月和 6 月降水呈显著正相关($p<0.01$),相关系数分别为 0.440 和 0.381。降水组合发现,KZU 年表与当年 5—6 月的降水呈现显著正相关($r=0.482,p<0.01$)。山脉南坡树木径向生长与降水相关性较差,没有信度 0.01 显著性检验。总体来说,位于北坡高海拔 KZU 样点圆柏径向生长主要受当年 5—6 月的降水影响。南坡海拔 2000 m 处 KZS 样点圆柏径向生长对上年 5—10 月、当年 3 月和当年 7—10 月的气温敏感性较强。南坡低海拔区域圆柏径向生长仅与当年 10 月平均气温显著相关。

不同坡向和海拔的树轮宽度年表与气候因子相关系数差异的 u 检验结果显示(表 4.3),KZU、KZS 和 KZX 年表与降水的相关系数没有显著差异,与相同气温的 u 检验结果差异明显。主要表现在:KZS 和 KZU 年表与上年 8—9 月和当年 3—9 月气温的相关系数有显著差异($p<0.05$);KZS 和 KZX 年表与上年 5 月和当年 4 月气温的相关系数有显著差异($p<0.05$)。

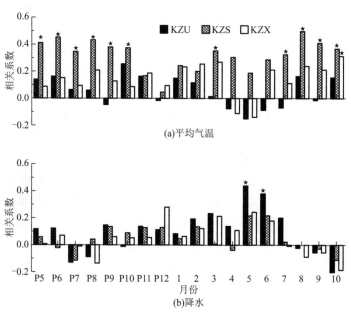

图 4.12　苦盏地区树轮宽度年表与气候要素的相关性

横坐标中 P 为上年;★表示显著相关,$p<0.01$

表 4.3　树轮宽度年表与气候因子相关系数差异的 u 检验结果

	气温		降水	
	KZS-KZU	KZS-KZX	KZS-KZU	KZS-KZX
P5	1.754	0.299*	0.299	0.299
P6	1.850	−0.565	−0.565	−0.565
P7	1.748	−0.617	−0.617	−0.617
P8	2.340*	1.031	1.031	1.031
P9	2.580*	0.422	0.422	0.422
P10	0.748	0.226	0.226	0.226
P11	0.021	0.434	0.434	0.434
P12	0.352	−0.940	−0.940	−0.940
1	0.560	−0.070	−0.070	−0.070
2	0.516	0.071	0.071	0.071
3	2.096*	−1.230	−1.230	−1.230
4	2.281*	−0.881*	−0.881	−0.881
5	2.016*	−0.170	−0.170	−0.170
6	2.239*	0.215	0.215	0.215
7	2.389*	0.156	0.156	0.156
8	2.222*	0.540	0.540	0.540
9	2.653*	0.130	0.130	0.130
10	1.352	0.481	0.481	0.481

注：* 表示不同年表对相同气候因子的相关系数有显著差异（$p<0.05$）。

　　不同坡向和海拔的树轮宽度年表与气候因子做相关分析,结果表明南坡和北坡的圆柏径向生长对水热因子响应有所不同。南坡高海拔区域圆柏径向生长对气温较敏感,KZS 年表与上年 5—10 月气温显著正相关($p<0.01$),说明树木生长不仅受到当年气温的影响,而且受上年温度的影响。这可能有以下原因:当气温大于 4 ℃时,圆柏酶活性增强,加速有机物质转化(杨宗娟,2013)。上年 5—10 月气温在 10 ℃以上,该气温满足了南坡圆柏生长的热量条件。研究表明,中亚干旱区环流变化不稳定(杨莲梅 等,2018)。由于西南气流作用,每年春季里海和地中海的水汽不断向中亚干旱区输送(常石巧,2019),每年 5 月成为降水较多的时段(平均降水量约 57.15 mm)。夏季(6—8 月)热带地区东部范围内,即孟加拉湾和青藏高原南部区域,主要由反气旋控制。与此同时,一股强烈的南风主导南亚次大陆,并将热带水分输送到伊朗高原和青藏高原之间的低地地区(Zhao et al. ,2016)。Zhao 等(2014a)指出,在青藏高原和伊朗高原之间,大部分谷地低于 1500 m,虽然大地形阻挡了 70°E 以东的潮湿空气,但南部的异常可以将潮湿空气输送至中亚地区。另外,山脉南坡是迎风坡,水汽沿坡爬升过程中气温逐渐降低,在海拔 2000 m 处部分水汽凝结形成较多降水(宁理科,2013)。树龄较大的圆柏,对于降水的需求量相对较小(Ryan et al. ,1997)。同时,丰富的水汽来源形成的降水为圆柏生长提供充足水分,山脉南坡 2000 m 区域降水已满足圆柏生长,相对较高的气温会促进圆柏形成

宽轮。上年 5—10 月是全年气温较高且气温逐渐增加的时段,光合作用产物增加,并积累更多的营养物质,进而加速树轮的生长(李宗善 等,2010)。树轮的宽窄主要受到形成层细胞活性的影响,树木生长初期,形成层非结构性碳水化合物(NSC)越多,细胞活性越强(Galina et al.,1993;Sonia et al.,2013)。有研究表明,树木体内存在 NSC,植物会在生产过剩时,将剩余的NSC 进行储存,以备在碳缺少时再利用满足植物的生长(Kozlowski,1992)。NSC 的多少,在一定程度上反映植物生长状况。上年 5—10 月气候条件较好,会积累更多的 NSC,对当年树木的生长形成"滞后"影响。同理,当年 7—10 月较高的气温也将利于高海拔南坡圆柏的径向生长,会促进圆柏中后期年轮的形成(霍嘉新,2019)。

KZS 年表与当年 3 月气温显著正相关($p<0.01$),说明 3 月气温可促进圆柏径向生长。当年 3 月降水量丰富且气温在 4 ℃以上,这会加速积雪融化。降水和冰雪融水为圆柏生长提供的水源满足了圆柏生长的水分需求,而气温则成为该时段圆柏生长的主要限制因子。另外,当春季 3 月气温升高,还会促进形成层活动提前,从而相应地延长圆柏的生长期。

与南坡不同,北坡高海拔区域圆柏生长对降水较为敏感,这可能有两方面的原因:一方面,KZU 年表较短的长度,说明在北坡海拔 2000 m 左右采集的圆柏树龄相对较小。有研究发现,树龄较小的圆柏,吸收水分较容易(Ryan et al.,1997)。叶片蒸腾作用产生的拉力以及根系的压力(根系压力作用相对较小)是树木利用水分的主要方式(Manzoni et al.,2013)。山脉北坡的圆柏树龄相对较小,会提高树木的水分运输效率,减小树木自身的水分消耗,同时也减少了与外界的水分交换量(Meinzer,2003;梅婷婷 等,2010)。所以相较于南坡高海拔的高龄圆柏,较多的水分对 KZU 样点圆柏生长有利。另一方面,0 ℃是圆柏幼苗生长的临界温度,且气温大于 4 ℃时圆柏酶活性增强(杨宗娟,2013)。2—6 月 气温高于 0 ℃,尤其是 5—6 月气温在16 ℃以上,该温度满足了北坡圆柏生长的热量条件。结果显示,KZU 年表与 5—6 月降水呈正相关($p<0.01$),即圆柏生长季 5 月和 6 月降水增加,会使水热组合达到了圆柏生长的适宜点,圆柏将在该时段内迅速生长。

苦盏区域圆柏径向生长的主要生长季是 6—10 月。低海拔 KZX 样点圆柏径向生长与7—9 月气温和降水未发现明显相关,仅与当年 10 月气温显著正相关,说明 7—9 月气温、降水和土壤湿度适宜该区域圆柏生长。10 月是圆柏径向生长末期,气温大于 10 ℃,是圆柏晚材形成的关键时期。另外从 10 月开始进入一年中的多雨时段,降水量超过 34.1 mm。因此,KZX年表与 10 月气温显著正响应。

u 检验结果说明不同区域树轮宽度年表和气温的相关系数差异显著。KZS 和 KZU 年表与上年 8—9 月和当年 3—9 月气温的相关系数有显著差异(表 4.3,$p<0.05$)。通过上文的分析可知,高海拔区域不同坡向圆柏径向生长对水热因子的响应不同,这可能是造成不同年表与气温相关系数存在差异的主要原因。KZS 和 KZX 年表与上年 5 月和当年 4 月气温的相关系数有显著差异($p<0.05$)(表 4.12)。从前文的分析可知(表 4.3),KZX 年表一阶自相关系数相对较低,说明圆柏生长受上年气候影响的可能性较小,因此,KZS 和 KZX 年表对上年 5 月气温相关系数产生差异。从采样点位置看,KZS 和 KZX 年表都位于山脉的迎风坡(南坡),且当年 4 月是采样区域的多雨时段 KZX 样点海拔相对较低,气温略高,降水相对高海拔偏少(宁理科,2013)。较多的降水和偏高的气温相互抵消,致使 KZX 年表对 4 月水热因子不敏感,所以 KZX 和 KZS 年表对 4 月气温相关系数有显著差异。

4.1.3.2　树木径向生长对气候变化响应

　　滑动相关结果显示,1950—2018 年时段内圆柏径向生长与气候要素的相关系数有所变化。随着气候变暖,树轮年表对水热因子响应的敏感性总体呈现逐渐增强的趋势。在部分时段,还出现相关系数正负转换的情况。图 4.13a 显示,山脉北坡高海拔区域 KZU 年表与上年12 月气温的滑动相关结果出现由正相关转换为负相关的变化,且 1975—2009 年时段内呈显著负相关($p<0.01$)。从 1989 年开始 KZU 年表与当年 5 月气温呈显著负相关($p<0.01$)。树轮宽度年表与降水的滑动相关结果表明(图 4.13b),从 1965—1994 年时段开始,KZU 年表与当年 5 月降水呈显著正相关($p<0.01$),其中 1966—1997 年的 3 个时段内,KZU 年表与该月降水的相关系数通过了信度 0.05 的显著性检验。从 20 世纪 70 年代中期开始,北坡 KZU 年表与当年 6 月降水相关性由之前的不显著转换为显著正相关,且相关系数通过了信度 0.01的显著性检验(除 1976—2005 年和 1978—2008 年外)。此外,从 1988 年开始,该采样点圆柏径向生长与 10 月降水呈显著负相关($p<0.01$)。

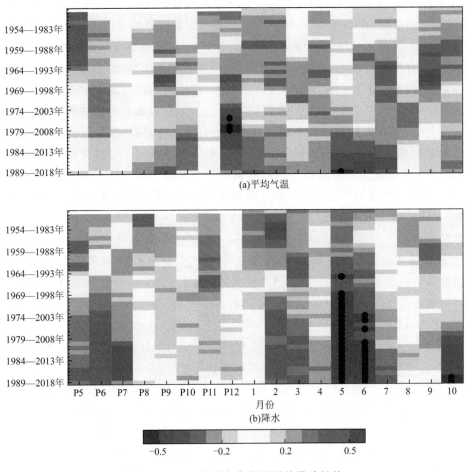

图 4.13　KZU 年表与气候因子的滑动相关

(●表示极显著相关 $p<0.01$)

　　本研究发现,上年 5—10 月、当年 3 月和当年 7—10 月气温与 KZS 年表呈显著正相关($p<0.01$)。但是,通过滑动相关分析发现,在 1950—2018 年内山脉南坡海拔 2000 m 处圆柏

径向生长与上年 5 月和上年 8 月气温相关结果存在不稳定性(图 4.14a)。1989—2018 年时段内,KZS 年表与上年 5 月的平均气温呈现显著正相关($p<0.01$);1958—1987 年时段内,KZS 年表与上年 8 月的平均气温呈现显著正相关($p<0.01$)。从图 4.14a 中发现,在研究区间(1950—2018 年)内,KZS 年表与上年 12 月气温的滑动相关结果出现由正相关转换为负相关的变化,其中在 1978—2009 年时段内,负相关系数通过了 99% 的显著性检验。降水滑动相关结果(图 4.14b)显示,KZS 年表与上年 9 月、当年 1 月和当年 10 月降水相关系数由正转负,但是相关系数不显著。

当年 10 月气温与 KZX 年表呈显著正相关(图 4.15)。但是通过滑动相关分析发现,1950—2018 年内,山脉南坡海拔 1600 m 处圆柏径向生长与气温的响应未发生明显改变(图 4.15a)。就降水而言,在研究区间(1950—2018 年)内,KZX 年表与当年 8 月和当年 10 月降水的滑动相关结果出现由正相关转换为负相关的变化。其中 1967—1998 年时段内,KZX 年表当年 8 月的降水呈现显著负相关($p<0.01$);1988—2018 年时段内,KZX 年表与当年 10 月的降水呈现显著负相关($p<0.01$)。

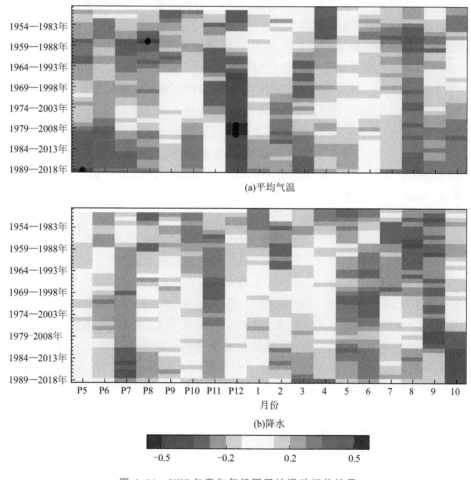

图 4.14　KZS 年表与气候因子的滑动相关结果

(●表示极显著相关,$p<0.01$)

对比相关性分析发现,KZS 年表与当年 3 月平均气温显著正相关(图 4.12),但滑动相关结果由正转负(图 4.14),这一现象出现可能是气候突变作用的结果。通过滑动相关分析还发现,不同坡向的圆柏在同一时期对气温和降水的响应是有差异的。从前文的分析中可知,KZU 样点位于山脉北坡(背风坡),降水相对南坡偏少(宁理科,2013)。当年 5 月是一年中气温相对较高的时段,且从 1988 年开始,5 月气温以 1.10 ℃/(10 a)速度增加,对喜荫的幼龄圆柏来说是一种不利的条件。从图 4.13 可以看出,在 1989 年以后,当年 5 月气温逐渐升高导致蒸发加剧,使得 KZU 样点圆柏径向生长对气温的负响应增强。由树轮宽度年表与降水的滑动相关结果可知,KZU 年表与当年 5—6 月降水正相关逐渐增强,说明圆柏径向生长可能受到干旱胁迫。研究表明,当年 5—6 月是该区域圆柏休眠期结束到快速生长期的时间。这一时期的较多降雨会增加土壤湿度,减少干旱胁迫,有利于圆柏形成层细胞分裂(Liu et al.,2004)。与此相反,土层相对较薄,冠层适度开放,土壤湿度偏低的情况下,较高的气温会增加蒸发失水,加剧干旱胁迫(Yu et al.,2007;Zhao et al.,2017)。1965 年以后,KZU 样点 5—6 月平均气温超过 15 ℃,且气温不断升高。通过分析 5 月和 6 月的土壤湿度发现:从 1979 年开始,5 月土壤水分贮存量以每 10 a 2.12 kg/m² 的速度减小;6 月土壤水分贮存量以每 10 a 0.47 kg/m² 的速度减小,表明 KZU 样点 5—6 月土壤干旱加剧。因此,KZU 年表与 5—6 月降水的正相关逐渐增强。

气温和降水共同调控的土壤对树木的生长起着至关重要的作用。KZS 年表与上年 5 月和上年 8 月气温的滑动相关结果是不稳定的(图 4.14)。前文分析表明,植物体内存在非结构性碳水化合物。当上年在生产过剩时,会将剩余有机物储存供来年植物生长所需(Kozlowski,1992)。5 月平均降水量约为 57 mm,水分相对充足。就热量方面来说,相较于低海拔区域,位于 2000 m 的苦盏山区热量不足,上年 5 月水热组合形成的土壤湿度可能相对较大。通过分析气温发现,自 1989 年起,上年 5 月气温明显增加,增速达 1.10 ℃/(10 a)。在降水量比较充足的情况下,水分不再是树木生长的限制因子,气温增加将促进圆柏生长(王婷 等,2003)。即 1989 年开始,上年 5 月气温增加有利于当年圆柏的径向生长。同理,1958—1987 年时段,上年 8 月气温促进圆柏径向生长。

图 4.13a 和图 4.14a 可见,1950—2018 年间 KZU 年表和 KZS 年表分别与上年 12 月气温滑动相关结果由正转负,并且在 1976—2009 年时段内达到显著负相关,说明上年 12 月气温状况影响当年高海拔处圆柏的径向生长。气象数据表明,1977 年以后,上年 12 月气温以每 10 a 0.15 ℃的速度降低,圆柏径向生长量增加。一般认为,上年冬季气温偏低,造成针叶树叶肉细胞内原生质脱水,加剧土壤冻结可能冻死植物根系,形成窄轮(袁玉江 等,1999)。但也有学者研究发现,冬季植物从休眠到生态休眠的过渡期是由低温来调节的(Chuine et al.,2010)。冬季春化低温是细胞形成的驱动因子之一,也是触发木材形成的第四大重要变量,在针叶树径向生长中的贡献率为 8.5%(Huang et al.,2020)。深秋和冬季的低温是打破芽休眠的必要条件,而芽休眠(生态休眠阶段)被打破后,在春季偏高的气温迫使下促进植被芽的生长(Chuine et al.,2010;Hänninen et al.,2019)。此外,低温可促进用于防冻的可溶性糖的积累(例如,淀粉转化的蔗糖)(Strimbeck et al.,2015)。Huang 等(2020)研究揭示出 −5~5 ℃的气温范围是北半球针叶树冷却计算的最佳阈值。除 1984 年外,1976—2009 年时段内上年 12 月平均气温最高值为 2.50 ℃,平均气温最低值为 −4.10 ℃,且呈逐渐降低趋势($y = -0.00454x + 70.71462, R^2 = 0.0005, F = 0.016, p = 0.899$),说明研究区内上年 12 月气温值在促进圆柏径向生长的最佳气温范围内(−5~5 ℃)。因此,我们认为上年 12

低温促进圆柏径向生长。

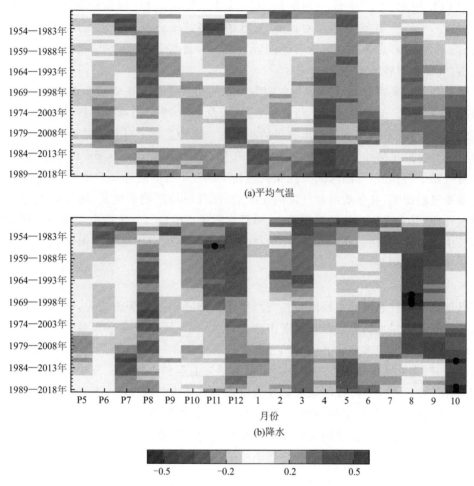

图 4.15　KZX 年表与气候因子的滑动相关结果

(● 表示极显著相关,$p < 0.01$)

　　滑动相关结果显示,低海拔 KZX 年表与当年 8 月和 10 月降水相关系数出现由正转负的现象。当年 8 月气温偏高,降水量相对较少,是圆柏径向生长的关键时期之一。尤其 1967—1998 年时段内,降水量小于 3.5 mm,且无明显增加。通过滑动相关计算两者在数值上呈现负相关关系。可能有以下原因造成:圆柏的径向生长主要受到生长季前期或整个生长季的气候要素的共同影响,仅 8 月降水不足以改变圆柏在年内的径向生长量增加的变化趋势。即 20 世纪 70 年代末至 90 年代末,KZX 年表与 8 月降水相关的负值仅是数值变化趋势上的负相关,实际意义不大。

　　KZU 和 KZX 年表与当年 10 月降水的负响应逐渐增强,1988—2017 年和 1989—2018 年两个时段达到显著相关,说明当年 10 月的降水量抑制了圆柏的径向生长。10 月平均气温10.54 ℃,降水量为 34.10 mm,且从 1988 年开始,该月降水量以 5.69 mm/(10 a)的速度增加,土壤水分贮存量以每 10 a 2.30 kg/m² 的速度增大。当年 10 月是圆柏的生长末期,且KZX 样点位于海拔 1600 m 处,气温相对于平原区略低。此时多雨的天气会降低太阳辐射和气温,减弱圆柏的光合作用。同时大量的降水以及过湿的土壤表层,会形成水膜,降水不能很好地下渗,阻碍空气进入土壤(霍嘉新,2019)。研究发现,土壤中水分过多,会导致植物呼吸作用产生的 CO_2 增加,不利于营养物质的积累以及木质化进程,抑制植物生长(桑卫国 等,2007)。另外,一年中 10 月气温相对偏低,土壤中过多的水分难以快速蒸发,致使土壤湿度过大,进而抑制 KZX 样点圆柏径向生长。同理,KZU 年表与 10 月降水呈负相关,主要是 10 月降水偏多,气温相对较低造成。

从滑动相关结果来看,3 个年表与气温和降水的相关性出现正负转换现象。对比发现,南坡高海拔 KZS 年表,仅在上年 5 月和上年 8 月,以及上年 12 月的部分时段与气温的相关性有增强的现象,而与降水则没有显示出显著的相关性。这种整体上对气温的正响应与图 4.14 显示的逐月气候响应结果相似。在 1950—2018 年间,KZU 年表与当年 5—6 月降水呈正相关,而与 5 月气温呈负相关,且随时间变化相关性均呈逐渐增强的趋势。总体来说,迎风坡生长的圆柏主要受气温影响,并呈现出对气温的正响应;而背风坡圆柏的生长,随气候变化呈现出水分胁迫的特征,并表现为对气温的负响应,对降水量的正响应。以上研究成果符合前人对中亚树木生长生理特性的研究。Chen 等(2018)在苦盏地区的研究中也揭示出圆柏径向生长与生长季降水呈显著正相关。

4.1.3.3 小结

苦盏地区高海拔北坡圆柏径向生长与当年生长季降水呈显著正相关,同海拔南坡圆柏径向生长与当年和上年生长季气温呈显著正相关;低海拔区圆柏径向生长对生长季末期气温正响应。山脉高海拔处南坡和北坡的圆柏径向生长对上年 8—9 月和当年 3—9 月气温的相关系数有显著差异;南坡高低海拔处圆柏径向生长主要与上年和当年生长季初期气温的相关系数有显著差异。位于山脉高海拔区域圆柏径向生长与上年休眠期气温的相关性是不稳定的。另外,高海拔南坡的圆柏径向生长与上年 5 月和 8 月气温在部分时段内呈正响应,而北坡圆柏径向生长与当年生长季气温的负响应和降水的正响应同时增强。低海拔南坡和高海拔北坡圆柏径向生长与当年生长季末期降水负响应逐渐增强。

4.1.4 气候变化对哈萨克斯坦西伯利亚云杉和落叶松径向生长的影响

选取哈萨克斯坦阿尔泰山南坡西伯利亚云杉和西伯利亚落叶松树轮样本,建立树轮年表。按照以下公式计算树木断面积生长量(BAI):

$$\mathrm{BAI}_t = \mathrm{BA}_t - \mathrm{BA}_{t-1} = \pi[(R_{t-1} + \mathrm{TRW}_t)^2 - (R_{t-1})^2] \tag{4.2}$$

式中,BAI 代表连续的断面积生长量;R 代表从髓心到 $t-1$ 年的树芯长度,TRW 代表第 t 年的原始树轮宽度。根据树轮的弓高和弦长对靠近髓芯部分缺失的树轮进行近似估计。云杉有 22 个样芯可取到髓心,落叶松有 37 个样芯可取到髓心,以上包括估计的髓心。使用 Gleichläufigkeit 指数(GLK)评估了落叶松年表和云杉年表之间的相似性(Schweingruber et al.,1993)。利用 u 检验分别计算了 2 个树种在气候突变点前后 2 个时期的树轮宽度年表和 BAI 年表与研究区上年 5 月到当年 9 月逐月降水量和平均气温相关系数的 u 值,检验了不同时段年表与相同气候因子相关系数的差异情况。

4.1.4.1 西伯利亚云杉和西伯利亚落叶松径向生长对气候因子的响应

使用 Pearson 相关分析法分别检验落叶松和云杉在 1960—2016 年树轮宽度指数和 BAI 指数与上年 5 月至当年 9 月逐月气候资料间的相关关系。2 个树种的树木生长与气温相关性较强,而与降水则未发现显著性相关(图 4.16)。从分析结果来看,2 个树种树轮宽度指数和 BAI 指数与上年 5 月至当年 9 月的月平均气温总体上呈现负相关关系。云杉树轮宽度指数和 BAI 指数与上年 8 月平均气温均存在显著负相关($r=-0.504,p<0.01$ 和 $r=-0.518,p<0.01$);落叶松树轮宽度指数与上年 5 月($r=-0.271,p<0.05$)、上年 8 月($r=-0.534,p<0.01$)和当年 4 月($r=-0.28,p<0.05$)的平均气温存在显著负相关;落叶松 BAI 指数除与上年 5 月($r=-0.301,p<0.05$)、上年 8 月($r=-0.566,p<0.01$)和当年 4 月($r=-0.357,p<0.01$)的平均气温存在显著负相关外,与当年 3 月($r=-0.263,p<0.05$)和当年 8 月($r=-0.323,p<0.05$)的平均气温也存在显著负相关。且在上年 8 月,落叶松树轮宽度指数和 BAI 指数与上年 8 月平均气温的负相关系数低于云杉。以上结果说明,落叶松可能包含了较多的气候信息,落叶松对气温的负响应强于云杉对气温的负响应,也说明树轮宽度指数和气候资料的相关分析结果与 BAI 指数相类似。

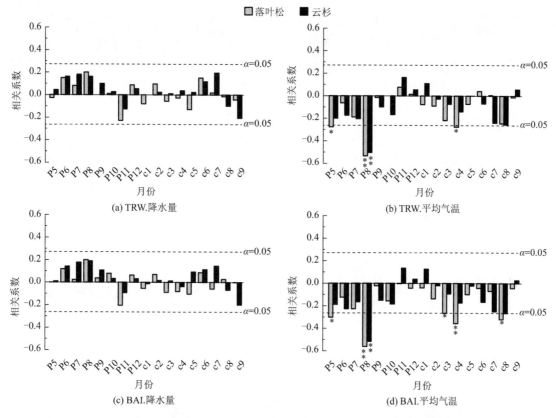

图 4.16　树轮年表与气象资料的相关

(TRW 代表树轮宽度指数,BAI 代表断面积生长量指数,虚线代表显著性水平达 0.05)

4.1.4.2　气温突变前后树木径向生长的响应变化

在气温突变点 1988 年前后分为 2 个时段 1960—1988 年和 1989—2016 年,分别开展云杉和落叶松树轮宽度指数和 BAI 指数的树轮学指标信息与气候因子的相关分析(图 4.17)。在 1960—1988 年,研究区当年 7 月降水量与云杉树轮宽度年表有一个达到显著性水平的正相关($r=0.368,p<0.05$),与 BAI 年表也有一个接近显著性水平的正相关($r=0.345$);但在 1989—2016 年,2 个年表与当年 7 月降水量的正相关均没有达到显著性水平,且在 1989—2016 年,2 个年表与上年 5 月、9 月、当年 1 月和 5 月降水量的相关性均由原来的负相关变为

正相关,与上年 12 月、当年 3 月、4 月和 6 月降水量的相关性均由原来的正相关变为负相关。另外,在 1960—1988 年,云杉树轮宽度年表和 BAI 年表与上年 8 月平均气温均存在显著负相关($r=-0.506,p<0.01$ 和 $r=-0.526,p<0.01$);在 1989—2016 年,2 个年表与上年 8 月的显著负相关依然存在($r=-0.401,p<0.05$ 和 $r=-0.426,p<0.05$),且又增加了一个与上年 10 月平均气温的显著负相关($r=-0.459,p<0.05$ 和 $r=-0.405,p<0.05$)。此外,2 个年表在 1989—2016 年与气温的相关关系总体来看是正相关性减弱,负相关性加强或由正相关关系转为负相关关系。以上结果说明,研究区气温发生突变后云杉对降水的响应变弱,对气温的响应有所增强。

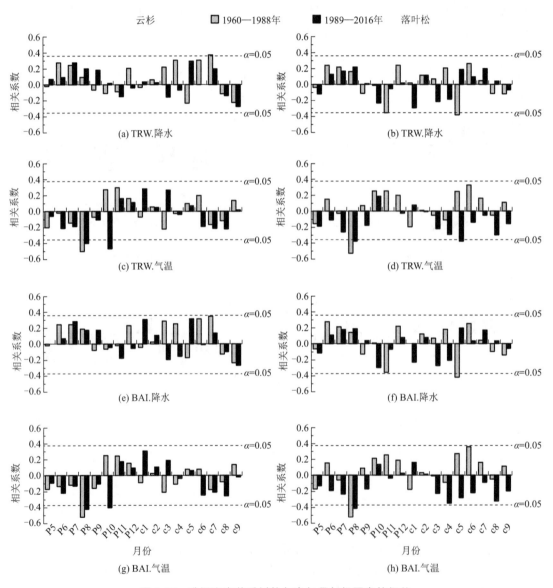

图 4.17　升温突变前后树轮年表与月气候要素的相关

在 1960—1988 年,落叶松树轮宽度年表和 BAI 年表与当年 5 月的降水量均存在显著负相关($r=-0.386,p<0.05$ 和 $r=-0.420,p<0.05$);但在 1989—2016 年,这一相关系数均

变为正值,且在 1989—2016 年,2 个年表与上年 9 月、当年 5 月和 8 月降水量的相关性均由原来的负相关变为正相关,与当年 1 月、3 月和 4 月降水量的相关性均由原来的正相关变为负相关。另外,在 1960—1988 年,2 个年表与上年 8 月平均气温均存在显著负相关($r=-0.524$,$p<0.01$ 和 $r=-0.523$,$p<0.01$),与当年 5—7 月的平均气温存在不显著的正相关;在 1989—2016 年,2 个年表与上年 8 月平均气温的显著负相关依然存在($r=-0.381$,$p<0.05$ 和 $r=-0.418$,$p<0.05$),但与当年 5—7 月平均气温的相关性由正相关变为负相关。且在后一时段内 2 个年表与平均气温的相关关系总体来看呈现出正相关减弱、负相关加强或由正相关关系转为负相关关系的现象。以上结果表明,在气温发生突变后,落叶松径向生长对降水的敏感性变弱,对气温的敏感性有所增强;也说明树轮宽度指数和气候资料的 Pearson 相关分析结果与 BAI 指数相类似。

分别计算落叶松和云杉 1960—1988 年和 1989—2016 年的树轮宽度年表和 BAI 年表与研究区上年 5 月到当年 9 月逐月降水量和平均气温相关系数的 u 值。结果表明,云杉 2 个时期的树轮宽度年表和 BAI 年表与上年 10 月平均气温的相关系数的 u 值分别为 2.68($p<0.05$)和 2.39($p<0.05$),与降水的 u 值均未达到信度 0.05 的显著性水平。落叶松 2 个时段的树轮宽度年表和 BAI 年表与 5 月降水和平均气温的相关系数的 u 值均达到 0.05 的显著性水平;其树轮宽度年表与 6 月平均气温的相关系数的 u 值为 1.72,接近 0.05 的显著性水平,其 BAI 年表与 6 月平均气温的相关系数的 u 值为 2.13($p<0.05$)。说明云杉 2 个时期的树轮宽度年表和 BAI 年表与上年 10 月平均气温的相关系数有显著差异,与降水的相关系数均无显著差异;落叶松 2 个时段的树轮宽度年表和 BAI 年表与 5 月降水和平均气温的相关系数均有显著差异,其 BAI 年表与 6 月平均气温的相关系数也有显著差异,树轮宽度年表虽与 6 月平均气温的相关系数无显著差异,但也接近达到显著差异水平。以上结果也说明,利用树轮宽度年表和 BAI 年表分别与气候资料做 u 检验时,其计算结果相类似。

哈萨克斯坦阿尔泰山南部西伯利亚落叶松和西伯利亚云杉标准化树轮宽度年表之间具有较好的相关性,其低频变化的一致性较高;2 个年表 GLK 值达到了 0.01 的显著性水平,说明 2 个树种的树木生长状况相似,树木生长的气候限制因子可能相似。落叶松的平均敏感度、标准方差、信噪比等年表特征值均略高于云杉,表明落叶松可能包含较多的气候信息。研究区落叶松和云杉在幼龄林阶段生长速度较快,在中龄林至成熟林阶段比在幼龄林阶段的生长速度有所减缓。这可能与树间竞争(李晓青 等,2017;雷泽勇 等,2018)以及近年来全球气候变暖有关,也可能是由于该时段树木处于稳定生长阶段,树木径向生长速率比之幼龄期有所减缓。在全球气候变暖背景下,云杉和落叶松径向生长主要受气温的限制,降水的影响相对较小,其中落叶松对气温的响应略强于云杉。但总体来看,2 个树种树木径向生长对气候的响应无显著差异。相关分析(图 4.16 和图 4.17)的结果显示,BAI 指数和气候资料的 Pearson 相关分析结果与树轮宽度指数和气候资料的 Pearson 相关分析结果相似,且利用树轮宽度年表和 BAI 年表分别与气候资料做 u 检验时,其计算结果也相似。原因可能是本研究对靠近髓芯部分缺失的树轮是根据树轮的弦长和弓高进行近似估计的,且 BAI 值也是依据原始树轮宽度指数计算的。因此,虽然 BAI 指数反映树轮全轮的生长,宽度指数仅反映树轮半径的生长,但其结果相类似。

落叶松和云杉的树轮宽度指数及 BAI 指数在升温突变前后与气候因子的相关分析(图 4.17)结果表明,升温突变后,落叶松和云杉树木径向生长对降水的响应变弱,对气温的响应有所增强,并且发生了树轮宽度指数和 BAI 指数与气候因子间相关性"正负转换"的情况。2 个树种树木径向生长对降水响应有所减弱,对气温响应有所增强,可能是由于近几十年内,研究区年降水量虽有缓慢增加,但其年平均气温增加趋势更加显著。而较高的气温使得研究区森林下线土壤及空气中的水分蒸发量加大,植物蒸腾作用增大,从而加强了气温对树木生长的限制作用,导致树木径向生长减缓。这与川西高原快速升温后,各月气温对西北坡紫果云杉径向生长出现显著抑制的研究结果(郭滨德 等,2016)一致。升温突变后,落叶松和云杉树轮宽度指数及 BAI 指数与气候因子间的相关性发生了"正负转换"的现象,这与树木径向生长对原有的主要气候限制因子的敏感性发生了明显减弱或增强,甚至对气候因子的相关性发生了"由正转负"或"由负转正"的情况时,被称之为"分异问题"的研究结果(Wilmking et al.,2008)相似。u 检验结果表明,云杉 2 个时期的树轮宽度年表和 BAI 年表与上年 10 月平均气温的相关系数有显著差异;落叶松 2 个时段的树轮宽度年表和 BAI 年表与 5 月降水和平均气温的相关系数均有显著差异。这也说明 2 个树种在升温突变后可能发生了"分异问题"。此外,云杉和落叶松树轮宽度指数分析结果表明,在升温突变前后 2 个树种树轮宽度指数变化趋势一致。但在升温突变后其变化趋势均由不显著增加趋势转为显著下降趋势(云杉显著下降趋势较弱,$p < 0.1$)。这说明落叶松对气候因子的敏感性强于云杉,也说明在升温突变后,气候的变化对树木的生长产生了不利影响,2 个树种可能出现了生长分异现象。原因可能是干旱半干旱地区升温突变后,耐寒耐干的西伯利亚落叶松(曹仪植 等,1998)生长季节呼吸作用加强,过度消耗体内积累的养分,从而对下一年树木生长产生不利影响;西伯利亚云杉是喜湿树种(姜盛夏 等,2015),对土壤湿度非常敏感,土壤干旱胁迫会降低树木叶水势,从而降低树木的光合作用,影响树木的生长(郭建平 等,2004),生长季气温过高也容易加快水分蒸发,植物蒸腾,并提高蒸气差,从而影响树木的生长。春季正处于树木生长季早期,树木对水分的需求较大,但同时期气温过高使得水分蒸发量增大,树木蒸腾作用加剧,树木生长所需水分散失严重,生长胁迫加剧,从而限制了树木的生理代谢活动,使得云杉和落叶松树轮宽度指数在升温突变后出现了显著下降趋势;又由于上年生长季及生长季末期高温胁迫加剧,使得土壤含水量较少,降水量不能满足其生长需求时,树木第二年生长的速率减缓,树木径向生长与上年生长季及生长季末期气温的关系表现为显著负相关。本研究中,发生升温突变后,落叶松和云杉树轮宽度指数均出现了显著下降趋势,2 个树种径向生长也都发生了对降水的敏感性减弱,对气温的敏感性有所增强的情况。这说明全球气候变暖不利于研究区落叶松和云杉树木生长,使得 2 个树种在升温突变后,可能出现了生长分异现象(即落叶松和云杉径向生长减缓),其径向生长对气候因子的响应也可能发生了分异。

4.1.4.3　小结

本节针对哈萨克斯坦阿尔泰山南坡西伯利亚云杉和西伯利亚落叶松开展树轮研究,建立树轮年表,计算年平均树轮宽度值和年平均断面积生长量(BAI),并分析在 1988 年发生升温突变前后这 2 个树种树轮宽度指数变化趋势,及其树木径向生长对气候因子的响应。结果表明:在升温突变前后,2 个树种树轮宽度指数变化趋势一致。但是,在升温突变后,其变化趋势均由不显著增加转为显著下降。即树木径向生长减缓;升温突变后,两个树种树木径向生长对降水的响应有所减弱,而对气温的响应有所增强,并且发生了树轮指数和气候因子间相关性"正负转换"的情况。

4.1.5　气候变化对西伯利亚云杉早晚材生长的影响

西伯利亚云杉是仅生长于阿尔泰山的一种常绿针叶树种，多分布于 1200～2400 m 的低海拔山区，其松脂含量相对较低，年轮界限清晰，对树轮年代学研究有重要的科研价值。实验样品来自于 2010—2014 年在阿尔泰山较低海拔山区钻取的 8 个采样点的树轮样芯，取样海拔范围为 1100～1700 m。采样点位置图见图 4.18，具体采样点信息见表 4.4，分别建立的全轮宽度（TRW）、早材宽度（EWW）和晚材宽度（LWW）见图 4.19。

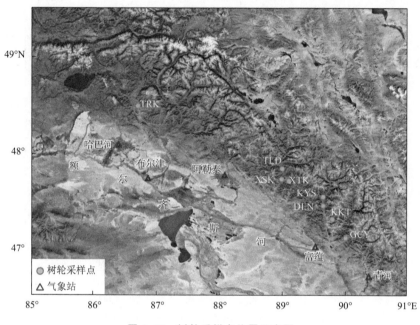

图 4.18　树轮采样点位置示意图

表 4.4　采样点概况

采样点/代号	经度（E）	纬度（N）	平均海拔/m	坡向	坡度	样本（树/芯）	图像样本（树/芯）
铁热克提（TRK）	86°42′	48°28′	1148	东北	26.0°	34/62	12/18
夏什克（XSK）	88°59′	47°42′	1216	东—北	39.7°	26/47	12/23
塔里德萨依（TLD）	89°00′	47°49′	1272	西—东	58.2°	31/58	8/11
协特克阔依汗（XTK）	89°06′	47°41′	1681	南—东南	39.3°	29/52	12/17
喀依尔特站南（KYS）	89°39′	47°31′	1625	东	30.4°	27/53	14/19
大桥东北（DEN）	89°39′	47°25′	1445	东	20.9°	34/62	17/25
可可托海北（KKT）	89°48′	47°17′	1663	南—西南—东南	31.5°	32/46	9/14
高潮萨依（GCY）	90°00′	47°05′	1552	西—南—东	43.0°	15/30	12/23

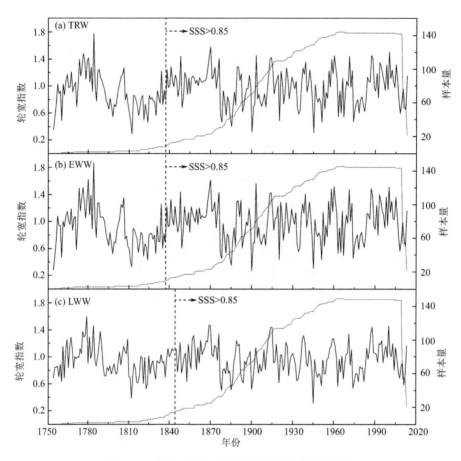

图 4.19　三个区域年表(实线)及其样本量(虚线)

(a)TRW 年表;(b)EWW 年表;(c)LWW 年表

4.1.5.1　气候因子对不同树轮参数的影响

利用相关函数,计算 TRW、EWW 和 LWW 年表与单月气象要素在公共区间(1962—2013年)内的相关系数。上文一阶自相关的结果显示,气候因子对树木生长的影响具有滞后效应,因此,选取阿尔泰山上年 7 月至当年 9 月的区域气象资料与年表做相关分析。分析结果(图4.20)显示,三者与降水量的相关关系以正相关为主,与气温的关系以负相关为主。三种年表均与上年 7 月、12 月以及当年 5 月、6 月的月降水量呈显著正相关。另外,与上年 8 月降水量的正相关达到 0.05 显著性水平的只有 TRW 年表和 EWW 年表;与当年 7 月降水量正相关显著的只有 LWW 年表。就气温而言,三种年表均与当年 6 月平均气温呈显著负相关,而 TRW年表和 EWW 年表与上年 9 月及当年 5 月平均气温的负相关亦超过了 0.05 的显著性水平。

为更好地了解树木径向生长与气候因子间的关系,选取上年 7 月至当年 9 月的单月气候因子进行顺序组合,并分析组合后的气候因子与三种年表的相关性,发现 TRW、EWW 年表与降水量相关最高的时段均为上年 7 月至当年 6 月,相关系数分别为 0.675 和 0.690,均超过了0.01 的显著性水平;LWW 年表与当年 4—7 月降水量相关系数最高,为 0.590($p<0.01$)。TRW、EWW 和 LWW 年表与月平均气温相关最高的时段分别为当年 5—7 月、当年 5—6 月、当年 6—7 月,相关系数分别为 -0.361、-0.355 和 -0.381,也均达到 0.01 的显著性水平。

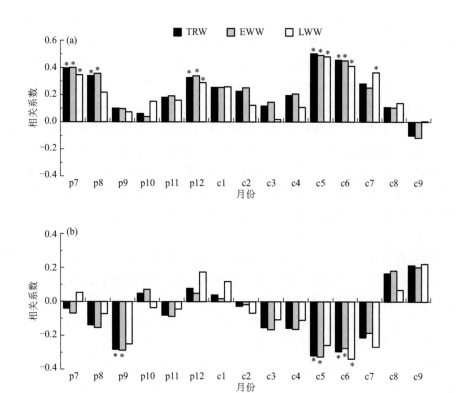

图 4.20　西伯利亚云杉年表(TRW、EWW、LWW)与逐月降水量(a)、月平均气温(b)相关分析(p:前一年;c:当年)

由图 4.20 可知,阿尔泰山西伯利亚云杉三种年表与气候因子的关系均符合典型的干旱半干旱地区的树轮—气候响应模式:在干旱半干旱地区,树木径向生长主要受水分限制,与降水量呈正相关,与气温呈负相关(Liang et al.,2006;蔡秋芳 等,2015;宋慧明 等,2017;尚华明 等,2017)。当年 5 月、6 月的降水量与树木径向生长呈显著正相关,与月平均气温呈显著负相关,且与降水的正相关程度超过了与气温的负相关,这表明生长季初期的降水和气温共同影响年轮生长,水分是限制树木径向生长的主要因子。5—6 月是西伯利亚云杉早材生长的关键时期,而树木年轮宽度中早材宽度占比较大,该时段会形成大约一半的年轮(李江风 等,2000)。早材快速生长时期形成层细胞分裂加快,树木生长水分需求较大,若此时降水充足,植物体内新陈代谢活动旺盛,有利于营养物质的产生和积累,对早材和晚材的生长均有促进作用。树轮径向生长与 5 月、6 月平均气温的关系同降水相反,呈负相关,表明当气温较高时,树木的蒸腾作用加快,土壤蒸发增强,土壤失水量增多,导致干旱胁迫,树木生理代谢活动受到限制,影响树木年轮的生长(徐金梅 等,2012)。三种年表与当年 5 月平均气温的负相关只有 LWW 年表未达到 0.05 的显著性水平,而 5 月份早材已经开始形成,需要消耗较多的营养物质,此时高温对早材生长的限制作用较晚材更明显。

上年 7 月、8 月降水量与 TRW、EWW 年表均呈显著正相关,LWW 年表与上年 7 月降水量呈显著的正相关,与上年 8 月降水量的正相关不显著。这说明上年生长季充足的降水除满足树木当前生长需求外,还有助于其积累较多的有机物质,促进树木在当年生长季中的径向生长。而当年 7 月降水量虽然与三种年表都呈正相关,但只与 LWW 年表的正相关达到了 0.05 的显著性水平。这可能是因为 7 月末形成层活跃度降低,晚材开始形成,晚材细胞分裂及细胞壁加厚仍需要较多的营养物质,若 7 月降水较多,则有利于光合作用的进行和光合产物的积累,对晚材生长有促进作用。上年 12 月降水主要为降雪,其与三种年表的正相关关系均超过了 0.05 的显著性水平,则可能是因为西伯利亚云杉为浅根系乔木,冬季降雪增多,覆盖在地表的积雪具有保温作用,能够防止植物根系受到低温冻害的影响。此外,冬季较多的积雪能够为树木来年开春的生长提供更为充沛的积雪融水,增加土壤湿度,从而缓解树木生长季初期可能的干旱。上年 7 月、8 月、12 月降水量与年表的正相关关系表现为:EWW 年表>TRW 年表>LWW 年表。这一结果还反映出了树木径向生长对气候响应的滞后效应,且这种滞后效应对早材形成的影响最大。上年 9 月平均气温与 TRW 年表、EWW 年表呈显著负相关。这可能是因为上年生长季末期气温较高,树木的呼吸速率增加,会消耗掉较多的营养物质,导致储存在树木体内的有机物变少,从而不利于来年树木的生长(Zhang et al.,2017b)。

4.1.5.2　年表与气候要素的动态关系

在研究树木径向生长与气候因子间的动态关系时,滑动相关分析法是一种常用的统计方法(张赟 等,2018;焦亮 等,2019)。滑动相关系数可以反映两组数据之间的关联度随时间的变化,如果两条序列间的相关系数由显著变为不显著,或者由不显著变为显著,我们认为两者之间的关系不稳定(王鹏飞 等,2015)。根据三种年表与气候因子的相关分析结果(图 4.20),选择相关显著的单月和最佳相关组合月份的气候因子,与西伯利亚云杉树轮年表进行滑动相关分析,滑动窗口为 31 a(图 4.21)。分析结果表明,三种年表与当年 5 月、6 月降水量的正相关关系稳定性较强,而与其余月份主要气候因子相关稳定性较弱。LWW 年表与 5 月降水量的滑动相关系数在全部时间区间内达到 0.05 的显著性水平,TRW 年表和 EWW 年表与 6 月降水量的滑动相关系数在全部时间区间内达到 0.05 的显著性水平。这表明,生长季初期的降水量对低海拔西伯利亚云杉径向生长的影响相对稳定。三种树轮年表与上年 7 月、12 月以及当年 7 月降水量的正相关关系呈明显的减弱趋势,在 2005—2007 年前后正相关由显著转变为不显著。上年 9 月、当年 5 月和 6 月平均气温与树轮年表的负相关呈先减弱后增强的趋势,都表现为在 1998—2000 年前后由显著负相关转变为不显著的负相关关系。上年 8 月降水量与 TRW、EWW 年表的正相关呈先增强后减弱的变化,在 2005 年之后与两种年表的正相关关系由不显著变为显著。组合月份气候因子中上年 7 月至当年 6 月降水量与 TRW、EWW 年表的相关性在全部时间区间内达到了 0.05 的显著性水平,LWW 年表与当年 4—7 月降水量的正相关性亦在全部时间区间内达到了 0.05 的显著性水平。但上述两种组合月份的降水量与年表间的正相关关系随时间在逐渐减弱。研究区近几十年来处于暖湿化进程中(Shi et al.,2007),年降水量和年平均气温均呈增加趋势,而滑动相关分析结果显示,虽然降水量依然是研究区低海拔西伯利亚云杉径向生长的主要限制因子,但其对树木生长的限制作用在逐渐减弱。

滑动相关分析表明,树轮年表与当年 5 月平均气温的相关性先减弱后增强,至 2005 年达到最低值。将气象资料取 31 a 滑动平均后,发现当年 5 月平均气温总体呈增加趋势,降水量也呈增多趋势(图 4.22a)。经计算,1993—2005 年 5 月平均气温增加了 3.6%,而降水量增加了 8.0%,增湿程度较增温程度更明显,这说明虽然气温升高,但树木径向生长受到的干旱胁迫作用因降水量的增加而减弱。在 2004—2007 年降水量增幅明显,而气温相对稳定,故该时段树轮年表与气温的负相关最低。自 2007 年之后,降水量呈减少趋势,导致干旱胁迫作用开始增强。当年 6 月平均气温对树木生长的影响逐渐减弱直至 2005 年后呈现较为平稳波动(图 4.22b),其减弱的原因与 5 月相同,2005 年后平稳,可能是因为与 6 月平均气温和降水在 2005

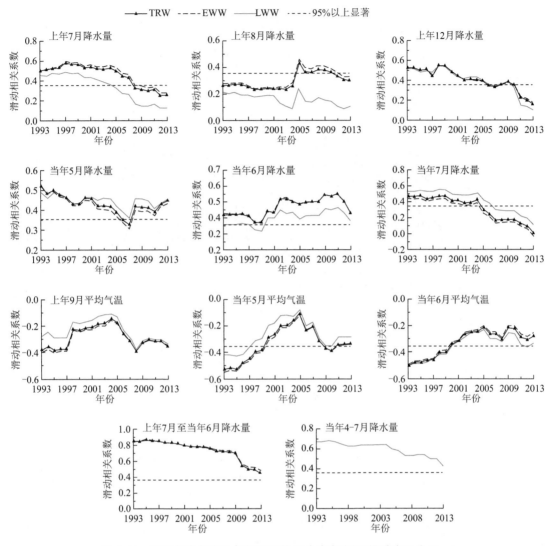

图 4.21　树轮年表与主要气候因子的滑动响应分析(滑动窗口为 31 a)

后均未发生明显变化,水热关系相对稳定。树轮年表与当年 7 月降水量的相关性自 2005 年开始逐渐减弱(图 4.22c),说明树木生长所需要的水分条件得到满足后,降水量增加,土壤水分充足,树木径向生长对降水的敏感性降低。

　　比较阿尔泰山已有的树轮研究成果,发现森林中下部林缘西伯利亚云杉径向生长对降水的响应均较为敏感,且与上年 7 月至当年 6 月降水量的相关系数普遍较高(Chen et al.,2015a;牛军强 等,2016;姜盛夏 等,2015)。此外,Chen 等(2015a)发现阿勒泰西部地区西伯利亚云杉径向生长与上年 7 月至当年 6 月降水量($r=0.638$)和 4—7 月降水量($r=0.635$)相关均很高。以上结果同本研究发现的三种树轮宽度年表与降水量的最佳相关时段具有一定的相似性。相对降水而言,利用树轮手段分析气温变化的研究成果要更多一些。很多学者都指出阿尔泰山树木径向生长与初夏气温变化呈显著正相关(崔宇 等,2015;胡义成 等,2012;Myglan et al.,2012)。阿尔泰山树木径向生长与生长季气温的正相关正是由于其树轮样品大多采自于海拔 2000～2500 m 的中山带,而本研究所用的样品来自于海拔 1000～1900 m 的低山

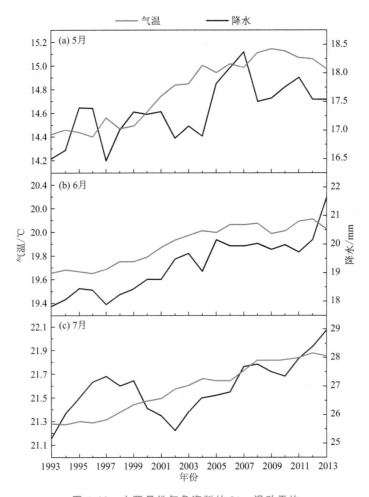

图 4.22 主要月份气象资料的 31 a 滑动平均

带。通常认为,在干旱半干旱地区,低海拔树木径向生长主要受降水量限制,随海拔升高,降水增多,气温降低,气温则成为限制森林上树线树木径向生长的重要气候因子(Zhang et al.,2012a;张慧 等,2012;Wang et al.,2005)。

4.1.5.3 小结

阿尔泰山西伯利亚云杉早材宽度与晚材宽度、全轮宽度相比,具有更高的气候敏感性,晚材宽度中包含的气候信息相对较少。研究区低海拔西伯利亚云杉径向生长主要受水分制约,三种年表与气候因子的相关关系表现出较高的一致性,同时也存在一定的差异性。三种年表均受到上年 7 月、12 月和当年 5 月降水量及 6 月干旱的显著影响,而上年 9 月和当年 5 月平均气温只与 TRW 年表和 EWW 年表的负相关显著,当年 7 月降水量则只与 LWW 年表的相关性达到了 0.05 的显著性水平。TRW 年表和 EWW 年表与上年 7 月至当年 6 月降水量的正相关最强,LWW 年表与当年 4—7 月降水量正相关最强,上年降水量对早材生长的影响更显著。西伯利亚云杉径向生长与当年 5 月、6 月降水量变化的正相关稳定性较强。全轮和早材宽度年表与上年 7 月至当年 6 月降水量、晚材宽度年表与 4—7 月降水量的正相关也具有较强的稳定性。暖湿化的气候背景下,因增湿速率较升温速率更快,导致干旱对研究区树木生长的限制作用呈减弱趋势。

4.2　不同树高雪岭云杉生长对气候的响应

4.2.1　不同树高处树木径向生长对气候的响应

因 1.3 m 树干高度具有相对稳定的径向生长模式以及能够提供较大的样本量,所以通常基于该树干高度采集树芯和圆盘宽度开展树木年代学研究(Schweingruber et al.,1990)。并且将其与气候因素的响应结果扩展为整个树干的生长模式(Marieke et al.,2012)。对欧洲山毛榉、海滩松、挪威云杉、银杉、平滑桦、白云杉等植被的研究发现,其树干上部对气候的敏感性不稳定(Bouriaud et al.,2005;Chhin et al.,2010)。但是考虑到采样对自然环境的破坏、劳动量较大和采样成本高等因素,目前以树干作为目标开展研究相对较少。因此,需要对其他树种进行更大规模的树干分析,以增加对整个树干的生长模式和树干不同部位年际生长的气候响应理解。因此,本节的研究目的是:(1)利用年轮宽度数据,评估不同树干高度的雪岭云杉断面积增量,并绘制树轮年表;(2)评估整个树干的生长模式,并将其与不同树干径向生长进行比较;(3)探索不同树干高度径向生长与气候的关系。

选取中国伊犁(42°12′—44°48′N,80°10′—85°02′E)作为本次研究的目标区域,采样点位于西天山山脉伊犁地区南部山区(43.05°N,82.55°E,2000 m)。林分适度开放,树冠密度低。2015 年 7 月,采集雪岭云杉不同树干高度圆盘(1.3 m、5 m、10 m、15 m、20 m、25 m、30 m、35 m、40 m、45 m、50 m),经剔除,从 16 棵树上采集了 81 个完整圆盘开展后续研究。因样本量原因,有 5 个树干高度圆盘可进行分析,并在每个圆盘侧面从不同方向采集两根从树皮至髓心的样芯。根据树木年代学流程,完成树轮年表的建立(Speer,2010)。

4.2.1.1　不同树干高度径向生长变异特征

交叉定年质量控制后,由于与主序列间的低相关,有 4 个树轮宽度序列(来自 1.3 m 至5 m 树干高度)被剔除。最终 1.3 m 树干高度处有 19 个树轮宽度序列(来自 10 个圆盘样本),5 m 树干高度处有 23 个序列(来自 12 个圆盘样本),10 m 树干高度处有 31 个序列(来自 18 个圆盘样本),15 m 树干高度处有 26 个序列(来自 13 个圆盘样本),20 m 树干高度处有 28 个序列(来自 14 个圆盘样本)开展进一步分析。

使用 1961—2014 年树轮宽度数据计算了单个圆盘的 BAI 和不同树干高度所有圆盘样本的平均 BAI(图 4.23)。Mann-Kendall 检验结果表明,不同树干高度的平均 BAI 有突变(从低到高为 1989 年(1.3 m)、1992 年(10 m)、1993 年(5 m)和 1994 年(15 m 和 20 m))。1.3 m 树干高度的平均 BAI 为 14.148 cm²/a;5 m 树干高度的平均 BAI 为 13.772 cm²/a.;10 m 树干高度的 BAI 为 10.701 cm²/a.;15 m 树干高度的平均 BAI 年为 9.537 cm²/a.;20 m 树干高度的平均 BAI 年为 9.257 cm²/a。为了进行比较分析,根据 1994 年、2001 年和 1989 年发生的气温突变点,将平均 BAI 分为两个时期(1976—1994 年和 1996—2014 年)。图 4.23 中展示了1976—1994 年和 1996—2014 年 1.3 m、5 m、10 m、15 m 和 20 m 树干高度平均 BAI 的线性趋势方程。

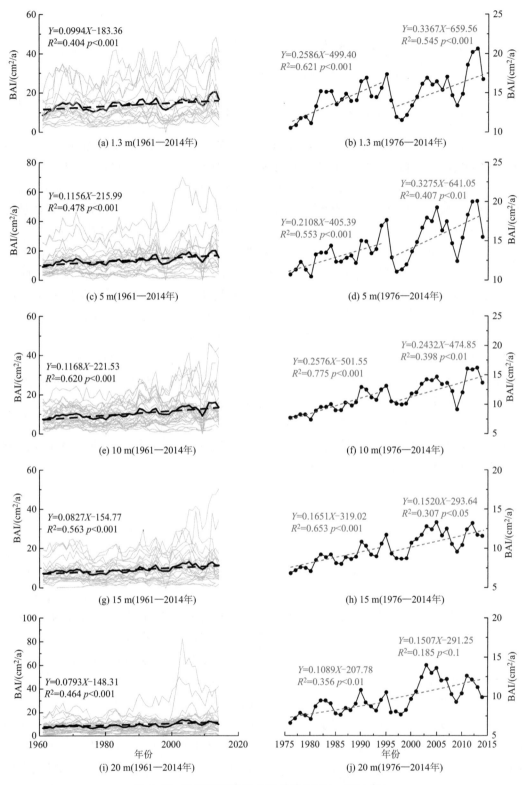

图 4.23　不同树干高度 BAI 曲线（1961—2014 年）

左：灰线代表不同树干高度所有树轮样本的单个 BAI；黑线代表不同树干高度平均白度；虚线代表不同树干高度平均 BAI 曲线趋势；右：蓝色虚线代表 1976—1994 年平均 BAI 趋势；红色虚线代表 1996—2014 年平均 BAI 的趋势

由于 ARSTAN 研制的标准树木年轮年表包含了各个树轮宽度系列之间的共同变化,并保留了低至高频率的共同变化,因此,在以下比较分析中也使用了不同树干高度的标准年轮宽度年表。表 4.5 列出了 1900—1999 年五种不同树干高度树轮宽度年表的一般统计数据。对于 1.3 m、5 m、10 m、15 m 和 20 m 树干高度,这些年表的可靠长度分别为 158 a(1857—2014年)、204 a(1811—2014 年)、211 a(1804—2014 年)、188 a(1827—2014 年)和 175 a(1840—2014 年)。利用 13 a 滑动相关,对三组数据进行 Pearson 相关分析(原始、高通滤波和低通滤波数据)。如表 4.5 所示,这些年表之间的相关性随着树干高度的增加而逐渐降低,尽管相关系数在 1857—2014 年共同时期的原始、高频和低频域中都超过了 99.9% 的置信水平。因此,由于树干高度相差较大,1.3 m 和 20 m 树干高度树轮年表之间表现出相对较低的相关性。通过评估它们的 GLK 值(表 4.5)比较了来自不同树干高度的五个树木年轮年表的相似性。虽然 5 m 和 20 m 树干高度年表之间 GLK 值最低(77.4%),但所有 GLK 值都超过了 0.001 显著性水平。这些相关较高的 GLK 值表明,不同树干高度的径向生长年度变化相似。

表 4.5　不同树干高度树木年轮年表统计特征(1900—1999 年)

统计量	1.3 m	5 m	10 m	15 m	20 m
标准差	0.405	0.455	0.274	0.249	0.168
平均敏感度	0.216	0.271	0.148	0.162	0.117
一阶自相关	0.830	0.816	0.798	0.700	0.643
树间相关	0.214	0.254	0.222	0.245	0.216
样芯间相关	0.236	0.271	0.265	0.269	0.237
平均树内相关	0.678	0.611	0.813	0.650	0.589
信噪比	4.642	7.420	7.939	6.630	5.605
样本解释总量	0.823	0.881	0.888	0.869	0.849
第一主成分	0.311	0.325	0.338	0.325	0.303
SSS>0.85 起始年	1857 年	1811 年	1804 年	1827 年	1840 年

4.2.1.2　不同树干高度径向生长与气候的关系

树轮年表一阶自相关(从 0.643 至 0.830)的高值表明了强烈的生物滞后效应(表 4.5)。因此,采用 1961—2014 年上年 7 月至当年 10 月(16 个月内)的气候数据来评估气候因素对雪岭云杉不同树干高度树木径向生长的影响(图 4.24)。

5 m、10 m 和 15 m 树干高度树轮年表与降水具有较好的相关,具体表现为,10 m 树干高度与上年 7 月的高相关($r=0.374$),15 m 树干高度与上年 12 月的相关($r=0.313$),10 m 树干高度与当年 1 月的相关($r=0.329$)和 10 m 树干高度与当年 7 月的相关($r=0.316$)。5 个不同树干高度年表在 0.05 显著水平下与当年 9 月降水的显著负相关,其中以 1.3 m 树干高度最为明显($r=-0.463$)。雪岭云杉不同树干高度树木径向生长对三种气温的响应总体上是正相关。同时,平均最低气温与不同树干高度树轮宽度年表相关最强。具体表现为 10 m 树干高度与上年 7—12 月的相关($r=0.566$、0.483、0.335、0.287、0.477、0.332)以及 10 m 树干高度与当年 5—10 月的相关($r=0.331$、0.592、0.534、0.473、0.376、0.323)。

u 检验结果表明,不同树干高度树轮年表与降水量和平均最高气温的相关系数没有显著差异;但在 0.05 显著性水平,树轮年表与上年 9 月平均气温相关系数存在一定差异(1.3～

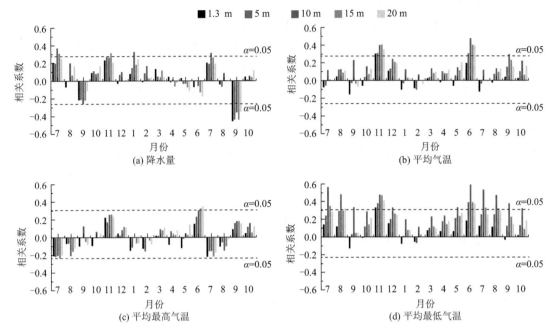

图 4.24　不同树干高度树轮宽度年表与气候数据的 Pearson 相关

10 m：$u = -1.98$）；与上年 7 月（1.3～10 m：$u = -2.53$；5～10 m：$u = -2.00$）、8 月（1.3～10 m：$u = -2.05$）、9 月（1.3～10 m：$u = -2.43$）平均最小气温存在差异；与当年 6 月（1.3～10 m：$u = -2.52$）、7 月（1.3～10 m：$u = -2.40$）、8 月（1.3～10 m：$u = -2.06$）、9 月（1.3～10 m：$u = -2.20$）存在差异。

在树木年代学研究中，树木生长的多种测量方法，例如树轮宽度（Gartner et al.，2002）、树轮密度（Spicer et al.，2001）、BAI（Yu et al.，2014）和树干体积增量（Chhin et al.，2010），通常用于表征整个树干的生长模式。图 4.24 显示，随着树干高度的增加，不同树干高度的平均 BAI 逐渐降低（1.3 m＞5 m＞10 m＞15 m＞20 m）。这些平均 BAI 系列自 1961 年以来均呈现显著增加趋势。10 m 树干高度的平均 BAI 增加最快，且增加趋势在 5 个树干高度中最显著（$R^2 = 0.620$，$p < 0.001$），在 20 m 树干高度处增加速度相对较低（$R^2 = 0.464$，$p < 0.001$）。尽管不同树干高度的平均 BAI 增加趋势在突变点（1995 年）前后同时发生，但在 1996—2014 年，在气温从低到高突然转变后，明显低于 1976—1994 年。虽然不同树干高度树木径向生长略有差异，但经过线性趋势、相关系数和 GLK 值的分析，不同树干高度的生长模式基本相同。

对天山不同地区雪岭云杉树木年轮气候学研究以及对北方云杉、松树和圆柏的研究已经证实，热胁迫和水分胁迫是树木年轮形成过程中的主要气候影响因子（Yuan et al.，2013；Jiao et al.，2017；Wilson et al.，2007；Sidorova et al.，2013；Seim et al.，2016a；Opała et al.，2017）。研究区丰富的降水缓解了其他干旱和半干旱地区普遍存在的水分胁迫。然而，随着海拔升高，气温的降低可能在一定程度上加剧了云杉的热胁迫。上述假设与树轮年表和气候要素相关性分析的结果完全吻合。这些结果表明，整个树干径向生长与气温之间的关系总体上是正相关的，并且强于与降水的相关性（图 4.24）。此外，显著高相关表明，平均最低气温是研究区雪岭云杉径向生长的主要限制因素。可以确定平均最低气温影响树木生长的三个时期：上年 7—9 月，上年 11—12 月和当年 5—10 月（图 4.24d）。

夜间低温(最低气温)可能导致土壤温度降低并持续到白天,尤其是在林下环境中(Lv et al.,2013)。低土壤温度会抑制叶片传导,导致细胞间活性降低和光合作用减弱(Day et al.,1989),因此也会限制根系生长及其在吸水方面的功能(Körner et al.,2004)。相比之下,较高的最低气温(上年 7 月至 9 月)可以帮助树木通过光合作用积累碳水化合物,以供来年树木生长(Gou et al.,2008)。虽然冬季气温如何决定树木生长的机制尚不清楚,但气温在非生长季节的影响与生长季节的影响同等重要(Hollesen et al.,2015)。雪岭云杉根系分布较浅(土层厚度:40~60 cm),形态可塑性强,横根较多。一方面,上年 11 月至 12 月期间平均最低气温的升高可以保护根和形成层细胞免受冷害(Pederson et al.,2004)。另一方面,冬季相对较高的气温可能会将冻土限制在较浅的深度,并使下一年生长季提前。5—10 月是研究区雪岭云杉整个生长季节。最低气温是通过改变林线生长季节的时间和持续时间来影响针叶树管胞分裂和扩大的关键因素(Rossi et al.,2008)。在北部上林线,高海拔区域最低气温偏高,白天光合作用增强,形成层活动增强,导致当年树木年轮较宽,而 6—7 月最低气温偏低,可导致年轮形成霜环和假年轮(Gurskaya et al.,2006)。

尽管通过相关分析和 GLK 验证了不同树干高度年际生长的高度一致性,但观测到的对气候变化的响应存在明显差异(图 4.24)。上年 11 月的高温对胸高处树木径向生长产生了积极影响,而当年 9 月则受到了潮湿条件的负面影响。相反,树干上部树木径向生长对气候响应逐渐增强,并在 10 m 树干高度处达到峰值。u 检验结果研究发现,对气候反应最明显的差异发生在 1.3 m 至 10 m 树干高度的上年 7 月($u=-2.53$)、8 月($u=-2.05$)和 9 月($u=-2.43$)以及当年的 6 月($u=-2.52$)、7 月($u=-2.40$)、8 月($u=-2.06$)和 9 月($u=-2.20$)。基于加拿大 Alberta 地区 389 棵扭叶松(*Pinus contorta*)的研究表明,在生长季之前的一段时间里,树干胸径高度的径向生长主要由水分-热量组合驱动,而在上部位置,树木径向生长受生长季气候条件的影响(Chhin et al.,2010)。欧洲银冷杉(*Abies alba*)和挪威云杉(*Picea abies*)不同树干高度的气候-生长关系表明,树干胸高处树木径向生长与气候要素之间的相关性低于较高树干部位(Marieke et al.,2012)。本研究中雪岭云杉生长-气候关系与红松(*Pinus koraiensis*)研究中获得的结果相似(Zhang et al.,2015c)。尽管尚未确定树木生长-气候响应的生理意义,但红松在 10 m 树干高度径向生长对气候因素的敏感性优于其他树干高度。同时,胸高处(地上 1.3 m)测量的树轮宽度年表没有检测到任何气温信号。

4.2.1.3　小结

从伊犁地区南部山区采集了 67 个雪岭云杉不同树干高度圆盘,对比及相关分析结果表明,不同树干高度平均 BAI 系列的增加趋势相似,且树轮宽度年表之间具有一致性,不同树干高度树木径向生长模式基本相同。树轮宽度年表与气候数据的相关性表明,平均最低气温是研究区雪岭云杉径向生长的主要限制因素。上年 7—9 月、上年 11—12 月和当年 5—10 月的平均最低气温影响了树干上部径向增长,胸高处树轮宽度与气候数据之间的关系较弱。上述结果支持了传统胸高处采样可能会在一定程度上降低树木年轮宽度年表检测气候信号强度的假设。

4.2.2　不同树高处树轮密度变化对气候的响应

为了深入理解不同树干高度处树轮密度变化及对气候的响应,研究团队共在天山山区采集雪岭云杉风倒木 105 棵,收集圆盘 172 个,高度分别为 1.3 m、5 m、10 m、15 m、20 m、25 m、

30 m、35 m、40 m、45 m、50 m。同时,在风倒木周边取 20 棵同一树种健康立木的树芯样本协助风倒木样本的交叉定年。将树木圆盘样品从不同方向上截取 2 个宽度和厚度均为 2 cm 的木条(确保树芯木条贯穿树皮至髓心),之后脱糖脱脂、切段、固定,并且根据样本木质部细胞横切面的角度切成 1 mm 左右的薄片;再将通过 X 射线所获取的树轮薄片影像反映在胶片上,将树轮密度转换为光学强度;利用 Dendro-2003 树轮密度分析系统获得最大密度(maximum density;MXD)、最小密度(minimun density;MID)、早材平均密度(mean earlywood density;EWD)、晚材平均密度(mean latewood density;LWD)四种树轮密度参数;随后利用 SELTOTUC 程序进行数据分类提取,结合轮宽测量结果,通过 COFECHA 程序交叉定年质量检验,对密度数据进行定年校正,最终利用 ARSTAN 程序完成树轮密度年表的建立(刘禹 等,1997;袁玉江 等,2008a;Cook,1985)。本研究对树轮进行生长趋势拟合的方法为区域生长函数,并利用双权重平均法将消除生长趋势后的序列合并成树轮密度年表(邵雪梅等,1994)。

4.2.2.1 不同树干高度处树轮密度参数年表的建立与统计特征

表 4.6 为各树轮密度参数标准化年表信息。第一特征向量百分比强调的是年表中各样本序列的同步性强弱,第一特征向量百分比越大,则样本序列的同步性越强,年表所包含的气候信息多。15 m 树高的最小密度年表、早材平均密度年表第一特征向量百分比较大(分别为46.2% 和 46.4%),说明该两种密度参数同步性变化较好。树间相关系数指的是同一采样点不同样本序列的平均相关系数,5 个树干高度各密度参数年表的树间平均相关系数最大为0.200,说明样本间的密度变化一致性较弱。信噪比为气候信号与非气候信号因素形成的噪音的比值(勾晓华 等,1999),即信噪比大年表中含有的气候信息多。信噪比最大的为 5 m 树高处的晚材平均密度年表(2.614),整体的信噪比都比较低,从而可能会影响到对气候信息的获取。标准差反映了树木年轮年表信息含量,标准差越大,相应的年表信息含量越多。不同树干高度各密度参数的平均标准差为 0.093,说明该年表的树轮密度生长对气候变化的响应幅度可能偏小。平均敏感度表征的是对外界变化的敏感性强弱,各树干高度的 4 个密度参数中,都表现为最小密度的平均敏感度最大,说明最小密度年表在 4 个密度参数年表中对外界的敏感性最好。

表 4.6 不同树高密度年表统计特征

树干高度/m	密度参数	第一特征向量百分比/%	树间平均相关系数	信噪比	样本对总体的代表性/%	标准差	平均敏感度	一阶自相关系数	公共区间
	MXD	33.1	0.148	1.224	55.0	0.08	0.041	0.757	
	MID	35.0	0.093	0.602	37.6	0.158	0.097	0.553	
1.3	EWD	36.0	0.165	1.171	53.9	0.113	0.058	0.705	1900—2013 年
	LWD	37.0	0.2	1.603	61.6	0.081	0.04	0.736	
	MXD	20.6	0.116	2.511	71.5	0.094	0.047	0.747	
	MID	34.9	0.084	1.82	64.5	0.156	0.072	0.717	
5	EWD	36.1	0.089	1.927	65.8	0.116	0.053	0.644	1894—2013 年
	LWD	19.8	0.12	2.614	72.3	0.087	0.047	0.698	

树干高度/m	密度参数	第一特征向量百分比/%	树间平均相关系数	信噪比	样本对总体的代表性/%	标准差	平均敏感度	一阶自相关系数	公共区间
10	MXD	22.8	0.042	1.307	56.7	0.043	0.036	0.422	1907—2011 年
	MID	30.1	0.087	1.775	64	0.109	0.047	0.631	
	EWD	27.3	0.061	1.345	57.4	0.068	0.032	0.599	
	LWD	21.2	0.045	1.334	57.1	0.046	0.037	0.467	
15	MXD	24.2	0.058	1.158	53.7	0.054	0.04	0.512	1929—2012 年
	MID	46.2	0.026	0.543	35.2	0.135	0.052	0.707	
	EWD	46.4	0.039	0.789	44.1	0.097	0.041	0.709	
	LWD	24.2	0.05	1.02	50.5	0.057	0.043	0.477	
20	MXD	28.0	0.149	2.279	69.5	0.057	0.033	0.715	1910—2014 年
	MID	38.4	0.049	0.538	35	0.141	0.068	0.571	
	EWD	37.4	0.129	1.754	63.7	0.113	0.038	0.788	
	LWD	25.8	0.13	1.986	66.5	0.06	0.036	0.68	

注:MXD:最大密度;MID:最小密度;EWD:早材平均密度;LWD:晚材平均密度。

根据实验结果,建立了 1.3 m、5 m、10 m、15 m、20 m 树干高度各层树轮早材平均密度、晚材平均密度、最大密度、最小密度年表。由表 4.7 可知,在 1.3 m 树高下,除了最大密度与最小密度之间相关性不显著外,其余密度参数间都表现为显著相关。在 5 m 树高下,晚材平均密度与最小密度没有显著相关关系,其余的密度参数之间均显著。10 m、15 m、20 m 树高的情况表现为:同一高度下 4 个密度参数之间的关系都达到了显著水平。由表 4.8 可得,早材平均密度在不同树高的相关系数为 0.119～0.682,晚材平均密度的相关系数为 0.221～0.667,最大密度的相关系数为 0.165～0.661,最小密度的相关系数为 0.029～0.760。通过分析可得,最小密度中 1.3 m 树高与其他树高的一致性是最低的。这主要是因为试验过程中部分样品的测量值太小,对最小密度年表的建立产生影响。因此有学者在树轮密度的研究中舍弃了对最小密度年表的建立(杨银科 等,2012)。

表 4.7　同一树干高度四种密度年表间的相关系数

树干高度/m		EWD	LWD	MXD
1.3	LWD	0.468**		
	MXD	0.352**	0.950**	
	MIX	0.861**	0.314**	0.163
5	LWD	0.342**	1.000	
	MXD	0.215**	0.953**	1.000
	MIX	0.797**	0.029	0.131
10	LWD	0.453**	1.000	
	MXD	0.303**	0.886**	
	MIX	0.929**	0.418**	0.235**
15	LWD	0.568**		
	MXD	0.545**	0.927**	
	MIX	0.938**	0.500**	0.472**

树干高度/m		EWD	LWD	MXD
	LWD	0.681**		
20	MXD	0.654**	0.935**	
	MIX	0.900**	0.587**	0.492**

注:＊＊表示 $p < 0.01$。

表 4.8　不同树干高度同一密度年表间的相关系数

密度参数	树高/m	树高/m			
		1.3	5	10	15
EWD	5	0.184**			
	10	0.119	0.652**		
	15	0.173	0.555**	0.682**	
	20	0.305**	0.510**	0.619**	0.563**
LWD	5	0.380**			
	10	0.434**	0.667**		
	15	0.221**	0.652**	0.591**	
	20	0.584**	0.294**	0.521**	0.291**
EWD	5	0.395**			
	10	0.479**	0.661**		
	15	0.165	0.612**	0.573**	
	20	0.621**	0.264**	0.498**	0.263**
MID	5	0.085			
	10	0.069	0.685**		
	15	0.150	0.620**	0.651**	
	20	0.029	0.735**	0.760**	0.659**

注:＊＊表示 $p < 0.01$。

4.2.2.2　不同树干高度处树轮密度与气候因子响应分析

因冬季气温、降水对树木生长的滞后作用,所以利用上年 7 月至当年 10 月的气象资料与 1.3 m、5 m、10 m、15 m、20 m 高度各密度参数的标准化年表进行相关分析(图 4.25、图 4.26)。在早材平均密度与降水量的相关分析中,主要表现为 1.3 m 树高与上年 11 月、当年 7 月和 8 月显著负相关。晚材平均密度与降水量的相关分析中,主要表现为 1.3 m 树高与上年 7 月和 11 月、当年 7 月和 8 月呈显著负相关;5 m 树高与上年 7 月呈显著负相关;20 m 树高与上年 1 月和 2 月呈显著负相关。最大密度与降水的相关分析中,主要表现为 1.3 m 树高与上年 7 月和 11 月、当年 1 月和 7 月呈显著负相关;20 m 树高与当年 2 月呈显著负相关。最小密度与降水量的相关分析中,主要表现为 1.3 m 树高与上年 11 月、当年 7 月呈显著负相关。4 种密度参数与降水量的相关中,表现出与上年 7 月和 11 月、当年 7 月和 8 月显著负相关。

在 4 种密度参数与平均气温的相关分析中,主要表现为树干较高位置与平均气温达到显著相关。其中,早材平均密度与平均气温的相关分析中,主要表现为 1.3 m 树高与上年 9 月、当年 2 月和 9 月呈显著负相关；15 m 树高与上年 7 月和 8 月、当年 7 月和 8 月呈显著相关。晚材平均密度与平均气温的相关分析中，主要表现为 1.3 m 树高与当年 9 月呈显著负相关；5 m 树高与上年 7 月呈显著相关；10 m 树高与上年 7 月和 8 月显著相关；15 m 树高与上年 7—9 月、当年 3 月、5—9 月呈显著相关。最大密度与平均气温的相关分析中，主要表现为 1.3 m 树高与当年 9 月呈显著负相关；5 m 树高与上年 7 月和 8 月呈显著相关；10 m 树高与上年 7 月和 8 月呈显著相关；15 m 树高与上年 7—9 月、当年 3 月、5—9 月呈显著相关。最小密度与平均气温的相关分析中，1.3 m 树高与上年 9 月、当年 2 月和 9 月呈显著负相关；15 m 树高与上年 7 月、当年 7 月和 8 月呈显著相关。相关分析结果表明，研究区域雪岭云杉不同树干高度下密度参数与气候要素表现出不同的响应关系。以往的研究中，有学者对法国东北部欧洲山毛榉不同树干高度取样，比较其年轮面积增量，并进行树龄和密度测量，得出各树高对气候的响应表现出差异性（Bouriaud et al.，2005），这与本研究结果相似。如图 4.25 所示，在各密度参数与降水的相关中，主要表现为 1.3 m 树高与上年 7 月、11 月、当年 7 月、8 月的降水相关性较强，表现为显著负相关。上年 7 月、当年 7 月的充沛降水对提高土壤含水量具有积极作用，水分增多加快了树木形成层细胞的分化，促进了树木生长，使树木细胞变大，细胞壁变薄，从而降低了密度值，表现出降水与各密度参数的显著负相关。冬季降水增多对研究区雪岭云杉 1.3 m 树高各密度参数产生显著相关时都表现为负相关，可能是冬季降雪保证了土壤含水率，对来年生长季初期树木生长起到了促进作用，从而使密度值降低；也有学者研究表明，保存在土壤中的水分，有利于土壤墒情的改善，促进树木形成较宽的年轮，使密度值降低（陈峰 等，2014）。

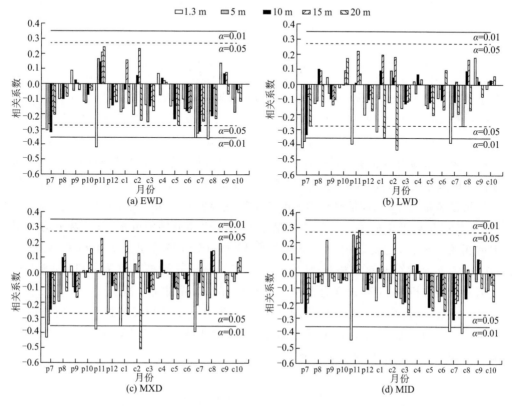

图 4.25　不同树高处密度年表与降水量的相关分析

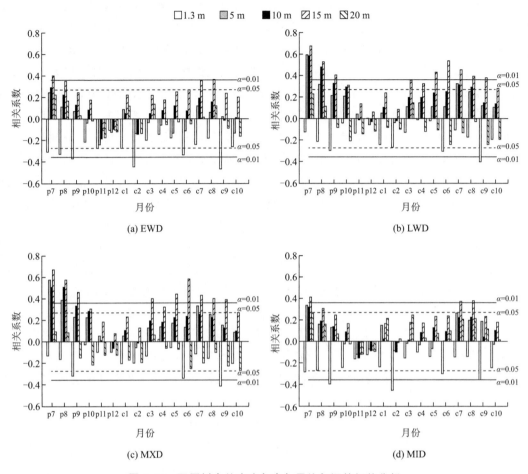

图 4.26　不同树高处密度年表与平均气温的相关分析

　　为了解在季节尺度上气候因子对树轮密度的影响,将上年 11 月—当年 1 月,当年 2—4 月,当年 5—7 月,当年 8—10 月划分为冬、春、夏、秋 4 个季节,并结合树轮密度进行分析 (图 4.27、图 4.28)。降水对树轮密度的影响总体上不显著,主要表现为冬季降水对 1.3 m 树高 4 种密度参数呈显著负相关,春季降水对 5 m 树高早材平均密度呈显著负相关,夏季降水对 1.3 m 树高最大密度呈显著负相关。在与季节气温的分析中,主要表现为树干较高位置与各季节气温呈显著相关。其中,早材平均密度与季节气温的相关分析中,主要表现为夏、秋季气温与 15 m 树高呈显著正相关,冬、秋季气温与 1.3 m 树高呈显著负相关;晚材平均密度与季节气温的相关分析中,主要表现为春季气温与 10 m、15 m 树高呈显著正相关,夏季气温与 5 m、10 m、15 m 树高呈显著正相关,秋季气温与 10 m、15 m 树高呈显著正相关;最大密度与季节气温的相关分析中,主要表现为春季气温与 10 m、15 m 树高呈显著正相关,夏、秋季气温与 5 m、10 m、15 m 树高呈显著正相关;最小密度与季节气温的相关分析中,主要表现为春季气温与 1.3 m 树高呈显著负相关,夏季气温与 15 m 树高呈显著正相关,秋季气温与 1.3 m 树高呈显著负相关、与 15 m 树高呈显著正相关。

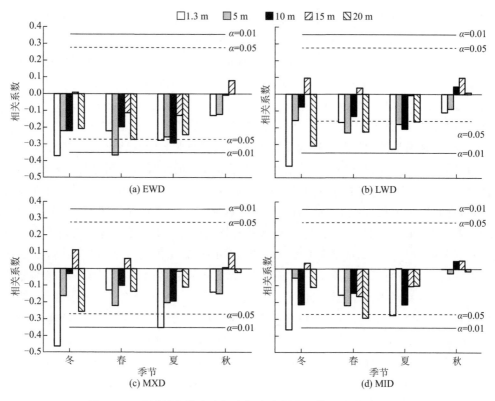

图 4.27 不同树高处密度年表与降水量在季节尺度的相关分析

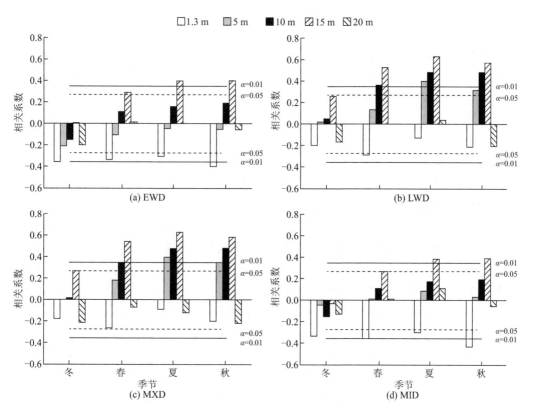

图 4.28 不同树高处密度年表与气温在季节尺度的相关分析

在季节尺度上对密度参数与气候因子的分析中,表现为冬季降水对 1.3 m 树高四种密度参数显著负相关;春、夏、秋季平均气温对 15 m 树高四种密度参数显著正相关(与 15 m 树高晚材平均密度、最大密度的相关最为显著)。上述研究结果与文中逐月气候因子对不同树高下各密度参数的相关分析结论相对应。本研究中,1.3 m 树高处各密度参数与平均气温产生显著相关时都表现为负相关,随着树干高度的上升,各密度参数与平均气温的关系有所变化,转变为与平均气温的显著正相关。最为突出的是 15 m 树高的四种密度参数在上年生长季时期、当年生长季时期与平均气温表现为显著正相关。喻树龙等(2011)研究表明,中下部林线的树轮早材平均密度与气温负相关,虽然这也是通过高度上的差异与气温进行关联分析,但与本研究性质不同。生长季时期的高温对植物的呼吸、蒸腾产生促进作用,消耗了光合作用积累的有机产物,进而抑制生长,降低了植物的生长速率(张雪 等,2015;刘盛 等,2011)。Van der Maaten-Theunissen 等(2012)对银冷杉和挪威云杉的研究发现,夏季高温限制了高海拔冷杉和高海拔云杉的生长。Bouriaud 等(2005)研究表明,树轮密度对干旱反应强烈,土壤水分亏缺与树轮密度呈极强的正相关关系。本研究中,1.3 m 树高各密度参数与平均气温显著相关时,都表现为负相关,分析可能是在同一气温条件下,1.3 m 茎干处有土壤水分供给,促进了树木径向生长。有研究表明,气候变化已经从不同时空尺度对树木的生长产生影响(Girardin et al.,2016;Liu et al.,2013),气候变暖将会促进/降低部分区域树木的生长。在干旱森林中,极端干旱胁迫会导致年轮的局部缺失(Liang et al.,2006)。Huang 等(2011)通过研究木质部细胞形成与气候因子的关系发现,气候变暖对树木物候发育和茎木质部生长产生影响,使早春物候发育提前。Antonova 等(1993)在西伯利亚中部研究了气候因子对樟子松形成层木质部细胞生成、细胞径向生长、次生壁增厚的影响,结果表明,气温是影响细胞壁生物量积累的主要因素。基于前者的研究,推测本研究中树木更高茎干处受干旱胁迫的作用比较强烈,尤其是在干旱时期,木质部导管对空化可能危及水分传导系统,限制植物性能,对植物的径向生长甚至生存产生影响(Rita et al.,2015),从而造成了与 1.3 m 树高关于平均气温不同的响应效果,但具体的机理需后期进行更加深入的研究。

不同树干高度树轮密度与气候因素的关系进一步证实了 15 m 树高晚材平均密度、最大密度对平均气温具有较强的敏感性,而 1.3 m 处的晚材平均密度、最大密度与平均气温的关系略低,由此可推测,针对雪岭云杉在 1.3 m 处采集样本存在对平均气温响应减弱的可能;同时可以考虑利用 15 m 树高晚材平均密度、最大密度对 5—9 月平均气温进行重建,但由于样本量以及研究区域的限制性,上述推测还需要进一步证实。

4.2.2.3 小结

在对雪岭云杉不同树高下树木年轮密度的研究中,得出了 1.3 m、5 m、10 m、15 m、20 m 五个树高下早材平均密度、晚材平均密度、最大密度、最小密度年表。树轮年表特征分析结果显示,同一高度四个密度参数间的相关性总体较好。同一密度参数不同树干高度下,最大密度年表、晚材平均密度年表中各个高度间相关性最好,均表现为极显著正相关。平均气温是研究区雪岭云杉 5 m、10 m 树高晚材平均密度,5 m 树高最大密度形成的主要气候限制因子。雪岭云杉 15 m 树高处树木年轮最大密度、晚材平均密度对当年 5—9 月平均气温具有较好的响应,有较大的气候重建潜力。在与气候要素的响应研究中,传统的胸径高度处采集的树轮样品在一定程度上可能减弱了对平均气温的响应。但本研究目前尚处于初步阶段,对不同树干高度树轮生长对气候要素响应的树木生理学意义研究还有待深入。

4.3　不同海拔雪岭云杉生长对气候的响应

4.3.1　不同海拔梯度树木生长对气候的响应

研究代表性区域主要选择在天山北坡中部和东部。2012 年和 2013 年分别在沙湾林场鹿角湾、石头沟,共采集 9 个采样点,192 棵树,765 个树芯(图 4.29)。其中在鹿角湾海拔高度 2150～2500 m 的林区里间隔 100 m 左右选择一个采样点,共 4 个采样点,采集了 83 棵树,每棵树利用生长锥取 2 个细芯和 2 个粗芯,共采集树芯 332 个。在石头沟 1740～2300 m 的海拔高度 5 个采样点,采集了 109 棵树,433 个树芯。由于当年山区降雪较早,高海拔森林已有积雪,石头沟林区山势陡峭,雪深路滑,山路难行,未能采集到 2400～2500 m 海拔梯度的树木样本。因而 2014 年 8 月,项目组在石头沟高海拔林区补充采样,共采集 2 个采样点(stg7,stg8),共 43 棵树,177 个树芯。13 个采样点的概况见表 4.9。天山北坡东部区域的树木年轮样本 2015 年 7 月采集于奇台林场,在奇台位于中山带的森林分布区域进行了初步考察,发现这一区域没有横跨 1800～2600 m 海拔高度的连续森林带,因而选择在位于同一小流域的海拔高度能够满足森林上下树线跨度的宽沟林区间隔 100 m 左右选择采样点进行了采样。采样点均位于宽沟主河道东侧,海拔高度在 1820～2560 m 之间,共 8 个采样点,358 棵树,每棵树用生长锥取 2 个粗芯,共采集了 718 个树芯。各采样点均土层较厚,坡度在 30°～40°,采集的树种为天山雪岭云杉。8 个采样点的概况见表 4.10。

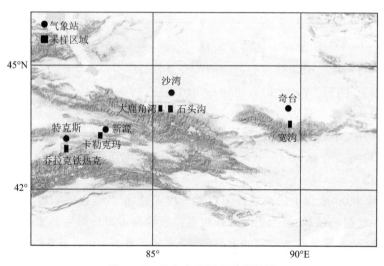

图 4.29　天山北坡树木采样区域

表 4.9　沙湾大鹿角湾(dlj)和石头沟(stg)树轮采样点概况

采样点代号	北纬(N)	东经(E)	海拔高度/m	坡向	坡度/°	郁闭度
dlj1	43°56′	85°09′	2600	东北	30	0.1
dlj2	43°56′	85°09′	2502	北北东	5	0.3
dlj3	43°56′	85°09′	2403	北北东	7.5	0.3

采样点代号	北纬(N)	东经(E)	海拔高度/m	坡向	坡度/°	郁闭度
dlj4	43°57′	85°09′	2300	北北东	5	0.3
dlj5	43°57′	85°10′	2155	北	6	0.3
stg 1	43°53′	85°31′	2606	北	47	0.1
stg 7	43°53′	85°31′	2531	西北	40	0.3
stg 8	43°53′	85°31′	2400	东北	35	0.5
stg 2	43°53′	85°31′	2318	东北	35	0.3
stg 3	43°53′	85°31′	2206	东北	20	0.3
stg 4	43°54′	85°31′	2095	东东北	45	0.2
stg 5	43°54′	85°31′	1942	北北西	20	0.3
stg 6	43°55′	85°31′	1761	北	30	0.2

表 4.10　奇台宽沟年轮采样点概况

采点代号	北纬(N)	东经(E)	海拔高度/m	坡向	坡度/°	郁闭度
KG1	43°31′	89°36′	2530	东北	40°	0.2
KG2	43°31′	89°36′	2400	西	35°	0.5
KG3	43°32′	89°37′	2305	西北	30°	0.4
KG4	43°33′	89°37′	2200	西北	30°	0.7
KG5	43°34′	89°37′	2098	北北西	35°	0.6
KG6	43°35′	89°37′	2002	西北	30°	0.6
KG7	43°36′	89°37′	1915	西北	30°	0.8
KG8	43°37′	89°37′	1833	北北西	30°	0.7

4.3.1.1　天山中部不同海拔树木径向生长对气候的响应

气象数据选自距离 2 个采样点最近的沙湾气象站(85°37′N,44°20′E,海拔高度 523 m,距离大鹿角湾 55 km,距石头沟 48 km)1960—2010 年共 51 a 的月平均气温、月平均最高气温、月平均最低气温和月降水量。

考虑到秋、冬季气候因子对树木年轮生长的滞后效应,利用沙湾气象站上年 10 月至当年 10 月的气象资料与 2 个区域 13 个采点树轮宽度标准化年表进行单相关普查(图 4.30 和 4.31)。结果发现:

(1)2 个区域 2400 m 以上的高海拔采点对平均气温、最低气温的响应均表现为正相关,高海拔区域生长季气温的偏高,有利于光合作用直接影响树木形成层生长速度和持续时间,以及树木的光合效率,从而影响树木年轮的宽度,产生宽轮。此外,前期不良的气候条件会限制新芽、叶片和根系的形成,从而影响到水分和无机物的吸收及光合效率,这样将导致在翌年形成窄轮(袁玉江 等,2002)。

为进一步了解树轮宽度对气候因子的响应关系,取沙湾站的各月气候因子,取上年 1 月至当年 12 月各种顺序的组合,与 2 个区域年表进行相关普查。结果发现,大鹿角湾和石头沟高海拔采样点对不同时段的气候因子响应并不相同,大鹿角湾高海拔采样点对平均气温和最低气温相关较高,最高值出现在 dlj2 采样点和 6—8 月最低气温之间,相关系数达到 0.744,达 0.0001 的极显著水平。而石头沟却未出现与气温和降水的极显著相关。选择与 2 个区域树

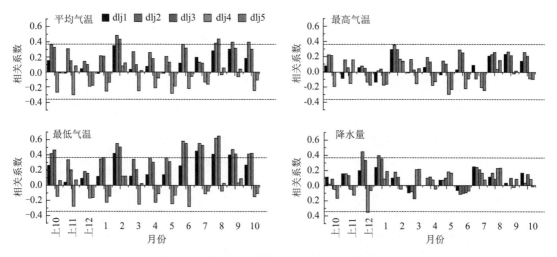

图 4.30　大鹿角湾树轮宽度与气候因子相关分析

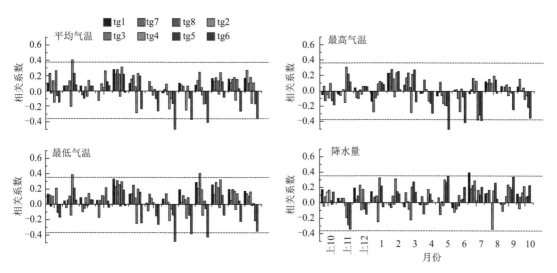

图 4.31　石头沟树轮宽度与气候因子相关分析

轮宽度年表相关较高的气温和降水因子进行响应面分析(图 4.32),结果发现大鹿角湾高海拔采样点对气温和降水的响应比较一致,降水不是影响树轮宽度的主要限制因子,而不论降水量的多寡,均表现为年轮宽度指数也随气温升高而增加。石头沟高海拔采样点对气温的响应差异较大,对降水的响应一致,降水量增加而年轮指数增大,说明石头沟高海拔采样点的坡度和坡向等小地形主要干扰气温对树木生长的影响,而对降水的干扰较小。

(2)在海拔 2100~2300 m 间的林中采样点对生长季前和生长季的平均气温和最低气温则主要呈现负相关,对降水则没有显著的规律性,可能是由于林中采样点位于天山北坡中山带的最大降水带,水热条件与上下限均有较大不同,在这一区域较高气温造成土壤含水量降低,夜间树木的呼吸作用增大,净光合作用减小,最后导致偏窄年轮的出现。从响应面(图 4.33)来看,林中采样点对气温和降水的响应差异均较大,说明在天山北坡林带中部,局地的小地形、小气候以及树木间的干扰要强于高海拔和低海拔区域。

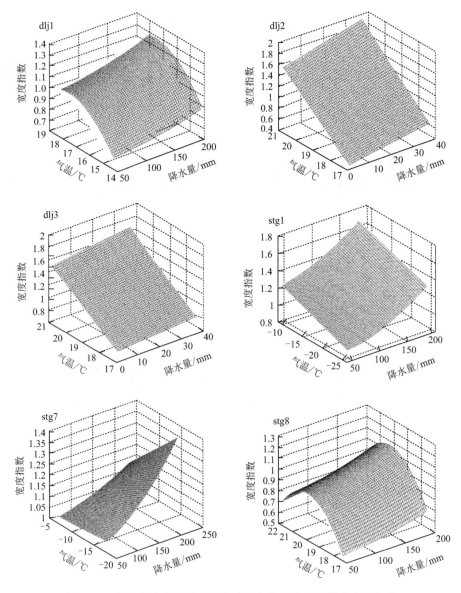

图 4.32　沙湾高海拔采样点树轮宽度与气温和降水量响应面分析

　　(3)而海拔 2100 m 以下的低海拔的采样点均位于石头沟区域,与生长季前的平均气温和降水量为正相关,这与高海拔区域相同,而在生长季则相反,与气温呈负相关,与生长季的降水主要呈正相关,说明生长季前的气温对树间干扰更小的森林高海拔区域和低海拔区域的影响是一致的,但在生长季,由于海拔高度的变化,树木年轮径向生长对不同的水热组合的响应差异较大。

　　(4) 2 个区域与 PDSI 指数的相关系数均为正(图 4.34),2 个区域中,石头沟区域的相关更高,说明由于坡度引起的小生境差异能够干扰树轮宽度对干旱的响应。从海拔高度变化来看,位于低海拔区域的树轮宽度生长对 PDSI 的响应最显著,高海拔区域次之,而森林中部的相关最低,这与天山山区森林中部为最大降水带有关,由于 PDSI 表征的是干旱的持续性影响,还考虑降水和气温的共同作用,说明低海拔区域的树轮径向生长对持续干旱的响应更敏感。

　　(5)利用主成分分析和冗余分析方法进一步评估不同海拔高度树轮宽度对气候因子响应

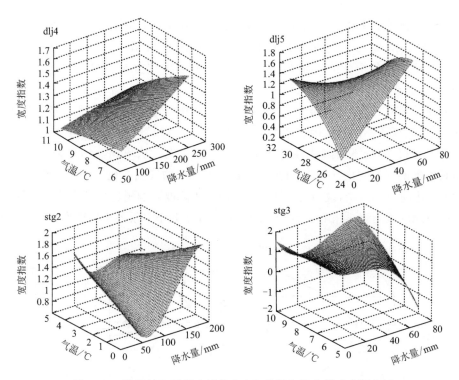

图 4.33　沙湾林中采样点树轮宽度与气温和降水量响应面分析

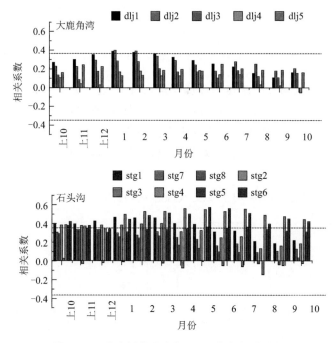

图 4.34　沙湾树轮宽度与 PDSI 指数相关分析

的一致性和差异性。主成分分析结果(图 4.35)发现 2 个区域的宽度年表第一主分量(PC1)的贡献率接近 50%,载荷向量均为负值,2300～2400 m 以上的采样点的载荷量的绝对值要大于低海拔采点,表明在大鹿角湾和石头沟存在同时影响不同海拔高度树轮宽度形成的气候因子,高海拔树木对该气候因子的响应更显著。计算 PC1 和气候因子的单相关,发现大鹿角湾与

2—5 月 PDSI 呈显著的正相关,表征这一区域的冬春季节的干旱变化,而石头沟宽度年表的 PC1 与 PDSI 呈负相关,与大鹿角湾相反,显著相关主要集中在上年 10 月—当年 2 月,表征这一区域生长季前的秋冬季节的干旱变化。2 个区域的第二主分量(PC2)的贡献率在 20%~25%之间,但高海拔区域和低海拔区域的载荷向量呈相反趋势,由于大鹿角湾的 PC2 与 6—9 月最高气温相关最好,而石头沟与 6—9 月 PDSI 指数相关最显著,说明 2 个坡面的 PC2 虽然贡献率相同,但表征了不同气候因子的变化。第三主分量(PC3)的贡献率在 13%~15%之间,载荷向量的差异很大,受不同海拔高度的小生境干扰较大。从单相关结果来看,大鹿角湾的 PC3 与生长季前的气温变化有关,而石头沟则表征生长季的气温变化。2 个区域的前三个主分量累计贡献率达到 85%以上,说明同一坡面的不同海拔高度影响树轮生长变化的主导因素并不多,不同坡面的影响因子不尽相同,海拔高度和坡度、坡向和小气候等小生境均有一定的影响。

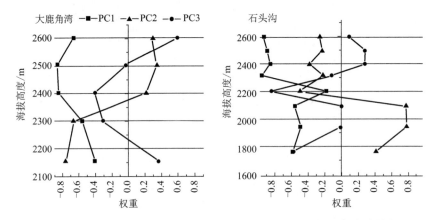

图 4.35　沙湾 2 个区域树轮宽度年表的 PC1、PC2 和 PC3 与海拔高度的关系

选择生长季的平均气温和降水作为环境变量,2 个区域的宽度年表作为响应变量,分别进行冗余分析(Tardif et al.,2003;Fan et al.,2009;王晓春 等,2011)。冗余分析是多变量直接环境梯度分析,它的排序轴受环境变量线性组合的限制,图 4.36 中红线向量为气候因子,蓝线向量为年表,向量越长说明对应的因子越重要,气候因子和年表向量夹角的余弦为对应因子间的相关系数,向量方向相同则为正相关,反方向则表明有较强的负相关,垂直则表明不相关。2 个区域海拔 2400 m 以上采样点均主要受气温影响,且正响应显著,与降水不相关,2 个区域

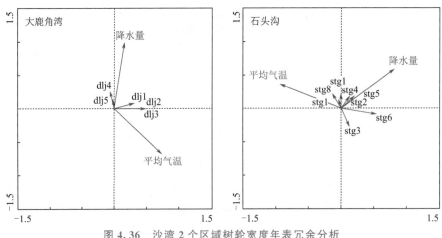

图 4.36　沙湾 2 个区域树轮宽度年表冗余分析

中大鹿角湾的 dlj3 采样点与气温相关最高,dlj2 次之,dlj1 最低,石头沟的 stg8 相关最高,stg7 次之,而 stg1 最低,均为随海拔的升高树木年轮宽度对气温的响应降低。而低海拔采样点主要受降水量影响,而对气温呈负响应。从向量的长度来看,生长季的气温和降水量在 2 个坡面树木年轮宽度生长中的作用相同,大鹿角湾高海拔采样点的向量长度较为接近,而 2 个低海拔的向量长度则差异较大,石头沟则较大鹿角湾复杂,森林中部的 stg3 和下林缘 stg6 的向量长度要大于其他采样点,进一步说明小生境的差异影响石头沟年轮采样点对环境变量的响应。冗余分析结果表明在同一坡面树木年轮宽度年表对不同海拔高度环境因子变化的响应有较好的规律性,但地形复杂的石头沟采样点则响应有一些差异。

4.3.1.2　天山东部不同海拔高度树木径向生长对气候的响应

考虑到上年气候因子对树木年轮生长的滞后效应,利用奇台气象站上年 1 月至当年 12 月的气象资料与 8 个采样点树轮宽度标准化年表进行相关分析(图 4.37)。从图 4.37 中可以看出,宽沟区域不同海拔高度的树木径向生长与上年 1—3 月呈弱的正响应,高值区在 2300 m 以上,与上年 5—9 月气温和生长季前期 3—4 月的气温有较弱的负响应,在海拔 2000 m 和 2300～2400 m 间存在负响应的高值区。在生长季 5—6 月,海拔 2400～2500 m 的高海拔区域呈弱正响应,海拔 2000 m 以下的低海拔区域为较显著的负相关,特别是最高气温,森林中部区域则对气温呈弱的负响应,在海拔 2300 m 以上过渡为正响应。对降水量的响应方面,海拔 2000 m 以下低海拔采样点从上年 5 月开始至当年 7 月,均为正响应,海拔 2100 m 以上的区域树轮采样点对上年 6 月至当年 5 月降水的响应表现为负—正—负—正的交替变化的现象,由于宽沟不同海拔高度树轮样本采集时坡度、坡向等小生境存在差异,这种交替现象可能是因为小生境的差异造成的。在生长季 6—8 月,高海拔区域为弱的负响应,而低海拔主要为正响应,与气温响应

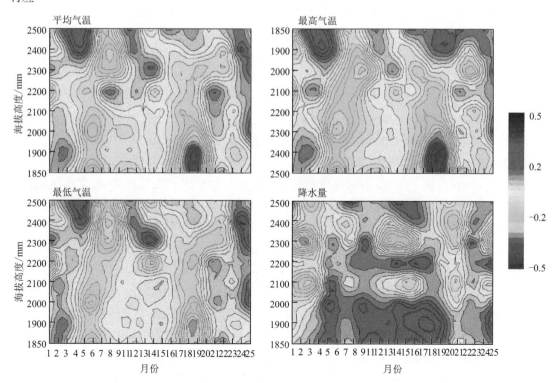

图 4.37　宽沟树轮宽度与气候因子相关分析

相反。说明生长季前的气温对树间干扰更小的森林高海拔区域和低海拔区域的影响是一致的,但在生长季,则呈现高低海拔区域的树木年轮径向生长对不同的水热组合的响应呈现对偶现象。从不同气候因子来看,宽沟轮宽对最高气温的响应最显著,这与中部和西部相关。

5—6月位于天山云杉树木生长季的早期,是其宽度形成的关键时期,年轮生长快,需水量较大。在低海拔区域5—6月气温偏高,白天树木的蒸腾量和土壤的蒸发量偏大,使得树木生长缺水的情况加剧,不利于白天树木通过光合作用积累较多的营养物质;同时,一般来说,5—6月平均最高气温偏高,降水偏少,夜晚的气温也会偏高,这使树木的呼吸作用增强,较多地消耗白天积累的营养物质,造成营养的净积累减少,从而易形成较窄的年轮。高海拔区域5—6月气温较低海拔区域低,对水分蒸发和蒸腾作用要弱于低海拔区域,树木生长并不缺水,因而产生对树轮生长的相反影响,低温成为控制树轮径向生长的重要因素。

为进一步了解树轮宽度对气候因子的响应关系,取奇台站的各月气候因子,取上年1月至当年12月各种顺序的组合,与2个区域年表进行相关普查。结果发现,宽沟区域不同海拔高度采样点对不同时段的气候因子没有显著的响应规律,高海拔区域对气候因子没有显著相关的时段,低海拔采样点宽度与平均气温和最高气温显著负相关,极值出现在KG7采样点和5—6月最高气温之间,相关系数达到−0.597,达0.0001的极显著水平。与降水量则也是低海拔区域相关更显著,KG7与上年8月到当年6月的相关显著,为0.603。由于生长季宽沟区域内的气温与降水量之间的存在显著的负相关,相关系数绝对值在0.4以上,气温的变化受降水量的影响明显,因而低海拔区域树轮宽度与气温的显著负相关,除了气温变化本身对树轮径向生长的影响外,可能还受到降水量的间接影响而呈现气温的负相关。

除了KG2采样点,宽沟区域树轮宽度年表与PDSI指数的相关系数均为正(图4.38)。从海拔高度变化来看,位于低海拔区域的树轮宽度生长对PDSI的响应最显著,森林中部采样点次之,而KG1、KG3等位于森林高海拔区域采样点的相关最低,最高值出现在当年3—6月的2000 m以下的低海拔区域采样点,由于PDSI表征的是干旱的持续性影响,还考虑降水和气温的共同作用,说明低海拔区域的树轮径向生长对持续干旱的响应更敏感,这与气候响应分析结果一致。在海拔2000 m以下宽度年表与生长季NDVI(植被指数)主要为正相关,负相关主要出现在海拔2300 m上下,且在这一高度的生长季前正负相关位相交替出现。SPEI与宽沟梯度年表主要呈正相关,生长季低海拔相关较高,说明低海拔采样点对干旱的响应更敏感。生长季和生长季前期土壤湿度与低海拔年表正相关显著,海拔2400 m以上采样点开始出现负相关,但相关不显著。相对湿度则表现为当年5月与海拔2000 m以下树轮宽度有极显著正相关,高海拔区域仅海拔2400 m有弱的负相关。与多种气候因子相关分析发现,宽沟区域海拔2000 m以下的低海拔采样点在生长季对表征干旱的PDSI、SPEI、10 cm土壤湿度和相对湿度均有较好的正相关性,低海拔区域水分的有效性是限制树轮径向生长的重要因素,而高海拔采样点仅海拔2400 m处采样点对生长季SPEI有较显著的负相关。

利用主成分分析和冗余分析方法进一步评估不同海拔高度树轮宽度对气候因子响应的一致性和差异性。主成分分析结果(图4.39)发现宽度年表第一主分量(PC1)的贡献率为42%,载荷向量均为负值,海拔2300~2400 m以上的采样点的载荷量的绝对值要小于低海拔采样点,表明在宽沟存在同时影响不同海拔高度树轮宽度形成的气候因子,低海拔树木对该气候因子的响应更显著。计算PC1和气候因子的单相关,发现与上年8月—当年6月降水量呈显著的负相关,与PDSI均呈负相关表征这一区域的上年秋冬季和当年春季的干旱变化,第二主分量(PC2)的贡献

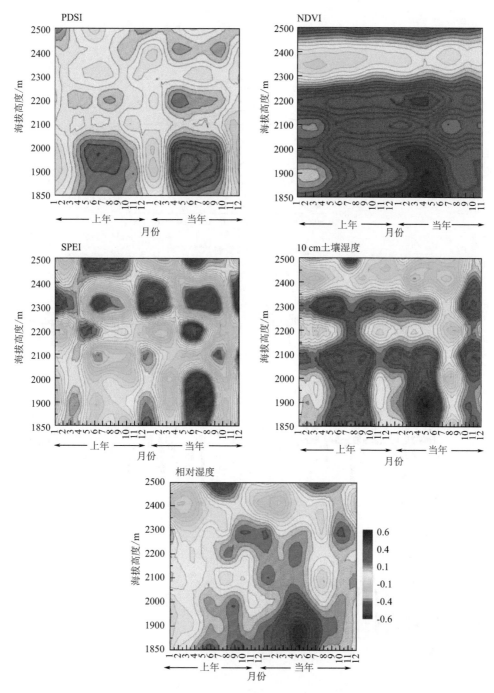

图 4.38　奇台树轮宽度与其他环境因子相关分析

率为 25%,但高海拔区域和低海拔区域的载荷向量呈相反趋势,海拔 2100 m 以下为负值,而在海拔 2100 m 以上均为正值,与气温和降水量没有显著相关,与 PDSI 值呈弱的正相关。说明 PC2 表征海拔高度变化对树轮生长的影响。第三主分量(PC3)的贡献率在 15%,载荷向量的差异很大,受不同海拔高度的小生境干扰较大。从单相关结果来看,PC3 与生长季气温变化有关,2 个区域的前三个主分量累计贡献率达到 90%,说明同一坡面的不同海拔高度影响树轮径向生长变化的主导因素并不多,海拔高度和坡度、坡向和小气候等小生境均有一定的影响。

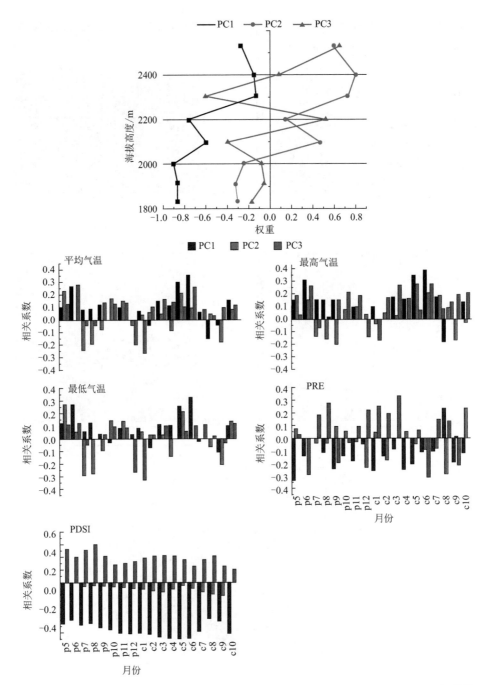

图 4.39　宽沟树轮宽度年表的 PC1、PC2 和 PC3 与海拔高度的关系及与气候因子的相关图

　　冗余分析表明,海拔 2300 m 以上高海拔采样点与降水和气温与降水因子均没有相关,而海拔 2100 以下的低海拔采样点主要受降水量影响,而对气温呈负响应,均相关显著,而位于森林中部的 KG4 和 KG5 表现出与低海拔区域相同的响应模式,但响应强度弱于低海拔采样点(图 4.40)。从向量的长度来看,生长季前期的 5—7 月最高气温和降水量对树木年轮宽度生长中的影响较大,低海拔 2 个采样点的向量长度最长,气候重建潜力更大。冗余分析结果表明在同一坡面树木年轮宽度年表对不同海拔环境因子变化的响应有较好的规律性。

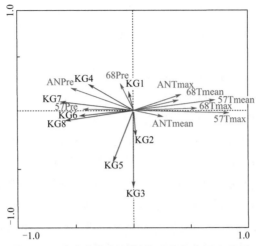

图 4.40　奇台宽沟区域树轮宽度年表冗余分析

AnPre：年降水量；57Pre：5—7 月降水量；68Pre：6—8 月降水量；AnTmax：年平均最高气温；
AnTmean：年平均气温；57Tmax：5—7 月平均最高气温；57Tmean：5—7 月平均最低气温；
68Tmax：6—8 月平均最高气温；68Tmean：6—8 月平均气温

4.3.2　不同海拔梯度树轮密度对气候的响应

4.3.2.1　天山中部树轮最小密度对气候因子的响应

将采自野外的样本带回树木年轮实验室后，进行密度分析预处理。由于取样时进钻角度不能完全与木质纤维细胞垂直和旋转生长锥造成的样芯扭曲，需要分段处理样芯，因此将样芯方向，每隔 2.0～3.0 cm 把样芯分割成梯形小段，按顺序粘贴好分段的样芯后，测量样芯木质纤维的倾斜角度，然后根据角度测量结果将样芯切成 1.0 mm 的薄片，利用 DENDROXRAY 2 系统进行 X 光片拍摄。

在 Dendron2003 密度测量系统上测量树轮密度。测量相邻两段交叉部分的密度时，要在纸张上标示出正在测量薄片交叉部分多个年轮，与待测量薄片的相应位置进行比较，找出两段重叠的年轮，从而使分段的样芯能够连接起来，最终每条样芯生成一个数据文件。所有样芯的密度测量结束后，利用数据转换软件将每个采样点的测量数据分成全轮宽度、早材宽度、晚材宽度、早材平均密度、晚材平均密度、最大密度和最小密度 7 组树轮参数数据用于交叉定年。

先利用折线法对树轮全轮宽度进行交叉定年，即使用绘制折线程序查找缺轮、伪轮，作相应修正，并记录修正；同时，用国际年轮库的 COFECHA 定年质量控制程序进行交叉定年的检验，确保每一生长年轮具有准确的日历年龄。完成全轮宽度交叉定年后，对照修正记录完成早材平均密度、晚材平均密度、最大密度和最小密度等参数的交叉定年。采用 ARSTAN 年表研制程序最终分别研制全轮宽度、早材宽度、晚材宽度、早材平均密度、晚材平均密度、最大密度、最小密度等密度参数的 3 种树轮年表，即标准年表（STD）、差值年表（RES）和自回归年表（ARS）。

2 个区域不同海拔高度采样点的最小密度年表与生长季前的气温（图 4.41、图 4.42）主要呈负相关，说明生长季以前的低温有利于较大最小密度的形成。各采样点与生长季 4—5 月的气温为正相关，对 6—8 月的气温的响应则并不完全一致，与上年 10 月—上年 12 月的降水量主要呈正相关，而在生长季则为负相关，与天山北坡西部巩乃斯地区不同海拔高度早材平均密度对气候因子的响应是一致的。选择各采样点均有较高相关气候因子进行响应面分析，结果发现石头沟(图 4.43)不同海拔高度采样点的最小密度均随降水量的增加而降低,而 2400 m 以上的采样点较低的气温更易形成较大的最小密度,大鹿角湾不同海拔高度采样点对气温因子的响应并没有较好的一致性,对降水的响应与石头沟相同,说明在天山中西部区域,不同海拔高度的最小密度对降水等气候因子的响应规律基本相同,而高海拔区域的最小密度还受气温的影响,低海拔区域样采样点在降水重建中的潜力更大,高海拔采样点则可同时用于气温和降水重建。从树木生理学上讲,冬季较低的气温和较多的降雪,会使树木根系受冻,而且冬季冻土厚度一般也会比较大,春季来临后,热量多被用来融化积雪和冻土,虽然土壤蓄积的水分充足,但较低的气温会降低光合作用速率,影响生长季中树本体内营养物质的增加,前期低温和多雨的气候条件还会限制新芽、叶片和根系的形成,从而影响到水分和无机物的吸收及光合效率,减缓细胞分裂速度并形成窄导管,形成较窄的年轮,在密度上则体现为细胞个体不多且较小,形成较大的早材平均密度(吴祥定,1990)。干旱、半干旱地区的树木在生长旺盛时期,如果降水相对较多,树木就会得到较多的水分补给,年轮中细胞的分裂和伸长过程中能够得到较为充分的水分供应,导致细胞个体加大,细胞壁厚度相对较薄,从而易形成较低的木质密度(杨银科 等,2006)。

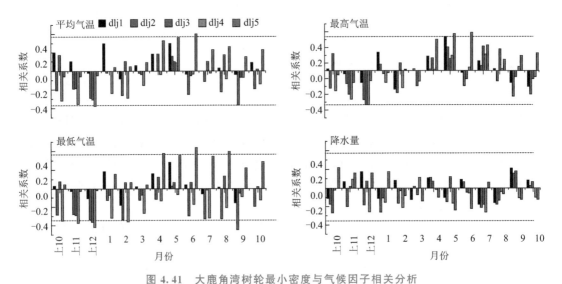

图 4.41 大鹿角湾树轮最小密度与气候因子相关分析

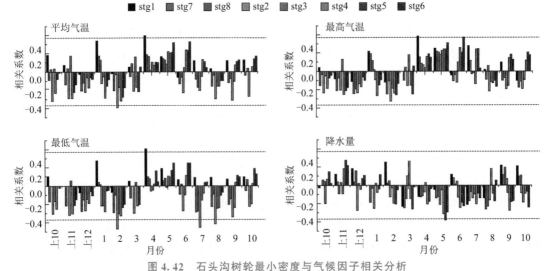

图 4.42 石头沟树轮最小密度与气候因子相关分析

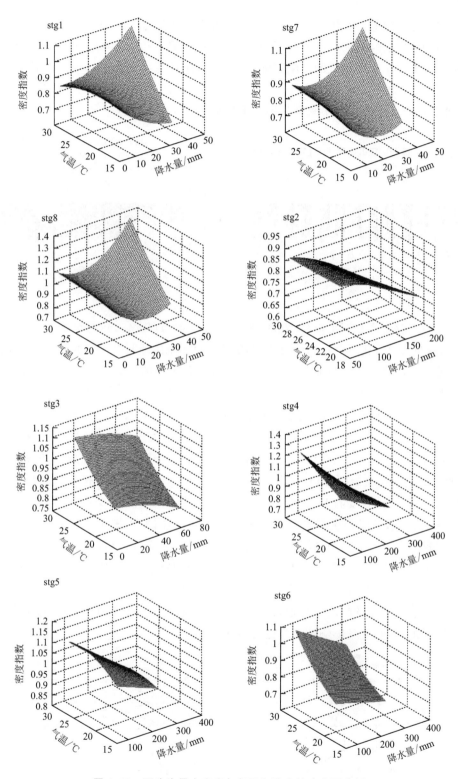

图 4.43　石头沟最小密度与气温和降水的响应面分析

从最小密度与 PDSI 的相关分析（图 4.44）可以看出，各采样点的相关系数均为负值，与巩乃斯早材平均密度的响应相同，说明在天山北坡较大的范围内，不同海拔高度的最小密度对持续干旱的响应是一致的。在生长季前的 1—4 月随海拔高度的增加,相关系数的绝对值也在增大,最大值主要出现在海拔 2500 m,而不是在上限林缘的海拔 2600 m,表明生长季前的干旱对高海拔的树木最小密度形成的影响要强于下树限,而且森林内部最小密度对持续干旱的敏感度比林缘更高。2 个区域对气温、降水和 PDSI 指数变化的响应没有明显差别,这与宽度不同,说明坡度坡向等地形对最小密度的形成干扰很小。

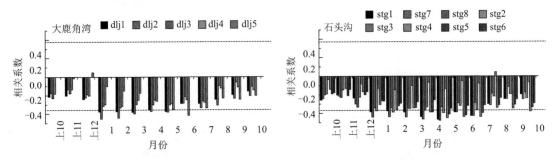

图 4.44 沙湾树轮最小密度与 PDSI 指数相关分析

沙湾林场大鹿角湾和石头沟最小密度第一主分量 PC1(图 4.45)的贡献率分别为 53.7% 和 48.8%,接近 50%,载荷向量均为负值,与宽度年表相同,表明在大鹿角湾和石头沟同时影响不同海拔高度树轮最小密度形成的主导气候因素有较好的一致性。从与气候因子的相关(图 4.46、图 4.47)可以看出,2 个区域的 PC1 均与 PDSI 指数相关最好,特别是 2—7 月,达 0.01 的显著水平,说明同一坡面不同海拔高度的最小密度的 PC1 表征生长季前后冬季和春夏季的干旱变化。PC2 的贡献率分别是 22.1% 和 21.3%,均表现为低于一定海拔载荷量的权重为正,而高海拔为负,与树轮宽度的 PC2 相同,也呈相反趋势。大鹿角湾最小密度的 PC2 与 6—9 月的最低气温相关最好,而石头沟仅与生长季前的 1 月平均气温和最低气温的相关最显著,说明 2 个区域最小密度的 PC2 也表征了不同气候因子的变化。沙湾 2 个坡面的 PC3 贡献率在 14%~15%,载荷量则表现为除了最下限的 stg6 以外,位于最大降水带附近的采样点为负,而其他采样点为正,大鹿角湾与生长季前的气温正相关显著,而石头沟与 3 月降水相关显著,这可能是因为 PC3 表征最小密度在天山北坡沿海拔高度变化的降水带干扰下对气候信息的响应。2 个区域的前三个主分量累计贡献率达到 84% 以上,与宽度年表相同,二者各主分量的贡献率和与气候因子的响应也接近,说明不同海拔高度最小密度和树轮宽度的形成受到相同的气候因子的影响,而且影响的程度也是相同的。

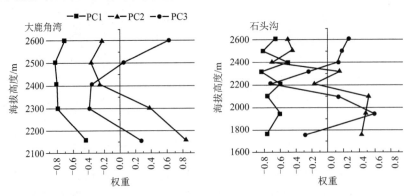

图 4.45 沙湾 2 个区域树轮最小密度年表的 PC1、PC2 和 PC3 与海拔高度的关系

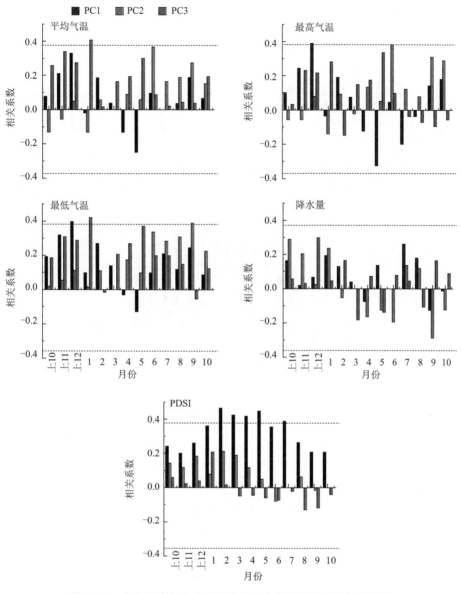

图 4.46　大鹿角湾最小密度年表的主分量与气候因子的相关图

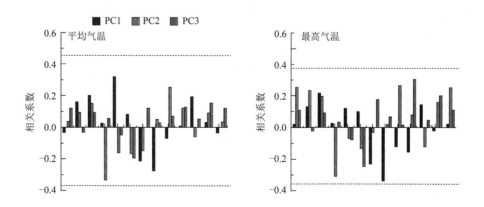

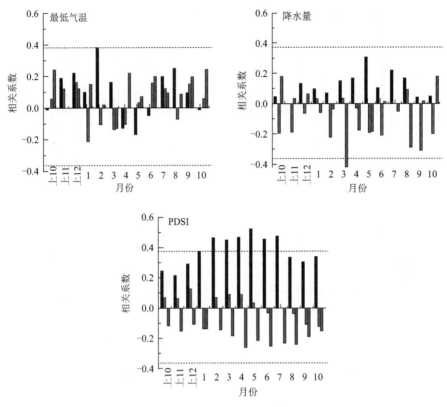

图 4.47 石头沟最小密度年表的主分量与气候因子的相关图

从冗余分析来看(图 4.48)大鹿角湾和石头沟的最小密度对生长季的降水量呈负响应,而与平均气温多呈正相关,石头沟区域的 stg1 对气候因子的响应显著,其他采样点则以海拔 2200 m 为界,可以分为 2 类,各类内部气候因子变化引起树轮最小密度的变化的原因和影响程度接近,大鹿角湾也表现出同样规律,5 个采样点中仅海拔最低的 dlj5 采样点在海拔 2200 m 以下,而且 dlj5 对气候因子的响应不同于其他采样点。冗余分析结果表明沙湾在海拔 2200 m 以上和以下的最小密度对气候因子的响应有显著差异。

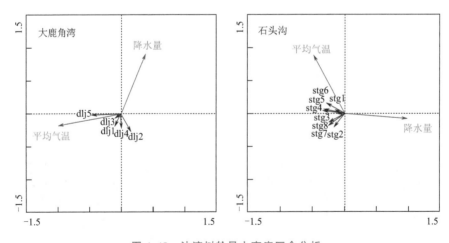

图 4.48 沙湾树轮最小密度冗余分析

4.3.2.2　天山中部树轮最大密度对气候因子的响应

2 个区域的最大密度与上年秋冬季节和当年的冬春季节的各气温因子均为负相关(图 4.49、图 4.50)，在生长季，大鹿角湾各采样点与平均气温和最高气温多为正相关，高海拔采样点与最低气温多为正相关，而低海拔采样点为负相关。2 个区域对降水的响应也是一致的，除上年 11 月外，其他时段均为负相关，各采样点的相关系数均为负值。沙湾采样点对气候因子的响应规律与天山北坡西部巩乃斯区域晚材平均密度是一致的，说明在更大的范围内，最大密度对气候因子的响应基本相同，具有大尺度气候重建中的潜力。从图 4.51、图 4.52 可以看出，沙湾各海拔采样点在气温相对低时，对气温的响应基本相同，均为随着气温的增加最大密度增大，而在 2500 m 以上的高海拔区域，当气温达到一定程度，随着气温的增加而最大密度开始减小。在高海拔区域，当气温过高而蒸发量超过一定程度，影响到光合作用，不利于光合物质的合成，给细胞壁提供的营养物质减少，呈现出随气温的升高而最大密度减小的现象。2 个区域对降水的响应则有一些差异，大鹿角湾各采样点的最大密度随着降水量的增加而增大，石头沟则在降水偏多或者偏少的时候，最大密度随降水的增加而增大，而在降水量接近平均值时，对最大密度影响不大。各采样点最大密度与 PDSI 的相关系数也均为负值，森林中部采样点的响应显著性要高于森林上林缘和下林缘，与沙湾最小密度和巩乃斯晚材平均密度生长季时段的响应相同。巩乃斯区域森林中部和低海拔区域的最大密度在生长季前与 PDSI 为负相关，与沙湾区域不同，这可能是由于巩乃斯是新疆降水最多区域，干旱程度要远弱于沙湾，因而造成低海拔区域的差异。而从树木生理学上讲，在生长季，由于干旱区树木的细胞壁的厚度和形成层的活动速率主要受降水的限制，这一时期的降水少，气温高，蒸发量较大，年轮中细胞的分裂和伸长过程就得不到充足的水分供应，会导致细胞个体小、细胞壁厚度大，从而易形成较大的木质密度(魏本勇 等，2008；陈津 等，2009)。

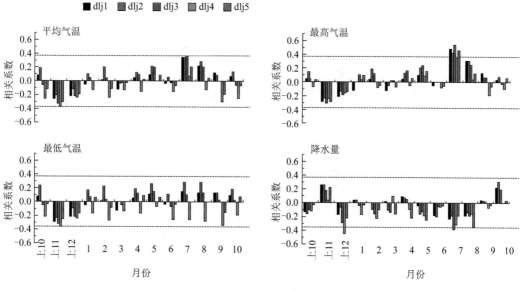

图 4.49　大鹿角湾树轮最大密度与气候因子相关分析

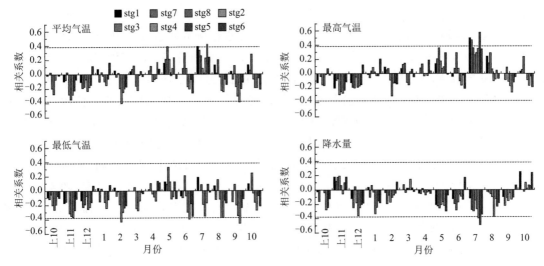

图 4.50　石头沟树轮最大密度与气候因子相关分析

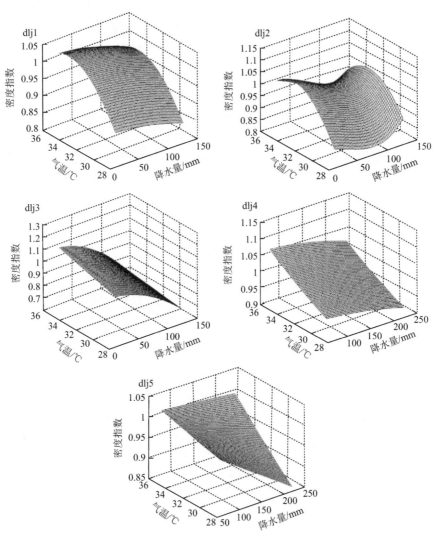

图 4.51　大鹿角湾最大密度与气温和降水的响应面分析

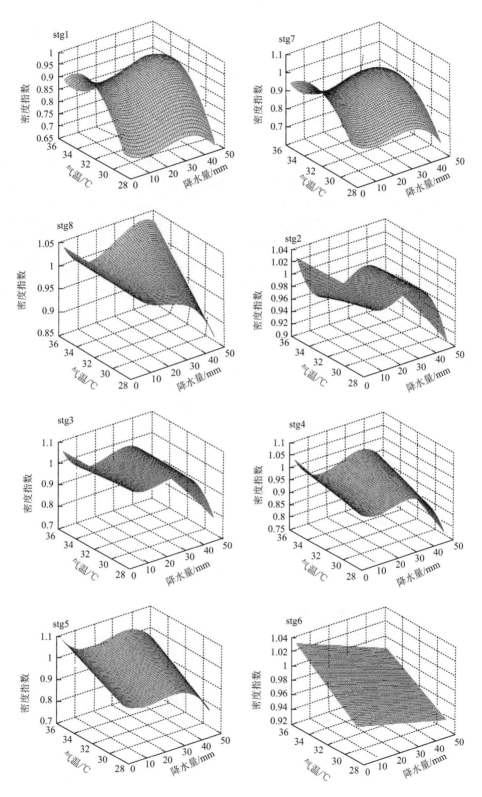

图 4.52　石头沟最大密度与气温和降水的响应面分析

沙湾林场大鹿角湾和石头沟最大密度第一主分量 PC1(图 4.53)的贡献率在 62%~65%,较树轮宽度和最小密度的贡献率多 10% 左右,载荷向量也均为负值,与宽度和最小年表相同,表明大鹿角湾和石头沟存在同时影响不同海拔高度树轮最大密度形成的主导因素,而且该主导因子的影响程度要大于树轮宽度和最小密度。从与气候因子的相关(图 4.54、图 4.55)可以看出,2 个区域的 PC1 均与当年 1—10 月 PDSI 指数相关最好,最高值均出现在是 7—9 月,达 0.01 的显著水平,说明沙湾 2 个区域同一坡面不同海拔高度最大密度的 PC1 也表征该区域生长季前后的干旱变化,特别是生长季后期。大鹿角湾 PC2 的贡献率分别是 17.5% 和 11.5%,与树轮宽度的 PC2 相同,以海拔 2300 m 左右为分界线,高海拔区域和低海拔区域的载荷向量呈相反趋势。大鹿角湾最大密度的 PC2 与 1—8 月的 PDSI 相关最好,而石头沟仅与生长季前的 2 月和 6—10 月气温的相关最显著。沙湾 2 个坡面的 PC3 贡献率在 9%~11% 之间,载荷量则表现为 S 型变化,大鹿角湾与生长季后期的最低气温正相关显著,而石头沟与 PDSI 为显著负相关。2 个区域的前三个主分量累计贡献率也达到 85% 以上,与宽度年表和最小密度年表相同,而且同时影响不同海拔宽度密度形成的主导因子是生长季前后的持续性干旱,但树木年轮各参数形成对不同时段的干旱的响应并不相同。

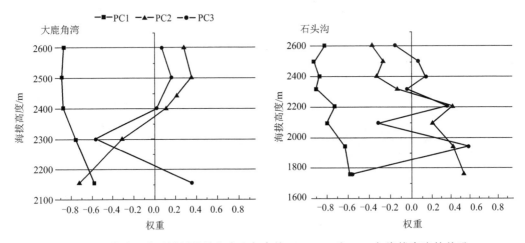

图 4.53　沙湾 2 个区域树轮最小密度年表的 PC1、PC2 和 PC3 与海拔高度的关系

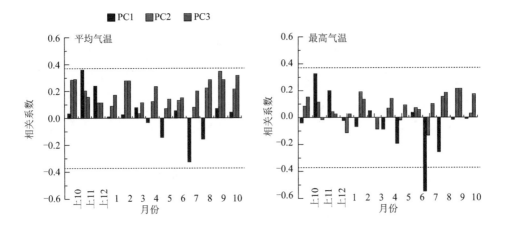

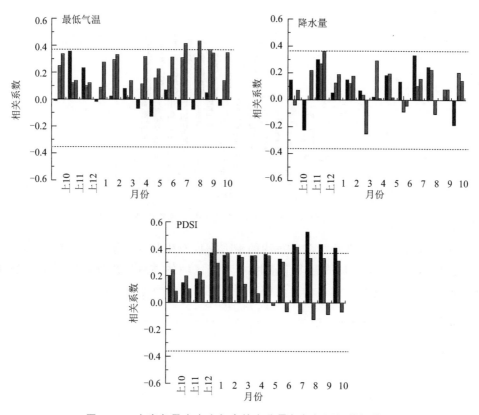

图 4.54　大鹿角最大密度年表的主分量与气候因子的相关图

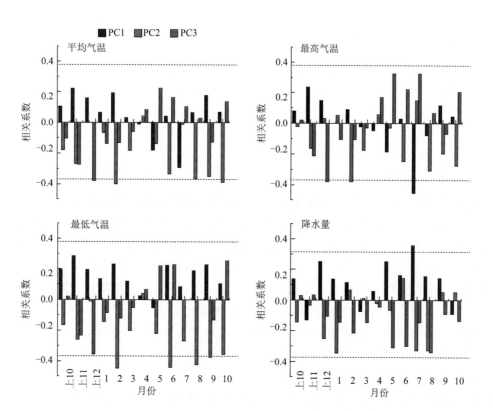

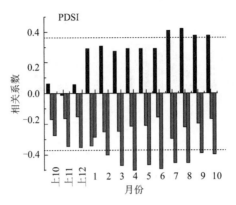

图 4.55 石头沟最大密度年表的主分量与气候因子的相关图

从图 4.56 可以看出大鹿角湾和石头沟的最大密度对生长季的降水量的响应与最小密度相同,主要呈负响应,而与平均气温多呈正相关,2 个区域的高海拔采样点同时对气温和降水均有较好的响应,而低海拔采样点的最大密度对降水的响应要更好一些。

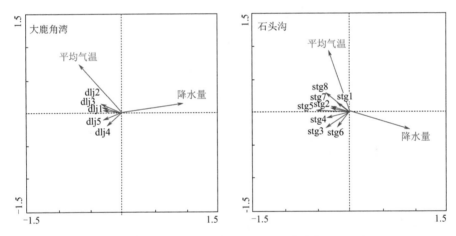

图 4.56 沙湾树轮最大密度冗余分析

4.3.2.3 天山东部树轮最小密度对气候因子的响应

宽沟区域不同海拔高度采样点的海拔 2000 m 以上的最小密度年表与上年 5—6 月有弱的正相关(图 4.57),与上年冬季至当年生长季前气温多为弱的正相关或负相关,在 1—2 月的海拔 2300 m、2100 m 和 1900 m 高度处有弱的负值中心,说明冬季气温对最小密度的影响较为复杂。各采样点与生长季 3—7 月的气温为正相关,最高值出现在海拔 2100~2200 m,这一高度之下的低海拔采样点的相关系数也在 0.4 以上。在降水响应方面,在上年 1—3 月,宽沟不同海拔高度树轮最小密度与降水呈正相关。此外除了海拔 2400 m,不同海拔采样点与上年至当年 7 月的降水量主要呈负相关,负值中心出现在海拔 2000 m 以下的 4—6 月,与天山北坡中部的沙湾地区和西部巩乃斯地区不同海拔早材平均密度对气候因子的响应是一致的,说明在生长季,较多的降水有利于早材树轮细胞分裂和形成较宽的导管,因而出现较小的最小密度。高海拔区域最小密度对 8 月的气温呈弱负相关,对降水呈弱的正相关,说明在天山北坡,生长季前期的高温有利于较大最小密度的形成,而生长季末期的高温少雨不利于早材部分细胞壁厚度的生长,形成较小的最小密度。从相关分析可以看出,天山北坡东部与中部、西部最小密度对气候因子的响应有较好的一致性,树轮最小密度形成影响最显著是 4—7 月,对生长季气温主要为正响应而对降水呈负响应。从海拔高度来看,在生长季的 4—7 月,2100～2200 m 的森林中部树轮最小密度对气温的响应要略好于上下树线,而对降水的最佳响应出现在 4—6 月的 2000 m 以下的低海拔区域,且表现为随海拔高度的升高,响应减弱。

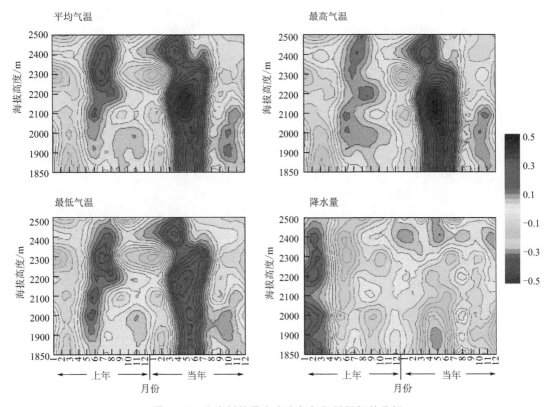

图 4.57 宽沟树轮最小密度与气候因子相关分析

选择各采样点均有较高相关气候因子进行响应面分析,结果发现宽沟(图 4.58)2100 m 以上采样点的最小密度均呈现随气温的增加而降低,较高的气温更易形成较大的最小密度,而这一海拔高度以下的采样点则存在一个阈值,在 4—6 月最高气温 25 ℃左右,当气温低于这个阈值时,随着气温的升高最小密度增加,而超过这个阈值则表现为气温升高而最小密度降低。除了最高海拔的两个采样点外,最小密度对降水的响应主要为随着降水的增多最小密度减小。从树木生理学上讲,干旱、半干旱地区的树木在生长旺盛时期,如果降水相对较多,树木就会得到较多的水分补给,年轮中细胞的分裂和伸长过程中能够得到较为充分的水分供应,导致细胞个体加大,细胞壁厚度相对较薄,从而易形成较低的木质密度(杨银科 等,2006)。生长季少雨和较高的气温影响细胞分裂和伸长,形成较窄管胞,继而形成较窄的早材,但水分足够,没有影响到光合作用效率和营养物质的增加,从密度上表现为细胞少且较小,形成较大的最小密度。当气温超过阈值后,过高的气温造成树木生长进一步缺水,不仅影响细胞分裂和伸长,还会降低光合作用速率,影响树木体内营养物质的增加,进而影响细胞壁厚度的增加,在密度上表现为个体少且细胞壁薄、较低的最小密度。

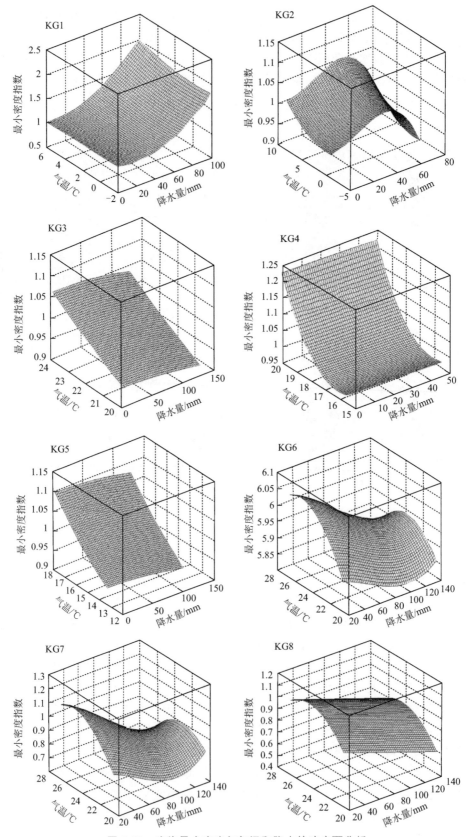

图 4.58 宽沟最小密度与气温和降水的响应面分析

从最小密度与 PDSI 的相关分析(图 4.59)可以看出,除了上年 1—4 月,各采样点对 PDSI 的响应均为负值,与天山北坡中部沙湾和西部的巩乃斯地区早材平均密度的响应相同,说明在天山北坡较大的范围内不同海拔高度的最小密度对持续干旱的响应是一致的。海拔 2300 m 以下的低海拔区域采样点,在生长季前的上年 5 月至当年 6 月,随时间的变化,各采样点与 PDSI 的相关主要呈现增加趋势,说明这一时期的持续干旱不利于较大早材密度的出现。相关最大

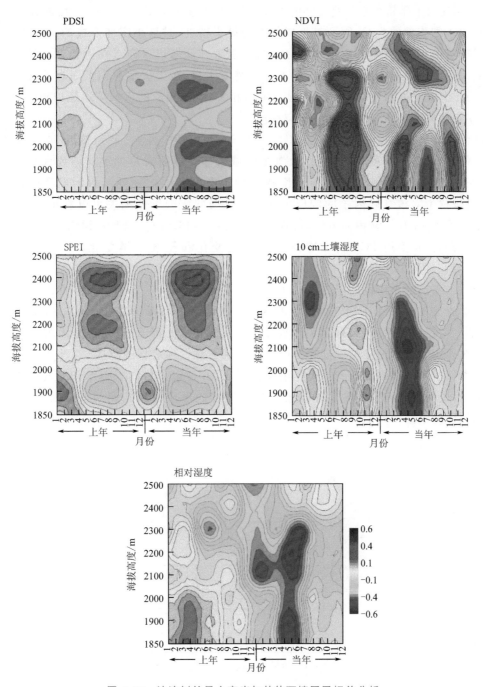

图 4.59　沙湾树轮最小密度与其他环境因子相关分析

值主要出现在海拔 2300 m 以下,而不是在上树线林缘的,表明持续干旱对高海拔的树木最小密度形成的影响并不大,而且森林内部和低海拔区域最小密度对持续干旱的敏感度比上树线更高。海拔 2300 m 以下采样点最小密度与上年 6—8 月 NDVI 有较显著的正相关,当年 6—7 月 1900 m 以下呈负相关。与宽度相反,高海拔采样点对当年生长季的 SPEI 为正响应,低海拔为弱的负相关。海拔 2300 m 以下的中低海拔采样点与 3—7 月的 10 cm 土壤湿度呈显著负相关,说明在树木年轮细胞开始活动的生长季前期,土壤干旱不利于形成较大的细胞,营养物质多被用于细胞壁的生长,因而易形成较大的最小密度,是最小密度形成的重要影响因子。相对湿度与最小密度的相关与土壤湿度相似,也为中低海拔采样点在生长期前期有较显著负响应。最小密度对干旱指数的响应不同于宽度年表,在生长季前期低海拔采样点对 ND-VI、10 cm 土壤湿度和相对湿度有较显著的负相关,湿度指数的负响应还延伸到中海拔采样点,干旱指数则未表现显著的梯度响应规律。

奇台宽沟最小密度第一主分量 PC1(图 4.60)的贡献率为 49.5%,接近 50%,载荷向量均为负值,与宽沟的宽度年表相同,低海拔区域采样点载荷向量的绝对值要大于高海拔区域,表明在宽沟同时影响不同海拔高度树轮最小密度形成的主导气候因素有较好的一致性,低海拔树木对该气候因子的响应更显著。从与气候因子的相关可以看出,宽沟的 PC1 均与生长季 4—8 月气温相关最好,特别是 4—5 月,与 PDSI 呈正相关,说明同一坡面不同海拔高度的最小密度的 PC1 表征春夏季的冷暖变化和持续干旱变化。PC2 的贡献率是 25.8%,与宽度年表相同,均表现为低于 2100 m 海拔载荷量的权重为负,而高海拔为正,呈相反趋势。宽沟最小密度的 PC2 与 6 月气温相关最好,与 4—5 月降水量也相关显著,说明最小密度的 PC2 表征了不同气候因子的变化。宽沟 PC3 贡献率在 9%,载荷量则森林中部为负,上下树线附近为正,最好相关出现在 6 月气温和 3 月降水,这可能是因为 PC3 表征最小密度在天山北坡沿海拔高度变化的降水带干扰下对气候信息的响应。2 个区域的前三个主分量累计贡献率达到 84%,与宽度年表相同,二者各主分量的贡献率和与气候因子的响应也接近,说明不同海拔高度最小密度和树轮宽度的形成受到相同的气候因子的影响,而且影响的程度也是相同的。

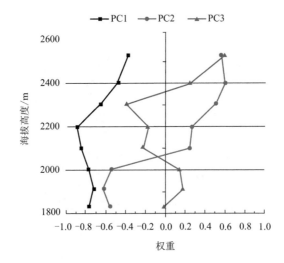

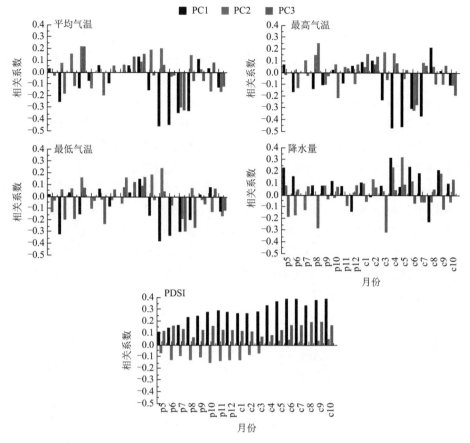

图 4.60　宽沟树轮最小密度年表的 PC1、PC2 和 PC3 与海拔高度的关系及气候因子的相关图

从冗余分析来看(图 4.61)宽沟的最小密度以海拔 2100 m 为界,可以分为 2 类,低海拔区域对生长季的降水量呈负响应,而与平均气温和最高气温多呈正相关,高海拔区域对气温变化呈现正响应,与降水量没显著相关性。各类内部气候因子变化引起树轮最小密度的变化的原因和影响程度接近。冗余分析结果表明奇台在海拔 2200 m 以上和以下的最小密度对气候因子的响应有显著差异。

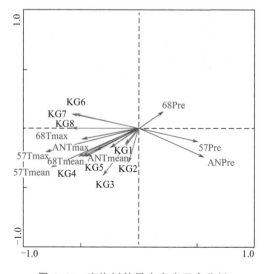

图 4.61　宽沟树轮最小密度冗余分析

4.3.2.4 天山东部树轮最大密度对气候因子的响应

宽沟区域不同海拔高度采样点的最大密度年表与上年 11—12 月的气温(图 4.62)主要呈负相关,与当年 1 月呈正相关,与天山北坡中部和西部不同,说明冬季气温对最大密度的影响较为复杂。各采样点与生长季 4—8 月的气温为正相关,特别是 7—8 月的最高气温,说明在天山北坡东部,生长季的高温有利于较大最大密度的形成。相关普查中,KG4 最小密度与 7—8 月最高气温相关达到 0.608,其他采样点的相关系数也在 0.4 以上。在降水量方面,不同海拔采样点与生长季 5—8 月的降水量主要呈负相关,与天山北坡中部的沙湾地区和西部巩乃斯地区不同海拔高度对气候因子的响应是一致的。宽沟采样点对气候因子的响应规律与天山北坡中部沙湾区域最大密度、西部巩乃斯区域晚材平均密度是一致的,说明在更大的范围内,最大密度对气候因子的响应基本相同,具有大尺度气候重建中的潜力。与天山北坡中部差异最大的响应出现在最低气温,中部在生长季与最低气温主要呈负相关而在东部为正相关。从海拔高度来看,对树轮最大密度形成影响最显著的 7 月,森林中部树轮最大密度对最高气温的响应要略好于上、下树线,而对降水的最佳响应出现在海拔 2100 m 和 1850 m 的低海拔区域,且表现为随海拔高度的升高,响应减弱。

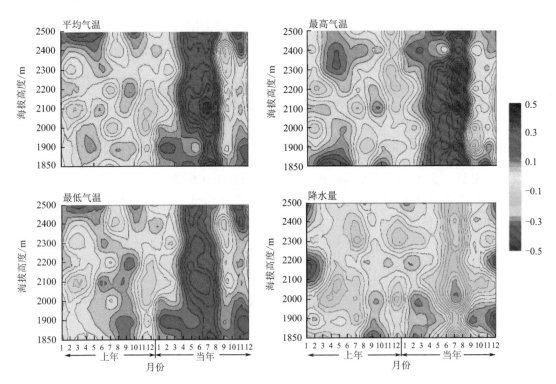

图 4.62　宽沟树轮最大密度与气候因子相关分析

选择与最大密度相关较好的生长季气候因子,进行响应面分析。从图 4.63 可以看出,除了 KG3 和 KG6,其余各采样点对气温的响应基本相同,均为随着气温的增加最大密度增大,这与天山北坡中部和西部基本一致。不同海拔高度对降水的响应则有一些差异,位于上树线的 KG1 采样点的最大密度随着降水量的增加而增大,KG3 和 KG6 采样点随降水量增加而最大密度显著减少,其余采样点则为减少,但没有 KG3 和 KG6 显著。

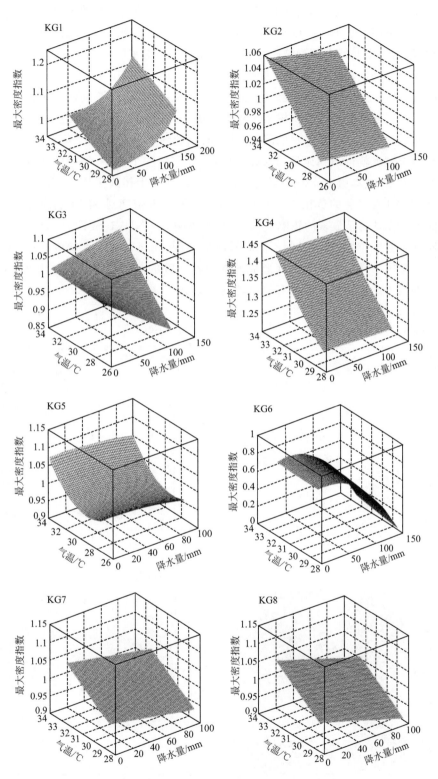

图 4.63 宽沟区域最大密度与气候因子的响应面分析

除了 KG1850 m 采样点外,各采样点最大密度与 PDSI 的相关系数主要为负值(图 4.64),位于森林中部海拔高度在 KG2300 m 和 KG2100 m 采样点的响应显著性最好,要高于森林上林缘和下林缘,与天山北坡中部沙湾区域和巩乃斯晚材平均密度生长季时段的响应相同。巩乃斯区域森林中部和低海拔区域的最大密度在生长季前与 PDSI 相关为负相关,与中部和东部区域不同,这可能是由于巩乃斯是新疆降水最多区域,干旱程度要远弱于中部和东部山区,因而造成低海拔区域的差异。而从树木生理学上讲,在生长季,由于干旱区树木的细胞壁的厚度和形成层的活动速率主要受降水的限制,这一时期的降水少,气温高,蒸发量较大,年轮中细胞的分裂和伸长过程就得不到充足的水分供应,会导致细胞个体小、细胞壁厚度大,从而易形成较大的木质密度(魏本勇 等,2008;陈津 等,2009)。除了上树线采样点,奇台最大密度在生长季后期与 NDVI 有显著的负相关。不同海拔高度的最大密度对 SPEI 响应完全一致,在上年和当年的 4—10 月均呈显著的正响应,秋冬季为负响应。NDVI、SPEI、10 cm 土壤湿度均表现为季节性响应差异,对气候因子的不同时段响应不同,无显著的梯度响应规律,说明这些环境因子对不同海拔采样点的最大密度形成的影响是一致的。相对湿度仅对海拔 2100~2300 m 的森林中部树木的最大密度形成有较显著的负影响。

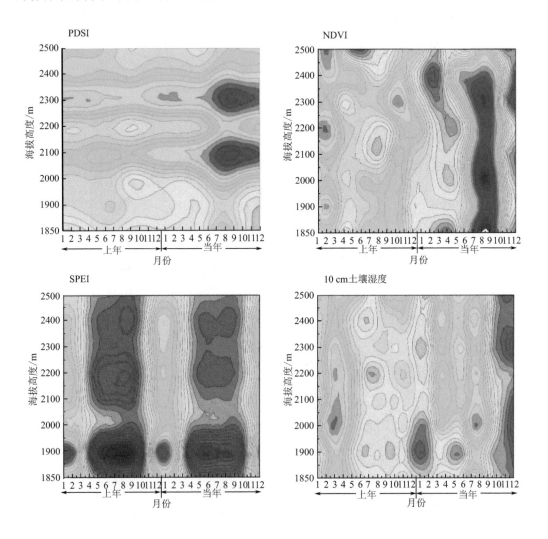

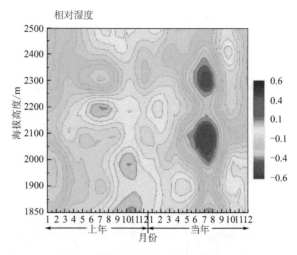

图 4.64　宽沟区域最大密度与其他环境因子的相关分析

　　宽沟最大密度第一主分量 PC1（图 4.65）的贡献率在 63%，较树轮宽度和最小密度的贡献率多 13% 以上，载荷向量也均为负值，与宽度和最小密度相同，表明不同海拔高度树轮最大密度一致性要好于宽度和最小密度，并可能存在对整个坡面树轮最大密度形成有较大影响的主导因子，而且该主导因子对最大密度的影响程度要大于树轮宽度和最小密度。从与气候因子的相关（图 4.65）可以看出，宽沟最大密度的 PC1 与当年 7 月平均气温、平均最高气温和降水相关最好，相关系数均在 0.4 以上，对 PDSI 均为正响应，但与 7 月 PDSI 的相关系数仅在 0.3 左右，说明宽沟同一坡面不同海拔高度最大密度的 PC1 表征该区域 7 月冷暖干湿变化，但对持续干旱响应不显著。PC2 的贡献率是 14%，小于树轮宽度和最小密度的 PC2 贡献率，也是以海拔 2100 m 左右为分界线，高海拔区域和低海拔区域的载荷向量呈相反趋势，但与宽度和最小密度相反，低海拔采样点的载荷量为正值而高海拔为负值。最大密度的 PC2 对气温和降水均没有显著的响应，也没有表现出响应规律。PC3 贡献率仅为 6%，载荷量则表现为 S 型变化，与上年 10 月的气温负相关，但对 PDSI 响应显著，说明小生境差异对最大密度影响不大，但存在持续干旱的影响。前三个主分量累计贡献率也达到 83% 以上，与宽度年表和最小密度年表相同，而且同时影响不同海拔高度宽度密度形成的主导因子是生长季的气温和降水，对持续干旱没有显著响应，与天山北坡中部的沙湾区域不同。

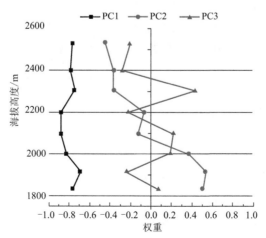

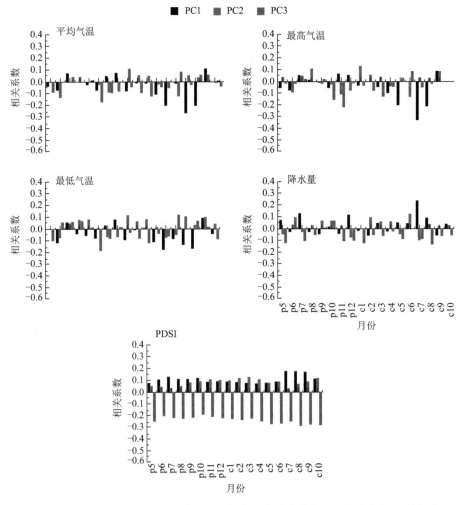

图 4.65 宽沟树轮最大密度年表特征向量与海拔高度的关系及与气候因子的相关

从冗余分析结果来看（图 4.66），宽沟的最大密度对生长季的降水的响应与最小密度相同，主要呈负响应，而与平均气温多呈正相关，位于森林中部的 KG3 和 KG5 采样点对生长季的气温、降水有更好的响应，不同于树轮宽度和最小密度，没有呈现海拔 2100 m 的分界线，从向量长度上各采样点也没有显著差异。

4.3.2.5 小结

不同海拔高度树木年轮的宽度、最小密度和最大密度对气候因子的响应各不相同。树木年轮宽度对随海拔高度变化的不同水热组合的响应有较好的规律性，高海拔和低海拔采样点在生长季前对气候因子的响应相同，而生长季则呈相反的响应。冗余分析表明，天山中部在

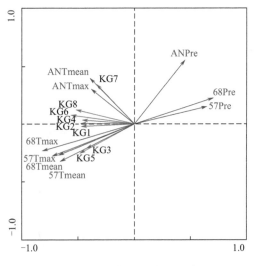

图 4.66 宽沟树轮最大密度冗余分析

2400 m 以上的高海拔采样点,随海拔的升高树木年轮宽度对气温的响应降低。两个坡面间响应差异主要是由于受到小生境的干扰,坡度较小的大鹿角湾高海拔采样点主要受气温的影响,而在坡度较大的石头沟高海拔采样点则对降水有明显的响应,这一区域生境变化主要干扰气温对树木宽度生长的影响。森林中部的树木径向生长受小生境干扰最强,对气候因子的响应差异最大。

天山中部树轮采样点的最小密度年表对气候因子的响应规律基本相同,对生长季前的气温主要为负响应而对降水呈正响应,对生长季 4—5 月的气温为正相关而降水呈负相关。从海拔高度变化来看,不同海拔高度的树轮最小密度对降水因子的响应均为随降水量的增加而最小密度减小。海拔 2200 m 左右是最小密度对气候因子响应差异的分界线,低海拔区域主要受降水的影响,而在高海拔区域,最小密度还受到气温的影响,主要表现为较低的气温更易形成较大的最小密度。低海拔区域采样点的最小密度在降水重建中的潜力更大,高海拔采样点则可同时用于气温和降水重建。

天山中部最大密度年表与天山北坡西部区域对气候因子的响应相同,均表现为上年秋冬季节和当年的冬春季节的各气温因子为负相关,在生长季,除了 6 月,其余各月各采样点与平均气温和最高气温多为正相关。除上年 11 月外,其他时段各采样点与降水均为负相关。从海拔高度变化来看,不同采样点对最低气温的响应有较大差异,高海拔采样点与最低气温多为正相关,而低海拔采样点为负相关。从响应的程度来看,高海拔采样点同时对气温和降水均有较好的响应,而低海拔采样点的最大密度对降水的响应要更好一些。沙湾各海拔高度采样点在气温相对低时,对气温的响应基本相同,均为随着气温的增加最大密度增大,而在 2500 m 以上的高海拔区域,当气温达到一定程度,随着气温的增加而最大密度开始减小。在局地环境的变化引起的树轮参数响应差异方面,坡度等小生境差异对密度形成的干扰要弱于对宽度的干扰。高海拔采样点最大密度在更大的范围内对气候因子的响应是相同的,具有大尺度气候重建中的潜力。

天山中部宽度年表和密度年表对 PDSI 指数的响应与大尺度范围的树轮响应是一致的,树轮径向生长与 PDSI 呈正相关,低海拔区域响应最显著,其次为高海拔区域,而森林中部最低。从局地环境来看,坡度更大的石头沟响应更显著。树轮最小密度和最大密度对 PDSI 的响应均为负相关,说明持续干旱的影响下,树轮径向生长受到抑制,出现较窄年轮,而形成较大的树轮密度。从海拔高度来看,最小密度在上树线以下的海拔 2400 m 采样点的响应最显著,并呈现随海拔高度的降低,相关系数也随之降低的规律。最大密度则表现为森林中部采样点对 PDSI 的响应比上树线和下树限采样点更显著。

天山东部区域不同海拔高度树木年轮的宽度、最小密度和最大密度对气候因子的响应各不相同。树木年轮宽度对随海拔高度变化的不同水热组合的响应有较好的规律性,高海拔和低海拔采样点对上年生长季和生长季前的 3—4 月气候因子的响应相同,而生长季则呈响应相反的规律。从响应强度和主成分分析来看,低海拔区域对气候因子的响应要强于高海拔区域。对 PDSI 不同海拔高度的树轮宽度生长均为正响应,低海拔区域对持续干旱响应要强于高海拔区域。冗余分析表明,在海拔 2100 m 以上的高海拔采样点对生长季的气温和降水均没有显著的响应,而低海拔区域的树轮同时受气温和降水的共同影响,森林中部的树木径向生长受小生境干扰最强,对气候因子的响应差异最大。

生长季前的气候因子对天山东部树轮采样点的最小密度生长没有显著的规律性,且影响程度较弱,对生长季前期的气温呈正响应,而对降水为负相关,生长季前期的高温有利于较大最小密度的形成。从海拔高度变化来看,在生长季,森林中部树轮最小密度对气温的响应要略好于上下树线,而对降水的最佳响应出现在生长季前期的低海拔区域,且表现为随海拔高度的升高,响应减弱。2100 m 左右海拔高度是最小密度对气候因子响应差异的分界线,在高海拔区域气温的升高会造成更小的最小密度出现,低海拔区域则出现气温阈值,阈值前后的最小密度对气温的升高响应相反。对 PDSI 指数相关分析和主成分分析的结果表明,持续干旱对森林中部和低海拔区域的影响比对高海拔区域更显著。冗余分析结果与宽度相同,将不同海拔高度树轮沿 2100 m 分为两类,低海拔区域对气候因子响应更显著。

生长季的天山东部树轮最大密度年表与天山北坡中部和西部区域对气候因子的响应相同,各采样点与平均气温和最高气温多为正相关,与 5—8 月降水呈负相关。从海拔高度变化来看,在对树轮最大密度形成影响最显著的 7 月,森林中部的采样点对气温的响应好于上下树线,而降水则是低海拔区域响应更显著,还呈现出随海拔高度升高而减弱的规律。从响应的程度来看,低海拔采样点同时对气温和降水均有较好的响应,这与天山北坡中部和西部有较大差异。持续干旱对森林中部采样点的最大密度形成有较大影响,而上下树线则响应不显著。冗余分析未发现与宽度和最小密度相同的 2100 m 分界线,在主成分分析中也有体现,第二主成分的载荷量在 2100 m 高度以下由负值变为正值,但对气候因子没有显著响应。

与其他环境因子和干旱指数的相关分析发现,2000 m 以下的低海拔采样点树轮宽度在生长季对表征干旱的 PDSI、SPEI、10 cm 土壤湿度和相对湿度均有较好的正相关性,而高海拔采样点仅 2400 m 处采样点对生长季 SPEI 有较显著的负相关。最小密度对干旱指数的响应不同于宽度年表,在生长季前期低海拔采样点对 NDVI、10 cm 土壤湿度和相对湿度有较显著的负相关,湿度指数的负响应还延伸到中海拔采样点,PDSI 呈现显著的海拔梯度变化,SPEI 则未表现显著的梯度响应规律。不同于宽度和最小密度,NDVI、SPEI、10 cm 土壤湿度均表现为季节性响应差异,对气候因子的不同时段响应不同,没有显著的梯度响应规律,说明这些环境因子对不同海拔采样点的最大密度形成的影响是一致的。相对湿度仅对 2100~2300 m 的森林中部树木的最大密度形成有较显著的负影响。

4.4　稳定同位素在树轮生态学中的应用

全球气候变化对森林生态系统有着深远的影响(Bonan,2008),不同区域不同气候背景下气候变化对森林生态系统影响有所不同。树轮稳定同位素分析作为一种高分辨率方法,以其精确度高、连续性强及年轮对环境波动的敏感性强等优势,在研究过去环境变化及全球碳循环方面具有重要意义(Robertson et al.,1997;Wilson et al.,1977)。树轮稳定碳同位素对气候要素的响应是一个复杂的过程,而且不同地区、不同树种的树轮 $\delta^{13}C$ 对气候要素的响应也不同(Francey et al.,1982)。Xu 等(2011) 研究表明,雪岭云杉树轮 $\delta^{13}C$ 受生长季降水和相对湿度影响显著。而西伯利亚落叶松树轮 $\delta^{18}O$ 序列与 7—8 月的平均气温和平均最高气温显著正相关,与 7 月降水和相对湿度显著负相关,并与在三个参数上反映树轮氧同位素分馏的综合作用的 7—8 月 scPDSI 显著相关,同时指出,水分可能是控制东天山树轮氧同位素分馏的主要因子。陈拓等(2000)发现树轮 $\delta^{13}C$ 对降水、相对湿度、气温和日照时数的响应均较好,并恢复了新疆昭苏地区的降水变化。本节基于前期研究,主要开展中亚区域不同树种树轮稳定碳同位素与气候因子的关系。

4.4.1　天山南北坡树轮稳定碳同位素对气候的响应对比

天山作为亚洲内陆干旱区最大的山系南北坡气候环境迥异,天山南坡属于暖温带大陆性气候,由于身居内陆,并位于印度洋水汽和大西洋水汽输送的背风坡,而太平洋水汽无法深入,导致该地区以大陆性极端干旱气候为主,大部分区域年降水量不足 100 mm。而天山西部北坡的伊犁河流域由于大西洋水汽通过西风环流输送至天山北坡借助地形抬升作用形成地形降水,使虽然同样身居内陆干旱区的伊犁河流域成为干旱区的“湿岛”,大部分区域年降水量大于 400 mm(张瑞波,2017)。气温方面,由于纬度原因,属于暖温带大陆性气候的天山南坡平均气温高于属于中温带大陆性气候的天山北坡。而暖干的天山南坡和冷湿的天山北坡同时生长着天山山区特有的建群树种——雪岭云杉。在不同气候背景下,气温和降水如何影响雪岭云杉树轮稳定碳同位素分馏? 这一问题前人研究很少涉及。本研究分别在天山南坡的阿克苏河流域和天山北坡的伊犁河流域以及伊塞克湖流域采集树轮样本,分别建立了 2 条天山南坡树轮稳定碳同位素序列和天山北坡 2 条树轮稳定碳同位素序列,结合气象数据,试图探讨气候变化背景下,天山南北坡雪岭云杉树轮稳定碳同位素对气候的响应差异。

2015 年 6—9 月,研究团队分别在阿克苏河流域的平台子(PTZ)、伊犁河流域那拉提(NLT)和伊塞克湖流域的 Kok-Jayyk(KJK)采集了 3 个采样点的树轮样本,2018 年在天山南坡阿克苏河流域的博孜墩(BZD)进行了补充采样。所有 4 个采样点均用 10 mm 生长锥在胸高处采集 20~25 棵树的不同方位 40 根以上的样芯,采样点详细信息见表 4.11。

表 4.11　天山南北坡采样点基本信息

区域	采样点名称	代号	纬度(N)	经度(E)	平均海拔/m	坡向	坡度	郁闭度
天山南坡	平台子	PTZ	41°44′	80°23′	2450	北	20°	0.4
	博孜墩	BZD	41°49′	80°38′	2550	北	15°	0.2
天山北坡	那拉提	NLT	43°15′	84°14′	1995	西北	10°	0.6
	Kok-Jayyk	KJK	42°42′	78°56′	2350	北	10°	0.2

在交叉定年的基础上,选择没有缺轮且没有明显损伤或异常、与主序列相关较高,年轮边界清晰的树芯作为树轮稳定同位素研究对象。依据以上标准,每个样点最终挑选了 4~10 棵树的样芯经过双面打磨和目测定年。为了避免幼龄效应(Gagen et al.,2007;Zhang et al.,2020a),去除髓心至少 30 a,其余用手术刀在显微镜底下进行样本逐年剥离,剥离时严格对照交叉定年的宽度数据,将同一日历年的样芯混合。利用混合球磨仪(MM400,Retsch GnbH,德国)对每一年的样本研磨粉碎并充分混合,该方法已应用于天山树轮稳定同位素研究(Zhang et al.,2019a,2020d)。采用 Brendel 等(2000)的醋酸硝酸混合方法对所有样本进行逐年 α-纤维素的提取,同时增加 17% 的 NaOH 处理以去除木质素及非纤维素多糖(Crampton et al.,1938),该研究方法广泛应用于树轮稳定同位素研究中(Zhang et al.,2019a,2020d;Evans et al.,2006)。将逐年的纤维素样本取 70~100 μg 用锡杯包裹为立方体或球形,在兰州大学西部环境教育部重点实验室的元素分析仪(Flash EA 1112;Thermo Fisher Scientific,Waltham,MA,美国)和稳定同位素质谱仪(MAT253,Thermo Fisher Scientific Bremen GmbH,德国)在线进行稳定碳同位素的测定。每测定 7 个样本同时测定一个实验室已知的石墨标准(-16.0‰)。同位素测量的分析误差(标准差)小于 0.05‰。稳定碳同位素表达采取相对丰度南卡罗莱纳白垩系皮狄组地层美洲箭石化石(Vienna Pee Dee Belemnite VPDB)标准(Coplen,1995),其计算公式为:

$$\delta^{13}C = \left[\frac{(^{13}C/^{12}C)_{sample}}{(^{13}C/^{12}C)_{VPDB}} - 1\right] \times 10^3 ‰ \tag{4.3}$$

由此,得到了 4 条树轮稳定碳同位素序列。

研究表明,工业革命以来由于化石燃料的大量使用,使大气中 CO_2 浓度持续升高。树木在生长过程中通过光合作用不断吸收大气中的 CO_2,外界大气中 CO_2 含量的变化必然会影响树木年轮中 $\delta^{13}C$ 值。而这种变化与气候无关,因此,利用树木 $\delta^{13}C$ 研究过去气候变化时,必须剔除大气 CO_2 浓度升高的影响。由于分馏的组合效应,同时光合作用产物的 $\delta^{13}C$ 值与源水直接相联系,因此只需要简单在每轮的 $\delta^{13}C$ 值上加上每年大气 $\delta^{13}C$ 相对于标准值的差值,就可以校正大气 $\delta^{13}C$ 值的变化。通常我们把工业革命前大气 $\delta^{13}C$ 值作为标准值,其值约为-6.4‰,与小冰期前 1850 年的值较接近,本研究将树轮稳定碳同位素的实测值加上大气 $\delta^{13}C$ 相对于标准值的差值作为校正后的稳定碳同位素值,将其定义为树轮稳定同位素的去趋势序列($\delta^{13}C_{corr}$)(Leavitt et al.,1994;Keeling et al.,1979)(图 4.67),基于此序列分析雪岭云杉稳定碳同位素对区域气候的响应。

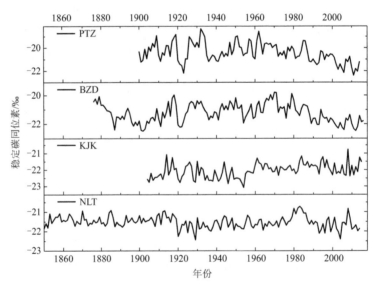

图 4.67　四条树轮 $\delta^{13}C_{corr}$ 序列

(PTZ:平台子;BZD:博孜墩;NLT:那拉提;KJK:Kok-Jayyk)

4.4.1.1　树轮稳定碳同位素序列统计分析

天山南坡 2 个样点树轮稳定碳同位素值分别变化于-22.400‰~-18.320‰(PTZ)和-22.489‰~-19.794‰(BZD),平均值分别为-20.419‰(PTZ)和-21.245‰(BZD),变异系数为-0.042(PTZ)和-0.031(BZD)。相比较而言,天山北坡雪岭云杉树轮稳定碳同位素值相对较低,分别变化于-23.070‰~-20.770‰(KJK)和-22.430‰~-20.720‰(NLT),平均值分别为-22.050‰(KJK)和-21.525‰(NLT),变异系数也相对较小,分别为-0.020

(KJK)和-0.014(NLT)(表 4.12)。同时,从方差和标准差来看,天山南坡也大于天山北坡。说明相对而言,天山北坡的雪岭云杉树轮稳定碳同位素年际变化较天山南坡的稳定。另外,从长期变化来看,天山南坡树轮稳定碳同位素呈明显的偏负趋势,尤其是 20 世纪 70 年代以后,而天山北坡相对较为稳定(图 4.67)。从四条序列之间的相关性来看,PTZ 与 BZD、NLT 与 KJK 均通过了信度 0.01 的显著性检验,相关系数分别为 0.761($n=115,p<0.001$)和 0.390($n=111,p<0.001$),这说明同一流域间树轮稳定碳同位素的一致性更高。

表 4.12 天山南北坡雪岭云杉树轮稳定同位素序列的基本统计特征

代号	年代	一阶自相关	极大值	极小值	均值	方差	标准差	偏度	峰度	变异系数
PTZ	1900—2014	0.636	-18.320‰	-22.400‰	-20.419‰	0.729	0.854	0.163	-0.336	-0.042
BZD	1876—2016	0.704	-19.794‰	-22.489‰	-21.245‰	0.435	0.660	0.108	-0.800	-0.031
KJK	1904—2015	0.354	-20.770‰	-23.070‰	-22.050‰	0.190	0.436	0.223	-0.180	-0.020
NLT	1850—2014	0.416	-20.720‰	-22.430‰	-21.525‰	0.096	0.310	0.026	0.360	-0.014

4.4.1.2 雪岭云杉树轮稳定碳同位素对气候的响应

将天山南坡两个采样点的树轮 $\delta^{13}C_{corr}$ 序列与附近的拜城气象站上年 10 月到当年 9 月的逐月平均气温、平均最高气温、降水量、相对湿度和饱和水汽压亏缺等气象参数进行相关分析。结果表明,两个采样点的树轮稳定碳同位素与生长季平均气温和平均最高气温没有显著的相关,而与上年 10 月、11 月和当年 2—4 月均显著负相关,进一步进行一阶差相关分析显示,天山南坡两个采样点的树轮 $\delta^{13}C_{corr}$ 序列与拜城气象站上年 10 到当年 9 月的逐月平均气温的一阶差均未通过信度 0.05 的显著性检验,因此,两条 $\delta^{13}C_{corr}$ 序列与平均气温的相关性也仅仅表现为趋势相关;而两条树轮 $\delta^{13}C_{corr}$ 序列均与生长季降水呈显著的负相关关系,BZD 和 PTZ 序列与 6 月降水量相关系数分别高达-0.418($n=56,p<0.01$)和-0.403($n=55,p<0.01$);同时,两条树轮 $\delta^{13}C_{corr}$ 序列与生长季相对湿度呈现显著的负相关关系,与生长季饱和水汽压亏缺(VPD)呈显著的正相关关系(图 4.68)。

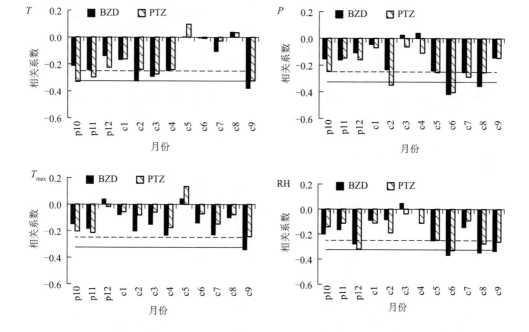

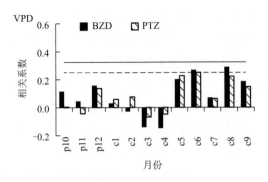

图 4.68　天山南坡树轮 $\delta^{13}C_{corr}$ 对气候的响应

T:平均气温;P:降水量;T_{max}:平均最高气温;RH:相对湿度;VPD:饱和水汽压匮缺;p10—p12 和 c1—c9 分别代表
上年 10 月、11 月、12 月和当年的 1—9 月;横虚线和横实线分别代表相关系数超过 95% 和 99% 的置信水平

　　将天山北坡两个采样点的树轮 $\delta^{13}C_{corr}$ 序列与附近的昭苏气象站上年 10 到当年 9 月的逐月平均气温、平均最高气温、降水量、相对湿度和饱和水汽压亏缺(VPD)等气象参数进行相关分析,结果表明,两个采样点的树轮 $\delta^{13}C_{corr}$ 与生长季平均最高气温均呈显著的正相关关系,同时与生长季的降水和相对湿度呈显著的负相关关系,另外,还与生长季的 VPD 呈显著的正相关关系(图 4.69)。

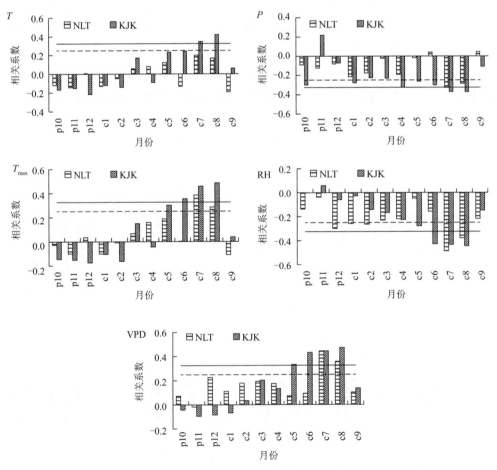

图 4.69　天山北坡树轮 $\delta^{13}C_{corr}$ 对气候的响应对比

进一步分析表明(表 4.13),天山南坡树轮 $\delta^{13}C_{corr}$ 序列 BZD 和 PTZ 分别与生长季内(5—9 月)的降水量以及相对湿度显著负相关,其中,BZD 和 PTZ 与生长季降水量的相关系数分别达到 $-0.618(n=58,p<0.01)$ 和 $-0.591(n=56,p<0.01)$;另外,天山南坡的两条树轮 $\delta^{13}C_{corr}$ 序列与饱和水汽压亏缺(VPD)的相关系数也通过了信度 0.05 的显著性检验。以上无论是树轮 $\delta^{13}C_{corr}$ 与降水和相对湿度的负相关,还是与 VPD 的正相关均表明了影响天山南坡树轮稳定碳同位素分馏的主控气候因子为生长季的水分,尤其是降水。

表 4.13　天山南北坡树轮 $\delta^{13}C_{corr}$ 与气候参数相关

区域	代号	T_{59}	T_{max59}	P_{59}	RH59	VPD59	T_{68}	T_{max68}	P_{68}	RH68	VPD68
天山南坡	BZD	-0.143	-0.277^*	-0.618^{**}	-0.420^{**}	0.318^*	-0.053	-0.251	-0.564^{**}	-0.383^{**}	0.299^*
	PTZ	0.040	-0.112	-0.591^{**}	-0.350^*	0.284^*	-0.003	-0.149	-0.522^{**}	-0.309^*	0.253
天山北坡	NLT	0.043	0.224	-0.226	-0.358^{**}	0.314^*	0.101	0.299^*	-0.300^*	-0.427^{**}	0.388^{**}
	KJK	0.367^{**}	0.492^{**}	-0.553^{**}	-0.427^{**}	0.508^{**}	0.454^{**}	0.586^{**}	-0.536^{**}	-0.534^{**}	0.560^{**}

注:T_{59}:5—9 月平均气温;T_{max59}:5—9 月平均最高气温;P_{59}:5—9 月降水量;RH59:5—9 月平均相对湿度;VPD59:5—9 月饱和水汽压匮缺;

T_{68}:6—8 月平均气温;T_{max68}:6—8 月平均最高气温;P_{68}:6—8 月降水量;RH68:6—8 月平均相对湿度;VPD68:6—8 月饱和水汽压匮缺;

* 和 ** 分别代表相超过 95% 和 99% 的置信水平。

而天山北坡雪岭云杉树轮 $\delta^{13}C_{corr}$ 与生长季和夏季平均气温、平均最高气温和饱和水汽压亏缺(VPD)显著正相关,而与降水量和相对湿度显著负相关。其中 KJK 采样点树轮 $\delta^{13}C_{corr}$ 与夏季平均最高气温和 VPD 相关系数分别高达 $0.586(n=60,p<0.01)$ 和 0.560 $(n=60,p<0.01)$,而与夏季降水量和相对湿度的相关系数分别相关高达 $-0.536(n=60,p<0.01)$ 和 $-0.534(n=60,p<0.01)$。即天山北坡树轮稳定碳同位素分馏可能受到水热条件的共同控制。

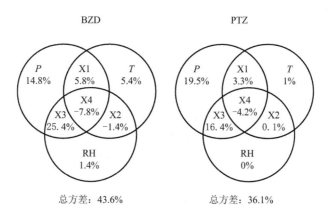

图 4.70　天山南坡树轮 $\delta^{13}C_{corr}$ 与生长季(5—9 月)平均气温、降水量和相对湿度的共线性分析

注:P、T 和 RH 分别为单一的降水、平均气温和平均相对湿度对稳定碳同位素的作用;X1 为平均气温和降水的综合影响,X2 为平均气温和相对湿度的综合影响,X3 为降水量与平均相对湿度的综合影响,X4 为三种气候因子共同影响。相应的百分比值表示参数的解释方差

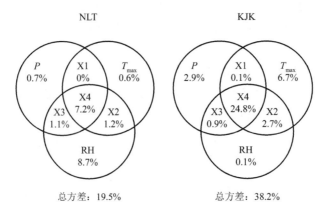

图 4.71　天山北坡树轮 $\delta^{13}C_{corr}$ 与夏季(6—8 月)平均最高气温、降水量和相对湿度的共线性分析

从单因素相关分析结果来看,生长季降水和相对湿度与天山南坡树轮 $\delta^{13}C_{corr}$ 序列显著负相关,而生长季气温、降水和相对湿度等气候因子对天山北坡树轮 $\delta^{13}C_{corr}$ 序列都有一定影响。但这些气候因子在影响树轮稳定碳同位素分馏时可能存在协同效应。因此进一步对主要气候因子与树轮 $\delta^{13}C_{corr}$ 序列进行共线性分析。从共线性分析可以看出,生长季平均气温、降水量和相对湿度分别解释天山南坡 BZD 和 PTZ 树轮稳定碳同位素序列的 43.6% 和 36.1% 的方差;而夏季平均最高气温、降水量和相对湿度解释天山北坡 KJK 序列 38.2% 的方差,仅仅解释 NLT 19.5% 的方差。这表明,总体而言,气候因子对天山南坡树轮稳定碳同位素分馏的影响要大于天山北坡。影响天山南坡树轮稳定碳同位素分馏的主要限制性因子为生长季的降水量以及降水和相对湿度的协同效应,它们可以解释树轮稳定碳同位素分馏 30% 以上的方差,而平均气温的贡献不大;天山北坡树轮稳定同位素分馏过程由夏季平均最高气温、降水量和相对湿度协同影响,任何一个单独气候因子对天山北坡树轮稳定碳同位素分馏都贡献不大(图 4.70、图 4.71)。

气候因子通过影响光合作用而影响到 $\delta^{13}C$,光合作用中 CO_2 的同化过程是一系列的酶促反应,对有机物合成影响较大的气候因子可以分为两类,空气相对湿度和降水为一类;气温和光强度为另一类(McCarroll et al.,2004)。相对湿度和降水的变化造成湿度梯度和压力的改变,进而影响到气孔开度大小,进入细胞内的 CO_2 浓度发生改变,导致合成有机物中同位素组成发生改变;温度和光强主要影响光合作用酶的产量和活性,对光合作用的速率和效率产生影响,进一步影响合成有机物中同位素组成。另外,还会通过影响饱和水汽压而影响气孔导度 (g)(McCarroll et al.,2001)。植物对 CO_2 的吸收速率与叶片气孔导度通数的变化都会影响叶内胞间 CO_2 浓度(C_i)或叶内胞间 CO_2 浓度与大气 CO_2 浓度(C_i/C_a)之比,从而导致植物 $\delta^{13}C$ 值变化。温度、湿度、光照等气候因子都是通过影响气孔和光合羧化酶对碳同位素的分布效应 a(CO_2 扩散分馏系数)和 b(羧化生化分馏系数)、细胞间 CO_2 浓度影响 $\delta^{13}C$(Liu et al.,2007)。

天山南坡雪岭云杉树轮稳定碳同位素值、方差和标准差均大于天山北坡可能与天山南北气候差异有关,位于天山南坡的阿克苏河流域相对天山北坡的伊犁河流域和伊塞克湖流域而言,气温相对较高,降水相对较少,导致气候更为干旱,并且极端气候事件较为频繁,导致了天山南坡稳定同位素值相对较高,同位素分馏相对不稳定。但是,总体而言,是符合 C3 植物碳同位素的理论值(McCarroll et al.,2004)。目前,大气中的 $\delta^{13}C$ 约为 $-8.2‰$。随着大量使用化石燃料($\delta^{13}C$ 非常低),$\delta^{13}C$ 迅速下降。植物组织的 $\delta^{13}C$ 值明显低于大气。C3 植物的 $\delta^{13}C$ 通常在 $-35‰\sim-20‰$ 之间,在干旱地区相对较高(McCarroll et al.,2004)。

　　稳定的碳同位素记录了光合速率和气孔导度之间的平衡,在干旱地区,降水、相对湿度和土壤水分状况占主导地位,在湿润地区,夏季辐照度和气温占主导地位(McCarroll et al.,2004)。大量研究表明,干旱区树轮 $\delta^{13}C$ 主要受叶片气孔导度(g)控制,与降水、土壤湿度和空气相对湿度等因子负相关(Barber et al.,2004;Kirdyanov et al.,2008;McCarroll et al.,2001;Haupt et al.,2011;Gagen et al.,2004)。天山南坡拜城气象站生长季平均气温为 19.4 ℃,夏季为 21.1 ℃,而夏季平均最高气温为 30.4 ℃,按照干绝热直减率计算,采样点位置的生长季平均气温为 11.5 ℃(PTZ)和 10.8 ℃(BZD),夏季平均气温为 13.2 ℃(PTZ)和 12.5 ℃(BZD),平均最高气温为 22.5 ℃(PTZ)和 21.8 ℃(BZD)。一般而言,常绿针叶树净光合作用最适气温为 10~25 ℃(于贵瑞 等,2010),雪岭云杉生长最快的时期为夏季(Zhang et al.,2016a),无论是雪岭云杉生长季还是生长最快时期的气温都适宜树木生长和光合作用,因此天山南坡生长季气温不是树木生长和稳定碳同位素分馏的限制因子。相对而言,拜城气象站的整个生长季降水量仅有 56.5 mm,属于典型的干旱区,采样点虽然海拔相对较高,但是高海拔降水也远远不能满足树木径向生长和稳定碳同位素分馏。因此,这一时期的水分状况可能是限制树轮稳定同位素分馏的气候因子。Saurer 等(1989)对不同水分条件下的法国山毛榉树轮的 $\delta^{13}C$ 与气候要素的关系研究发现 5—7 月的降水量是其主要控制因子,且干燥地区比湿润地区更明显。Hemming 等(1998)发现,山毛榉树、橡树及松树的树轮 $\delta^{13}C$ 值的高频变化与 6—9 月的平均湿度呈显著负相关,这些研究结果与本研究生长季降水和相对湿度与树轮 $\delta^{13}C$ 显著负相关的结果一致。由于空气相对湿度对气孔开放的直接影响,在生长季相对湿度和树轮 $\delta^{13}C$ 存在显著的负相关关系(Lipp et al.,1991)。天山南坡由于气候干旱少雨,相对湿度较低,树轮 $\delta^{13}C$ 序列与生长季降水和相对湿度显著负相关可以解释为植物在受到水分胁迫(降水偏少或相对湿度较低)的影响时,为了减少植物蒸腾作用导致的水分损失,气孔开孔较小,导致叶片内部和环境的 CO_2 浓度梯度增大,因而降低了植物内部 CO_2 浓度,导致植物对 CO_2 的识别降低(Francey et al.,1982),$\delta^{13}C$ 偏正。

　　McCarroll 和 Loader(2004)提出,在水分胁迫较少的区域,控制树轮稳定碳同位素分馏的主要因素可能是光合速率。在寒冷、潮湿和高海拔山区,树轮 $\delta^{13}C$ 主要与光合作用速率(A)有关,并与夏季气温和光照等因素呈正相关关系(McCarroll et al.,2001;Haupt et al.,2011;Gagen et al.,2004)。天山北坡昭苏气象站生长季平均气温为 13.0 ℃,夏季为 14.5 ℃,生长季降水为 382 mm。按照干绝热直减率计算,采样点 KJK 的生长季平均气温仅为 9.8 ℃,低于光合作用最适气温,因此,KJK 的 $\delta^{13}C_{corr}$ 与气温之间呈显著的正相关关系。其生理意义可解释为:相比于天山南坡和天山北坡 NLT 采样点,KJK 采样点的降水多,水分不能成为树轮稳定碳同位素的主要限制性因子,而该区域海拔更高,生长季和夏季气温很低,甚至低于有效光合作用最适气温。尤其是雪岭云杉快速生长的夏季气温的增加增强了光合作用酶的产量和活性,提高光合作用速率,导致叶片内部 CO_2 浓度降低。高温还伴随着蒸发加剧,为了减少水分损失,叶片气孔开口减小,都会造成树轮 $\delta^{13}C$ 偏正。

　　但是,天山北坡树轮稳定碳同位素不仅与夏季平均最高气温显著正相关,而且与降水和相对湿度也显著负相关,这表示气孔导度也对天山北坡树轮稳定碳同位素分馏有重要影响

(Treydte et al. ,2009)。天山北坡树轮 $\delta^{13}C$ 可能反映了气孔导度和光合速率之间的平衡,这一区域树轮稳定碳同位素分馏的气候因素可能更为复杂。与夏季平均最高气温显著正相关是由于气温偏高导致较低的气孔导度或较高的光合速率,或两个要素共同作用导致,进入叶片细胞内的 CO_2 浓度的降低,反映在 $\delta^{13}C$ 值为偏大。从共线性分析结果可以看出,天山北坡树轮稳定同位素受夏季平均最高气温、降水和相对湿度的协同影响。在生长期(尤其是夏季),天山北坡雪岭云杉树木碳同位素分馏受光合速率(温度)和气孔导度(降水和相对湿度)共同调控。

4.4.1.3 小结

天山北坡雪岭云杉树轮稳定碳同位素值、变异系数、方差和标准差均低于天山南坡。天山北坡的雪岭云杉树轮稳定碳同位素年际变化较天山南坡的稳定。从长期变化来看,天山南坡树轮稳定碳同位素呈明显的偏负趋势,尤其是 20 世纪 70 年代以后,而天山北坡相对较为稳定。

天山南坡两条树轮 $\delta^{13}C_{corr}$ 序列均与生长季降水、相对湿度呈显著的负相关关系,与生长季饱和水汽压亏缺(VPD)呈显著的正相关关系。而天山北坡两个采样点的树轮 $\delta^{13}C_{corr}$ 与生长季平均气温、平均最高气温以及饱和水汽压亏缺(VPD)呈显著的正相关关系,同时与生长季的降水和相对湿度呈显著的负相关关系。天山南坡树轮稳定碳同位素分馏的主控气候因子为生长季的水分,尤其是降水,而天山北坡树轮稳定碳同位素分馏可能受到水热条件的共同控制。

总体而言,气候因子对天山南坡树轮稳定碳同位素分馏的影响要大于天山北坡。影响天山南坡树轮稳定碳同位素分馏的主要限制性因子为生长季的降水以及降水和相对湿度的协同效应,平均气温的贡献不大;而天山北坡树轮稳定同位素分馏过程由夏季平均最高气温、降水量和相对湿度协同影响。

4.4.2 西伯利亚落叶松树轮稳定碳同位素对气候的响应

西伯利亚落叶松主要分布于阿尔泰山和天山东部,本节所选的研究区位于阿尔泰山南坡东部,为典型的大陆性气候条件。阿尔泰山全长 2100 km,位于中国、哈萨克斯坦、俄罗斯和蒙古交界段,呈西北—东南走向。该区域的降水主要来源于大西洋的西风气流以及北冰洋穿越山隘的气流带来的水汽,由于山地的抬升作用,山区降水较为丰富,阿尔泰山山区降水由西北向东南递减(Holmes,1983)。山区森林资源丰富,在海拔 1400~2400 m 的山区最大降水带分布有西伯利亚落叶松,该树种耐干旱、严寒,一般 5 月发芽,6—7 月为速生期,9 月开始落叶进入休眠期。树木年轮样本于 2009 年 8 月采自富蕴林场卡依尔特后山原始森林上线正格采样点($47°42'$N,$89°53'$E),树轮采样点海拔 2090~2245 m,选取 25 株树,每株树分别用 5 mm 和 12 mm 生长锥采集两粗两细共 100 颗样芯。

4.4.2.1 西伯利亚落叶松树轮稳定碳同位素对气候的响应

为了寻求影响阿尔泰山西伯利亚落叶松树轮稳定碳同位素变化的气候因子,对正格采样点的树轮宽度和稳定碳同位素序列与上年和当年 1—12 月逐月的平均气温、平均最高气温、平均最低气温、降水量、平均相对湿度及平均日照时数相关分析表明(图 4.72),树轮宽度序列与气候要素相关不显著,仅有与当年 3 月的平均气温和平均最低气温的相关超过 0.01 的显著性水平。在 6 种气候要素中,前期气候因子对树轮稳定碳同位素序列的影响不大,这与基本统计特征所反映滞后影响有所不同,仅仅表现为上年 6 月平均气温、上年 6 月和上年 9 月平均最高气温与树轮稳定碳同位素序列相关达到 0.01 显著性水平。生长季内气候因子与树轮稳定碳同位素序列相关表明,树轮稳定碳同位素序列与富蕴气象站平均气温、平均最高气温和平均相对湿度有较好的相关性,树木生长季内的气温与树轮稳定碳同位素序列呈显著正相关,与生长季平均相对湿度呈负相关关系,其中树轮稳定碳同位素序列与上年 6 月,当年 6 月、7 月平均气温,上年 6 月和 9 月,当年 5 月、6 月、7 月平均最高气温,5 月、7 月平均相对湿度相关均超过 0.01 的显著性检验,与 7 月平均最高气温相关高达 0.506。树轮稳定碳同位素序列与富蕴气象站 7 月降水量显著负相关。

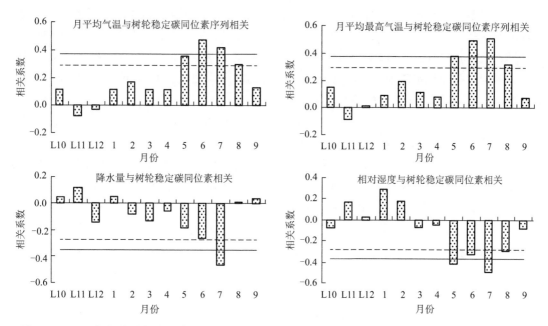

图 4.72　逐月气候资料与稳定碳同位素序列相关系数(实线为 99% 的置信限,虚线为 95% 的置信限)

表 4.14　生长季内平均气温(T)、平均最高气温(T_{max})和相对湿度(RH)与稳定碳同位素序列的相关

	5—6 月	5—7 月	5—8 月	5—9 月	6—7 月	6—8 月	6—9 月	7—8 月	7—9 月
T	0.434	0.472	0.455	0.414	0.523	0.480	0.411	0.390	0.328
T_{max}	0.470	0.553	0.547	0.501	0.611	0.566	0.475	0.458	0.364
RH	−0.410	−0.497	−0.472	−0.408	−0.493	−0.470	−0.382	−0.434	−0.334

　　进一步分析表明(表 4.14),阿尔泰山西伯利亚落叶松树轮稳定碳同位素序列与生长季内(5—9 月)的平均气温、平均最高气温和平均相对湿度的组合均显著相关,与当年 5—9 月的月平均气温、月平均最高气温及其组合均呈明显的正相关关系,最高单相关 6—7 月平均最高气温与稳定碳同位素序列达到 0.611;与相对湿度呈明显的负相关关系,其中 6—7 月相对湿度与稳定碳同位素序列相关最高。即生长季内的平均最高气温和相对湿度对阿尔泰山西伯利亚落叶松树轮稳定碳同位素的响应最为敏感,6—7 月的平均最高气温和相对湿度可能是西伯利亚落叶松稳定碳同位素分馏的主要控制性因子。Alexander 等(2008)发现位于西伯利亚东部的落叶松树轮稳定碳同位素与该地区 6—7 月的平均最高气温显著正相关($r = 0.46, p <$ 0.001),与 7 月降水量显著负相关($r = −0.44, p < 0.05$),和本研究的研究结果完全一致。

　　从单因素相关分析结果来看(图 4.72),气温、降水和相对湿度等气候因子对阿尔泰山西伯利亚落叶松树轮稳定碳同位素都有一定影响。光合作用中 CO_2 的同化过程是一系列的酶促反应,气温的高低变化,一方面会通过影响酶的活性来影响光合速率(A);另一方面通过影响饱和水汽压而影响气孔导通度(g)(Beerling,1994)。A 与 g 的变化都会影响叶内 CO_2 浓度(C_i)或 C_i/C_a 之比,从而导致植物 $\delta^{13}C$ 值变化。树轮 $\delta^{13}C$ 值与气温的关系复杂。Schleser等(1999)认为,树轮 $\delta^{13}C$ 与气温之间并非简单的线性关系,而是呈"钟形效应",即在植物生长的最适宜气温时,植物的碳同位素分馏最大,其 $\delta^{13}C$ 值最低;若气温低于植物生长的最适气温,树轮 $\delta^{13}C$ 值与气温呈负相关;若气温高于最适气温,树轮 $\delta^{13}C$ 值与气温呈正相关;若气温在最适宜气温点附近振荡,那么响应关系复杂一些。阿尔泰山西伯利亚落叶松树轮稳定碳同位素可能受多个气候因子的综合影响。为了进一步了解各因子对树轮稳定碳同位素的影响程度,提取主要的控制因子,有必要通过多元正交回归的方法(Nuerlan,2001)来讨论气温,降水和相对湿度对树轮稳定碳同位素的交互作用。得到的多元回归方程如下(进入方程的气候因子均通过信度 0.01 的显著性检验):

$$Y = -29.773 - 0.005P_7 + 0.190T_{\max 6-7} + 0.005R_{6-7} \tag{4.4}$$
$$(R^2 = 0.486, F = 13.246, p < 0.0001)$$

式中,Y 为树轮稳定碳同位素值,P_7 为 7 月的降水量,$T_{\max 6-7}$ 为 6—7 月的平均最高气温,R_{6-7} 为 6—7 月的相对湿度,当平均最高气温、降水量和相对湿度全部进入回归方程时,相关系数为 0.697,当相对湿度从方程中剔除后,回归系数几乎没有变化($r = 0.690$),说明相对湿度对西伯利亚落叶松树轮稳定碳同位素直接影响不大,当降水剔除后,方程回归系数为 0.620,回归方程解释方差为 38.4%,与平均最高气温单因子对树轮稳定碳同位素影响几乎相同。这进一步表明了 6—7 月平均最高气温是西伯利亚落叶松树轮稳定碳同位素分馏的主要控制因子,降水对树轮稳定碳同位素有一定影响,但影响不大,而相对湿度虽然与树轮稳定碳同位素相关较好,但是其对树轮稳定碳同位素没有直接影响。西伯利亚落叶松稳定碳同位素与 6—7 月平均最高气温显著正相关且相关最好是由于 6—7 月阿尔泰山区降水丰富最多的两个月,平均最高气温是全年最高的两个月(多年平均气温分别为 27.9 ℃和 29.4 ℃),高于光合作用的最适气温,因而平均最高气温成为主要限制性因子。气温偏高,较低的气孔导度或较高的光合速率,或两个要素共同作用,导致进入叶片细胞内的 CO_2 浓度的降低,反映在 $\delta^{13}C$ 值为偏大。光合速率受到光合通量的影响,而光合通量可控制进入叶片气孔的 CO_2 的量,或者通过气温影响光合酶的活性和速率。因此,树轮 $\delta^{13}C$ 反映了气孔导度和光合速率之间的平衡,在生长期(尤其是 6—7 月),阿尔泰山西伯利亚落叶松树木碳同位素分馏的主要控制因子为光合速率(气温)。

4.4.2.2 小结

阿尔泰山南坡西伯利亚落叶松树轮宽度序列对气候各要素相关不显著;树轮稳定碳同位素对前期气候因子的响应不敏感;在生长季内(5—9 月),树轮稳定碳同位素序列与富蕴气象站平均气温、平均最高气温和平均相对湿度有较好的相关性,树木生长季内的平均气温、平均最高气温与树轮稳定碳同位素序列显著正相关,6—7 月平均最高气温与稳定碳同位素序列最高单相关达到 0.611($p < 0.001$);与生长季内平均相对湿度呈负相关关系,其中 6—7 月相对湿度与稳定碳同位素序列相关最高($r = -0.493, p < 0.001$),与 7 月降水量呈负相关关系($r = -0.459, p < 0.01$)。

生长季内的平均最高气温和相对湿度对阿尔泰山西伯利亚落叶松树轮稳定碳同位素的响

应最为敏感,阿尔泰山西伯利亚落叶松树木碳同位素分馏的主要控制因子为 6—7 月的平均最高气温,降水对树轮稳定碳同位素影响不大,相对湿度对树轮稳定碳同位素没有直接影响。

4.4.3　塔吉克斯坦圆柏树轮稳定碳同位素对气候的响应

圆柏是帕米尔高原地区唯一的森林形成物种,平均海拔 1100 m,最高可达 3500 m,生长季节通常始于 4 月,结束于 10 月。由于生长环境的变化可能是未来气候变化的结果,因此识别圆柏树的树轮参数(树轮宽度和同位素)对气候变量的响应是很重要的。树芯的收集遵循 Sveriges Lantbruksuniversitet(SLU,瑞典国家森林调查、森林资源管理部门)的树芯收集标准。每棵树取 2 个样芯样本。取样只对孤立的、成熟的和健康的个体进行,以避免竞争影响植物结构。本研究从海拔 1175 ~ 3249 m 的 7 个地点采集了 148 株圆柏 298 株的样本。采样点的资料汇总于表 4.15。

本研究使用逐月气候数据插值的结果分析该区域 1901—2014 年的变化情况,其典型气候条件如图 4.73 所示,多年平均温度变化范围为 1 月的 −10.1 ℃ 到 7 月的 15.8 ℃;年平均降水量达到 470 mm,5 月和 7 月降水量呈显著增加趋势,夏季至初秋都非常干燥。月平均气温和月总降水量提取自 CRU 格点数据集。

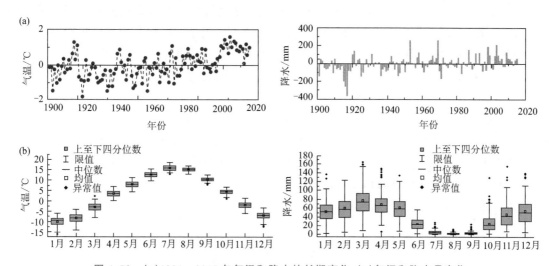

图 4.73　(a)1901—2015 年气温和降水的长期变化;(b)气温和降水月变化

表 4.15　塔吉克斯坦圆柏采样点信息

树种	代号	纬度(N)	经度(E)	海拔/m	坡向	坡度	树芯(树)
	JEJ	39°11′	71°16′	1801	NNE	33	46/23
	TWL	38°49′	70°21′	2149	EES	45	26/13
泽拉尚夫圆柏	SBD	38°53′	69°36′	1894	S	55	54/26
	LMT	38°54′	69°17′	1596	EES	40	44/22
	SBH	38°47′	69°25′	1361	SSE	44	34/17
	YKH	38°51′	70°00′	1175	NNW	30	40/20
土耳其斯坦圆柏	HTS	39°10′	71°37′	3249	S	40	54/27

4.4.3.1 圆柏树轮宽度和 $\Delta^{13}C$ 对气候的多重响应

为了探究树木生长与气候变量的关系,本研究进行了移动相关分析和季节偏相关分析(图4.74)和 Seascorr 函数分析(季节偏相关,以主要和次要变量分组的方式对树木年轮中月或季节的气候信号进行识别,利用 R 语言 treeclim 包实现,图4.75)。树轮宽度年表和气温方面,上年10月至当年6月的气温与树轮宽度呈显著负相关;树轮宽度年表与5月($r \leqslant -0.6$)和6月($r \leqslant -0.6$)气温的负相关关系在20世纪50年代和80年代最为稳定。此外,7月($r \geqslant 0.4$,1993—2014年)和8月($r \geqslant 0.6$,1973—1994年)气温对中期有正向影响(图4.74a)。当前较暖的生长季节与生长退缩相关,而之前较暖的生长季节与生长增加相关。总体而言,区域树轮宽度年表与4—6月气温呈负相关,但仅6月气温显著相关,如图4.74a所示。

在树轮宽度年表和降水量方面,仅有有限的统计证据表明圆柏的气候-生长相关性在过去的半个世纪中发生了变化,大多数相关关系都表现为时间波动。在2000年之前的整个气候记录中,7月降水的增加与径向生长有关($r \geqslant 0.5$),而5月降水的增加与2000年之后径向生长有关($r \geqslant 0.5$)。分析显示,树木生长与前一个生长季的降水之间没有显著的相关性(图4.74b)。然而,气候对树木生长的影响可能是复杂的,因为树木树轮的形成可能同时受到降水和气温的影响(Foroozan et al.,2015),这使得很难从气温信号中分离出降水信号。延迟季节组合分析比仅以一个月为重点分析更能代表气候条件。因此,我们在相关分析中筛选出由树木树轮生长的结束月份和四个季节长度(从上年的8月到当年的12月,图4.74a),显示树轮宽度与夏末降水(当季7月至当季9月)的统计学显著相关关系。确定了在当前生长季12个月季节长度下具有显著的相关性。

在树轮年表 $\Delta^{13}C$ 和气温方面,近几十年来与气温个体显著负相关($r \geqslant 0.6$)最多的月份为上年10月、当年5月和9月(图4.74c)。对树轮 $\Delta^{13}C$ 也进行了季节性相关分析。如图4.75b所示,随着平均周期的延长(至少6个月),树轮 $\Delta^{13}C$ 与气温的 Seascorr 检验相关性显著。与前一个增长年的9个月季节的相关性达到了最大(9月为止)。随着季节长度从9~12个月延长,与生长年前气温的相关性略有增加。

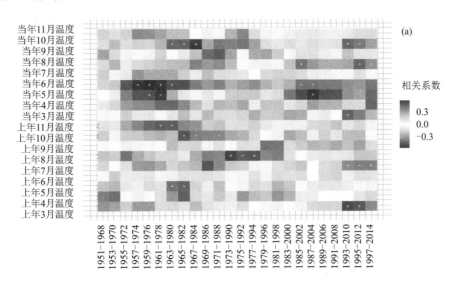

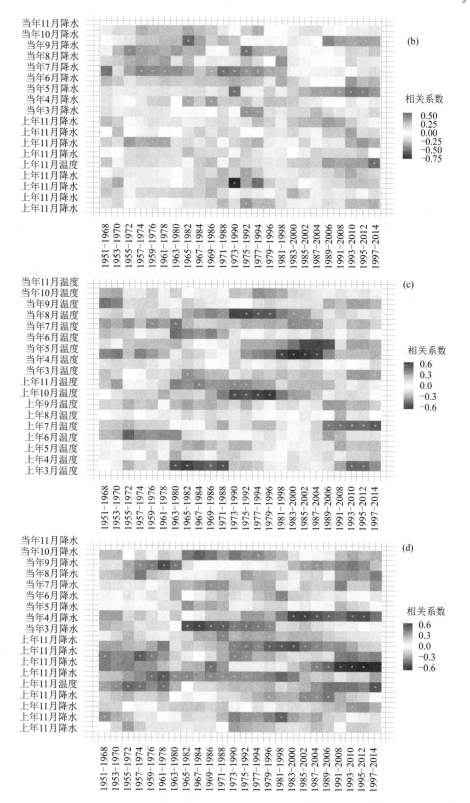

图 4.74 (a)塔吉克斯坦树轮宽度年表与气温的移动相关性;(b)塔吉克斯坦树轮宽度年表和降水的移动相关性;
(c)塔吉克斯坦 Δ^{13}C 年表与气温的移动相关性;(d)塔吉克斯坦 Δ^{13}C 年表及降水的移动相关性。移动相关
窗口为 18 a,偏移时段为 2 a。蓝色阴影表示正相关;红色阴影表示负相关,星号(*)表示统计学上显著相关

对于树轮 $\Delta^{13}C$ 年表和降水，与前期 8 月降水的负相关关系最为稳定（$r \leqslant -0.6$）。与塔吉克斯坦气候记录的早期相比，树轮 $\Delta^{13}C$ 年表对近几十年来前一年 9 月丰富的降水（$r \leqslant -0.6$）表现出更大的负敏感性，而当前 5 月降水（$r > 0.6$，从 1983 年开始）表现出相反的结果（图 4.74d）。图 4.75b 显示了 $\Delta^{13}C$ 年表与夏季降水的显著相关关系，相关性在 5 月和 7 月最强。前一个生长季节（上年 8 月到 10 月）也有显著的季节性（9 个月和 12 个月周期）相关性。

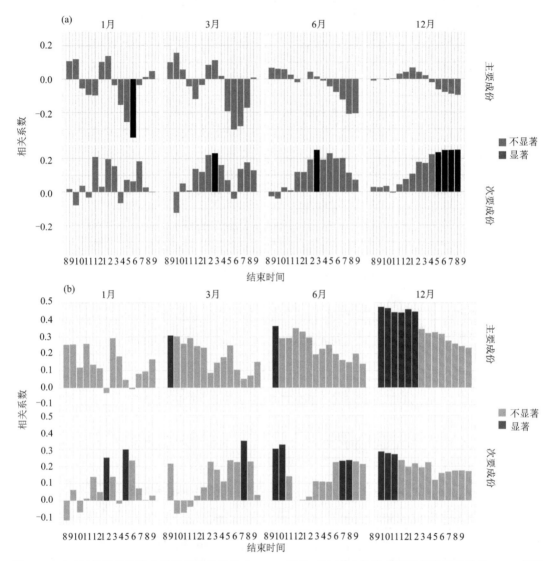

图 4.75 (a)树轮宽度年表中季节气候信号的 Seascorr 结果；(b)$\Delta^{13}C$ 年表中季节气候信号的 Seascorr 结果以上年 8 月开始，以 1 个月、3 个月和 6 个月（99%置信限）为结束月份，小写字母表示前一年的月份，大写字母表示当年的月份，上图为主要气候变量气温的简单相关，下图为次要气候变量降水的部分相关

一般来说，树轮宽度与气温相关性的大多数结果呈现出波动性。此外，树轮宽度与降水的相关系数最高的季节为 12 个月周期，且结束月份不同（7 月、8 月、9 月）。然而，较小的季节性窗口并没有表现出一致的显著性关系。在夏末至冬初期间（8 月至 12 月），Seascorr 检测到 $\Delta^{13}C$ 与气温和降水量呈正相关，表明基流和降雪对后续夏季生长有二次影响。气候-生长相关性和气候-稳定同位素相关性的比较表明，气温和降水敏感性存在显著差异。树木生长和树

轮 Δ^{13}C 当年对生长季气温的负敏感性比上年强得多,而在上年里树木树轮 Δ^{13}C 对降水的负敏感性高于树木径向生长。从理论上讲,在光照、气温、湿度和土壤湿度方面相似的生长条件可能导致树轮宽度和树轮同位素具有相似的特征。然而,在本研究中,树轮 Δ^{13}C 年表比树轮宽度更能代表夏末前至今春的降水。

研究表明,高海拔的植物可能比低海拔的植物更能限制二氧化碳的排放。等序列相关分析结果表明,低海拔地区树木树轮 δ^{13}C 序列和 Δ^{13}C 年表变化较高海拔地区更为一致。已有证据表明,树木树轮的碳同位素组成可能与来源(CO_2 和水)变化和生理衰老效应有关,如水阻力增加,气孔导度降低(Zhang et al.,2019a)。此外,在半干旱或干旱条件下,由于干旱胁迫,森林可以受益于水分利用效率的提高,以促进生长。我们认为生长季对树轮 Δ^{13}C 年表的主要气候控制可能与 7—9 月的水分限制有关(图 4.74c)。研究区月最高气温高于 15 ℃ 的天数逐年增加,极端气温值出现的频率也逐年增加,可能导致气孔导度降低,改变圆柏的树轮条件和生理功能。在我们的研究区域,生长在低海拔的树木比生长在高海拔的树木受到更多的干旱胁迫,这可能导致树木在低海拔的响应更加一致。

尽管 δ^{13}C 树轮数据被修正为大气 δ^{13}C 值的下降(由于化石燃料燃烧导致 CO_2 升高),但在 Δ^{13}C 树轮中仍保持下降趋势为 $-0.65\%/a$。这进一步证明了树木树轮 Δ^{13}C 对气温的上升以及有效水量的下降(本研究)等因素做出响应(Rubino et al.,2013),这些因素控制了我们研究地点的树木树轮 Δ^{13}C 的变化。由于叶片蒸腾作用和光合碳同化作用,碳同位素分馏与植物水分利用效率显著相关(Meko et al.,2011)。因此,这种下降趋势也可能与植物水分利用效率的长期变化有关(Vicente-Serrano et al.,2014)。夏季树木的植物蒸腾作用增强,导致土壤和树干水分流失,形成影响同位素的窄树轮,其值为 Δ^{13}C 年表的高值年份,如 1951 年、1957 年、1961—1964 年、1972 年和 1982 年。冬季降水及夏季干旱影响树木的源水变化和生理衰老效应是导致树轮窄的主要原因(Zang et al.,2015)。这是因为气温的变化、空气的相对湿度以及当地土壤水分的可利用性都会影响水分从土壤向叶片蒸发位点的运输速率,从而影响气孔导度和 CO_2 向叶片的扩散速率。导致 C_i/C_a(细胞间 CO_2 浓度与树木环境 CO_2 浓度之比)的变化(Torrence et al.,1998)。

研究结果表明,树轮宽度可以反映单月或季节降水变化,碳同位素可以进一步提供其他时间阶段的信息,表明多参数替代数据具有表征气候变化的潜力。

4.4.3.2　圆柏树轮稳定碳同位素在不同季节的滞后效应

气候变量和树轮 Δ^{13}C 的交叉小波变换(XWT)和小波相干(WTC)在不同的时间尺度上都存在显著的年代际周期(图 4.76)。显著区域同时表现出同相位与反相位关系,验证了在同相和反相两种现象之间可能存在复杂因果关系的观点。XWT 显示,在具有显著高功率的区域中,Δ^{13}C 年表与气温是同相的(一个显著共振周期,图 4.76a),但 Δ^{13}C 年表与降水含同相和反相(两个显著共振周期,图 4.76c)。1989—1996 年期间 6~8 a WTC 结果表现出气温与树轮 Δ^{13}C 的显著同振荡周期(图 4.76b)。两者呈显著正相关,相关系数约为 0.8。表明共振周期在 1990 年和 1997 年前后发生了变化。进一步说明该地区在这两个时间节点前后分别经历了"旱季—雨季"和"旱季—旱季"的周期转换。

基于前面的结果(图 4.74c,d 和 4.75b),我们选择了四个时期的高相关性树轮 Δ^{13}C 和气候变量计算滞后相关(表 4.16)。结果表明 Δ^{13}C 年表和气温在生长季节和融雪的季节表现出显著的负相关性。夏末和冬季降水量均与 Δ^{13}C 年表呈显著正相关。Δ^{13}C 年表变化对生长季气温和夏末降水具有相同的滞后 1 a,对生长季气温滞后 2 a,对冬季降水滞后 3 a。

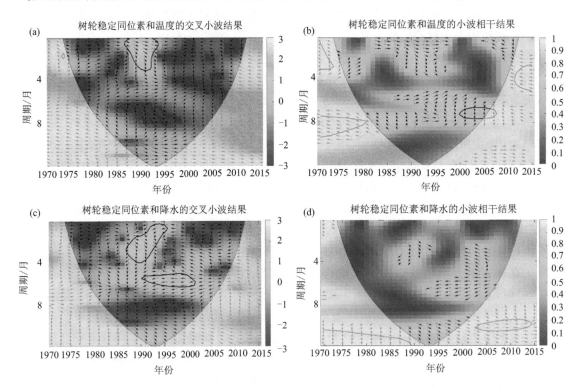

图 4.76 (a)气温和树轮同位素的交叉小波变换;(b)气温与树轮同位素的小波相干性;
(c)降水和树轮同位素的交叉小波变换;(d)降水与树轮同位素的小波相干性
对黄色噪声的 95% 置信水平显示为粗轮廓。相对相位关系如图箭头所示(同相向右,
反相向左)。箭头表示相干的相位,右边是同相位,左边是反相位

表 4.16 $\Delta^{13}C$ 年表与气候因子(气温、降水)关系及滞后结果

	生长季气温		融雪季气温		夏末降水		冬季降水	
	$C-C_r$	滞后/a	$C-C_r$	滞后/a	$C-C_r$	滞后/a	$C-C_r$	滞后/a
$\Delta^{13}C$ 年表	−0.482**	−1	−0.675*	−2	0.480**	−1	0.506**	−3

注:* 表示 $p<0.05$,** 表示 $p<0.01$,$C-C_r$ 是互相关系数,自回归综合移动平均(ARIMA)模型时间序列。

树轮参数(树轮宽度年表、树木树轮碳同位素)与上年 10 月至当年 3 月间存在显著相关性,春季气温对于树轮宽度和稳定同位素都有影响。树轮 $\Delta^{13}C$ 年表与融雪季节气温呈显著负相关($r=-0.675$)。研究结果支持了非生长季的融雪占据生长季早期大部分水分的假设(Chen et al.,2019;Nakatsuka et al.,2004;Holzkämper et al.,2008)。因此,冬春几个月的降水对树木树轮变量的持续正影响和春夏几个月的气温对树木树轮变量的负影响表明,冰川或积雪可以满足圆柏林对水分的需求。气候对树木树轮形成的复杂影响导致了树木生长和同位素富集的多种影响。$\Delta^{13}C$ 年表与季节气候相关,特别是与前 6 个月周期的夏末到初冬的季节性相关。这可能是因为前一年春季或初夏的凉爽潮湿条件补充了土壤水分,这可以通过增强树木在当前生长季节的形成层活动而受益。

基流是河流径流的重要组成部分,是旱季径流的主要来源(Holzkämper et al.,2008)。

$\Delta^{13}C$ 与气温显著相关的结果表明,上年春、夏、秋气温是碳同位素记录中最重要的气候信号。降水对树轮宽度和 $\Delta^{13}C$ 年表的影响具有明显的滞后性,且降水对树轮的滞后性一般大于气温。当前生长季节的气温会影响下一年的树木树轮的生长,在一些地区,甚至会影响多年以后的树木树轮的生长。水分胁迫地区圆柏林与非生长期降水也存在相似的相关性(Opała et al.,2017;Esper et al.,2007;Qin et al.,2013;Gou et al.,2013;Bobojonov et al.,2014;Farquhar et al.,1993)。气候变暖导致以降雪形式出现的降水减少和融雪开始的时间提前,这些变化反过来影响了年内径流分布的时间(Panyushkina et al.,2018;Cernusak et al.,2013)。相关结果表明,$\Delta^{13}C$ 年表与融雪季气温和冬季降水之间的滞后分别为 2 a 和 3 a。融化的多年冻土和加深的活土层(夏季融化冬季再冻结的多年冻土之上的土层)可能会增加,增加土壤过滤,加深基流路径,增加滞留时间,强烈影响流域水文(Leonelli et al.,2014;Cernusak et al.,2013)。研究区基流量的增加可能与冻土融化引起的地下水蓄积和冬季地下水排放的增加有关,也可能与雨季降雨的增加有关。在中亚干旱和半干旱地区,春季供水对树木生长至关重要。未来需要对圆柏林树木生长对气候变化的响应和代表基流的树轮同位素进行更详细的研究。

4.4.3.3　小结

本研究首次以塔吉克斯坦西北部山区的圆柏为对象,对其树轮进行了稳定碳同位素年表研究。利用 7 个站点的 221 个树芯建立了主年表(可靠长度为 1823—2014 年),并结合 4 个站点的树轮稳定碳同位素年表构建了新的区域标准碳同位素年表(可靠长度为 1950—2014 年)。结果表明:圆柏树轮宽度和 $\Delta^{13}C$ 年表能较好地反映气候变化,高、低海拔站点的树轮碳同位素年表均包含气候和树木生理滞后效应产生的低频信号。因此,塔吉克斯坦圆柏树树轮的稳定碳同位素可以作为研究气候变化的重要指标。此外,气温和降水对树木树轮指数的影响也存在较大差异。夏末至冬初的气温是树木生长的显著限制因素。而上年 7 月—当年 5 月降水是影响 $\Delta^{13}C$ 年际变化的主要气候因子。树轮稳定同位素可在树轮宽度年表的基础上进一步补充树木生长对环境强迫因子的响应关系信息。通过对季节效应和滞后时间的研究,相关性结果证实,融雪季气温和冬季降水是影响塔吉克斯坦圆柏树木生长和生理的重要因素。因此,我们需要在更长的时间内扩大对确定基本流程的机制的评估。未来的研究应进一步拓展稳定同位素年表的研究范围,通过收集古树样本,并结合其他树轮指标开发空间年表,揭示中亚地区长期的时空气候变化特征。

4.5　树轮的生态指标重建研究

4.5.1　中亚阿拉套山归一化植被指数重建

植被对气候变化敏感(Pauli et al.,2002;Nagy,2006;Jiapaer et al.,2015),研究植被物候学有助于理解气候和植被之间相互作用以及某一特定区域内能量和物质交换(Hmimina et al.,2013)。NDVI 是衡量植被绿度的指标,通常用于反映地方、区域和全球范围生态环境的变化和评估地表物候(Gamon et al.,2015)。近红外和红光反射率比值是基于卫星传感器数据所反映的植被状况。在这个比值中,NDVI ＝(NIR－RED)/(NIR＋RED),其中 RED 代表红红光波段的反射值,NIR 代表近红外波段的反射值(Pettorelli et al.,2005)。但实测 NDVI

数据仅开始于 20 世纪 80 年代,不能充分描述长时间尺度植被覆盖的动态变化。为了弥补这一不足,经常选择代用指标,如树木年轮来评估针叶林径向生长与植被覆盖之间的关系,并反映数百年来植被覆盖的季节性变化(Leavitt,2008)。上述研究大多集中在高纬度(Kaufmann et al.,2004;Lopatin et al.,2006;Beck et al.,2013)和(高海拔(He et al.,2006;Shang et al.,2009)以及干旱地区(Liang et al.,2009;Wang et al.,2014),并以针叶树种为研究样本。

中亚地区广泛分布的针叶林(松柏、西伯利亚落叶松、华山松和雪岭云杉)为树木年轮研究提供了良好的机会(Esper,2000;Chen et al.,2012b;Zhang et al.,2014a;Seim et al.,2016b;Opała et al.,2017)。自从 20 世纪 90 年代,人们系统地收集了来自中亚的样芯(Bräuning,1994;Esper et al.,2007)。学者对树轮宽度变化(Esper,2000),树木生长的气候响应(Esper et al.,2003;Winter et al.,2009)和水文气候的重建(Zhang et al.,2015b;Chen et al.,2017a)进行了研究,但与已有的水文气候重建研究相比,中亚地区基于树轮的植被覆盖变化的研究相对较少,对中亚针叶树的径向生长和植被覆盖率之间的相应关系的认识也有限。

本研究的目的在于:(1)建立阿拉套山树轮宽度区域复合年表;(2)重建该研究地区的历史 NDVI 序列,并探索其变化规律;(3)评估 NDVI 重建序列中所蕴含的气候信号。

2016 年 7 月在中亚阿拉套山北坡的 Amanboktek(代码:AMA;位置:45.26°N—80.08°E;海拔约 2050 m)、Kikbay(KBZ;45.21°—79.97°E;海拔约 1750 m)和 Basika(BSK;45.25°N—80.15°E;海拔约 1450 m)等地点使用生长锥从 96 棵树上共采集了 182 根树芯。

4.5.1.1 雪岭云杉树轮宽度对 NDVI 的响应

单个样点年表和 ARC 年表的一阶自相关值从 0.396 到 0.577,表明了强烈的生物滞后效应。因此,利用上年 7 月至当年 10 月的逐月(1901—2015 年)气候资料,评价气候因子对研究区云杉径向生长的影响。相关分析结果表明云杉径向生长与降水量总体呈正相关,与上年 7 月和当年 3—7 月均表现出显著相关(图 4.77),这些年表与上年生长季节末期和当年生长季节中期的气温呈极显著负相关。此外,几乎所有月份的年表与 PDSI 的正相关系数,从上年的 7 月到当年的 10 月都超过了 0.05 的显著水平。以上结果表明,湿度是研究区云杉年轮发育的主要气候限制因素。更多的降水在生长季结束的上年和当年的快速生长季节可能提高潜在的土壤中积累水储备,从而导致茂盛的冠层(Liu et al.,2011),树干(Lebourgeois et al.,2004)和更多营养芽(Barbaroux et al.,2003)。如果上述假设正确,当年可能形成更宽的年轮。然而,在这些时期较高的气温也可能会增加蒸散发速率,增强水分胁迫,导致窄轮。本研究建立的天山云杉树木生长与气候关系与之前中亚地区的研究结果相似(Zhang et al.,2015b;Chen et al.,2017b)。值得注意的是,降水的影响会随海拔升高而减小,而气温的影响则随海拔升高而增大。

常绿针叶树进行光合作用的最佳气温为 10~25 ℃。如果气温低于 −5~−3 ℃ 或高于 35~42 ℃,针叶树的光合作用可能会停止(Wang,2000)。4—10 月的平均气温为 4.3~18.3 ℃,3—11 月平均气温为 −5.4~4.5 ℃。因此,本研究以 4—10 月为天山云杉的生长季,利用 1982—2006 年 4—10 月逐月 NDVI 数据(1982—2006 年)评估 NDVI 和树木生长之间的关系(图 4.78)。研究发现 ARC 年表和 7—10 月 NDVI 均呈显著相关关系(0.05 显著水平),与 9 月 NDVI 相关系数最大。通过对不同月份组合的检验,我们发现 ARC 年表与 7—10 月 NDVI 的相关系数最大($r=0.577$,$p<0.01$,$n=25$)。

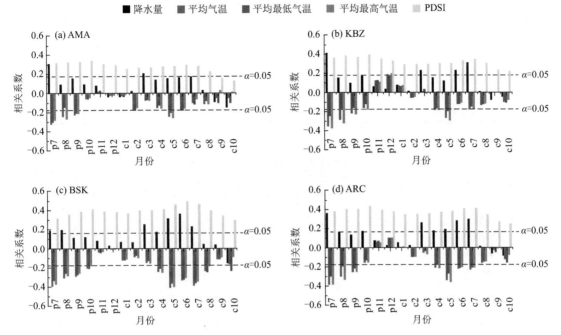

图 4.77　树轮年表与气候数据(降水量、平均气温、平均最低气温、平均最高气温和 PDSI)的 Pearson 相关性。小写字母和大写字母分别代表上年和本年度的月份

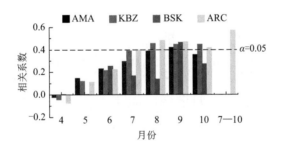

图 4.78　4—10 月 ARC 年表与月 NDVI 的 Pearson 相关系数

4.5.1.2　NDVI 重建和稳定性研究

用 Pearson 相关函数分析 1982—2006 年研究区云杉径向生长与 NDVI 各月组合的相关性,选择最适宜的重建季节。为此,我们利用 ARC 树轮年表重建了 7—10 月的 NDVI。使用线性回归模型来描述 ARC 年表与 NDVI 之间的关系。模型如下:

$$N_{7-10} = 0.359 + 0.061 \times A \tag{4.5}$$

$(n=25, r=0.577, R^2=33.3\%, R_{adj}^2=30.4\%, S_E=0.017, F=11.489, \text{Durbin-Watson}=1.818)$

式中,N_{7-10} 为研究区 7—10 月的 NDVI 值,A 为研究区天山云杉区域合成标准化年表。在 1982—2006 年的校准期内,该重建方程的方差解释量为 33.3%,表明树轮宽度可以很好表示 NDVI 的变化;R_E 和 C_E 为正值,表明重建模型有一定的可靠性(表 4.18)。回归方程的各项检验参数均通过了统计检验,说明重建方程稳定可靠。使用该模型来重建 1850—2016 年 7—10 月阿拉套山 NDVI(图 4.79)。

表 4.17　各项检验参数

统计量	校准	交叉验证	Bootstrap
相关系数	0.58	0.58(0.52~0.63)	0.57(0.34~0.77)
方差解释量	0.33	0.33(0.27~0.40)	0.34(0.12~0.60)
调整后的方差解释量 R^2_{adj}	0.30	0.30(0.24~0.37)	0.31(0.08~0.58)
标准误差	0.017	0.017(0.015~0.018)	0.16(0.11~0.19)
F	11.45	11.06(8.10~14.56)	13.21(3.17~32.39)
残差一阶自相关 D/W	1.82	1.84(1.60~2.05)	1.22(0.49~1.95)

表 4.18　NDVI 重建方程的分段检验(split-sample)方法检验统计量

统计量	校准期 (1982—1994 年)	验证期 (1995—2006 年)	校准期 (1994—2006 年)	验证期 (1982—1993 年)	全段校准期 (1982—2006 年)
相关系数 r	0.67	0.41	0.44	0.68	0.58
方差解释量 R^2	0.43	0.17	0.19	0.46	0.33
调整后的方差解释量 R^2_{adj}	0.38	/	0.12	/	0.30
误差缩减值 R_E	/	0.10	/	0.35	/
效率系数 C_E	/	0.09	/	0.34	/
t	/	3.01	/	3.49	/

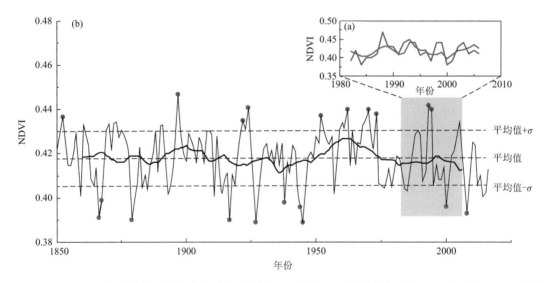

图 4.79　(a)7—10 月重建的(红线)和观测的(蓝线)NDVI 比较,(b)阿拉套山脉自 1850 年以来 7—10 月的
NDVI 重建(实线)。粗线代表 21 a 滑动平均线。10 个红点和 10 个蓝点分别代表最低和最高值年份

4.5.1.3　1850 年以来中亚阿拉套山 NDVI 长期变化特征

重建结果显示在 1850—2016 年期间 10 个最高 NDVI 值的年份是 1897 年、1993 年、1924 年、1970 年、1962 年、1994 年、1973 年、1952 年、1852 年和 1922 年,10 个最低值年份是 1945 年、1927 年、1917 年、1879 年、1866 年、2008 年、1944 年、2000 年、1938 年、1867 年。可以看出,最高值(1897 年)和最低值(1945 年)之间的差 0.058。对重建 NDVI 变化序列采用 21 a 滑动平均结果显示,在 1860—1870 年、1891—1907 年、1950—1974 年研究区植被覆盖率较高;1871—1890 年、1908—1949 年、1975—2006 年研究区植被覆盖率较低。

新重建的 NDVI 序列中最小值年(1917 年和 1938 年)与相邻研究区伊犁地区(温克刚 等,2006)夏秋两季降水少导致大干旱的历史文献相吻合。特别是在 20 世纪 20 年代,中国北方地区发生了一段极端干旱的时期,这在历史记载中有记载(史辅成 等,1991)。在 NDVI 重建中,第三低值年份(1917 年)也证实了这一点。这表明我们重建的 NDVI 序列能够捕捉到阿拉套山地区干旱灾害的信号。

利用空间相关性评价基于树轮宽度 NDVI 重建的区域意义。在大约 40°—48°N 和 68°—82°E 的大范围内,NDVI 与 1901—2015 年 7—10 月的 PDSI 之间具有相关性(>0.3),哈萨克斯坦南部的相关性最高(>0.4)。将重建的阿拉套山脉(NAM)NDVI 序列与基于树轮数据的四个气候重建进行了比较:(1)哈萨克斯坦东南部上年 8—当年 1 月的 SPEI(SKZ,1785—2014 年;Chen et al.,2017b);(2)伊犁地区尼勒克 7—8 月的降水(PNL,1671—2006 年);(3)伊塞克湖上年 7 月至当年 6 月降水(PIL,1756—2012 年;Zhang et al.,2015b);(4)阿克苏地区上年 8 月—当年 4 月降水情况(PAK,1396—2005 年;张瑞波 等,2009);这些重建的位置如图 4.80 所示。标准化 NDVI 重建与原始、高频和低频的气候重建之间存在良好的一致性(图 4.80)。尽管 NAM 和 PAK 重建之间的一致性相对较弱,但在 1850—2005 年期间,RIL 和其他气候重建的相关系数均超过了 0.05 显著性水平。随着南北空间距离的增加,NAM 和其他气候重建之间的相关性减弱。NAM 和 SKZ 重建的相关性最好,这是由于它们之间的距离很近所致。相关性最弱的是 NAM 和 PAK 的重建,因为他们之间距离最远。从图 4.80a 可以看出,在共同的时间段内 NDVI 重建和以前研究的气候重建具有较好的一致性。此外,这些重建中的大部分高值和低值在高频域中出现在相似的年份(图 4.80b)。这些重建的变化模式和长期趋势在低频域中是大致同步的(图 4.80c)。为了进一步分析与 NDVI 序列相关的大尺度气候异常,对 1993 年和 2008 年两个典型年份进行了研究。如图 4.81a 所示,结果显示 1993 年阿拉套山周围的降雨量明显高于正常水平且这一年 NDVI 值最高。在 40°—60°N 之间的欧亚大陆上空出现了明显的反常西风,它从大西洋、地中海和里海带来了丰富的水汽。因此,从西欧到阿拉套山脉出现了一条降雨带。相比之下,2008 年阿拉套山周围的降雨量低于正常水平(图 4.81b),与此相关的 NDVI 是自 20 世纪 50 年代以来最低的。

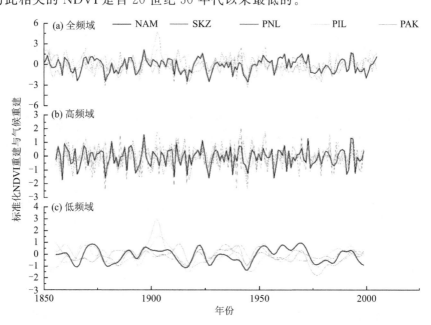

图 4.80　阿拉套山脉 NDVI 重建图(黑线)与中亚四种气候重建图

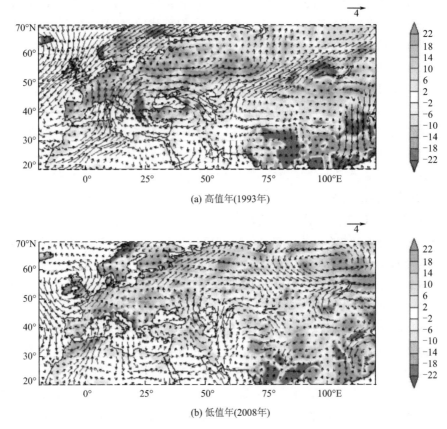

(a) 高值年(1993年)

(b) 低值年(2008年)

图 4.81　降水异常模式(阴影;mm/月)和 850 hPa 水平风异常(矢量;m/s)在 1993 年
(a)NDVI 值高, 2008 年(b)NDVI 值低。红色方块表示当前研究的位置

4.5.1.4　小结

采集阿拉套山北坡的 93 棵健康的云杉,建立了一个 167 a 的区域复合年表。相关分析的结果显示,在上年和当年的生长季更多的降水和更低的气温有助于形成目标针叶树种年轮的扩大。由于在相同的水分因子限制下,树轮宽度和 NDVI 之间存在一致性,因此利用区域年表重建 7—10 月 NDVI。该重建结果与实测数据具有很好的一致性,其最低值的年份正好捕捉到历史文献中记录的干旱事件。空间分析和与其他以树轮为基础的气候重建相关性表明,重建的 NDVI 序列受到了大尺度气候振荡的影响。

4.5.2　中亚天山 Tuyuksu 冰川物质平衡重建

山地冰川是气候变化的关键指标(IPCC,2013),是季节、中期和长期时间尺度上重要的固体水库(Hagg et al.,2013)。研究表明,全球大部分地区冰川持续快速融化,冰川快速退缩不仅改变了山区和极地地区的视觉景观,而且对当地的灾害形势、区域水循环和全球海平面产生了现实的影响(IPCC,2013;Solomina O N et al.,2015,2016)。过去百年来,全球冰川监测局(WGMS)及其前身组织通过来自活跃于冰川研究的国家通讯员协作网络,在国际上协调了冰川监测,从最初对冰川末端变化和冰河时代理论的关注已发展成为评估全球冰川分布以及与气候变化相关的长度、面积、体积和质量变化的综合监测策略。冰川物质平衡(即积累和消融)

是气候与冰川之间最直接的联系(Medwedeff et al.,2017);因此,冰川物质平衡的测量构成了全球冰川监测的关键要素。它们提高了我们对地-气质量和能量通量所涉及过程的理解,并提供了高(年、季、月)时间分辨率的定量数据。物质平衡数据被广泛用于估计冰川对径流和海平面变化的贡献,并能够开发用于分析气候-冰川关系的数值模型。然而,世界大部分地区的冰川监测时间不到 50 a,因此,对冰川波动的研究有限。要了解长期的冰川变化,我们必须使用代用资料。

作为年分辨率的气候代用资料,树木年轮已成功用于重建降水、干旱和径流等水文气候变量(Stahle et al.,1988;Loaiciga et al.,1993;Hughes et al.,1996;Haston et al.,1997;Cook et al.,1999;Cleaveland,2000;Meko et al.,2001)。然而,迄今为止,很少有研究利用树木年轮来重建冰川物质平衡(Tarr et al.,1914;Smith et al.,1981;Sigafoos et al.,1961;Xu et al.,2012)。这可能是因为物质平衡观测数据和树轮年表重叠时间很短,但通过与气候强迫因素的联系,冰川物质平衡(生长和消融时期)也可以被树木年轮所重建(Larocque et al.,2005)。例如,Nicolussi 等(1996)讨论了利用树轮气候学重建冰川物质平衡历史的方法,并重建了冰川物质平衡历史,Shekhar 等(2017)提出了基于树轮样本重建了的小冰期(LIA)西喜马拉雅山冰川物质平衡。

Tsentralniy Tuyuksuyskiy 冰川(简称 Tuyuksu 冰川)是位于哈萨克斯坦南部天山北坡的 Zailiyskiy 阿拉套山的山谷型冰川(图 4.82)。Tuyuksu 冰川是天山山脉中监测时间最久,监测记录最连续的冰川之一。前人大量研究表明,在干旱和半干旱山区环境中生长的雪岭云杉径向生长对气候响应敏感,非常适合重建过去的气候变化(Yuan et al.,2001,2003;Zhang et al.,2016c,2017c)。前期研究也表明,哈萨克斯坦南部雪岭云杉径向生长与上年 6 月到当年 5 月的降水量具有显著的相关性(Zhang et al.,2017c)。因此,在本研究中,我们利用冰川物质平衡观测、气象观测、树木年轮宽度和稳定碳同位素数据,重建了 Tuyuksu 冰川的年物质平衡。进一步分析了过去 166 a 物质平衡的变化,并讨论了它们与气候变化的关系。

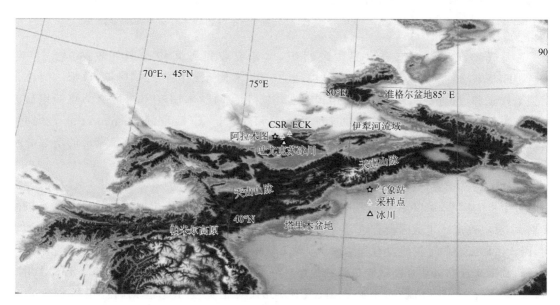

图 4.82　Tuyuksu 冰川、气象站和采样点位置示意图

天山发育着大量冰川,并有大量的冰川运动监测序列,然而,连续的长期监测很少。苏联解体后,中亚绝大多数观测系统都停止了。只有两个长期物质平衡监测得以延续,分别是哈萨克斯坦的 Tuyuksu 冰川和中国的乌鲁木齐河源 1 号冰川。

Tuyuksu 冰川是典型的山谷型冰川,位于哈萨克斯坦南部天山北坡的 Zailiyskiy 阿拉套(77°05′E,43°03′N),该冰川海拔从 3467 m 延伸到 4219 m,面积为 2.313 km²(2011 年),坡向朝北。Tuyuksu 冰川的年物质平衡数据来自世界冰川监测服务网(WGMS)(http://www.geo.unizh.ch/microsite/wgms/zh.html)。本研究收集了不同海拔的年物质平衡(1965—2014 年)数据,包括海拔 3400~3500 m(AMB34)、3500~3600 m(AMB35)、3600~3700 m(AMB36)、3700~3800 m(AMB37)、3800~3900 m(AMB38)、3900~4000 m(AMB39)、4000~4100 m(AMB40)、4100~4200 m(AMB41),以及整个 Tuyuksu 冰川(AMB)。分析表明,过去 50 年的年物质平衡变化趋势非常一致(图 4.83),互相关大于 0.5($n>40$)。冰川的年物质平衡随着海拔的升高而增加。

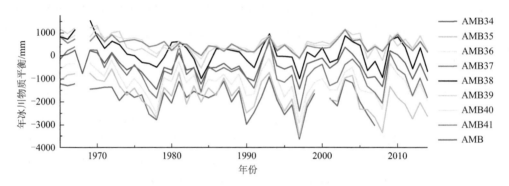

图 4.83　监测记录的 Tuyuksu 冰川不同观测点的过去 50 年物质平衡变化

AMB34,AMB35,AMB36,AMB37,AMB38,AMB39,AMB40,AMB41 分别代表观测位置

在海拔 3400~3500 m,3500~3600 m,3600~3700 m,3700~3800 m,3800~3900 m,3900~4000 m,

4000~4100 m,4100~4200 m;AMB 代表整个 Tuyuksu 冰川物质平衡的平均值

逐月气候观测数据来自世界气象组织,本研究收集了阿拉木图气象站(43.23°N,76.93°E,海拔 851.0 m)平均气温(1930—2015 年)和降水(1967—2010 年)数据。阿拉木图到采样点和 Tuyuksu 冰川的直线距离不到 50 km。阿拉木图气象站是哈萨克斯坦最古老的气象站之一,因此,拥有长期的连续的气温和降水记录(Cherednichenko et al.,2015)。阿拉木图年降水量 650.9 mm,平均气温 9.3 ℃。有气象记录以来气温和降水的增幅分别为 0.27 ℃/(10 a)和 1.6 mm/a。

Nicolussi 等(1996)提出了使用树木年轮重建冰川历史的两种基本方法。一是研究在冰川附近生长的树木,可以使用被冰川覆盖然后重新暴露的树木来确定冰川前进和最大范围的日期,也可以确定冰川范围没有超过一定限度的时期。这种方法不能用于天山冰川历史的重建,因为雪岭云杉的上树线没有到达冰川。然而,另一种方法可以在天山使用,因为它依靠树木年轮数据来提供有关过去气候条件的信息。气候条件控制物质平衡变化,这决定了冰川的进退。本研究利用冰川物质平衡观测、气象观测、树轮宽度和稳定碳同位素数据重建了 Tuyuksu 冰川的年物质平衡。

本研究使用标准的树木年代学技术建立树轮宽度和稳定碳同位素序列,建立回归模型,并验证气候重建的可靠性(Cook et al. ,1990)。环境因素和树轮年表之间的关系使用 SPSS 程序中的 Pearson 相关分析。使用线性回归模型(Cook et al. ,1990)进行重建。用逐一剔除交叉验证方法(Michaelsen,1987)验证重建序列的可靠性。计算的统计参数包括一阶差和原始序列的符号检验、误差缩减值(R_E)和相关系数,以评估观测数据和重建数据之间的一致性。符号检验通过计算两个序列中一致和不一致的数量来衡量序列(或变量)之间的关联程度。如果相似性的数量显著大于不相似的数量,则该序列是相关的。R_E 统计量对实际数据和估计数据之间的关联提供了严格的检验,正的 R_E 被认为回归模型是可靠的(Fritts,1976)。使用光谱分析的多锥度方法（MTM）研究了频域中气候重建的周期性规律（Mann et al. ,1996）。

　　Tuyuksu 冰川位于哈萨克斯坦南部天山北坡的阿拉套山脉,我们选择了两个不同海拔的采样点,在 Tuyuksu 冰川附近采集了雪岭云杉树木年轮样本。海拔较高的采样点位于阿拉木图的 Medeu 山脉(43°07′N,77°05′E,海拔 2525 m,被定义为"CSR")。低海拔采样点位于 Ecik 市以南 20 km 处(43°15′N,77°28′E,海拔 1850 m,被定义为"ECK",图 4.83)。为了尽量减少非气候因素对树木生长的影响,只对没有明显损伤或疾病迹象的树木进行采样。一般而言,用 10 mm 直径的生长锥对每棵雪岭云杉采集两根样芯,个别树只采集了一根样芯,在两个样点共收集了 50 棵树的 99 根树轮样本。根据上文方法分别建立了树轮宽度年表和树轮稳定碳同位素去趋势序列($\delta^{13}C_{corr}$)序列(图 4.84)。

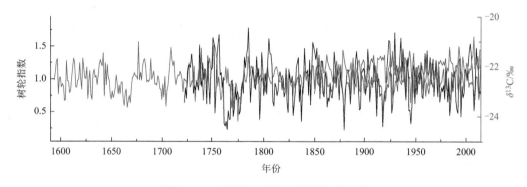

图 4.84　树轮宽度和稳定碳同位素序列

黑线代表低海拔 ECK 采样点的树轮宽度序列,蓝线代表高海拔 CSR 采样点的树轮宽度序列,

红线代表哈萨克斯坦南部高海拔 CSR 采样点过去 166 a 树轮 $\delta^{13}C_{corr}$ 变化

4.5.2.1　树木年轮与冰川物质平衡之间的关系

　　相关和响应分析表明,ECK 树轮宽度年表与整个冰川的物质平衡呈显著的正相关关系($r=0.551,n=50$;图 4.85)。而 CSR 采样点的树轮稳定碳同位素去趋势序列与冰川物质平衡呈显著的负相关关系($r=-0.716,n=50$)(图 4.85)。森林下线(ECK)雪岭云杉树木径向生长对气候的响应要好于高海拔的树木径向生长(CSR)。Zhang 等(2016a,c,2017a,c)的研究表明降水对森林下线雪岭云杉树木径向生长的主要主导气候因子是生长季之前和前期水分(降水/PDSI/SPEI),许多研究也证明了这种关系(Yuan et al. ,2001,2003;Chen et al. ,2013;Solomina et al. ,2014)。

　　高山冰川是气候变化的可靠且明确的指标,因为它们对气温和降水变化敏感,尤其是降水有限的干旱区(如中亚)。冰川进退与积雪的累积和消融密切相关,是气候综合反应的结果。

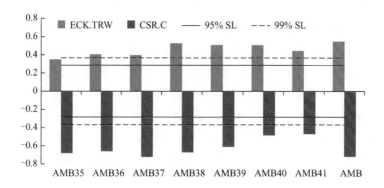

图 4.85 树轮宽度和稳定碳同位素与不同海拔冰川物质平衡的相关系数

AMB35,AMB36,AMB37,AMB38,AMB39,AMB40 和 AMB41 分别代表冰川监测点的海拔高度
位于 3400～3500 m,3500～3600 m,3600～3700 m,3700～3800 m,3800～3900 m,3900～4000 m,4000～4100 m
4100～4200 m;AMB 代表整个 Tuyuksu 冰川物质平衡;ECK. TRW 代表 Ecik 采样点树轮宽度序列;
CSR. C 代表 Chimbulak Ski Resort 树轮样点的稳定碳同位素序列

气温、降水或气候输入的综合因素是冰川波动的主要驱动因素:降水的增加或气温的降低有利
于物质的正平衡,从而使冰川生长,如果降水太少或气温太高,冰川就会退缩,Tuyuksu 冰川
的物质平衡变化受夏季气温和年降水量的控制。夏季气温上升导致物质平衡下降,较多的降
水或降雪有助于冰川的积累,同时,干旱的中亚地区雪岭云杉的径向生长受到降水量的限制,
而树轮 $\delta^{13}C$ 分馏则取决于光合作用的速率,夏季较高的平均气温有利于稳定的碳同位素分馏
过程。随着气温升高,光合速率增加,导致 C_i 降低和 $\delta^{13}C$ 升高(McCarroll et al. ,2004)。许
多研究表明 $\delta^{13}C$ 变化与生长季气温之间有很强的联系(Liu et al. ,2002;Treydte et al. ,2009;
Xu et al. ,2011;Wang et al. ,2015c;McCarroll et al. ,2001;Gagen et al. ,2007;Hilasvuori et
al. ,2009)。因此,树木的生长和冰川的物质平衡都受到气候影响,气候作为桥梁将冰川物质
平衡与树木生长间接联系起来。因此,可以综合利用树轮宽度和稳定碳同位素重建冰川物质
平衡(图 4.86)。

图 4.86 树轮宽度、稳定同位素、气温、降水和冰川的关系图

4.5.2.2 天山 Tuyuksu 冰川物质平衡重建

基于相关分析结果,本研究重建了天山 Tuyuksu 冰川年物质平衡变化,转换方程为:
$$G = 641.2 \times L._{TRW} - 698.6 \times U._C - 16470.3 \qquad (4.6)$$
式中,G 代表整个 Tuyuksu 冰川年物质平衡,$L._{TRW}$ 代表 Ecik 采样点负指数去趋势树轮宽度
年表序列,$U._C$ 代表树轮稳定碳同位素去趋势序列。该方程可以解释观测期内(1965—2014
年)62.1% 的方差(调整自由度后为 60.5%)($n=50$,$r=0.788$,$F2,47=38.48$,$p<0.0001$)。

　　回归方程通过了所有验证测试(图 4.87)。交叉验证测试结果显示出正的 R_E，值为 0.428，证实了模型的预测能力。统计学显著性检验显示观测序列与逐一剔除检验的估计值在符号检验(40^+，10^-，$p<0.01$)和相关性($r=0.763$，$p<0.0001$)及一阶差异符号检验(36^+，13^-，$p<0.01$)和一阶差相关系数($r=0.720$，$p<0.0001$)均表现出显著的一致性。本研究还比较了重建值和观测值的一阶差(逐年变化)，二者的相关系数高达 0.753($p<0.0001$，$n=49$)(图 4.87)。这种强相关性表明重建序列与观测序列在高频变化上具有很好的一致性。因此，可以利用该方程重建 Tuyuksu 冰川过去 166 a 的物质平衡变化(图 4.87)。

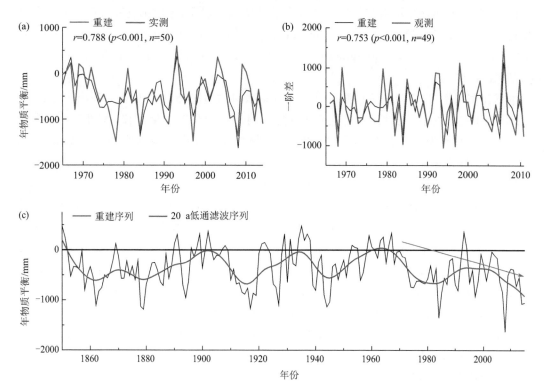

图 4.87　(a)Tuyuksu 冰川物质平衡重建序列(黑线)与观测序列(红线)的比较(1965—2014 年)；
(b)Tuyuksu 冰川物质平衡重建序列的一阶差(黑线)与观测序列(红线)的一阶差比较；
(c)天山 Tuyuksu 冰川 1850 年以来的物质平衡重建序列(细黑线)与 20 a 低通滤波序列(蓝粗线)

4.5.2.3　天山 Tuyuksu 冰川年物质平衡变化

　　研究表明，与全球大部分地区冰川变化趋势相同，天山山区冰川在 19 世纪中期的小冰期后期以来呈退缩趋势(Solomina et al.，2004)，这种趋势在 20 世纪 70 年代以后尤为明显(Bolch et al.，2009；Narama et al.，2010)。从图 4.87C 可以看出，Tuyuksu 冰川物质平衡在过去 166 a 来整体呈减少趋势(-0.75 mm w. e. /a)，20 世纪 70 年代以来呈现快速退缩趋势(-4.17 mm w. e. /a)。Tuyuksu 冰川在过去 166 a 中，有 132 a 处于负的物质平衡状态。重建序列的低频变化显示，冰川物质平衡在 1863—1902 年、1917—1935 年、1944—1967 年呈增加趋势，而 1850—1862 年、1903—1916 年、1936—1943 年以及 1968 年至今呈减少趋势。与全球大部分冰川变化类似，过去几十年 Tuyuksu 冰川在全球升温的背景下快速退缩，自 1968 年以来，它经历了过去 166 a 中最快、最长的融化过程。年代际冰川变化来看，冰川积累主要集中在 19 世纪 90 年代—20 世纪 00 年代、20 世纪 20—30 年代及 20 世纪 50—60 年代。但是，在过去的 166 a 中,年冰川物质平衡仅在 20 世纪 60 年代达到正值(20.0 mm w. e/a)。利用可用的物质平衡监测数据评估天山冰川变化(Sorg et al.,2012)结果表明,20 世纪 50 年代和 60 年代略有负平衡,20 世纪 70 年代—21 世纪 00 年代冰川损失约 −500 mm w. e. /a。这项研究的结果证实了本研究的结果,因为 Tuyuksu 冰川在 20 世纪 70 年代—21 世纪 00 年代的年物质平衡为 −491 mm w. e. /a。同样,Severskiy 等(2016)研究表明,1955—2008 年 Zailiyskiy-Kungei 冰川系统的冰川面积减少了 35%,在 20 世纪 70 年代经历了最大的萎缩(高达 1.65%/a);到 21 世纪前 10 a,萎缩下降到 0.67%/a。然而,20 世纪 50 年代末到 20 世纪 70 年代初,天山的大部分冰川是准稳定的。许多前期研究均表明,冰川融化在 20 世纪 70 年代中期加速(Bolch et al.,2007,2009;Narama et al.,2006,2010;Kutuzov et al.,2009;Aizen et al.,2007;Liu et al.,2006;Shangguan et al.,2009;Fujita et al.,2011)。这些结论与本研究重建的结果高度吻合。

本书使用滑动 T 检验方法检测了过去 166 a 冰川物质平衡的突变点。采用了 5 a、10 a、15 a、20 a 和 25 a 的滑动步长,以避免突变点随平均周期的长度发生漂移,本研究将显著突变点定义为置信水平为 99% 的最显著突变年,选择频率大于 3 次为最强突变年。结果表明,在 1889 年,冰川物质平衡出现了从少到多的突变,而 1910 年和 1973 年 Tuyuksu 冰川年物质平衡发生了从多到少的突变,1973 年为最强突变点。

尽管物质平衡盈余的区域变化在很大程度上可以用局部因素来解释,但时间变化的边界条件是由大尺度气候动力学决定的。为了了解年代际冰川变化的气候强迫,我们比较了过去 166 a 哈萨克斯坦南部的年物质平衡重建与气温(Zhang et al.,2020d)和降水重建(Zhang et al.,2017)。比较结果表明,气温和降水的变化决定了冰川的年度质量平衡,年物质平衡对气温具有显著的负响应($r = -0.899, n = 166$),气温是主要的强迫因素。年物质平衡与降水之间的相关系数也可能很高,最高为 $0.742(n = 166)$。高频变化表明较低的年物质平衡值对应于较高的气温或较低的降水。最低的年度物质平衡值可能代表高温和低降水的年份(图 4.88)。

低频变化的比较表明,气温或降水仅与某些时期的物质平衡变化趋势一致。在某些时期,质量平衡会随气温而变化,在其他情况下,它对降水有响应(图 4.88)。进一步的年代际分析表明,气温导致了 19 世纪 80 年代、90 年代,20 世纪 00 年代、50 年代、70 年代、80 年代和 21 世纪 10 年代的物质平衡变化。降水主导了 19 世纪 60 年代和 20 世纪 20 年代的物质平衡变化(图 4.89)。气温和降水共同导致了 19 世纪 50 年代、70 年代,20 世纪 10 年代、30 年代、40 年代、60 年代、90 年代和 21 世纪 00 年代的物质平衡变化。过去 166 a,最低的物质平衡发生在 20 世纪 10 年代,并伴有高温和较少的降水。20 世纪 60 年代是物质平衡为正的唯一年代,观测表明,在这 10 年中气温较低,并伴有更多的降水。Tuyuksu 冰川对高温的敏感性高于对降水变化的敏感性。为了进一步了解 Tuyuksu 冰川的年物质平衡与气候之间的关系,我们将重建的年物质平衡的空间一致性与气候数据进行了比较,气候数据来自气候研究单位(CRU)TS 4.01 的网格化数据集(Harris et al.,2014b),结果表明,Tuyuksu 冰川的物质平衡不仅与局部气温呈显著负相关,而且与局部降水也具有很好的正相关。在过去的 115 a 中(1901—2014 年),整个中亚都观察到了质量平衡与气候之间的这种关系(图 4.89)。这进一步验证了物质平衡变化和气候变化的一致性。

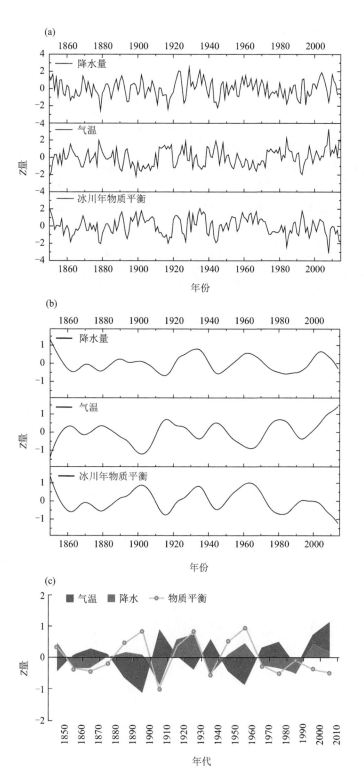

图 4.88　过去 166 a 哈萨克斯坦南部降水、夏季气温和冰川物质平衡变化的比较

(a)年际变化；(b)20 a 低通滤波；(c)年代际变化

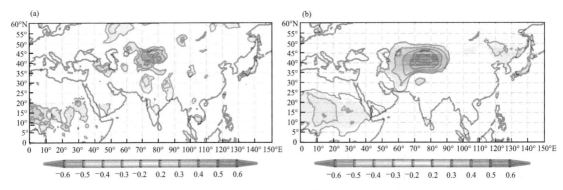

图 4.89 重建的冰川物质平衡与降水和气温的空间相关图

(a) CRU TS4.01 气温(1901—2015 年, $p<0.1$);(b)降水量 (1901—2014 年, $p<0.1$)

过去的 150 a 中,自"小冰期"结束以来,尤其是从 20 世纪 70 年代以来,中亚冰川由于气温升高和降水变化而迅速退缩。这些变化使冰川主要呈负的物质平衡(Glazirin,1996;Aizen et al.,1997)。Aizen 等(2001)使用地表和遥感数据显示,由于夏季气温升高,自 20 世纪 70 年代以来,天山冰川的退缩已经加速。自 20 世纪 70 年代以来,中亚几乎所有气象站都监测到变暖趋势(Sorg et al.,2012b)。气温的这种变化导致较少的持续积雪和延长的冰川融化季节。这可能与西欧高压带向东,亚洲大陆上方减弱或空间移动有关(Aizen et al.,2001)。在中亚,纬向和经向大气环流模式驱动的降水变化没有显示出空间连贯的趋势(Kutuzov et al.,2009)。

4.5.2.4 小结

本节论证了基于树轮宽度和稳定碳同位素重建干旱中亚地区冰川物质平衡的可靠性,进一步基于这 2 个参数重建了 Tuyuksu 冰川年物质平衡变化历史,最后还分析了百年物质平衡变化及其与气候变化的联系。研究结果表明,Tuyuksu 冰川在过去 166 a 的大部分时间里,年物质平衡为负,自 20 世纪 70 年代以来,经历了 166 a 来最迅速、最长的融化过程。夏季气温升高导致冰川融化,同时,降水增加是冰川积累的直接因素。本研究表明,Tuyuksu 冰川过去 166 a 的物质平衡变化受区域气温和降水协同控制。随着全球气温继续上升,特别是如果天山的降水量继续减少,冰川退缩将加速。这项研究可能有助于对天山地区进行更详细的冰川学、水文和气候学评估。它还为中亚的水资源管理提供见解和科学支持。它不仅拓展了树木年代学领域,也为过去的冰川变化提供了可靠的证据。

参考文献

安成邦,王伟,段阜涛,等,2017. 亚洲中部干旱区丝绸之路沿线环境演化与东西方文化交流[J]. 地理学报,5(72):875-891.

白松竹,李焕,张林梅,2014. 阿勒泰地区冬季降水变化特征分析[J]. 沙漠与绿洲气象,8(1):17-22.

蔡秋芳,刘禹,2015. 山西中条山白皮松和华山松径向生长对气候变化的响应及气候意义[J]. 地球环境学报,6(4):208-218.

曹仪植,宋占午,1998. 植物生理学[M]. 兰州:兰州大学出版社.

常石巧,2019. 中亚干旱区极端降水事件的水汽来源及物理机制初探[D]. 兰州:兰州大学.

陈发虎,黄伟,靳立亚,等,2011. 全球变暖背景下中亚干旱区降水变化特征及其空间差异[J]. 中国科学:地球科学,41(11):1647-1657.

陈峰,王慧琴,袁玉江,等,2014. 树轮最大密度记录的吉尔吉斯斯坦天山山区公元 1650 年以来的 7—8 月温度变化[J]. 沙漠与绿洲气象,8(4):1-7.

陈峰,袁玉江,张同文,等,2015. 树轮记录的阿尔泰山北部 PDSI 指数变化及其对额尔齐斯河径流变化影响[J]. 干旱区资源与环境,29(8):93-98.

陈津,王丽丽,朱海峰,等,2009. 用天山雪岭云杉年轮最大密度重建新疆伊犁地区春夏季平均最高温度变化[J]. 科学通报(9):1295-1302.

陈玲飞,王红亚,2004. 中国小流域径流对气候变化的敏感性分析[J]. 资源科学(6):62-68.

陈拓,秦大河,李江风,等,2000. 新疆昭苏云杉树轮纤维素 $\delta^{13}C$ 的气候意义[J]. 冰川冻土,22(4):347-352.

陈亚宁,李稚,方功焕,等,2017. 气候变化对中亚天山山区水资源影响研究[J]. 地理学报,72(1):18-26.

成晨,傅文学,胡召玲,等,2015. 基于遥感技术的近 30 年中亚地区主要湖泊变化[J]. 国土资源遥感,27(1):146-152.

崔海亭,刘鸿雁,戴君虎,2005. 山地生态学与高山林线研究[M]. 北京:科学出版社.

崔宇,胡列群,袁玉江,等,2015. 树轮记录的过去 359 a 阿勒泰地区初夏气温变化[J]. 沙漠与绿洲气象,9(5):22-28.

戴新刚,汪萍,张凯静,2013. 近 60 年新疆降水趋势与波动机制分析[J]. 物理学报,62(12):527-537.

高卫东,袁玉江,张瑞波,等,2011. 树木年轮记录的天山北坡中部过去 338a 降水变化[J]. 中国沙漠,31(6):1535-1540.

勾晓华,邵雪梅,王亚军,等,1999. 祁连山东部地区树木年轮年表的建立[J]. 中国沙漠(4):68-71.

勾晓华,邓洋,陈发虎,等,2010. 黄河上游过去 1234 年流量的树轮重建与变化特征分析[J]. 科学通报,55(33):3236-3243.

苟晓霞,张同文,喻树龙,等,2021. 不同生境下圆柏径向生长的气候响应[J]. 生态学杂志,40(6):1574-1588.

郭滨德,张远东,王晓春,2016. 川西高原不同坡向云、冷杉树轮对快速升温的响应差异[J]. 应用生态学报,27(2):354-364.

郭建平,高素华,2004. CO_2 浓度和辐射强度变化对沙柳光合作用速率影响的模拟研究[J]. 生态学报,24(2):181-185.

郭玉琳,赵勇,周雅蔓,等,2022. 新疆天山山区夏季降水日变化特征及其与海拔高度关系[J]. 干旱区地理,45(1):57-65.

郭允允,刘鸿雁,任佶,等,2007. 天山中段树木生长对气候垂直梯度的响应[J]. 第四纪研究(3):322-331.

何清,袁玉江,赵勇,2016. 中亚气候变化调查研究[M]. 北京:气象出版社.

胡义成,袁玉江,魏文寿,等,2012. 用树木年轮重建阿勒泰东部 6—7 月平均温度序列[J]. 中国沙漠,32(4):
1003-1009.

霍嘉新,2019. 石人山华山松树木年轮宽度对气候变化的响应[D]. 开封:河南大学.

姜盛夏,袁玉江,喻树龙,等,2015. 额尔齐斯河上游西伯利亚云杉树轮宽度年表特征分析及其对气候的响应
[J]. 沙漠与绿洲气象,9(2):16-23.

姜盛夏,袁玉江,陈峰,等,2016. 树轮宽度记录的额尔齐斯河上游地区过去 291 年的降水变化[J]. 生态学报,
36(10):2866-2875.

蒋子堃,王永栋,田宁,等,2016. 辽西北票中晚侏罗世髫髻山组木化石的古气候、古环境和古生态意义[J]. 地
质学报,90(8):1669-1678.

焦亮,王玲玲,李丽,等,2019. 阿尔泰山西伯利亚落叶松径向生长对气候变化的分异响应[J]. 植物生态学报,
43(4):320-330.

雷泽勇,周晏平,赵国军,等,2018. 竞争对辽宁西北部樟子松人工固沙林树高生长的影响[J]. 干旱区研究,35
(1):144-149.

李江风,等,2000. 树木年轮水文学研究与应用[M]. 北京:科学出版社.

李均力,陈曦,包安明,2011. 2003—2009 年中亚地区湖泊水位变化的时空特征[J]. 地理学报,66(9):
1219-1229.

李淑娟,毛炜峰,陈静,等,2021. 北疆冰雪运动气候适宜性及其变化特征[J]. 气候变化研究进展,17(5):
537-547.

李帅,李祥余,何清,等,2006. 阿勒泰地区近 40 年的气候变化研究[J]. 干旱区研究,23(4):637-643.

李晓青,刘贤德,王立,等,2017. 祁连山青海云杉直径结构及其对径向生长的影响[J]. 干旱区研究,34(5):
1117-1123.

李珍,姜逢清,2007. 1961—2004 年新疆气候突变分析[J]. 冰川冻土,29(3):351-359.

李宗善,刘国华,张齐兵,等,2010. 利用树木年轮宽度资料重建川西卧龙地区过去 159 年夏季温度的变化[J].
植物生态学报,34(6):628-641.

刘国华,傅伯杰,2001. 全球气候变化对森林生态系统的影响[J]. 自然资源学报,16(1):71-78.

刘可祥,张同文,张瑞波,等,2021. 不同树高处树轮密度变化特征及其对气候的响应[J]. 应用生态学报,32
(2):503-512.

刘可祥,张同文,张瑞波,等,2022. 伊犁山区雪岭云杉(Picea schrenkiana)不同树干高度树木径向生长特征及
其对气候响应[J]. 干旱区地理,45(4):1010-1021.

刘立诚,1997. 新疆阿尔泰山西北部山区针叶林下土壤的形成特征[J]. 土壤学报,34(3):263-271.

刘普幸,勾晓华,张齐兵,等,2004. 国际树轮水文学研究进展[J]. 冰川冻土,26(6):720-728.

刘蕊,王勇辉,姜盛夏,等,2019. 哈萨克斯坦阿尔泰山树木径向生长及其对气候要素的响应[J]. 干旱区研究,
36(3):723-733.

刘盛,宋彩民,李国伟,2011. 4 种林木年轮水分疏导模式研究[J]. 北京林业大学学报,33(2):14-18.

刘禹,吴祥定,安芷生,等,1997. 树轮密度、稳定 C 同位素对过去近 100 a 陕西黄陵季节气温与降水的恢复[J].
中国科学:D 辑,27(3):271-276.

刘禹,史江峰,Shishov V,等,2004. 以树轮晚材宽度重建公元 1726 年以来贺兰山北部 5—7 月降水量[J]. 科
学通报,49(3):265-269.

陆志华,夏自强,于岚岚,等,2012. 松花江干流中游段径流年内分配变化规律[J]. 河海大学学报(自然科学
版),40(1):63-69.

梅婷婷,王传宽,赵平,等,2010. 木荷树干液流的密度特征[J]. 林业科学,46(1):40-47.

宁理科,2013. 地形地貌对天山山区降水的影响研究[D]. 石河子:石河子大学.

牛军强,袁玉江,陈峰,等,2016. 利用树木年轮重建阿勒泰地区 1794—2012 年降水量[J]. 中国沙漠,36(6):
　　1555-1563.

潘娅婷,2006. 博尔塔拉河流域树轮研究与气候重建[D]. 北京:中国气象科学研究院.

秦大河,2002. 中国西部环境演变评估综合报告[M]//中国西部环境演变评估:综合卷. 北京:科学出版社:
　　8-9.

桑卫国,王云霞,苏宏新,等,2007. 天山云杉树轮宽度对梯度水分因子的响应[J]. 科学通报,52(19):
　　2292-2298.

尚华明,魏文寿,袁玉江,等,2010. 树轮记录的中天山 150 年降水变化特征[J]. 干旱区研究,27(3):443-449.

尚华明,魏文寿,袁玉江,等,2011. 哈萨克斯坦东北部 310 年来初夏温度变化的树轮记录[J]. 山地学报,29
　　(4):402-408.

尚华明,麦麦提图尔荪·克比尔,栗红,等,2017. 叶尔羌河流域雪岭云杉树轮宽度气候信息的探讨[J]. 沙漠
　　与绿洲气象,11(3):17-24.

邵雪梅,吴祥定,1994. 华山树木年轮年表的建立[J]. 地理学报,49(2):174-181.

沈永平,王国亚,苏宏超,等. 2007. 新疆阿尔泰山区克兰河上游水文过程对气候变暖的响应[J]. 冰川冻土,
　　29(6):845-854.

石仁娜·加汗,张同文,喻树龙,等,2021. 天山不同海拔雪岭云杉径向生长对气候变化的响应[J]. 干旱区研
　　究,38(2):327-338.

史辅成,王国安,高治定,等,1991. 黄河 1922—1932 年连续 11 年枯水段的分析研究[J]. 水科学进展(4):258-
　　263.

宋慧明,刘禹,梅若晨,等,2017. 甘肃竺尼山油松树轮宽度气候响应[J]. 地球环境学报,8(2):119-126.

苏军德,2012. 祁连圆柏生理生态特性研究[D]. 兰州:兰州大学.

孙毓,王丽丽,陈津,等,2012. 利用兴安落叶松树轮最大晚材密度重建大兴安岭北部 5—8 月气温变化[J]. 科
　　学通报,57(19):1785-1793.

王国亚,沈永平,秦大河,2006.1860—2005 年伊塞克湖水位波动与区域气候水文变化的关系[J]. 冰川冻土,
　　28(6):854-860.

王劲松,李金豹,陈发虎,等,2007. 树轮宽度记录的天山东段近 200a 干湿变化[J]. 冰川冻土,29(2):209-216.

王丽丽,邵雪梅,黄磊,等,2005. 黑龙江漠河兴安落叶松与樟子松树轮生长特性及其对气候的响应[J]. 植物
　　生态学报,29(3):280-285.

王鹏飞,丁兆敏,林鹏飞,等,2015. 时间滑动相关方法在 SST 可预报性及可信计算时间研究中的应用[J]. 气
　　候与环境研究,20(3):245-256.

王婷,于丹,李江风,等,2003. 树木年轮宽度与气候变化关系研究进展[J]. 植物生态学报,27(1):23-33.

王晓春,宋来萍,张远东,2011. 大兴安岭北部樟子松树木生长与气候因子的关系[J]. 植物生态学报,35(3):
　　294-302.

王忠,王三根,李合生,2000. 植物生理学[M]. 北京:中国农业出版社.

魏本勇,方修琦,2008. 树轮气候学中树木年轮密度分析方法的研究进展[J]. 古地理学报,10(2):193-202.

魏文寿,袁玉江,喻树龙,等,2008. 中国天山山区 235 a 气候变化及降水趋势预测[J]. 中国沙漠,28(5):
　　803-808.

温克刚,史玉光,2006. 中国气象灾害大典:新疆卷[M]. 北京:气象出版社.

吴立钰,张璇,李冲,等,2020. 气候变化和人类活动对伊逊河流域径流变化的影响[J]. 自然资源学报,35(7):
　　1744-1756.

吴祥定,1990. 树木年轮与气候变化[M]. 北京:气象出版社.

吴燕良,甘淼,于瑞德,等,2020. 基于树轮生理模型的雪岭云杉径向生长的模拟研究[J]. 干旱区地理,43(1):
　　64-71.

夏军,石卫,雒新萍,等,2015. 气候变化下水资源脆弱性的适应性管理新认识[J]. 水科学进展,26(2): 279-286.

谢成晟,李景吉,高苑苑,等,2020. 基于树轮宽度重建川西南 137 年秋冬季平均气温变化[J]. 第四纪研究,40 (1):252-263.

徐金梅,鲍甫成,吕建雄,等,2012. 祁连山青海云杉径向生长对气候的响应[J]. 北京林业大学学报,34(2): 1-6.

许腾,朱立平,王君波,等,2019. 青藏高原北部冰前湖沉积记录的中晚全新世冰川活动[J]. 第四纪研究,39 (3):717-730.

杨川德,邵新媛,1993. 亚洲中部湖泊近期变化[M]. 北京:气象出版社.

杨莲梅,关学锋,张迎新,2018. 亚洲中部干旱区降水异常的大气环流特征[J]. 干旱区研究,35(2):249-259.

杨银科,刘禹,史江峰,等,2006. 树木年轮密度实验方法及其在内蒙古准格尔旗树轮研究中的应用[J]. 干旱 区地理,29(5):639-645.

杨银科,黄强,刘禹,等,2012. 云杉树轮生长密度对气候要素的响应分析[J]. 西安理工大学学报,28(4): 432-438.

杨宗娟,2013. 两种圆柏属植物叶片抗氧化系统对低温胁迫的响应机制研究[D]. 兰州:兰州交通大学.

姚世博,2021. 新疆降水水汽来源的模拟研究[D]. 北京:中国地质大学.

叶笃正,符淙斌,1994. 全球变化的主要科学问题[J]. 大气科学,18(4):498-512.

尹仔锋,尚华明,魏文寿,等,2014. 基于树轮宽度的伊塞克湖入湖径流量重建与分析[J]. 沙漠与绿洲气象,8 (4):8-14.

于贵瑞,王秋凤,2010. 植物光合、蒸腾与水分利用的生理生态学[M]. 北京:科学出版社.

喻树龙,2011. 新疆伊犁巩乃斯地区树木年轮密度对气候的响应及气候重建[D]. 乌鲁木齐:新疆师范大学.

喻树龙,袁玉江,金海龙,等. 2005. 用树木年轮重建天山北坡中西部 7—8 月 379 a 的降水量[J]. 冰川冻土, 27(3):404-410.

袁玉江,李江风,1999. 天山乌鲁木齐河源 450a 冬季温度序列的重建与分析[J]. 冰川冻土,21(1):64-70.

袁玉江,叶玮,董光荣,2000. 天山西部伊犁地区 314a 降水的重建与分析[J]. 冰川冻土,22(2):121-127.

袁玉江,邵雪梅,李江风,等,2002. 夏干萨特树轮年表中降水信息的探讨与 326 年降水重建[J]. 生态学报,22 (12):2048-2053.

袁玉江,邵雪梅,魏文寿,等,2005. 乌鲁木齐河山区树木年轮-积温关系及≥5.7 ℃积温的重建[J]. 生态学报, 25(4):756-762.

袁玉江,魏文寿,ESPER Jan,等,2008a. 采点和去趋势方法对天山西部云杉上树线树轮宽度年表相关性及其 气候信号的影响[J]. 中国沙漠,28(5):809-814.

袁玉江,ESPER Jan,魏文寿,等,2008b. 新疆天山西部三个云杉上树线树轮最大密度年表的研制、相关性及其 气候信号分析[J]. 干旱区地理,31(4):560-566.

袁玉江,魏文寿,陈峰,等,2013. 天山北坡乌鲁木齐河年径流总量的树轮重建[J]. 第四纪研究,33(3): 501-510.

张慧,邵雪梅,张永,2012. 不同海拔高度树木径向生长对气候要素响应的研究进展[J]. 地球环境学报,3(3): 845-854.

张瑞波,2017. 基于树轮的中亚西天山干湿变化研究[D]. 兰州:兰州大学.

张瑞波,袁玉江,魏文寿,等,2008. 用树轮灰度重建乌孙山北坡 4—5 月平均最低气温[J]. 中国沙漠,28(5): 848-854.

张瑞波,魏文寿,袁玉江,等,2009. 1396—2005 年天山南坡阿克苏河流域降水序列重建与分析[J]. 冰川冻土, 31(1):27-33.

张瑞波,尚华明,魏文寿,等,2013. 吉尔吉斯斯坦西天山上下林线树轮对气候的响应差异[J]. 沙漠与绿洲气象,7(4):1-6.

张瑞波,袁玉江,魏文寿,等,2016. 天山山区树轮气候研究若干进展[J]. 沙漠与绿洲气象,10(4):1-9.

张同文,袁玉江,喻树龙,等. 2008. 用树木年轮重建阿勒泰西部 5—9 月 365 年来的月平均气温序列[J]. 干旱区研究,25(2):288-294.

张同文,袁玉江,喻树龙,等,2011. 树轮灰度与树轮密度的对比分析及其对气候要素的响应[J]. 生态学报,31(22):6743-6752.

张同文,袁玉江,陈向军,等,2015. 利用树轮宽度资料重建东天山木垒地区降水量[J]. 第四纪研究,35(5):1121-1133.

张雪,高露双,丘阳,等,2015. 长白山红松不同树高处径向生长特征及其对气候的响应[J]. 生态学报,35(9):2978-2984.

张艳静,于瑞德,郑宏伟,等,2017a. 天山东西部雪岭云杉径向生长对气候变暖的响应差异[J]. 生态学杂志,36(8):2149-2159.

张艳静,郑宏伟,于瑞德,等,2017b. 天山中西段不同地区雪岭云杉径向生长对气候变暖的响应差异[J]. 植物研究,37(3):340-350.

张赟,尹定财,田昆,等,2018. 玉龙雪山不同海拔丽江云杉径向生长对气候变异的响应[J]. 植物生态学报,42(6):629-639.

郑景云,刘洋,郝志新,等,2021. 过去 2000 年气候变化的全球集成研究进展与展望[J]. 第四纪研究,41(2):309-322+308.

郑泽煜,靳立亚,李金建,等,2021. 树轮记录的 1808 年以来神农架地区平均气温的变化[J]. 第四纪研究,41(2):334-345.

周文胜,李江风,潘家宝,等,1989. 阿尔泰山南坡树轮年表研制中的几个问题[M]//李江风. 新疆年轮气候年轮水文研究. 北京:气象出版社:9-17.

朱海峰,王丽丽,邵雪梅,等,2004. 雪岭云杉树轮宽度对气候变化的响应[J]. 地理学报(6):863-870.

ABD EL-HACK M E,SAMAK D H,NORELDIN A E,et al,2018. Towards saving freshwater:halophytes as unconventional feedstuffs in livestock feed:A review[J]. Environmental Science and Pollution Research,25(15):14397-14406.

ADAMS H D,GUARDIOLACLARAMONTE M,BARRONGA ORD G A,et al,2009. Temperature sensitivity of drought-induced tree mortality portends increased regional die-off under global-change-type drought[J]. Proceedings of the National Academy of Sciences,106(17):7063-7066.

AIZEN V,AIZEN E,MELACK J,1995. Characteristics of runoff formation at the Kirgizskiy Alatoo,Tien Shan[J]. IAHS Publ. ,228:413-430.

AIZEN V B,AIZEN E M,MELACK J M,et al,1997. Climatic and hydrologic changes in the Tien Shan,Central Asia[J]. Journal of Climate,10(6):1393-1404.

AIZEN E M,AIZEN V B,MELACK J M,et al,2001. Precipitation and atmospheric circulation patterns at midlatitudes of Asia[J]. International Journal of Climatology,21(5):535-556.

AIZEN V B,KUZMICHENOK V A,SURAZAKOV A B,et al,2007. Glacier changes in the Tien Shan as determined from topographic and remotely sensed data[J]. Global and Planetary Change,56(3):328-340.

AKIYANOVA F,ATALIKHOVA A,JUSSUPOVA Z,et al,2019. Current state of ecosystems and their recreational use of the Burabai National Park (Northern Kazakhstan)[J]. EurAsian Journal of Biosciences,13:1231-1243.

AKKEMIK Ü,KÖSE N,KOPABAYEVA A,et al,2020. October to July precipitation reconstruction for Burabai region (Kazakhstan) since 1744[J]. International Journal of Biometeorology,64(5):803-813.

ALEXANDER V K,KERSTIN S T,ANATOLII N,et al,2008. Climate signals in tree-ring width,density and

δ^{13}C from larches in Eastern Siberia (Russia)[J]. Chemical Geology,252(1):31-41.

ALIMBAEV T,MAZHITOVA Z,OMAROVA B,et al,2020. Ecological problems of modern central Kazakhstan:challenges and possible solutions[J]. E3S Web of Conferences,157:03018.

ALLAN R,LINDESAY J,1996. El Niño southern oscillation & climatic variability[M]. Collinwood:CSIRO Publishing.

ALLEN C D,MACALADY A K,CHENCHOUNI H,et al,2010. A global overview of drought and heat-induced tree mortality reveals emerging climate change risks for forests[J]. Forest Ecology and Management, 259(4):660-684.

ALLEN S T,KIRCHNER J W,BRAUN S,et al,2019. Seasonal origins of soil water used by trees[J]. Hydrology and Earth System Sciences,23(2):1199-1210.

ANDREU L,GUTIÉRREZ E,MACIAS M,et al,2007. Climate increases regional tree-growth variability in Iberian pine forests[J]. Global Change Biology,13(4):804-815.

ANTONOVA G F,STASOVA V V,1993. Effects of environmental factors on wood formation in Scots pine stems[J]. Trees,7(4):214-219.

AZIZI G,ARSALANI M,BRÄUNING A,et al,2013. Precipitation variations in the central Zagros Mountains (Iran) since AD 1840 based on oak tree rings[J]. Palaeogeogr Palaeoclimatol Palaeoecol,386:96-103.

BAKHTIYOROV Z,YU R,MONOLDOROVA A,et al,2018. Tree-Ring-Based Summer Temperature Minimum Reconstruction for Taboshar,Sogd Province,Tajikistan,Since AD 1840:Linkages to the Oceans[M]. Preprints.

BALDUCCI L,CUNY H E,RATHGEBER C B K,et al,2016. Compensatory mechanisms mitigate the effect of warming and drought on wood formation[J]. Plant,Cell & Environment,39(6):1338-1352.

BAMZAI A S,SHUKLA J,1999. Relation between eurasian snow cover,snow depth,and the Indian summer monsoon:An observational study[J]. Journal of Climate,12(10):3117-3132.

BAO G,LIU Y,LIU N,2012. A tree-ring-based reconstruction of the Yimin River annual runoff in the Hulun Buir region,Inner Mongolia,for the past 135 years[J]. Chinese Science Bulletin,57(36):4765-4775.

BAO G,LIU Y,LIU N,et al,2015. Drought variability in eastern Mongolian Plateau and its linkages to the large-scale climate forcing[J]. Climate Dynamics,44(3-4):717-733.

BARBAROUX C,BRÉDA N,DUFRÊNE E,2003. Distribution of above-ground and below-ground carbohydrate reserves in adult trees of two contrasting broad-leaved species (*Quercus petraea and Fagus sylvatica*) [J]. New Phytologist,157(3):605-615.

BARBER V A,JUDAY G P,FINNEY B P,2000. Reduced growth of Alaskan white spruce in the twentieth century from temperature-induced drought stress[J]. Nature,405(6787):668-673.

BARBER V A,JUDAY G P,FINNEY B P,et al,2004. Reconstruction of summer temperatures in interior Alaska from tree-ring proxies:Evidence for changing synoptic climate regimes[J]. Climatic Change,63(1): 91-120.

BARLOW M,CULLEN H,LYON B,2002. Drought in central and southwest Asia:La Niña,the Warm Pool, and Indian Ocean precipitation[J]. Journal of Climate,15(7):697-700.

BARNETT T P,ADAM J C,LETTENMAIER D P,2005. Potential impacts of a warming climate on water availability in snow-dominated regions[J]. Nature,438(7066):303-309.

BECK P S A,ANDREU-HAYLES L,D'ARRIGO R,et al,2013. A large-scale coherent signal of canopy status in maximum latewood density of tree rings at arctic treeline in North America[J]. Global and Planetary Change,100:109-118.

BECKER F,LI Z L,1990. Towards a local split window method over land surfaces[J]. International Journal of

Remote Sensing, 11(3):369-393.

BEER J, MENDE W, STELLMACHER R, 2000. The role of the sun in climate forcing[J]. Quaternary Science Reviews, 19:403-415.

BEERLING D J, 1994. Predicting leaf gas exchange and $\delta^{13}C$ responses to the past 30000 years of global environmental change[J]. New Phytologist, 128(3):425-433.

BELL J E, SHERRY R, LUO Y, 2010. Changes in soil water dynamics due to variation in precipitation and temperature: An ecohydrological analysis in a tallgrass prairie[J]. Water Resources Research, 46, W03523, doi:10. 1029/2009WR007908.

BERG A, FINDELL K, LINTNER B, et al, 2016. Land-atmosphere feedbacks amplify aridity increase over land under global warming[J]. Nature Climate Change, 6(9):869-874.

BISONG E, 2019. Building Machine Learning and Deep Learning Models on Google Cloud Platform[M]. A comprehensive guide for beginners. Apress.

BLACKMAN F F, 1905. Optima and limiting factors[J]. Annals of Botany, 19(74):281-295.

BLANFORD H F, 1884. II. On the connexion of the Himalaya snowfall with dry winds and seasons of drought in India[J]. Proceedings of the Royal Society of London, 37(232-234):3-22.

BLASING T J, DUVICK D N, WEST D C, 1981. Dendroclimatic calibration and cerification using regionally averaged and single station precipitation data[J]. Tree-ring Bulletin, 41:37-43.

BOBOJONOV I, AW-HASSAN A, 2014. Impacts of climate change on farm income security in Central Asia: An integrated modeling approach[J]. Agriculture, Ecosystems & Environment, 188:245-255.

BOLCH T, 2007. Climate change and glacier retreat in northern Tien Shan (Kazakhstan/Kyrgyzstan) using remote sensing data[J]. Global and Planetary Change, 56(1):1-12.

BOLCH T, MARCHENKO S, 2009. Significance of glaciers, rockglaciers and ice-rich permafrost in the Northern Tien Shan as water towers under climate change conditions[J]. IHP/HWRP-Berichte(8):132-144.

BONAN G B, 2008. Forests and climate change: forcings, feedbacks, and the climate benefits of forests[J]. Science, 320(5882):1444-1449.

BOTHE O, FRAEDRICH K, ZHU X, 2012. Precipitation climate of Central Asia and the large-scale atmospheric circulation[J]. Theoretical and Applied Climatology, 108(3):345-354.

BOURIAUD O, BRÉDA N, DUPOUEY J L, et al, 2005. Is ring width a reliable proxy for stem-biomass increment? A case study in European beech[J]. Canadian Journal of Forest Research, 35(12):2920-2933.

BREIMAN L, 2001. Random forests[J]. Machine Learning, 45(1):5-32.

BRENDEL O, IANNETTA P P M, STEWART D, 2000. A rapid and simple method to isolate pure alpha-cellulose[J]. Phytochemical Analysis, 11(1):7-10.

BRIFFA K R, SCHWEINGRUBER F H, JONES P D, et al, 1998. Trees tell of past climates: But are they speaking less clearly today? [J]. Philosophical Transactions of the Royal Society of London. Series B: Biological Sciences, 353(1365):65-73.

BROWN C M, LUND J R, CAI X M, et al, 2015. The future of water resources systems analysis: Toward a scientific framework for sustainable water management[J]. Water Resources Research, 51(8):6110-6124.

BRÄUNING A, 1994. Dendrochronology for the last 1400 years in eastern Tibet[J]. GeoJournal, 34(1):75-95.

BURAS A, THEVS N, ZERBE S, et al, 2013. Productivity and carbon sequestration of *Populus euphratica* at the Amu River, Turkmenistan[J]. Forestry: An International Journal of Forest Research, 86(4):429-439.

BURKE E J, BROWN S J, 2008. Evaluating uncertainties in the projection of future drought[J]. Journal of Hydrometeorology, 9(2):292-299.

BURT T P, HOWDEN N J K, 2013. North Atlantic Oscillation amplifies orographic precipitation and river flow in upland Britain[J]. Water Resources Research,49(6):3504-3515.

BÜNTGEN U,MYGLAN V S,LJUNGQVIST F C,et al,2016. Cooling and societal change during the Late Antique Little Ice Age from 536 to around 660 AD[J]. Nature Geoscience,9(3):231-236.

CAMPBELL J L,DRISCOLL C T,POURMOKHTARIAN A,et al,2011. Streamflow responses to past and projected future changes in climate at the Hubbard Brook Experimental Forest, New Hampshire, United States[J]. Water Resources Research,47(2):1198-1204.

CARRER M,URBINATI C,2006. Long-term change in the sensitivity of tree-ring growth to climate forcing in *Larix decidua*[J]. New Phytologist,170(4):861-872.

CARTER J G,CAVAN G,CONNELLY A,et al,2015. Climate change and the city:Building capacity for urban adaptation[J]. Progress in Planning,95:1-66.

CEOLA S,MONTANARI A,KRUEGER T,et al,2016. Adaptation of water resources systems to changing society and environment:A statement by the International Association of Hydrological Sciences[J]. Hydrological Sciences Journal,65(S1):2803-2817.

CERNUSAK L A,UBIERNA N,WINTER K,et al,2013. Environmental and physiological determinants of carbon isotope discrimination in terrestrial plants[J]. New Phytologist,200(4):950-965.

CHEN F H,YU Z C,YANG M L,et al,2008. Holocene moisture evolution in arid central Asia and its out-of-phase relationship with Asian monsoon history[J]. Quaternary Science Reviews,27(3):351-364.

CHEN F H,WANG J S,JIN L Y,et al,2009a. Rapid warming in mid-latitude central Asia for the past 100 years[J]. Frontiers of Earth Science in China,3(1):42-50.

CHEN J,WANG L,ZHU H,et al,2009b. Reconstructing mean maximum temperature of growing season from the maximum density of the *Schrenk Spruce* in Yili,Xinjiang,China[J]. Chinese Science Bulletin,54(13):2300-2308.

CHEN F,YUAN Y J,WEI W S,et al,2010. Chronology development and climate response analysis of Schrenk spruce (*Picea Schrenkiana*) tree-ring parameters in the Urumqi river basin,China[J]. Geochronometria,36(1):17-22.

CHEN F,HUANG W,JIN L,et al,2011. Spatiotemporal precipitation variations in the arid Central Asia in the context of global warming[J]. Science China Earth Sciences,54(12):1812-1821.

CHEN F,YUAN Y J,WEI W S,et al,2012a. Climatic response of ring width and maximum latewood density of *Larix sibirica* in the Altay Mountains,reveals recent warming trends[J]. Annals of Forest Science,69(6):723-733.

CHEN F,YUAN Y,WEI W,WANG L,et al,2012b. Tree ring density-based summer temperature reconstruction for Zajsan Lake area,East Kazakhstan[J]. International Journal of Climatology,32(7):1089-1097.

CHEN F,YUAN Y J,CHEN F H,et al,2013. A 426-year drought history for Western Tian Shan,Central Asia,inferred from tree rings and linkages to the North Atlantic and Indo-West Pacific Oceans[J]. The Holocene,23(8):1095-1104.

CHEN F,YUAN Y J,WEI W S,et al,2014. Precipitation reconstruction for the southern Altay Mountains (China) from tree rings of *Siberian spruce*,reveals recent wetting trend[J]. Dendrochronologia,32(3):266-272.

CHEN F,YUAN Y J,WEI W S,et al,2015a. Tree-ring recorded hydroclimatic change in Tienshan mountains during the past 500 years[J]. Quaternary International,358:35-41.

CHEN F,HE Q,BAKYTBEK E,et al,2015b. Climatic signals in tree rings of *Juniperus turkestanica* in the Gulcha River Basin (Kyrgyzstan),reveals the recent wetting trend of high Asia[J]. Dendrobiology,74:35-42.

CHEN F,YUAN Y J,YU S L,et al,2015c. A 225-year long drought reconstruction for east Xinjiang based on Siberia larch (*Larix sibirica*) tree-ring widths:Reveals the recent dry trend of the eastern end of Tien Shan [J]. Quaternary International,358:42-47.

CHEN F,YUAN Y J,2016a. Streamflow reconstruction for the Guxiang River,eastern Tien Shan (China): Linkages to the surrounding rivers of Central Asia[J]. Environmental Earth Sciences,75(13):1-9.

CHEN F,YUAN Y J,DAVI N,et al,2016b. Upper Irtysh River flow since AD 1500 as reconstructed by tree rings,reveals the hydroclimatic signal of inner Asia[J]. Climatic Change,139(3-4):651-665.

CHEN F,YUAN Y J,YU S L,et al,2016c. Tree-ring based reconstruction of precipitation in the Urumqi region,China,since AD 1580 reveals changing drought signals[J]. Climate Research,68(1):49-58.

CHEN Y,LI W,DENG H,et al,2016d. Changes in Central Asia's Water Tower:Past,present and future[J]. Scientific Reports,6(1):1-12.

CHEN F,YU S L,HE Q,et al,2016e. Comparison of drought signals in tree-ring width records of juniper trees from Central and West Asia during the last four centuries[J]. Arabian Journal of Geosciences,9:255,doi: 10. 1007/s12517-015-2253-1.

CHEN F,YUAN Y J,ZHANG R B,et al,2016f. Precipitation variations in the eastern part of the Hexi Corridor during AD 1765—2010 reveal changing precipitation signal in Gansu[J]. Tree-Ring Research,72(1):35-43.

CHEN F,HE Q,BAKYTBEK E,et al,2017a. Reconstruction of a long streamflow record using tree rings in the upper Kurshab River (Pamir-Alai Mountains) and its application to water resources management[J]. International Journal of Water Resources Development,33(6):976-986.

CHEN F,MAMBETOV B,MAISUPOVA B,et al,2017b. Drought variations in Almaty (Kazakhstan) since AD 1785 based on spruce tree rings[J]. Stochastic Environmental Research and Risk Assessment,31(8): 2097-2105.

CHEN F,ZHANG T,SEIM A,et al,2018. Juniper tree-ring data from the Kuramenian Mountains (Republic of Tajikistan),reveals changing summer drought signals in western Central Asia[J]. Climate of the Past Discussions:1-27.

CHEN F, ZHANG T, SEIM A, et al, 2019. Juniper tree-ring data from the Kuramin range (Northern Tajikistan) reveals changing summer drought signals in Western Central Asia[J]. Forests,10(6):505.

CHEN F,OPALA-OWCZAREK M,KHAN A,et al,2021. Late twentieth century rapid increase in high Asian seasonal snow and glacier-derived streamflow tracked by tree rings of the upper Indus River basin[J]. Environmental Research Letters,16(9):094055.

CHEN F,YUAN Y,TROUET V,et al,2022. Ecological and societal effects of Central Asian streamflow variation over the past eight centuries[J]. npj Climate and Atmospheric Science,5(1):1-8.

CHENG H,ZHANG P Z,SPOTL C,2012. The climatic cyclicity in semiarid-arid central Asia over the past 500000 years[J]. Geophysical Research Letters,39:L01705,doi:10. 1029/2011gl050202.

CHEREDNICHENKO A,CHEREDNICHENKO A,VILESOV E N,et al,2015. Climate change in the city of Àlmaty during the past 120 years[J]. Quaternary International,358:101-105.

CHHIN S,HOGG E H (TED),LIEFFERS V J,et al,2010. Growth-climate relationships vary with height along the stem in lodgepole pine[J]. Tree Physiology,30(3):335-345.

CHUINE I, MORIN X, BUGMANN H, 2010. Warming, photoperiods, and tree phenology[J]. Science, 329 (5989):277-278.

CLEAVELAND M K,2000. A 963-year reconstruction of summer (JJA) stream flow in the White River, Arkansas,USA,from tree-rings[J]. The Holocene,10(1):33-41.

CLEAVELAND M K,STAHLE D W,THERRELL M D,2003. Tree-ring reconstructed winter precipitation and tropical teleconnections in Durango,Mexico[J]. Climatic Change,59(3):369-388.

COMPO G P,WHITAKER J S,SARDESHMUKH P D,2011. The twentieth century reanalysis project[J]. Quarterly Journal of the Royal Meteorological Society,137(654):1-28.

COOK E R,1985. A Time-series Analysis Approach to Tree-ring Standardization[M]. Tucson:The University of Arizona Press.

COOK E R,HOLMES R L,1986. Users manual for program ARSTAN[J]//Detecting Dryness and Wetness Signals from Tree-Rings in Shenyang,Northeast China. Palaeogeography,Palaeoclimatology,Palaeoecology,302:301-310.

COOK E R,KAIRIUKSTIS L A,1990. Methods of Dendrochronology:Applications in the Environmental Sciences[M]. Boston:Kluwer Academic Publishers.

COOK E R,D'ARRIGO R D,BRIFFA K R,1998. A reconstruction of the North Atlantic Oscillation using tree-ring chronologies from North America and Europe[J]. The Holocene,8(1):9-17.

COOK E R,MEKO D M,STAHLE D W,et al,1999. Drought reconstructions for the continental United States [J]. Journal of Climate,12(4):1145-1162.

COOK E R,BUCKLEY B M,D'ARRIGO R D,et al,2000. Warm-season temperatures since 1600 BC reconstructed from Tasmanian tree rings and their relationship to large-scale sea surface temperature anomalies[J]. Climate Dynamics,16(2):79-91.

COOK E R,KRUSIC P J,2005. Program ARSTAN,A Tree-Ring Standardization Program Based on Detrending and Autoregressive Time Series Modeling,with Interactive Graphics[R]. New York:Tree-Ring Laboratory Lamont Doherty Earth Observatory of Columbia University.

COOK E R,ANCHUKAITIS K J,BUCKLEY B M,2010. Asian monsoon failure and megadrought during the last millennium[J]. Science,328(5977):486-489.

COOK E R,KRUSIC P J,2011. Software. Tree ring laboratory of Lamont-Doherty earth observatory[J/OL]. http://www. ldeo. columbia. edu/tree-ring-laboratory/resources/ software (accessed 10. 07. 11).

COOK E R,KRUSIC P J,ANCHUKAITIS K J,et al,2013a. Tree-ring reconstructed summer temperature anomalies for temperate East Asia since 800 C. E. [J]. Climate Dynamics,41(11):2957-2972.

COOK E R,PALMER J G,AHMED M,et al,2013b. Five centuries of Upper Indus River flow from tree rings [J]. Journal of Hydrology,486:365-375.

COPLEN T B,1995. Discontinuance of SMOW and PDB[J]. Nature,375:285-285.

CRAMPTON E W,MAYNARD L A,1938. The relation of cellulose and lignin content to the nutritive value of animal feeds[J]. The Journal of Nutrition,15(4):383-395.

CULLEN L E,PALMER J G,DUNCAN R P,et al,2001. Climate change and tree-ring relationships of Nothofagus menziesii tree-line forests[J]. Canadian Journal of Forest Research,31(11):1981-1991.

DAI A G,2011. Characteristics and trends in various forms of the Palmer Drought Severity Index (PDSI) during1900-2008 [J/OL]. Journal Of Geophysical Research-atmospheres, 116: D12115, http://dx. doi. org/ 10. 1029/2010JD015541.

DAI A G, 2013. Increasing drought under global warming in observations and models[J]. Nature Climate Change,3(1):52-58.

DAI A G,TRENBERTH K E,KARL T R,1998. Global variation in droughts and wet spells:1990-1995[J]. Geophysical Research Letter,25(17):3367-3370.

DAI A G,TRENBERTH K E,QIAN T T,2004. A global dataset of Palmer Drought Severity Index for 1870-2002:Relationship with soil moisture and effects of surface warming[J]. Journal of Hydrometeorology,5 (6):1117-1130.

D'ARRIGO R,MASHIG E,FRANK D,et al,2005. Temperature variability over the past millennium inferred from northwestern Alaska tree rings[J]. Climate Dynamics,24(2):227-236.

D'ARRIGO R,WILSON R,LIEPERT B,et al,2008. On the 'Divergence Problem' in Northern Forests:A review of the tree-ring evidence and possible causes[J]. Global and Planetary Change,60(3):289-305.

DAVI N,D'ARRIGO R,JACOBY G,et al,2002. Warm-season annual to decadal temperature variability for Hokkaido,Japan,inferred from maximum latewood density and ring width data[J]. Climatic Change,52(1):201-217.

DAVI N K,JACOBY G C,CURTIS A E,et al,2006. Extension of drought records for Central Asia using tree rings:West-Central Mongolia[J]. Journal of Climate,19(2):288-299.

DAVI N K,JACOBY G C,D'ARRIGO R D,et al,2009. A tree-ring-based drought index reconstruction for far-western Mongolia:1565-2004[J]. International Journal of Climatology,29(10):1508-1514.

DAVI N K,PEDERSON N,LELAND C,et al,2013. Is eastern Mongolia drying? A long-term perspective of a multidecadal trend[J]. Water Resources Research,49(1):151-158.

DAY T A,DELUCIA E H,SMITH W K,1989. Influence of cold soil and snowcover on photosynthesis and leaf conductance in two Rocky Mountain conifers[J]. Oecologia,80(4):546-552.

DESLAURIERS A,MORIN H,URBINATI C,et al,2003. Daily weather response of balsam fir (*Abies balsamea* (L.) Mill.) stem radius increment from dendrometer analysis in the boreal forests of Québec (Canada)[J]. Trees,17(6):477-484.

DESLAURIERS A,ROSSI S,TURCOTTE A,et al,2011. A three-step procedure in SAS to analyze the time series from automatic dendrometers[J]. Dendrochronologia,29(3):151-161.

DEVKOTA K P,HOOGENBOOM G,BOOTE K J,et al,2015. Simulating the impact of water saving irrigation and conservation agriculture practices for rice-wheat systems in the irrigated semi-arid drylands of Central Asia[J]. Agricultural and Forest Meteorology,214-215:266-280.

DIDOVETS I,LOBANOVA A,KRYSANOVA V,et al,2021. Central Asian rivers under climate change:Impacts assessment in eight representative catchments[J]. Journal of Hydrology:Regional Studies,34:100779.

DOUVILLE H,CHAUVIN F,PLANTON S,et al,2002. Sensitivity of the hydrological cycle to increasing amounts of greenhouse gases and aerosols[J]. Climate Dynamics,20(1):45-68.

DREW D M,DOWNES G M,2009. The use of precision dendrometers in research on daily stem size and wood property variation:A review[J]. Dendrochronologia,27(2):159-172.

DUNN R J H,ALDRED F,GOBRON N,et al,2020. Global climate[J]. Bulletin of the American Meteorological Society,101(8):S9-S128.

DURBIN J,WATSON G S,1950. Testing for serial correlation in least squares regression[J]. Biometrika,37(3/4):409-428.

EHLERINGER J R,DAWSON T E,1992. Water uptake by plants:Perspectives from stable isotope composition[J]. Plant,Cell and Environment,15(9):1073-1082.

EREMEEVA E A,LEONOVA N B,2020. Floristic diversity of insular pine forests of the Trans-Volga-Kazakh Steppe Province[J]. Arid Ecosystems,10(4):269-275.

ESPER J,2000. Long-term tree-ring variations in Juniperus at the upper timber-line in the Karakorum (Pakistan)[J]. The Holocene,10(2):253-260.

ESPER J,TREYDTE K,GARTNER H,et al,2001. A tree ring reconstruction of climatic extreme years since 1427 AD for Western Central Asia[J]. Journal of Palaeosciences,50(1-3):141-152.

ESPER J,SCHWEINGRUBER F H,WINIGER M,2002. 1300 years of climatic history for Western Central Asia inferred from tree-rings[J]. The Holocene,12(3):267-277.

ESPER J,SHIYATOV S G,MAZEPA V S,et al,2003. Temperature-sensitive Tien Shan tree ring chronologies show multi-centennial growth trends[J]. Climate Dynamics,21(7):699-706.

ESPER J,FRANK D C,WILSON R J S,et al,2007. Uniform growth trends among central Asian low-and high-elevation juniper tree sites[J]. Trees,21(2):141-150.

ESTILOW T W,YOUNG A H,ROBINSON D A,2015. A long-term Northern Hemisphere snow cover extent data record for climate studies and monitoring[J]. Earth System Science Data,7(1):137-142.

EVANS M N,REICHERT B K,KAPLAN A,et al,2006. A forward modeling approach to paleoclimatic interpretation of tree-ring data [J]. Journal of Geophysical Research: Biogeosciences, 111, G03008, doi: 10.1029/2006JG000166.

FAN Z X,BRÄUNING A,CAO K F,2008. Tree-ring based drought reconstruction in the central Hengduan Mountains region (China) since A. D. 1655[J]. International Journal of Climatology,28(14):1879-1887.

FAN Z X,BRÄUNING A,CAO K F,et al,2009. Growth-climate responses of high-elevation conifers in the central Hengduan Mountains,southwestern China[J]. Forest Ecology and Management,258(3):306-313.

FAN Y T,SHANG H M,YU S L,et al,2021. Understanding the representativeness of tree rings and their Carbon Isotopes in characterizing the climate signal of Tajikistan[J]. Forests,12(9):1215.

FANG K Y,DAVI N,GOU X H,et al,2010a. Spatial drought reconstructions for central High Asia based on tree rings[J]. Climate Dynamics,35(6):941-951.

FANG K Y,GOU X H,CHEN F,et al,2010b. Tree-ring based drought reconstruction for the Guiqing Mountain (China):Linkages to the Indian and Pacific Oceans[J]. International Journal of Climatology,30(8):1137-1145.

FANG K Y,GOU X H,CHEN F,2012. Precipitation variability during the past 400 years in the Xiaolong Mountain (Central China) inferred from tree rings[J]. Climate Dynamics,39(7-8):1697-1707.

FAO,IIASA,ISRIC,et al, 2012. Harmonized World Soil Database (version 1. 2)[R]. Rome,Italy:FAO.

FARQUHAR G D,LLOYD J,1993. 5-Carbon and Oxygen Isotope Effects in the Exchange of Carbon Dioxide between Terrestrial Plants and the Atmosphere[M]//Ehleringer J R, Hall A E,Farquhar G D. Stable Isotopes and Plant Carbon-water Relations. San Diego:Academic Press:47-70.

FENG K,SU X L,ZHANG G X,et al,2020. Development of a new integrated hydrological drought index (SRGI) and its application in the Heihe River Basin,China[J]. Theoretical and Applied Climatology,141(1):43-59.

FERRIO J P,VOLTAS J,2005. Carbon and oxygen isotope ratios in wood constituents of *Pinus halepensis* as indicators of precipitation,temperature and vapour pressure deficit[J]. Tellus B,57(2):164-173.

FOLLAND C K,KNIGHT J,LINDERHOLM H W,et al,2009. The summer North Atlantic Oscillation:past, present,and future[J]. Journal of Climate,22:1082-1103.

FOROOZAN Z,POURTAHMASI K,BRÄUNING A,2015. Stable oxygen isotopes in juniper and oak tree rings from northern Iran as indicators for site-specific and season-specific moisture variations[J]. Dendrochronologia,36:33-39.

FOROOZAN Z,GRIEßINGER J,POURTAHMASI K,et al,2020. 501 years of spring precipitation history for the semi-arid Northern Iran derived from tree-ring δ18O data[J]. Atmosphere 11:889.

FRANCEY R J,FARQUHAR G D,1982. An explanation of 13C/12C variations in tree rings[J]. Nature,297 (5861):28-31.

FRIIS-CHRISTENSEN E,LASSEN K,1991. Length of the solar cycle:An indicator of solar activity closely associated with climate[J]. Science,254(5032):698-700.

FRITTS H,1976. Tree Rings and Climate[M]. London:Academic Press.

FUJITA K, TAKEUCHI N, NIKITIN S A, et al, 2011. Favorable climatic regime for maintaining the present-day geometry of the Gregoriev Glacier, Inner Tien Shan[J]. The Cryosphere, 5(3): 539-549.

GAGEN M, MCCARROLL D, EDOUARD J L, 2004. Latewood width, maximum density, and stable carbon isotope ratios of pine as climate indicators in a dry subalpine environment, French Alps[J]. Arctic, Antarctic, and Alpine Research, 36(2): 166-171.

GAGEN M, MCCARROLL D, LOADER N J, et al, 2007. Exorcising the 'segment length curse': Summer temperature reconstruction since AD 1640 using non-detrended stable carbon isotope ratios from pine trees in northern Finland[J]. The Holocene, 17(4): 435-446.

GALINA F, ANTONOVA, VICTORIA V, 1993. Effect of environment factors on wood formation in Scots pine stem[J]. Trees, 7: 214-219.

GAMON J A, KOVALCHUCK O, WONG C Y S, et al, 2015. Monitoring seasonal and diurnal changes in photosynthetic pigments with automated PRI and NDVI sensors[J]. Biogeosciences, 12(13): 4149-4159.

GANGOPADHYAY S, HARDING B L, RAJAGOPALAN B, et al, 2009. A nonparametric approach for paleohydrologic reconstruction of annual streamflow ensembles[J]. Water Resources Research, 45, W06417, doi: 10.1029/2008WR007201.

GARTNER B L, NORTH E M, JOHNSON G R, et al, 2002. Effects of live crown on vertical patterns of wood density and growth in Douglas-fir[J]. Canadian Journal of Forest Research, 32(3): 439-447.

GEA-IZQUIERDO G, CHERUBINI P, CAÑELLAS I, 2011. Tree-rings reflect the impact of climate change on *Quercus ilex* L. along a temperature gradient in Spain over the last 100years[J]. Forest Ecology and Management, 262(9): 1807-1816.

GERLITZ L, VOROGUSHYN S, APEL H, et al, 2016. A statistically based seasonal precipitation forecast model with automatic predictor selection and its application to central and south Asia[J]. Hydrology and Earth System Sciences, 20(11): 4605-4623.

GESSLER A, BRANDES E, KEITEL C, et al, 2013. The oxygen isotope enrichment of leaf-exported assimilates- does it always reflect lamina leaf water enrichment[J] New Phytologist, 200: 144-157.

GIRARDIN M P, HOGG E H, BERNIER P Y, et al, 2016. Negative impacts of high temperatures on growth of black spruce forests intensify with the anticipated climate warming[J]. Global Change Biology, 22(2): 627-643.

GLAZIRIN G E, 1996. The reaction of glaciers in western Tien Shan to climate change[J]. Z. Gletscherkd. Glazialgeol, 32: 33-39.

GLUECK M F, STOCKTON C W, 2001. Reconstruction of the North Atlantic Oscillation, 1429-1983[J]. International Journal of Climatology, 21(12): 1453-1465.

GONG D Y, LUTERBACHER J, 2008. Variability of the low-level cross-equatorial jet of the western Indian Ocean since 1660 as derived from coral proxies[J]. Geophysical Research Letters, 35, L01705.

GOU X, CHEN F, COOK E, et al, 2007. Streamflow variations of the Yellow River over the past 593 years in western China reconstructed from tree rings [J]. Water Resources Research, 43, W06434, doi: 10.1029/2006WR005705.

GOU X, CHEN F, YANG M, et al, 2008. Asymmetric variability between maximum and minimum temperatures in Northeastern Tibetan Plateau: Evidence from tree rings[J]. Science in China Series D: Earth Sciences, 51(1): 41-55.

GOU X H, DENG Y, CHEN F H, et al, 2010. Tree ring based streamflow reconstruction for the Upper Yellow River over the past 1234 years[J]. Chinese Science Bulletin, 55: 4179-4186.

GOU X, ZHOU F, ZHANG Y, et al, 2013. Forward modeling analysis of regional scale tree-ring patterns around the northeastern Tibetan Plateau,Northwest China[J]. Biogeosciences Discussions,10(6):9969-9988.

GOU X H,GAO L L,DENG Y,et al,2015. An 850-year tree-ring-based reconstruction of drought history in the western Qilian Mountains of northwestern China[J]. International Journal of Climatology, 35 (11): 3308-3319.

GRAUMLICH L J,1993. A 1000-Year record of temperature and precipitation in the Sierra Nevada[J]. Quaternary Research,39(2):249-255.

GRAY S T,GRAUMLICH L J,BETANCOURT J L,et al,2004. A tree-ring based reconstruction of the Atlantic Multidecadal Oscillation since 1567 A. D. [J]. Geophysical Research Letters,31(12):261-268.

GRAY S T,GRAUMLICH L J,BETANCOURT J L,2007. Annual precipitation in the Yellowstone National Park region since AD 1173[J]. Quaternary Research,68(1):18-27.

GRAY S T,LUKAS J J,WOODHOUSE C A,2011. Millennial-length records of streamflow from three major upper Colorado River Tributaries1[J]. JAWRA Journal of the American Water Resources Association,47 (4):702-712.

GREVE P,KAHIL T,MOCHIZUKI J,et al,2018. Global assessment of water challenges under uncertainty in water scarcity projections[J]. Nature Sustainability,1(9):486-494.

GRIESBAUER H P,GREEN D S,O'NEILL G A,2011. Using a spatiotemporal climate model to assess population-level Douglas-fir growth sensitivity to climate change across large climatic gradients in British Columbia,Canada[J]. Forest Ecology and Management,261(3):589-600.

GRIGORIEVA A A,KOMIN G E,POLOZOVA L G,1979. Annual tree growth in Northern Kazakhstan as a drought indicator (in Russian)[J]. Trudy GGO(403):100-106.

GRISSINO-MAYER H D,2001. Evaluating crossdating accuracy:A manual and tutorial for the computer program COFECHA[J]. Tree Ring Res,57(2):205-221.

GUAN X,YANG L,ZHANG Y,et al,2019. Spatial distribution,temporal variation,and transport characteristics of atmospheric water vapor over Central Asia and the arid region of China[J]. Global and Planetary Change,172:159-178.

GURSKAYA M A,SHIYATOV S G,2006. Distribution of frost injuries in the wood of conifers[J]. Russian Journal of Ecology,37(1):7-12.

HAGG W,MAYER C,LAMBRECHT A,et al,2013. Glacier changes in the Big Naryn basin,Central Tian Shan[J]. Global and Planetary Change,110:40-50.

HALE G E,1924. The law of sun-spot polarity[J]. Proceedings of the National Academy of Sciences,10(1): 53-55.

HARRIS I,JONES P D,OSBORN T J,et al,2014. Updated high-resolution grids of monthly climatic observations-the CRU TS3. 10 Dataset[J]. International Journal of Climatology,34(3):623-642.

HARRIS I,OSBORN T J,JONES P,et al,2020. Version 4 of the CRU TS monthly high-resolution gridded multivariate climate dataset[J]. Scientific Data,7(1):1-18.

HASTON L,MICHAELSEN J,1997. Spatial and temporal variability of Southern California precipitation over the last 400 yr and relationships to atmospheric circulation patterns [J]. Journal of Climate, 10 (8): 1836-1852.

HAUPT M,WEIGL M,GRABNER M,et al,2011. A 400-year reconstruction of July relative air humidity for the Vienna region (eastern Austria) based on carbon and oxygen stable isotope ratios in tree-ring latewood cellulose of oaks (*Quercus petraea* Matt. Liebl.)[J]. Climatic Change,105(1):243-262.

HE J,SHAO X,2006. Relationships between tree-ring width index and NDVI of grassland in Delingha[J]. Chinese Science Bulletin,51(9):1106-1114.

HEMMING D I,SWITSUR V R,WATERHOUSE J S,et al,1998. Climate variation and the stable carbon isotope composition of tree ring cellulose:an intercomparison of *Quercus robur*,Fagus sylvatica and Pinus silvestris[J]. Tellus B:Chemical and Physical Meteorology,50(1):25-33.

HILASVUORI E,BERNINGER F,SONNINEN E,et al,2009. Stability of climate signal in carbon and oxygen isotope records and ring width from Scots pine (*Pinus sylvestris* L.) in Finland[J]. Journal of Quaternary Science,24(5):469-480.

HMIMINA G,DUFRÊNE E,PONTAILLER J Y,et al,2013. Evaluation of the potential of MODIS satellite data to predict vegetation phenology in different biomes:An investigation using ground-based NDVI measurements[J]. Remote Sensing of Environment,132:145-158.

HODELL D A,BRENNER M,CURTIS J H,et al,2001. Solar forcing of drought frequency in the Maya lowlands[J]. Science,292(5520):1367-1370.

HOLLESEN J,BUCHWAL A,RACHLEWICZ G,et al,2015. Winter warming as an important co-driver for Betula nana growth in western Greenland during the past century[J]. Global Change Biology,21 (6): 2410-2423.

HOLMES R L,1983. Computer-assisted quality control in tree-ring dating and measurement[J]. Tree-Ring Bull,43:69-78.

HOLZKAMPER S,KUHRY P,2009. Stable isotopes in tree rings from the Russian Arctic-a proxy for winter precipitation? [J]. PAGES News,17(1):14-15.

HOLZKÄMPER S,KUHRY P,KULTTI S,et al,2008. Stable isotopes in tree rings as proxies for winter precipitation changes in the Russian Arctic over the past 150 years[J]. Geochronometria,32(1):37-46.

HU Z Y,ZHOU Q M,CHEN X,et al,2017. Variations and changes of annual precipitation in Central Asia over the last century[J]. International Journal of Climatology,37(S1):157-170.

HUANG J G,BERGERON Y,ZHAI L,et al,2011. Variation in intra-annual radial growth (xylem formation) of *Picea mariana* (Pinaceae) along a latitudinal gradient in western Quebec,Canada[J]. American Journal of Botany,98(5):792-800.

HUANG W,CHEN F,FENG S,et al,2013. Interannual precipitation variations in the mid-latitude Asia and their association with large-scale atmospheric circulation[J]. Chinese Science Bulletin,58(32):3962-3968.

HUANG W,CHEN J H,ZHANG X J,et al,2015a. Definition of the core zone of the "westerlies-dominated climatic regime",and its controlling factors during the instrumental period[J]. Science China Earth Sciences,58 (5):676-684.

HUANG W,FENG S,CHEN J H,et al,2015b. Physical Mechanisms of summer precipitation variations in the Tarim Basin in Northwestern China[J]. Journal of Climate,28(9):3579-3591.

HUANG J P,YU H P,GUAN X D,et al,2016. Accelerated dryland expansion under climate change[J]. Nature Climate Change,6(2):166-171.

HUANG J P,YU H P,DAI A G,et al,2017. Drylands face potential threat under 2 ℃ global warming target [J]. Nature Climate Change,7(6):417-422.

HUANG J G,MA Q,ROSSI S,et al,2020. Photoperiod and temperature as dominant environmental drivers triggering secondary growth resumption in Northern Hemisphere conifers[J]. Proceedings of the National Academy of Sciences,117(34):20645-20652.

HUGHES M K,GRAUMLICH L J,1996. Multimillennial dendroclimatic studies from the western United States[J]. Climatic Variations and Forcing Mechanisms of the Last 2000 Years:109-124.

HUNTINGTON T G,2006. Evidence for intensification of the global water cycle:Review and synthesis[J]. Journal of Hydrology,319(1):83-95.

HUO Y X,GOU X H,LIU W H,et al,2017. Climate- growth relationships of Schrenk spruce (*Picea schrenkiana*) along an altitudinal gradient in the western Tianshan mountains,northwest China[J]. Trees-Structure and Function,31(2):429-439.

HURRELL J W,FOLLAND C K,2002. A change in the summer atmospheric circulation over the North Atlantic[J]. CLIVAR Exchanges. 25:1-3.

HÄNNINEN H,KRAMER K,TANINO K,et al,2019. Experiments are necessary in process-based tree phenology modelling[J]. Trends in Plant Science,24(3):199-209.

IPCC,1995. Climate Change 1995:The Science of Climate Change by IPCC WGI [M]. Cambridge:Cambridge University Press.

IPCC,2007. Climate Change 2007:The Physical Science Basis. Contribution of Working Group I to the Fourth Assessment Report of the IPCC[M]. Cambridge:Cambridge University Press.

IPCC,2013. Climate Change 2013:The Physical Science Basis by IPCC WGI[M]. Cambridge:Cambridge University Press.

IPCC,2021. Climate Change 2021:The Physical Science Basis[R/OL]. https://www. ipcc. ch/.

IVES J D,MESSERLI B,1989. The Himalayan dilemma:Reconciling development and conservation[J]. Population and Development Review,15(4):774-775.

JACOBY G C,D'ARRIGO R D,1995. Tree ring width and density evidence of climatic and potential forest change in Alaska[J]. Global Biogeochemical Cycles,9(2):227-234.

JANMAAT J G,2006. History and national identity construction:The great famine in Irish and Ukrainian history textbooks[J]. History of Education,35(3):345-368.

JEVŠENAK J,DŽEROSKI S,ZAVADLAV S,et al,2018. A machine learning approach to analyzing the relationship between temperatures and multi-proxy tree-ring records[J]. Tree-Ring Research,74(2):210-224.

JIANG S X,ZHANG T W,YUAN Y J,et al,2020. Drought reconstruction based on tree-ring earlywood of *Picea obovata* Ledeb. for the southern Altay Mountains[J]. Geografiska Annaler:Series A,Physical Geography,102(3):267-286.

JIAO L,JIANG Y,WANG M,et al,2017. Age-effect radial growth responses of *picea schrenkiana* to climate change in the Eastern Tianshan Mountains,Northwest China[J]. Forests,8(9):294.

JIAPAER G,LIANG S,YI Q,et al,2015. Vegetation dynamics and responses to recent climate change in Xinjiang using leaf area index as an indicator[J]. Ecological Indicators,58:64-76.

JOLLIFFE I T,2002. Principal Component Analysis[M]//Principal Component Analysis. New York,NY:Springer.

JONAS T,RIXEN C,STURM M,et al,2008. How alpine plant growth is linked to snow cover and climate variability[J]. Journal of Geophysical Research:Biogeosciences,113,G03013,doi:10. 1029/2007JG000680.

JONES H G,POMEROY J W,WALKER D A,et al,2001. Snow Ecology-An Interdisciplinary Examination of Snow-covered Ecosystems[M]. UK:Cambridge University Press Cambridge.

KARATAYEV M,KAPSALYAMOVA Z,SPANKULOVA L,et al,2017. Priorities and challenges for a sustainable management of water resources in Kazakhstan[J]. Sustainability of Water Quality and Ecology,9-10:115-135.

KASENOV E,2014. National liberation struggle of Kazakh people:Development of historical thought and a process of decolonization in the modern stage[J]. Life Science Journal,11(5):186-192.

KATZER N,2005. Reviewed Work:War and Revolution[M]. The United States and Russia:Norman E. Saul. Jahrbücher für Geschichte Osteuropas. 1914-1921. 53:302-304.

KAUFMANN R K,D'ARRIGO R D,LASKOWSKI C,et al,2004. The effect of growing season and summer greenness on northern forests[J]. Geophysical Research Letters,31,L09205,doi:10. 1029/2004GL019608.

KEELING C D,MOOK W G,TANS P P,1979. Recent trends in the $^{13}C/^{12}C$ ratio of atmospheric carbon dioxide[J]. Nature,277(5692):121-123.

KIRDYANOV A V,TREYDTE K S,NIKOLAEV A,et al,2008. Climate signals in tree-ring width,density and $\delta^{13}C$ from larches in Eastern Siberia (Russia)[J]. Chemical Geology,252(1):31-41.

KOMIN G E,1969. Pine growth dynamics in Kazakhstan due to solar activity (in Russian)[J]. Solnechnye Dannye(8):113-117.

KOPABAYEVA A,MAZARZHANOVA K,KOSE N,et al,2017. Tree-ring chronologies of *Pinus sylvestris* from Burabai Region (Kazakhstan) and their response to climate change[J]. Dendrobiology,78:96-100.

KOPROWSKI M,2012. Long-term increase of March temperature has no negative impact on tree rings of European larch (*Larix decidua*) in lowland Poland[J]. Trees,26(6):1895-1903.

KORNER C,1998. A re-assessment of high elevation treeline positions and their explanation[J]. Oecologia,115 (4):445-459.

KOZLOWSKI T T,1992. Carbohydrate sources and sinks in woody plants[J]. The Botanical Review,58(2): 107-222.

KRASNOYAROVA B A,VINOKUROV Y I,ANTYUFEEVA T V,2019. International water development problems in the transboundary Irtysh River basin:"New" solutions to old problems[J]. IOP Conference Series:Earth and Environmental Science,381(1):012049.

KRIEGEL D,MAYER C,HAGG W,et al,2013. Changes in glacierisation,climate and runoff in the second half of the 20th century in the Naryn basin,Central Asia[J]. Global and Planetary Change,110:51-61.

KUTUZOV S,SHAHGEDANOVA M,2009. Glacier retreat and climatic variability in the eastern Terskey-Alatoo,inner Tien Shan between the middle of the 19th century and beginning of the 21st century[J]. Global and Planetary Change,69(1):59-70.

KÖRNER C,PAULSEN J,2004. A world-wide study of high altitude treeline temperatures[J]. Journal of Biogeography,31(5):713-732.

LAN J,ZHANG J,CHENG P,et al,2020. Late Holocene hydroclimatic variation in central Asia and its response to mid-latitude Westerlies and solar irradiance[J]. Quaternary Science Reviews,238:106330.

LAROCQUE S J,SMITH D J,2005. 'Little Ice Age' proxy glacier mass balance records reconstructed from tree rings in the Mt Waddington area,British Columbia Coast Mountains,Canada[J]. The Holocene,15(5): 748-757.

LEAVITT S W,2008. Tree-ring isotopic pooling without regard to mass:No difference from averaging $\delta^{13}C$ values of each tree[J]. Chemical Geology,252(1):52-55.

LEAVITT S W,LARA A,1994. South American tree rings show declining $\mu^{13}C$ trend[J]. Tellus B:Chemical and Physical Meteorology,46(2):152-157.

LEBOURGEOIS F,COUSSEAU G,DUCOS Y,2004. Climate-tree-growth relationships of *Quercus petraea* Mill. stand in the Forest of Bercé ("Futaie des Clos",Sarthe,France)[J]. Annals of Forest Science,61(4): 361-372.

LEE H F,ZHANG D D,2011. Relationship between NAO and drought disasters in northwestern China in the last millennium[J]. Journal of Arid Environments,75(11):1114-1120.

LEE S O,JUNG Y,2018. Efficiency of water use and its implications for a water-food nexus in the Aral Sea Basin[J]. Agricultural Water Management,207:80-90.

LEES J M,PARK J,1995. Multiple-taper spectral analysis:A stand-alone C-subroutine[J]. Computers & Geosciences,21(2):199-236.

LEONELLI G,PELFINI M,BATTIPAGLIA G,et al,2014. First detection of glacial meltwater signature in tree-ring δ^{18}O:Reconstructing past major glacier runoff events at Lago Verde (Miage Glacier,Italy)[J]. Boreas,43(3):600-607.

LI J P,WANG J X L,2003. A new North Atlantic Oscillation index and its variability[J]. Advances in Atmospheric Sciences,20(5):661-676.

LI J B,GOU X H,COOK E R,et al,2006. Tree-ring based drought reconstruction for the Central Tien Shan area in Northwest China[J]. Geophysical Research Letters,33,L07715,doi:10. 1029/2006GL025803.

LI J,COOK E R,CHEN F,et al,2010. An extreme drought event in the central Tien Shan area in the year 1945[J]. Journal of Arid Environments,74(10):1225-1231.

LI J B,XIE S P,COOK E R,et al,2011. Interdecadal modulation of El Niño amplitude during the past millennium[J]. Nature Climate Change,1(2):114-118.

LI J,XIE S P,COOK E R,et al,2013. El Niño modulations over the past seven centuries[J]. Nature Climate Change,3(9):822-826.

LI C,ZHANG Q Y,2015. An observed connection between wintertime temperature anomalies over Northwest China and weather regime transitions in North Atlantic[J]. Journal of Meteorological Research,29(2): 201-213.

LI Z,CHEN Y N,FANG G H,et al,2017. Multivariate assessment and attribution of droughts in Central Asia [J]. Scientific Reports,7(1):1316.

LI J,WANG Z L,LAI C G,et al,2019. Tree-ring-width based streamflow reconstruction based on the random forest algorithm for the source region of the Yangtze River,China[J]. Catena,183:104216.

LIANG E Y,SHAO X M,HU Y X,et al,2001. Dendroclimatic evaluation of climate-growth relationships of Meyer spruce (*Picea meyeri*) on a sandy substrate in semi-arid grassland,North China[J]. Trees-Structure and Function,15(4):230-235.

LIANG E,LIU X,YUAN Y,et al,2006. The 1920s drought recorded by tree rings and historical documents in the Semi-Arid and Arid Areas of Northern China[J]. Climatic Change,79(3):403-432.

LIANG E,SHAO X,LIU X,2009. Annual precipitation variation inferred from tree rings since A D 1770 for the Western Qilian Mts. ,Northern Tibetan Plateau[J]. Tree-Ring Research,65(2):95-103.

LINDERHOLM H W,CHEN D,2005. Central Scandinavian winter precipitation variability during the past five centuries reconstructed from Pinus sylvestris tree rings[J]. Boreas,34(1):43-52.

LINDERHOLM H W,OU T,JEONG J H,et al,2011. Interannual teleconnections between the summer North Atlantic Oscillation and the East Asian summer monsoon[J]. Journal of Geophysical Research:Atmospheres,116,D13107,doi:10. 1029/2010JD015235.

LINDERHOLM H W, SEIMA A,OU T,et al,2013. Exploring teleconnections between the summer NAO (SNAO) and climate in East Asia over the last four centuries - a tree-ring perspective[J]. Dendrochronologia,31(4):297-310.

LIOUBIMTSEVA E,HENEBRY G M,2009. Climate and environmental change in arid Central Asia:Impacts, vulnerability,and adaptations[J]. Journal of Arid Environments,73(11):963-977.

LIPP J,TRIMBORN P,FRITZ P,et al,1991. Stable isotopes in tree ring cellulose and climatic change[J]. Tellus B,43(3):322-330.

LIU Y,MA L,CAI Q,et al,2002. Reconstruction of summer temperature (June-August) at Mt. Helan,China, from tree-ring stable carbon isotope values since AD 1890[J]. Science in China Series D:Earth Sciences,45 (12):1127-1136.

LIU Y,SHI J,SHISHOV V,et al,2004. Reconstruction of May-July precipitation in the north Helan Mountain,Inner Mongolia since A. D. 1726 from tree-ring late-wood widths[J]. Chinese Science Bulletin,49(4): 405-409.

LIU X,YIN Z Y,SHAO X,et al,2006. Temporal trends and variability of daily maximum and minimum,extreme temperature events,and growing season length over the eastern and central Tibetan Plateau during 1961-2003[J]. Journal of Geophysical Research:Atmospheres,111,D19109,doi:10. 1029/2005JD006915.

LIU X,SHAO X,WANG L,et al,2007. Climatic significance of the stable carbon isotope composition of tree-ring cellulose:Comparison of Chinese hemlock (*Tsuga chinensis* Pritz) and alpine pine (*Pinus densata* Mast) in a temperate-moist region of China[J]. Science in China Series D:Earth Sciences,50(7):1076-1085.

LIU Y,SUN J,SONG H,et al,2010. Tree-ring hydrologic reconstructions for the Heihe River watershed, Western China since AD 1430[J]. Water Research,44(9):2781-2792.

LIU Y,WANG C,HAO W,et al,2011. Tree-ring-based annual precipitation reconstruction in Kalaqin,Inner Mongolia for the last 238 years[J]. Chinese Science Bulletin,56(28):2995-3002.

LIU H,PARK Williams A,ALLEN C D,et al,2013a. Rapid warming accelerates tree growth decline in semi-arid forests of Inner Asia[J]. Global Change Biology,19(8):2500-2510.

LIU Y,LEI Y,SUN B,et al,2013b. Annual precipitation in Liancheng,China,since 1777 AD derived from tree rings of Chinese pine (*Pinus tabulaeformis* Carr.)[J]. International Journal of Biometeorology,57(6): 927-934.

LIU Y,SUN B,SONG H,et al,2013c. Tree-ring based precipitation reconstruction for Mt. Xinglong,China, since AD 1679[J]. Quaternary International,283:46-54.

LIU Y,ZHANG Y,SONG H,et al,2014. Tree-ring reconstruction of seasonal mean minimum temperature at Mt. Yaoshan,China,since 1873 and its relevance to 20th-century warming[J]. Climate of the Past Discussions,10(2):859-894.

LIU W,GOU X,LI J,et al,2015. A method to separate temperature and precipitation signals encoded in tree-ring widths for the Western Tien Shan Mountains,Northwest China[J]. Global and Planetary Change,133: 141-148.

LIU Y,SUN C F,LI Q,et al,2016. A *Picea crassifolia* tree-ring width-based temperature reconstruction for the Mt. Dongda region,northwest China,and its relationship to large-scale climate forcing[J]. PLoS One,11 (8):e0160963.

LIU Y,SONG H M,AN Z S,et al,2020. Recent anthropogenic curtailing of Yellow River runoff and sediment load is unprecedented over the past 500 years[J]. Proceedings of the National Academy of Sciences,117(31): 18251-18257.

LOAICIGA H A,HASTON L,MICHAELSEN J,1993. Dendrohydrology and long-term hydrologic phenomena[J]. Reviews of Geophysics,31(2):151-171.

LOAICIGA H A,VALDES J B,VOGEL R,et al,1996. Global warming and the hydrologic cycle[J]. Journal of Hydrology,174(1):83-127.

LOPATIN E,KOLSTRÖM T,SPIECKER H,2006. Determination of forest growth trends in Komi Republic (northwestern Russia):Combination of tree-ring analysis and remote sensing data. [J]. Boreal Envi-ronment Research,11:341-353.

LUO Z X,2005. Introduction to Arid Climate Dynamics in Northwest China[M]. Beijing:China Meteorological Press.

LV L X,ZHANG Q B,2013. Tree-ring based summer minimum temperature reconstruction for the southern edge of the Qinghai-Tibetan Plateau,China[J]. Climate Research,56(2):91-101.

LYNCH A M,MUKHAMADIEV N S,O'CONNOR C D,et al,2019. Tree-ring reconstruction of bark beetle disturbances in the *Picea schrenkiana* fisch. et mey. forests of Southeast Kazakhstan [J]. Forests, 10 (10):912.

MA Z G,2007. The interdecadal trend and shift of dry/wet over the central part of North China and their relationship to the Pacific Decadal Oscillation (PDO)[J]. Chinese Science Bulletin,52(15):2130-2139.

MA C,SUN L,LIU S,et al,2015. Impact of climate change on the streamflow in the glacierized Chu River Basin,Central Asia[J]. Journal of Arid Land,7(4):501-513.

MACDONALD G,CASE R,2005. Variations in the Pacific Decadal Oscillation over the past millennium[J]. Geophysical Research Letters,32:L08703,doi:10. 1029/2005GL022478.

MALSY M,AUS DER BEEK T,EISNER S,et al,2012. Climate change impacts on Central Asian water resources[C]//Advances in Geosciences:Vol. 32. Copernicus GmbH:77-83.

MANN M E,LEES J M,1996. Robust estimation of background noise and signal detection in climatic time series[J]. Climatic Change,33(3):409-445.

MANZONI S,VICO G,KATUL G,et al,2013. Hydraulic limits on maximum plant transpiration and the emergence of the safety-efficiency trade-off[J]. New Phytologist,198(1):169-178.

MARIEKE VAN DER, MAATEN T, OLIVIER B, 2012. Climate-growth relationships at different stem heights in silver fir and Norway spruce[J]. Canadian Journal of Forest Research,42(5):958-969.

MARIOTTI A,2007. How ENSO impacts precipitation in southwest central Asia[J]. Geophysical Research Letters,34:L16706,doi:10. 1029/2007GL030078.

MAZARZHANOVA K,KOPABAYEVA A,KÖSE N,et al,2017. The first forest fire history of the Burabai Region (Kazakhstan)from tree rings of *Pinus sylvestris*[J]. Turkish Journal of Agriculture and Forestry,41 (3):165-174.

MCCARROLL D,PAWELLEK F,2001. Stable carbon isotope ratios of *Pinus sylvestris* from northern Finland and the potential for extracting a climate signal from long Fennoscandian chronologies[J]. The Holocene,11 (5):517-526.

MCCARROLL D,LOADER N J,2004. Stable isotopes in tree rings[J]. Quaternary Science Reviews,23(7): 771-801.

MCMAHON S M,PARKER G G,MILLER D R,2010. Evidence for a recent increase in forest growth[J]. Proceedings of the National Academy of Sciences,107(8):3611-3615.

MEDWEDEFF W G,ROE G H,2017. Trends and variability in the global dataset of glacier mass balance[J]. Climate Dynamics,48(9):3085-3097.

MEEHL G A,1987. The annual cycle and interannual variability in the tropical Pacific and Indian Ocean region [J]. Monthly Weather Review,115:27-50.

MEINZER F C,2003. Functional convergence in plant responses to the environment[J]. Oecologia,134(1): 1-11.

MEKO D,GRAYBILL D A,1995. Tree-ring reconstruction of upper Gila *Rwer Dischargel*[J]. Journal of the American Water Resources Association,31(4):605-616.

MEKO D M,THERRELL M D,Baisan C H,et al,2001. Sacramento river flow reconstructed to A. D. 869 from tree rings1[J]. JAWRA Journal of the American Water Resources Association,37(4):1029-1039.

MEKO D M,TOUCHAN R,ANCHUKAITIS K J,2011. Seascorr:A MATLAB program for identifying the seasonal climate signal in an annual tree-ring time series[J]. Computers & Geosciences,37(9):1234-1241.

MERGILI M,MÜLLER J P,SCHNEIDER J F,2013. Spatio-temporal development of high-mountain lakes in the headwaters of the Amu Darya River (Central Asia) [J]. Global and Planetary Change,107:13-24.

MICHAELSEN J,1987. Cross-validation in statistical climate forecast models[J]. Journal of Applied Meteorology and Climatology,26(11):1589-1600.

MILLARD K,RICHARDSON M,2015. On the importance of training data sample selection in random forest image classification:A case study in Peatland ecosystem mapping[J]. Remote Sensing,7(7):8489-8515.

MILLY P C D,DUNNE K A,2016. Potential evapotranspiration and continental drying[J]. Nature Climate Change,6(10):946-949.

MITCHELL T D,JONES P D,2005. An improved method of constructing a database of monthly climate observations and associated high-resolution grids[J]. International Journal of Climatology,25(6):693-712.

MOKHOV II,ELISEEV A V,HANDORF D,et al,2000. North Atlantic oscillation:Diagnose and simulation of decadal variations and its long-period evolution[J]. Izvestiya-Atmospheric and Ocean Physics,36(5):555-565.

MYGLAN V S,ZHARNIKOVA O A,MALYSHEVA N V,et al,2012. Constructing the tree-ring chronology and reconstructing summertime air temperatures in southern Altai for the last 1500 years[J]. Geography and Natural Resources,33(3):200-207.

NAGOVITSYN Y A,1997. A nonlinear mathematical model for the solar cyclicity and prospects for reconstructing the solar activity in the past[J]. Astronomy Letters,23(6):742-748.

NAGY L,2006. European high mountain (alpine) vegetation and its suitability for indicating climate change impacts[J]. Biology and Environment:Proceedings of the Royal Irish Academy,106B(3):335-341.

NAKATSUKA T,OHNISHI K,HARA T,et al,2004. Oxygen and carbon isotopic ratios of tree-ring cellulose in a conifer-hardwood mixed forest in northern Japan[J]. Geochemical Journal,38(1):77-88.

NARAMA C,SHIMAMURA Y,NAKAYAMA D,et al,2006. Recent changes of glacier coverage in the western Terskey-Alatoo range, Kyrgyz Republic, using Corona and Landsat [J]. Annals of Glaciology, 43:223-229.

NARAMA C,KÄÄB A,DUISHONAKUNOV M,et al,2010. Spatial variability of recent glacier area changes in the Tien Shan Mountains,Central Asia,using Corona (～1970),Landsat (～2000),and ALOS (～2007) satellite data[J]. Global and Planetary Change,71(1):42-54.

NELLI F,2018. Machine Learning with Scikit-learn [M]//Nelli F. Python Data Analytics:With Pandas,NumPy,and Matplotlib. Berkeley,CA:Apress:313-347.

NEPAL S,SHRESTHA A B,2015. Impact of climate change on the hydrological regime of the Indus,Ganges and Brahmaputra river basins:A review of the literature[J]. International Journal of Water Resources Development,31(2):201-218.

NETER J,KUTNER M H,1996. Applied Linear Statistical Models[M]. USA,McGraw-Hill Education.

NICOLUSSI K,PATZELT G,1996. Reconstructing glacier history in Tyrol by means of tree-ring investigations[J]. Zeitschrift für Gletscherkunde und Glazialgeologie,32:7-215.

NING L,LIU J,SUN W,2017. Influences of volcano eruptions on Asian Summer Monsoon over the last 110 years[J]. Scientific Reports,7(1):1-6.

NING L,LIU J,WANG B,et al,2019. Variability and mechanisms of megadroughts over Eastern China during the last millennium:A model study[J]. Atmosphere,10(1):7.

NUERLAN H,2001. Hydrological features of rivers in Altai prefeture[J]. Hydrology,21(4):53-55.

OGI M,TACHIBANA Y,YAMAZAKI K,2003. Impact of the wintertime North Atlantic Oscillation (NAO) on the summertime atmospheric circulation[J]. Geophysical Research Letters,30(13):1704.

OKI T, KANAE S, 2006. Global hydrological cycles and world water resources [J]. Science, 313 (5790):1068-1072.

OPAŁA M,NIEDŹWIEDŹ T,RAHMONOV O,2013. Dendrochronological potential of *Ephedra equisetina* from

Zaravshan Mountains (Tajikistan) in climate change studies[J]. Contemporary Trends in Geoscience,2(1): 48-52.

OPAŁA M,MENDECKI M J,2014. An attempt to dendroclimatic reconstruction of winter temperature based on multispecies treering widths and extreme years chronologies (example of Upper Silesia,southern Poland) [J]. Theoretical and Applied Climatology,115(1-2):73-89.

OPAŁA M,NIEDŹWIEDŹ T,RAHMONOV O,et al,2017. Towards improving the Central Asian dendrochronological network-New data from Tajikistan,Pamir-Alay[J]. Dendrochronologia,41:10-23.

OPAŁA-OWCZAREK M,OWCZAREK P,RAHMONOV O,et al,2018. The first dendrochronological dating of timber from Tajikistan -potential for developing a millennial tree-ring record[J]. Tree-Ring Research,74 (1):50-62.

OPAŁA-OWCZAREK M,NIEDZWIEDZ T,2019a. Last 1100 yr of precipitation variability in western central Asia as revealed by tree-ring data from the Pamir-Alay[J]. Quaternary Research,91(1):81-95.

OPAŁA-OWCZAREK M,2019b. Warm-season temperature reconstruction from high-elevation juniper tree rings over the past millennium in the Pamir region[J]. Palaeogeography,Palaeoclimatology,Palaeoecology, 532:109248.

OSBORN T J,BRIFFA K R,JONES P D,1997. Adjusting variance for sample-size in tree-ring chronologies and other regional-mean timeseries[J]. Dendrochronologia,15:89-99.

OSPANOV K,RAKHIMOV T,MYRZAKHMETOV M,et al,2020. Assessment of the impact of sewage storage ponds on the water environment in surrounding area[J]. Water,12(9):2483.

OUALI D,CHEBANA F,OUARDA T B M J,2016. Non-linear canonical correlation analysis in regional frequency analysis[J]. Stochastic Environmental Research and Risk Assessment,30(2):449-462.

OVTCHINNIKOV D,ADAMENKO M,PANUSHKINA I,2000. A 1105-year treering chronology in Altai region and its application for reconstruction of summer temperatures[J]. Geolines,11:121-122.

OWCZAREK P,OPAŁA-OWCZAREK M,RAHMONOV O,et al,2017. 100years of earthquakes in the Pamir-region as recorded in juniper wood: A case study of Tajikistan[J]. Journal of Asian Earth Sciences,138: 173-185.

PANTHI S,BRÄUNING A,ZHOU Z K,et al,2017. Tree rings reveal recent intensified spring drought in the central Himalaya,Nepal[J]. Global and Planetary Change,157:26-34.

PANYUSHKINA I P,MUKHAMADIEV N S,LYNCH A M,et al,2017. Wild apple growth and climate change in Southeast Kazakhstan[J]. Forests,8(11):406.

PANYUSHKINA I P,MEKO D M,MACKLIN M G,et al,2018. Runoff variations in Lake Balkhash Basin, Central Asia,1779-2015,inferred from tree rings[J]. Climate Dynamics,51(7-8):3161-3177.

PAPER D,2020. Scikit-learn regression tuning[J]. Hands-on Scikit-Learn for Machine Learning Applications: 189-213.

PASSMORE D G,HARRISON S,WINCHESTER V,et al,2008. Late holocene debris flows and valley floor development in the Northern Zailiiskiy Alatau,Tien Shan Mountains,Kazakhstan[J]. Arctic,Antarctic,and Alpine Research,40(3):548-560.

PAULI H,GOTTFRIED M,REITER K,et al,2002. High Mountain Summits as Sensitive Indicators of Climate Change Effects on Vegetation Patterns:The "Multi Summit-Approach" of GLORIA (Global Observation Research Initiative in Alpine Environments)[M]//Visconti G,Beniston M,Iannorelli E D,et al. Global Change and Protected Areas. Dordrecht:Springer Netherlands:45-51.

PEDERSON N,JACOBY G C,D'ARRIGO R D,et al,2001. Hydrometeorological reconstructions for Northeastern Mongolia derived from tree rings:1651-1995[J]. Journal of Climate,14(5):872-881.

PEDERSON N,COOK E R,JACOBY G C,et al,2004. The influence of winter temperatures on the annual radial growth of six northern range margin tree species[J]. Dendrochronologia,22(1):7-29.

PEDERSON N,LELAND C,NACHIN B,et al,2013. Three centuries of shifting hydroclimatic regimes across the Mongolian Breadbasket[J]. Agricultural and Forest Meteorology,178-179:10-20.

PETTORELLI N,VIK J O,MYSTERUD A,et al,2005. Using the satellite-derived NDVI to assess ecological responses to environmental change[J]. Trends in Ecology & Evolution,20(9):503-510.

PFLUG EE,SIEGWOLF R,BUCHMANN N,et al,2015. Growth cessation uncouples isotopic signals in leaves and tree rings of drought-exposed oak trees[J]. Tree Physiology,35:1095-1105.

PIAO S,CIAIS P,HUANG Y,et al,2010. The impacts of climate change on water resources and agriculture in China[J]. Nature,467(7311):43-51.

QIN C,YANG B,MELVIN T M,et al,2013. Radial growth of Qilian Juniper on the Northeast Tibetan Plateau and potential climate associations[J]. PLOS ONE,8(11):e79362.

QIN C,YANG B,BRÄUNING A,et al,2015. Drought signals in tree-ring stable oxygen isotope series of Qilian juniper from the arid northeastern Tibetan Plateau[J]. Global and Planetary Change,125:48-59.

QIN L,BOLATOV K,SHANG H M,et al,2022a. Reconstruction of alpine snowfall in southern Kazakhstan based on oxygen isotopes in tree rings[J]. Theoretical and Applied Climatology,148:727-737.

QIN L,BOLATOV K,YUAN Y,et al,2022b. The spatially inhomogeneous influence of snow on the radial growth of Schrenk Spruce (*Picea schrenkiana* Fisch. et Mey.) in the Ili-Balkhash Basin,Central Asia[J]. Forests,13(1):44.

QIN L,LIU K,SHANG H,et al,2022c. Minimum temperature during the growing season limits the radial growth of timberline Schrenk spruce (*P. schrenkiana*) [J]. Agricultural and Forest Meteorology,322:109004.

RAO M P,COOK E R,COOK B I,et al,2020. Seven centuries of reconstructed Brahmaputra River discharge demonstrate underestimated high discharge and flood hazard frequency[J]. Nature Communications, 11(1):6017.

RASPOPOV O M,DERGACHEV V A,KOLSTRÖM T,2004. Periodicity of climate conditions and solar variability derived from dendrochronological and other palaeoclimatic data in high latitudes[J]. Palaeogeography Palaeoclimatology Palaeoecology,209(1-4):127-139.

REID G C,1987. Influence of solar variability on global sea surface temperatures[J]. Nature,329:142-143.

RIND D,2002. The sun's role in climate variations[J]. Science,296(5568):673-677.

RITA A,CHERUBINI P,LEONARDI S,et al,2015. Functional adjustments of xylem anatomy to climatic variability:insights from long-term Ilex aquifolium tree-ring series[J]. Tree physiology,35(8):817-828.

ROBERTSON I,SWITSUR V R,CARTER A H C,1997. Signal strength and climate relationships in $^{13}C/^{12}C$ ratios of tree ring cellulose from oak in east England[J]. Journal of Geophysical Research,102(D16):19507-19516.

ROSSI S,DESLAURIERS A,GRIÇAR J,et al,2008. Critical temperatures for xylogenesis in conifers of cold climates[J]. Global Ecology and Biogeography,17(6):696-707.

RUBINO M,ETHERIDGE D M,TRUDINGER C M,et al,2013. A revised 1000 year atmospheric $\delta^{13}C-CO_2$ record from Law Dome and South Pole,Antarctica[J]. Journal of Geophysical Research:Atmospheres,118(15):8482-8499.

RYAN M G,YODER B J,1997. Hydraulic limits to tree height and tree growth[J]. Bioscience,47(4):235-242.

SALAMAT A Uulu,ABUDUWAILI J,SHAIDYLDAEVA N,2015. Impact of climate change on water level fluctuation of Issyk-Kul Lake[J]. Arabian Journal of Geosciences,8(8):5361-5371.

SALZER M W,HUGHES M K,BUNN A G,et al,2009. Recent unprecedented tree-ring growth in bristlecone pine at the highest elevations and possible causes[J]. Proceedings of the National Academy of Sciences,106 (48):20348-20353.

SARRIS D,SIEGWOLF R,KÖRNER C,2013. Inter- and intra-annual stable carbon and oxygen isotope signals in response to drought in Mediterranean pines[J]. Agricultural and Forest Meteorology,168:59-68.

SAUER I J,REESE R,OTTO C,et al,2021. Climate signals in river flood damages emerge under sound regional disaggregation[J]. Nature Communications,12(1):2128.

SAURER M,SIEGENTHALER U,1989. $^{13}C/^{12}C$ isotope ratios in tree rings are sensitive to relative humidity [J]. Dendrochronologia,7:9-13.

SAVVAITOVA K,PETR T,1992. Lake Issyk-kul,Kirgizia[J]. International Journal of Salt Lake Research,1 (2):21-46.

SCHLESER G H,FRIELINGSDORF J,BLAIR A,1999. Carbon isotope behaviour in wood and cellulose during artificial aging[J]. Chemical Geology,158(1):121-130.

SCHWEINGRUBER F H,1996. Tree-rings and Environmental Dendroecology[M]. Berne:Paul Haupt Publishe.

SCHWEINGRUBER F H,ECKSTEIN D,SERRE-BACHET F,et al,1990. Identification,presentation and interpretation of event years and pointer years in dendrochronology[J]. Dendrochronologia,8:9-38.

SCHWEINGRUBER F H,BRIFFA K R,NOGLER P,1993. A tree-ring densitometric transect from Alaska to Labrador[J]. International Journal of Biometeorology,37(3):151-169.

SEIM A,OMUROVA G,AZISOV E,et al,2016a. Climate change increases drought stress of Juniper Trees in the Mountains of Central Asia[J]. PLOS ONE,11(4):e0153888.

SEIM A,TULYAGANOV T,OMUROVA G,et al,2016b. Dendroclimatological potential of three juniper species from the Turkestan range,Northwestern Pamir-Alay Mountains,Uzbekistan[J]. Trees,30(3):733-748.

SEVERSKIY I,VILESOV E,ARMSTRONG R,et al,2016. Changes in glaciation of the Balkhash-Alakol basin,central Asia,over recent decades[J]. Annals of Glaciology,57(71):382-394.

SHANGGUAN D,LIU S,DING Y,et al,2009. Glacier changes during the last forty years in the Tarim Interior River basin,Northwest China[J]. Progress in Natural Science,19(6):727-732.

SHEKHAR M,BHARDWAJ A,SINGH S,et al,2017. Himalayan glaciers experienced significant mass loss during later phases of little ice age[J]. Scientific Reports,7(1):1-14.

SHELFORD V E,1931. Some concepts of bioecology[J]. Ecology,12(3):455-467.

SHEN Q N,CONG Z T,LEI H M,2017. Evaluating the impact of climate and underlying surface change on runoff within the Budyko framework:A study across 224 catchments in China[J]. Journal of Hydrology, 554:251-262.

SHEN X,LIU B,LI G,et al,2014. Spatiotemporal change of diurnal temperature range and its relationship with sunshine duration and precipitation in China[J]. Journal of Geophysical Research:Atmospheres,119(23): 13,163-13,179.

SHI Y F,SHEN Y P,KANG E S,et al,2007. Recent and future climate change in Northwest China[J]. Climatic Change,80(3):379-393.

SIDOROVA O V,SIEGWOLF R T W,MYGLAN V S,et al,2013. The application of tree-rings and stable isotopes for reconstructions of climate conditions in the Russian Altai[J]. Climatic Change,120(1):153-167.

SIEGFRIED T,BERNAUER T,GUIENNET R,et al,2012. Will climate change exacerbate water stress in Central Asia? [J]. Climatic Change,112(3):881-899.

SIGAFOOS R S,HENDRICKS E L,1961. Botanical Evidence of the Modern History of Nisqually Glacier. [R/

OL]. Geological Survey, Washington. V. S, A1-A20, https://doi.org/10.3133/pp387A.

SIVAKUMAR B,2011. Global climate change and its impacts on water resources planning and management: assessment and challenges[J]. Stochastic Environmental Research and Risk Assessment,25(4):583-600.

SMITH L P,STOCKTON C W,1981. Reconstructed stream flow for the Salt and Verde Rivers from tree-ring data[J]. Journal of the American Water Resources Association,17(6):939-947.

SOLOMINA O,BARRY R,BODNYA M,2004. The retreat of tien shan glaciers (Kyrgyzstan) since the little ice age estimated from aerial photographs,lichenometric and historical data[J]. Geografiska Annaler: Series A,Physical Geography,86(2):205-215.

SOLOMINA O,MAXIMOVA O,COOK E,2014. Picea schrenkiana ring width and density at the upper and lower tree limits in the Tien Shan Mts (Kyrgyz Republic) as a source of paleoclimatic information[J]. Geography,Environment,Sustainability,7(1):66-79.

SOLOMINA O N,BRADLEY R S,HODGSON D A,et al,2015. Holocene glacier fluctuations[J]. Quaternary Science Reviews,111:9-34.

SOLOMINA O N,BRADLEY R S,JOMELLI V,et al,2016. Glacier fluctuations during the past 2000 years[J]. Quaternary Science Reviews,149:61-90.

SONIA S,ALESSIO G,KERSTIN T,et al,2013. Intra-annual dynamics of non-structural carbohydrates in the cambium of mature conifer trees reflects radial growth demands[J]. Tree Physiology,33(9):913-923.

SORG A,BOLCH T,STOFFEl M,et al,2012. Climate change impacts on glaciers and runoff in Tien Shan (Central Asia)[J]. Nature Climate Change,2(10):725-731.

SPEED J D M,AUSTRHEIM G,HESTER A J,et al,2011. Browsing interacts with climate to determine tree-ring increment[J]. Functional Ecology,25(5):1018-1023.

SPEER J H,2010. Fundamentals of Tree-ring Research[M]. Tucson:The University of Arizona Press.

SPICER R,GARTNER B L,2001. The effects of cambial age and position within the stem on specific conductivity in Douglas-fir (Pseudotsuga menziesii) sapwood[J]. Trees,15(4):222-229.

STAHLE D W,CLEAVELAND M K,1988. Texas drought history reconstructed and analyzed from 1698 to 1980[J]. Journal of Climate,1(1):59-74.

STARHEIM C C A,SMITH D J,PROWSE T D,2013. Dendrohydroclimate reconstructions of July-August runoff for two nival-regime rivers in west central British Columbia:Dendrohydroclimate reconstructions in British Columbia[J]. Hydrological Processes,27(3):405-420.

STEWART I T,2009. Changes in snowpack and snowmelt runoff for Key Mountain regions[J]. Hydrological Processes,23(1):78-94.

STOKES,1968. An Introduction to Tree-ring Dating[M]. Tucson:University of Arizona Press.

STOYASHCHEVA N V,RYBKINA I D,2014. Water resources of the Ob-Irtysh river basin and their use[J]. Water Resources,41(1):1-7.

STRIMBECK G R,SCHABERG P G,FOSSDAL C G,2015. Extreme low temperature tolerance in woody plants[J]. Frontiers in Plant Science,6:884. doi:10.3389/fpls.2015.00884.

STRUNK H,1997. Dating of geomorphological processes using dendrogeomorphological methods[J]. CATENA,31(1):137-151.

SUN J Y,LIU Y,WANG Y C,et al,2013. Tree-ring based runoff reconstruction of the upper Fenhe River basin,North China,since 1799 AD[J]. Quaternary International,283:117-124.

SUN Y,WANG L,YIN H,2016. Effects of climatic factors on tree-ring maximum latewood density of Picea schrenkiana in Xinjiang,China[J]. Agricultural Science & Technology,17(6):1479-1487.

TAHIR A A,CHEVALLIER P,ARNAUD Y,et al,2011. Modeling snowmelt-runoff under climate scenarios in the Hunza River basin, Karakoram Range, Northern Pakistan[J]. Journal of Hydrology, 409(1):104-117.

TALTAKOV I, 2015. The Syr Darya River-new ecological disaster in central Asia[J]. Acta Scientiarum Polonorum Formatio Circumiectus, 14(4):135-140.

TARDIF J, FLANNIGAN M, BERGERON Y, 2001. An analysis of the daily radial activity of 7 boreal tree species, Northwestern Quebec[J]. Environmental Monitoring and Assessment, 67(1):141-160.

TARDIF J, CAMARERO J J, RIBAS M, et al, 2003. Spatiotemporal variability in tree growth in the Central Pyrenees: Climatic and site influences[J]. Ecological Monographs, 73(2):241-257.

TARR R S, MARTIN L, 1914. Alaskan Glacier Studies of the National Geographic Society in the Yakutat Bay, Prince William Sound and Lower Copper River Regions[M]. National Geographic Society.

TELESCA L, VICENTE-SERRANO S M, LóPEZ-MORENO J I, 2013. Power spectral characteristics of drought indices in the Ebro river basin at different temporal scales[J]. Stochastic Environmental Research and Risk Assessment, 27(5):1155-1170.

THERRELL M D, STAHLE D W, RIES L P, et al, 2006. Tree-ring reconstructed rainfall variability in Zimbabwe[J]. Climate Dynamics, 26(7):677-685.

THOMSON D J, 1982. Spectrum estimation and harmonic analysis[J]. Proceedings of the IEEE, 70(9): 1055-1096.

TORRENCE C, COMPO G P, 1998. A practical guide to wavelet analysis[J]. Bulletin of the American Meteorological Society, 79(1):61-78.

TOUCHAN R, MEKO D M, HUGHES M K, 1999. A 396-year reconstruction of precipitation in Southern Jordan[J]. Journal of the American Water Resources Association, 35(1):45-55.

TREYDTE K, BODA S, PANNATIER E G, et al, 2004. Seasonal transfer of oxygen isotopes from precipitation and soil to the tree ring: Source water versus needle water enrichment[J]. New Phytologist, 202(3): 772-783.

TREYDTE K S, SCHLESER G H, HELLE G, et al, 2006. The twentieth century was the wettest period in northern Pakistan over the past millennium[J]. Nature, 440(7088):1179-1182.

TREYDTE K S, FRANK D C, SAURER M, et al, 2009. Impact of climate and CO_2 on a millennium-long tree-ring carbon isotope record[J]. Geochimica et Cosmochimica Acta, 73(16):4635-4647.

TROUET V, ESPER J, GRAHAM N E, et al, 2009. Persistent positive North Atlantic Oscillation mode dominated the medieval climate anomaly[J]. Science, 324(5923):78-80.

TYCHKOV I I, SVIDERSKAYA I V, BABUSHKINA E A, et al, 2019. How can the parameterization of a process-based model help us understand real tree-ring growth? [J]. Trees, 33(2):345-357.

VAN DER MAATEN-THEUNISSEN M, BOURIAUD O, 2012. Climate-growth relationships at different stem heights in silver fir and Norway spruce[J]. Canadian Journal of Forest Research, 42(5):958-969.

VAN DER SCHRIER G, BRIFFA K R, JONES P D, et al, 2006. Summer moisture variability across Europe[J]. Journal of Climate, 19(12):2818-2834.

VAN DER SCHRIER G, BARICHIVICH J, BRIFFA K R, et al, 2013. A scPDSI-based global data set of dry and wet spells for 1901-2009[J]. Journal of Geophysical Research: Atmospheres, 118(10):4025-4048.

VAN TRICHT L, PAICE CM, RYBAK O, et al, 2021. Reconstruction of the historical (1750-2020) mass balance of Bordu, Kara-Batkak and Sary-Tor glaciers in the Inner Tien Shan, Kyrgyzstan[J]. Frontiers in Earth Science, 9:734802, doi:10.3389/feart.2021.734802.

VAUTARD R, GHIL M, 1989. Singular spectrum analysis in nonlinear dynamics, with applications to paleoclimatic time series[J]. Physica D: Nonlinear Phenomena, 35(3):395-424.

VICENTE-SERRANO S M, BEGUERI'A S, LO'PEZ-MORENO J I, 2010. A multiscalar drought index sensitive to global warming: The standardized precipitation evapotranspiration index[J]. Journal of Climate,23 (7):1696-1718.

VICENTE-SERRANO S M,GOUVEIA C,CAMARERO J J,et al,2013. Response of vegetation to drought time-scales across global land biomes[J]. Proceedings of the National Academy of Sciences of The United States of America,110(1):52-57.

VICENTE-SERRANO S M,CAMARERO J J,AZORIN-MOLINA C,2014. Diverse responses of forest growth to drought time-scales in the Northern Hemisphere[J]. Global Ecology and Biogeography,23(9):1019-1030.

VIVIROLI D,ARCHER D R,BUYTAERT W,et al,2011. Climate change and mountain water resources:overview and recommendations for research,management and policy[J]. Hydrology and Earth System Sciences,15(2):471-504.

VOROSMARTY C,MCINTYRE P,GESSNER M,et al,2010. Global threats to human water security and river biodiversity[J]. Nature,467(7315):555-561.

WAGESHO N,GOEL N K,JAIN M K,2012. Investigation of non-stationarity in hydro-climatic variables at Rift Valley lakes basin of Ethiopia[J]. Journal of Hydrology,444-445:113-133.

WALTER,1997. Physiological Plant Ecology[M]. Berlin:Springer.

WANG X L,CHO H R,1997. Spatial-temporal structures of trend and oscillatory variability of precipitation over Northern Eurasia[J]. Journal of Climate,10(9):2285-2298.

WANG S L,WAN G J,2000. Tree-ring carbon isotopic constraints on carbon-water exchanges between atmosphere and biosphere in drought regions in Northwestern China[J]. Acta Geologica Sinica -English Edition,74 (2):301-305.

WANG T,REN H,MA K,2005. Climatic signals in tree ring of *Picea schrenkiana* along an altitudinal gradient in the central Tianshan Mountains,northwestern China[J]. Trees,19(6):736-742.

WANG T,ZHANG Q B,MA K P,2006. Treeline dynamics in relation to climatic variability in the central Tianshan Mountains,northwestern China[J]. Global Ecology and Biogeography,15(4):406-415.

WANG X,ZHANG Q B,MA K,et al,2008. A tree-ring record of 500-year dry-wet changes in northern Tibet, China[J]. Holocene,18(4):579-588.

WANG L L,DUAN J P,CHEN J,et al,2009. Temperature reconstruction from tree-ring maximum density of Balfour spruce in eastern Tibet,China[J]. International Journal of Climatology,30(7):972-979.

WANG Y J,LU R J,MA Y Z,et al,2014. Response to climate change of different tree species and NDVI variation since 1923 in the middle arid region of Ningxia,China[J]. Sciences in Cold and Arid Regions,6(1): 30-36.

WANG T,REN G,CHEN F,et al,2015a. An analysis of precipitation variations in the west-central Tianshan Mountains over the last 300 years[J]. Quaternary International,358:48-57.

WANG Z,YANG B,DESLAURIERS A,et al,2015b. Intra-annual stem radial increment response of Qilian juniper to temperature and precipitation along an altitudinal gradient in northwestern China[J]. Trees,29(1): 25-34.

WANG W,LIU X,SHAO X,et al,2015c. A 200 year temperature record from tree ring δ^{13}C at the Qaidam Basin of the Tibetan Plateau after identifying the optimum method to correct for changing atmospheric CO_2 and δ^{13}C[J]. Journal of Geophysical Research-Biogeosciences,116:G04022,doi:10. 1029/2011JG001665.

WANG J Lin,YANG B,LJUNGQVIST F C,et al,2017. Internal and external forcing of multidecadal Atlantic climate variability over the past 1,200 years[J]. Nature Geoscience,10(7):512-517.

WANG T,LI T Y,ZHANG J,et al,2020. A climatological interpretation of precipitation δ^{18}O across Siberia and Central Asia[J]. Water,12(8):2132.

WELLS N,GODDARD S,HAYES M J,2004. A self-calibrating palmer drought severity index[J]. Journal of Climate,17(12):2335-2351.

WERNICKE J, HOCHREUTHER P, GRIEßINGER J, et al, 2017. Multi-century humidity reconstructions from the southeastern Tibetan Plateau inferred from tree-ring δ^{18}O[J]. Global And Planetary Change,149:26-35.

WIGLEY T M L,BRIFFA K R,JONES P D,1984. On the average value of correlated time series,with applications in dendroclimatology and hydrometeorology[J]. Journal of Applied Meteorology and Climatology,23(2):201-213.

WILLIAMS A P,ALLEN C D,MACALADY A K,et al,2013. Temperature as a potent driver of regional forest drought stress and tree mortality[J]. Nature Climate Change,3(3):292-297.

WILMKING M,JUDAY G P,BARBER V A,et al,2004. Recent climate warming forces contrasting growth responses of white spruce at treeline in Alaska through temperature thresholds[J]. Global Change Biology,10(10):1724-1736.

WILMKING M,MYERS-SMITH I,2008. Changing climate sensitivity of black spruce (*Picea mariana* Mill.) in a peatland-forest landscape in Interior Alaska[J]. Dendrochronologia,25(3):167-175.

WILSON A T,GRINSTED M J,1977. ^{12}C/^{13}C in cellulose and lignin as palaeothermometers[J]. Nature,265(5590):133-135.

WILSON R,D'ARRIGO R,BUCKLEY B,et al,2007. A matter of divergence:Tracking recent warming at hemispheric scales using tree ring data[J]. Journal of Geophysical Research:Atmospheres,112:D17103,doi:10.1029/2006JD008318.

WINTER M B,WOLFF B,GOTTSCHLING H,et al,2009. The impact of climate on radial growth and nut production of Persian walnut (*Juglans regia* L.) in Southern Kyrgyzstan[J]. European Journal of Forest Research,128(6):531-542.

WOODHOUSE C A,2003. A 431-yr reconstruction of Western Colorado Snowpack from tree rings[J]. Journal of Climate,16(10):1551-1561.

WOODHOUSE C A,GRAY S T,MEKO D M,2006. Updated streamflow reconstructions for the Upper Colorado River Basin[J]. Water Resources Research,42,W05415,doi:10.1029/2005WR004455.

XU G,CHEN T,LIU X,et al,2011. Summer temperature variations recorded in tree-ring δ^{13}C values on the northeastern Tibetan Plateau[J]. Theoretical and Applied Climatology,105(1):51-63.

XU P,ZHU H,SHAO X,et al,2012. Tree ring-dated fluctuation history of Midui glacier since the little ice age in the southeastern Tibetan plateau[J]. Science China Earth Sciences,55(4):521-529.

XU K,WANG X P,LIANG P H,et al,2017. Tree-ring widths are good proxies of annual variation in forest productivity in temperate forests[J]. Scientific Reports,7(1):1945.

XU M,KANG S C,WU H,et al,2018. Detection of spatio-temporal variability of air temperature and precipitation based on long-term meteorological station observations over Tianshan Mountains,Central Asia[J]. Atmospheric Research,203:141-163.

XU C,BUCKLEY B M,PROMCHOTE P,et al,2019. Increased variability of Thailand's Chao Phraya River peak season flow and its association with ENSO variability:Evidence from tree ring δ^{18}O[J]. Geophysical Research Letters,46(9):4863-4872.

XU G,LIU X,SUN W,et al,2020a. Seasonal divergence between soil water availability and atmospheric moisture recorded in intra-annual tree-ring δ^{18}O extremes[J]. Environ Res Lett,15:094036.

XU G,WU G,LIU X,et al,2020b. Age-related climate response of tree-ring δ^{13}C and δ^{18}O from spruce in northwestern China,with implications for relative humidity reconstructions[J]. Journal of Geophysical Research-Biogeosciences,125(7):e2019JG005513.

YADAV P R,Kulieshius P,1992. Dating of earthquakes:Tree ring responses to the catastrophic earthquakes of 1887 in Alma-Ata,Kazakhstan. The Geographical Journal,158(3):295-299.

YADAV R R,GUPTA A K,KOTLIA B S,et al,2017. Recent wetting and glacier expansion in the Northwest Himalaya and Karakoram[J]. Scientific Reports,7(1):1-8.

YANG D Q,ROBINSON D,ZHAO Y Y,et al,2003. Streamflow response to seasonal snow cover extent changes in large Siberian watersheds[J]. Journal of Geophysical Research:Atmospheres,108,D18,4578,doi:10.1029/2002JD003149.

YANG B,QIN C,SHI F,et al,2012. Tree ring-based annual streamflow reconstruction for the Heihe River in arid northwestern China from ad 575 and its implications for water resource management[J]. The Holocene,22(7):773-784.

YANG T T,GAO X G,SOROOSHIAN S,et al,2016. Simulating California reservoir operation using the classification and regression-tree algorithm combined with a shuffled cross-validation scheme[J]. Water Resources Research,52(3):1626-1651.

YANG B,HE M,SHISHOV V,et al,2017. New perspective on spring vegetation phenology and global climate change based on Tibetan Plateau tree-ring data[J]. Proceedings of the National Academy of Sciences,114(27):6966-6971.

YANG B,LIU X H,HE Y H,et al,2019. Reconstruction of annual runoff since CE 1557 using tree-ring chronologies in the upper Lancang-Mekong River basin[J]. Journal of Hydrology,569:771-781.

YAO T D,PU J C,LU A X,et al,2007. Recent glacial retreat and its impact on hydrological processes on the Tibetan Plateau,China,and surrounding regions[J]. Arctic,Antarctic,and Alpine Research,39(4):642-650.

YAPIYEV V,SAGINTAYEV Z,VERHOEF A,et al,2017. The changing water cycle:Burabay National Nature Park,Northern Kazakhstan[J]. WIREs Water,4(5):e1227.

YIN Z Y,SHAO X M,QIN N S,et al,2008. Reconstruction of a 1436-year soil moisture and vegetation water use history based on tree-ring widths from Qilian junipers in northeastern Qaidam Basin,northwestern China [J]. International Journal of Climatology,28(1):37-53.

YOUNG G A,1994. Bootstrap:More than a stab in the Dark? [J]. Statistical Science,9(3):382-395.

YU D,WANG G G,DAI L,et al,2007. Dendroclimatic analysis of Betula ermanii forests at their upper limit of distribution in Changbai Mountain,Northeast China[J]. Forest Ecology and Management,240(1):105-113.

YU D,LIU J,BENARD J L,et al,2013. Spatial variation and temporal instability in the climate-growth relationship of Korean pine in the Changbai Mountain region of Northeast China[J]. Forest Ecology and Management,300:96-105.

YU M,CHENG X,HE Z,et al,2014. Longitudinal variation of ring width,wood density and basal area increment in 26-year-old Loblolly Pine (Pinus taeda) Trees[J]. Tree-Ring Research,70(2):137-144.

YUAN Y J,LI J F,ZHANG J B,2001. 348 year precipitation reconstruction from tree-rings for the North Slope of the middle Tianshan Mountains[J]. Acta Meteorologica Sinica,15(1):95-104.

YUAN Y J,JIN L Y,SHAO X M,et al,2003. Variations of the spring precipitation day numbers reconstructed from tree rings in the Urumqi River drainage,Tianshan Mts. over the last 370 years[J]. Chinese Science Bulletin,48(14):1507-1510.

YUAN Y J,SHAO X M,WEI W S,et al,2007. The potential to reconstruct Manasi River streamflow in the Northern Tien Shan Mountains (NW China)[J]. Tree-Ring Research,63(2):81-93.

YUAN Y J,ZHANG T W,WEI W S,et al,2013. Development of tree-ring maximum latewood density chronologies for the western Tien Shan Mountains,China:Influence of detrending method and climate response [J]. Dendrochronologia,31(3):192-197.

YUNUSSOVA G,MOSIEJ J,2016. Transboundary water management priorities in Central Asia countries - Tobol River case study in Kazakhstan[J]. Journal of Water and Land Development,31(1):157-167.

ZANG C,BIONDI F,2015. Treeclim:An R package for the numerical calibration of proxy-climate relationships [J]. Ecography,38(4):431-436.

ZHANG W T,JIANG Y,DONG M Y,et al,2012a. Relationship between the radial growth of *Picea meyeri* and climate along elevations of the Luyashan Mountain in North-Central China[J]. Forest Ecology and Management,265:142-149.

ZHANG Y C,HOU S G,LIU Y P,2012b. Preliminary study on the ENSO signal recorded by the δ^{18}O series of ice core from Miaoergou flat-topped glacier,eastern Tianshan[J]. Quaternary Sciences,32(1):59-66.

ZHANG T W,YUAN Y J,LIU Y,et al,2013. A tree-ring based precipitation reconstruction for the Baluntai region on the southern slope of the central Tien Shan Mountains,China,since A. D. 1464[J]. Quaternary International,283:55-62.

ZHANG T W,YUAN Y J,HE Q,et al,2014a. Development of tree-ring width chronologies and tree-growth response to climate in the mountains surrounding the Issyk-Kul Lake,Central Asia[J]. Dendrochronologia,32(3):230-236.

ZHANG T W,ZHANG R B,YUAN Y J,et al,2014b. Reconstructed precipitation on a centennial time scale from tree rings in the western Tien Shan Mountains,Central Asia[J]. Quaternary International,358:58-67.

ZHANG T W,YUAN Y J,HU Y C,et al,2015a. Early summer temperature changes in the southern Altai Mountains of Central Asia during the past 300 years[J]. Quaternary International,358:68-76.

ZHANG T W,ZHANG R B,YUAN Y J,et al,2015b. Reconstructed precipitation on a centennial timescale from tree rings in the western Tien Shan Mountains,Central Asia[J]. Quaternary International,358:58-67.

ZHANG Q B,EVANS M N,LYU L,2015c. Moisture dipole over the Tibetan Plateau during the past five and a half centuries[J]. Nature Communications,6:8062,doi:10. 1038/ncomms9062.

ZHANG R B,YUAN Y J,GOU X H,et al,2016a. Intra-annual radial growth of Schrenk spruce (*Picea schrenkiana* Fisch. et Mey) and its response to climate on the northern slopes of the Tianshan Mountains[J]. Dendrochronologia,40:36-42.

ZHANG R B,YUAN Y J,GOU X H,et al,2016b. Streamflow variability for the Aksu River on the southern slopes of the Tien Shan inferred from tree ring records[J]. Quaternary Research,85(3):371-379.

ZHANG R B, YUAN Y J, GOU X H, et al, 2016c. Tree-ring-based moisture variability in western Tianshan Mountains since A. D. 1882 and its possible driving mechanism[J]. Agricultural and Forest Meteorology,218-219:267-276.

ZHANG R B,QIN L,YUAN Y J,et al,2016d. Radial growth response of *Populus xjrtyschensis* to environmental factors and a century-long reconstruction of summer streamflow for the Tuoshigan River,northwestern China[J]. Ecological Indicators,71:191-197.

ZHANG R B,SHANG H M,YU S L,et al,2017a. Tree-ring-based precipitation reconstruction in southern Kazakhstan,reveals drought variability since A. D. 1770 [J]. International Journal of Climatology, 37 (2): 741-750.

ZHANG Y,YIN D,SUN M,et al,2017b. Variations of climate-growth response of major conifers at upper distributional limits in Shika Snow Mountain,Northwestern Yunnan Plateau,China[J]. Forests,8(10):377.

ZHANG R,ZHANG T,KELGENBAYEV N,et al,2017c. A 189-year tree-ring record of drought for the Dzungarian Alatau,arid Central Asia[J]. Journal of Asian Earth Sciences,148:305-314.

ZHANG T W,ZHANG R,LU B,et al,2018. *Picea schrenkiana* tree-ring chronologies development and vegetation index reconstruction for the Alatau Mountains,Central Asia[J]. Geochronometria,45(1):107-118.

ZHANG R B,WEI W S,SHANG H M,et al,2019a. A tree ring-based record of annual mass balance changes for the TS. Tuyuksuyskiy Glacier and its linkages to climate change in the Tianshan Mountains[J]. Quaternary Science Reviews,205:10-21.

ZHANG T T,WANG T,KRINNER G,et al,2019b. The weakening relationship between Eurasian spring snow cover and Indian summer monsoon rainfall[J]. Science Advances,5(3):eaau8932.

ZHANG T W,DIUSHEN M,BAKYTBEK E,et al,2019c. Tree ring record of annual runoff for Issyk Lake, Central Asia[J]. Journal of Water and Climate Change,10(3):610-623.

ZHANG X,LI M X,MA Z G,et al,2019d. Assessment of an evapotranspiration deficit drought index in relation to impacts on ecosystems[J]. Advances in Atmospheric Sciences,36(11):1273-1287.

ZHANG H L,HE Q,CHEN F,et al,2020a. August-September runoff variation in the Kara Darya River determined from Juniper (*Juniperus turkestanica*) tree rings in the Pamirs-Alai Mountains,Kyrgyzstan,back to 1411 CE[J]. Acta Geologica Sinica - English Edition,94(3):682-689.

ZHANG H L,SHANG H M,CHEN F,et al,2020b. A 422-Year Reconstruction of the Kaiken River Streamflow,Xinjiang,Northwest China[J]. Atmosphere,11(10):1100.

ZHANG R B,ERMENBAEV B,ZHANG H L,et al,2020c. Natural discharge changes of the Naryn River over the past 265 years and their climatic drivers[J]. Climate Dynamics,55(5-6):1269-1281.

ZHANG R B,QIN L,SHANG H M,et al,2020d. Climatic change in southern Kazakhstan since 1850 C. E. inferred from tree rings[J]. International Journal of Biometeorology,64(5):841-851.

ZHANG T W,LU B,ZHANG R B,et al,2020e. A 256-year-long precipitation reconstruction for northern Kyrgyzstan based on tree-ring width[J]. International Journal of Climatology,40(3):1477-1491.

ZHAO Y,HUANG A,ZHOU Y,et al,2014a. Impact of the middle and upper tropospheric cooling over Central Asia on the summer rainfall in the Tarim Basin,China[J]. Journal of Climate,27(12):4721-4732.

ZHAO Y,SHI J,SHI S,et al,2017. Summer climate implications of tree-ring latewood width:A case study of Tsuga longibracteata in South China[J]. Asian Geographer,34:131-146.

ZHAO Y,WANG M,HUANG A,et al,2014b. Relationships between the West Asian subtropical westerly jet and summer precipitation in northern Xinjiang[J]. Theoretical And Applied Climatology,116:403-411.

ZHAO Y,ZHANG H,2016. Impacts of SST warming in tropical Indian Ocean on CMIP5 model-projected summer rainfall changes over Central Asia[J]. Climate Dynamics,46(9):3223-3238.

ZHAO X,ZHANG R,CHEN F,et al,2022. Reconstructed summertime (June-July) streamflow dating back to 1788 CE in the Kazakh Uplands as inferred from tree rings[J]. Journal of Hydrology:Regional Studies, 40:101007.

ZHOU X J,ZHAO P,LIU G,2009. Asian-Pacific Oscillation index and variation of East Asian summer monsoon over the past millennium[J]. Chinese Science Bulletin,54(20):3768.

ZINOVIEV A T,KOSHELEVA E D,GALAKHOV V P,et al,2020. Current State of Water Resources and Problems of Their Use in Border Regions of Russia (The Ob-Irtysh Basin as a Case Study)[M]//Zonn I S, Zhiltsov S S,Kostianoy A G,et al. Water Resources Management in Central Asia. Cham:Springer International Publishing:163-188.

ZOU S,ABUDUWAILI J,DUAN W L,et al,2021. Attribution of changes in the trend and temporal non-uniformity of extreme precipitation events in Central Asia[J]. Scientific Reports,11(1):15032.

ZUBAIROV B Y,HEUßNER K U,SCHRÖDER H,2018. Searching for the best correlation between climate and tree rings in the Trans-Ili Alatau,Kazakhstan[J]. Dendrobiology,79:119-130.

ZUBAIROV B,LENTSCHKE J,SCHRÖDER H,2019. Dendroclimatology in Kazakhstan[J]. Dendrochronolo-
gia,56:125602.

ZWEIFEL R,ITEM H,HÄSLER R,2000. Stem radius changes and their relation to stored water in stems of
young Norway spruce trees[J]. Trees,15(1):50-57.

附录
中亚地区气候水文重建序列

附表 1　哈萨克斯坦东北部 6 月平均气温重建序列

重建区域：			哈萨克斯坦东北部			重建要素：			平均气温
气象(水文)站：			卡通卡拉盖气象站			重建要素单位：			℃
重建序列时段：			1698—2006 年			重建要素时段：			6 月
年代	0	1	2	3	4	5	6	7	8	9
1690									12.83	13.36
1700	13.70	14.59	14.29	14.43	14.62	14.25	13.97	14.68	16.68	15.06
1710	12.85	15.12	16.55	15.10	15.40	17.46	15.42	13.63	13.37	15.41
1720	15.69	14.13	15.44	13.85	13.47	14.97	14.67	13.99	13.50	14.59
1730	14.41	15.78	14.56	14.26	14.82	13.06	13.60	15.45	14.35	15.49
1740	14.92	14.18	15.70	12.74	14.99	13.35	13.87	14.83	14.87	15.42
1750	13.70	14.58	15.39	15.63	13.65	14.65	14.43	14.58	13.72	15.35
1760	13.45	14.76	15.89	16.56	14.42	15.38	14.69	15.09	14.09	14.84
1770	15.24	14.66	14.78	15.84	13.60	13.14	14.26	15.22	14.08	14.03
1780	14.34	16.32	15.30	14.63	14.76	13.83	15.06	14.31	12.46	15.01
1790	14.17	14.46	14.64	15.23	15.47	15.70	13.15	13.64	15.23	14.13
1800	14.79	14.06	14.57	16.38	14.71	14.39	13.70	14.78	14.39	14.32
1810	15.21	16.58	15.01	14.27	13.19	15.89	15.20	14.66	14.90	13.91
1820	14.15	14.83	14.55	14.28	14.71	14.41	14.05	14.83	15.33	14.62
1830	17.05	14.89	14.87	15.10	14.78	14.07	14.96	16.14	15.93	15.46
1840	12.97	14.74	13.56	14.20	14.78	13.89	15.54	13.39	16.09	13.95
1850	12.53	14.53	13.80	14.35	12.80	13.85	14.57	14.71	14.38	14.11
1860	15.56	14.74	15.02	14.58	14.74	14.30	13.97	14.09	15.09	13.62
1870	15.34	13.52	15.20	14.78	15.10	14.27	14.87	15.72	14.40	15.09
1880	15.40	13.90	14.85	14.11	14.01	15.78	14.78	14.33	15.72	16.81
1890	14.20	15.19	14.58	13.56	14.59	14.05	15.18	15.09	14.70	14.86
1900	16.31	15.66	15.63	14.54	16.24	15.47	13.37	13.85	14.73	14.32
1910	13.76	14.08	14.15	14.01	13.46	14.80	13.95	13.13	14.81	14.36
1920	14.81	14.35	14.71	15.38	14.85	15.21	14.89	12.05	15.09	14.47
1930	15.57	15.21	13.65	14.30	16.55	15.62	15.37	14.78	12.20	15.24
1940	15.46	14.91	14.74	13.22	15.47	15.47	14.99	11.98	14.67	14.05
1950	15.37	15.36	15.33	15.78	14.44	16.05	13.09	15.59	12.99	15.34
1960	13.86	12.50	14.29	14.88	14.16	14.68	15.52	14.49	15.25	16.33
1970	13.27	14.38	14.33	14.41	15.32	14.19	15.30	14.89	15.59	16.87
1980	14.49	16.07	13.76	14.03	14.18	12.62	13.70	14.57	14.44	14.79
1990	15.55	15.23	15.46	13.49	16.08	13.29	15.70	14.79	16.23	13.77
2000	14.12	14.74	13.98	14.47	14.23	14.30	15.49			

注：0—9 表示第几年。

附表 2　哈萨克斯坦东部准噶尔阿拉套地区上年 7 月至当年 6 月干旱指数重建序列

重建区域：		哈萨克斯坦东部准噶尔阿拉套				重建要素：			scPDSI	
气象(水文)站：		CRU 格点(79.75°E，45.25°N)				重建要素单位：			—	
重建序列时段：		1828—2016 年				重建要素时段：			上年 7 月—当年 6 月	
年代	0	1	2	3	4	5	6	7	8	9
1820									−0.409	−0.581
1830	−0.818	−0.555	−0.225	−0.806	−0.750	−1.256	−0.518	−0.724	0.004	−0.949
1840	1.200	1.016	−0.165	−0.694	−0.784	−0.454	−0.555	−0.529	0.251	−0.315
1850	−0.232	−0.064	0.416	−0.360	−0.536	−0.724	−0.401	−0.146	−0.521	−1.298
1860	0.308	−0.150	−0.476	−1.223	−1.388	−1.080	−2.048	−1.624	−1.001	−0.071
1870	0.015	−0.750	−0.030	0.499	−0.161	−0.022	−0.075	−0.071	−0.608	−2.115
1880	−1.470	−1.155	−0.229	−1.699	−1.024	−1.343	−0.761	−0.428	0.030	−0.975
1890	0.521	0.319	−0.315	−1.594	−1.406	−0.716	0.041	1.395	0.105	−0.405
1900	−0.765	0.255	0.049	−0.356	−0.814	−0.135	−0.244	−0.761	0.383	0.270
1910	−0.195	−1.733	−0.030	−1.335	−1.789	−1.320	−1.455	−2.801	−1.361	−1.661
1920	−0.375	0.064	0.765	0.506	1.054	−0.364	−1.515	−2.426	−1.511	−0.930
1930	−0.229	0.090	−0.728	−0.064	−0.229	0.443	−0.728	−0.026	−1.718	−0.172
1940	−0.746	0.248	−0.503	−2.145	−2.355	−2.775	−1.916	−1.174	−0.784	−1.005
1950	−0.075	−0.217	0.964	0.409	−0.142	−0.082	−0.349	−2.130	−0.784	1.279
1960	1.331	0.866	1.230	−1.418	0.420	−0.878	0.011	−0.176	1.590	1.215
1970	0.911	−0.049	−0.131	1.575	−1.556	−1.575	−1.714	−1.286	−1.013	−1.748
1980	−1.088	−0.649	−0.199	−0.675	−1.976	−2.216	−1.320	−0.049	0.675	1.215
1990	0.394	−1.883	−1.013	2.119	1.781	−2.224	−0.810	−1.414	−1.410	−0.713
2000	−2.186	−1.028	−0.079	0.090	0.671	1.091	−0.037	−1.136	−1.879	−0.675
2010	0.394	0.439	−1.399	−0.863	−1.856	−2.010	−0.375			

附表 3　哈萨克斯坦南部上年 8 月至当年 1 月 SPEI 重建序列

重建区域：			哈萨克斯坦南部			重建要素：			SPEI	
气象（水文）站：			阿拉木图			重建要素单位：			—	
重建序列时段：			1785—2014 年			重建要素时段：			上年 8 月—当年 1 月	
年代	0	1	2	3	4	5	6	7	8	9
1780						1.540	−1.207	−1.337	0.679	−0.736
1790	−0.807	1.982	0.785	−0.547	0.319	0.095	−0.577	−0.624	−0.754	−1.090
1800	−1.880	1.304	−1.431	0.986	1.958	0.178	0.048	0.520	−2.552	−1.202
1810	−0.842	0.019	0.148	−0.229	0.302	−1.249	0.514	1.003	0.614	−0.176
1820	−1.190	−1.078	−0.017	−1.172	1.045	1.104	0.974	0.620	1.728	−2.210
1830	−0.117	0.231	−0.588	0.190	1.003	−0.700	1.375	1.357	1.611	−1.608
1840	0.426	1.387	−0.535	0.431	0.526	−0.476	1.286	−0.754	0.608	−1.443
1850	−2.015	0.373	0.361	0.196	−1.255	−1.880	−0.842	−0.771	−1.343	−0.818
1860	0.620	−0.117	1.027	−0.465	−1.779	−0.364	−0.223	0.048	1.216	1.905
1870	−0.099	0.997	1.516	−0.700	1.581	0.980	0.779	0.084	−0.512	−2.994
1880	−0.258	0.331	0.992	0.673	0.131	−0.700	2.006	−0.388	1.174	−1.243
1890	1.115	0.302	1.546	0.355	−1.314	−1.632	0.661	0.661	0.767	0.950
1900	−0.046	−1.113	−0.193	0.779	−1.278	0.661	0.885	−0.547	0.007	−0.565
1910	0.644	−2.410	1.109	0.095	−1.036	−0.665	−0.294	−2.805	−0.005	−0.913
1920	0.237	−0.087	0.319	0.826	1.457	−0.217	0.426	−0.895	−0.193	−0.612
1930	0.850	−0.300	−0.129	1.899	0.856	1.322	0.042	1.929	−0.506	1.239
1940	−1.962	1.487	1.404	−0.465	−1.420	−2.445	−0.341	0.066	0.738	−0.995
1950	0.496	0.266	1.316	−0.300	−0.712	0.378	0.261	−1.066	−0.005	−0.052
1960	−0.453	0.373	−0.241	−0.930	0.249	−0.441	1.192	0.992	0.490	−1.031
1970	1.711	−0.081	−0.812	1.410	−1.101	0.007	−0.046	−0.541	0.408	−1.579
1980	0.431	0.042	0.060	0.897	−1.573	−1.219	0.986	0.019	0.207	0.514
1990	0.785	0.402	−0.294	0.738	0.585	−0.936	0.449	−0.435	−0.665	0.331
2000	0.821	0.561	1.162	−0.936	0.803	−0.641	−0.022	−0.099	−1.042	−1.160
2010	0.573	0.207	0.573	−1.060	0.532					

附表 4 哈萨克斯坦东南部冬季降雪量重建序列

				重建区域：		哈萨克斯坦东南部		重建要素：		降雪量
气象(水文)站：				Mynzhylky 和 Ulken 气象站			重建要素单位：		mm	
重建序列时段：				1849—2014 年			重建要素时段：		冬季	
年代	0	1	2	3	4	5	6	7	8	9
1840										49.80
1850	68.49	27.50	64.12	84.52	43.79	51.76	48.40	47.98	37.55	34.47
1860	14.24	38.12	45.89	15.77	46.66	69.14	42.34	67.07	85.71	67.90
1870	28.22	21.62	36.98	17.94	16.52	66.27	72.95	109.98	6.94	26.26
1880	51.25	47.44	40.91	23.69	53.40	85.46	93.87	100.60	92.52	70.80
1890	51.97	58.63	6.52	20.61	69.81	58.57	72.74	44.90	39.26	79.86
1900	75.54	58.37	68.73	49.95	56.92	65.83	75.28	55.60	60.62	25.12
1910	54.90	48.81	36.07	38.92	85.17	63.31	46.04	41.54	86.47	78.64
1920	83.10	64.32	84.94	77.76	54.51	65.31	84.47	72.74	71.91	68.23
1930	99.23	26.96	36.38	95.68	52.31	85.20	47.85	13.85	44.25	57.36
1940	37.13	77.30	57.07	35.68	33.02	46.48	49.20	69.92	48.01	36.80
1950	41.35	76.62	75.23	97.26	77.66	54.04	65.59	96.59	72.38	88.10
1960	80.35	69.63	59.71	84.37	40.40	59.92	54.90	62.98	97.06	44.38
1970	36.77	80.85	47.47	69.50	57.38	26.08	58.26	67.64	83.44	79.37
1980	67.53	43.97	43.87	70.69	58.76	52.62	77.95	99.39	70.75	76.83
1990	66.58	89.94	90.56	71.47	67.92	70.36	99.85	89.08	91.07	69.74
2000	72.02	87.14	105.29	96.93	100.99	49.93	43.56	57.82	56.22	111.35
2010	89.49	108.66	82.17	66.06	51.32					

附表 5 吉尔吉斯斯坦天山山区 7—8 月平均气温重建序列

重建区域：			吉尔吉斯斯坦天山山区			重建要素：			平均气温
气象(水文)站：			CRU 格点(41°—13°N,71°—79°E)			重建要素单位：			℃
重建序列时段：			1650—1995 年			重建要素时段：			7—8 月
年代	0	1	2	3	4	5	6	7	8	9
1650	12.31	12.74	12.88	12.18	12.84	12.98	13.45	13.56	12.56	13.59
1660	13.21	12.83	12.82	12.92	11.77	13.11	13.14	12.60	12.87	12.86
1670	12.92	12.56	12.42	12.74	11.62	13.71	12.03	13.00	12.58	13.33
1680	12.96	12.74	13.15	12.86	13.43	13.07	13.00	13.32	12.18	13.03
1690	13.33	13.51	13.06	13.76	10.62	13.14	10.49	12.45	10.80	12.51
1700	12.32	12.45	13.26	12.42	13.18	13.12	13.06	13.03	13.67	13.45
1710	13.38	13.41	13.43	13.26	13.26	13.37	14.18	13.02	13.01	12.83
1720	13.75	13.33	11.98	13.26	13.32	13.52	13.29	14.29	12.55	13.12
1730	13.52	11.41	13.75	13.27	12.69	13.63	13.00	13.59	13.53	12.88
1740	12.86	12.87	13.84	13.07	13.38	11.92	12.83	13.91	13.22	13.48
1750	12.74	12.86	14.14	12.61	12.93	10.44	13.03	12.41	13.54	13.83
1760	13.54	11.09	13.19	12.62	13.08	13.83	13.12	12.52	13.82	11.99
1770	13.69	13.20	13.46	13.43	14.08	14.01	13.85	12.20	12.95	12.45
1780	12.90	12.55	13.20	9.97	12.37	12.96	12.67	12.02	12.63	13.58
1790	12.41	12.20	13.71	11.98	12.98	12.68	12.88	13.90	13.25	13.09
1800	13.52	13.40	12.82	10.91	12.32	13.29	12.73	14.25	13.26	13.29
1810	13.60	12.12	11.93	11.26	12.84	12.84	11.42	11.65	13.14	12.61
1820	12.95	13.44	13.77	13.05	13.31	12.76	13.60	13.20	13.21	13.54
1830	13.13	12.82	12.57	13.06	13.56	12.55	12.70	12.00	12.48	11.41
1840	12.28	10.87	13.13	13.41	12.67	12.39	12.64	12.69	12.81	12.64
1850	12.36	11.74	13.16	12.80	12.93	12.56	13.57	13.66	12.35	12.67
1860	13.35	13.45	12.74	13.43	13.15	12.95	13.09	13.25	12.79	10.76
1870	13.12	13.46	13.47	13.09	13.59	13.20	13.19	12.81	13.97	13.61
1880	12.94	14.02	11.98	12.63	13.06	11.90	11.98	11.94	12.98	13.11
1890	11.93	13.34	12.70	12.90	12.45	12.28	12.77	12.23	12.75	12.99
1900	12.74	12.74	12.04	12.07	13.14	11.99	12.43	12.23	13.22	12.73
1910	12.83	12.58	13.51	12.68	13.73	12.79	14.14	12.31	12.29	13.33
1920	10.89	12.39	12.34	13.00	13.33	13.65	13.91	13.93	12.86	13.67
1930	13.28	13.16	12.96	14.06	12.23	13.27	12.87	12.94	13.14	13.54
1940	12.30	13.15	13.26	13.43	14.22	12.82	12.67	13.83	13.50	12.63
1950	13.37	12.50	13.25	12.74	11.73	13.38	13.44	11.71	12.11	13.01
1960	13.67	13.29	13.07	12.60	11.85	12.89	12.56	12.96	13.08	12.82
1970	12.50	13.07	11.61	13.60	11.87	12.83	13.24	12.89	13.89	12.45
1980	13.32	12.13	12.74	13.56	14.18	12.99	12.12	12.62	12.70	11.60
1990	12.82	12.82	12.94	12.38	14.18	13.99				

附表 6 吉尔吉斯斯坦北部上年 6 月至当年 5 月降水量重建序列

重建区域：			吉尔吉斯斯坦北部			重建要素：			降水量	
气象（水文）站：			CRU 格点（42°—43°N，75°—76°E）			重建要素单位：			mm	
重建序列时段：			1760—2015 年			重建要素时段：			上年 6 月—当年 5 月	
年代	0	1	2	3	4	5	6	7	8	9
1760	341.5	329.7	344.1	361.9	362.9	348.5	339.8	338.6	311.9	318.0
1770	321.4	289.9	307.3	313.8	330.0	278.2	319.4	318.9	326.5	336.7
1780	333.5	355.6	358.2	395.1	385.5	416.2	395.6	359.7	374.7	353.8
1790	369.3	371.2	401.1	369.7	392.4	365.5	296.5	329.9	337.9	320.3
1800	288.9	345.5	320.9	355.3	368.9	318.0	318.2	330.7	318.8	320.6
1810	285.4	318.3	329.1	351.2	365.6	372.4	363.0	384.7	377.0	338.7
1820	300.2	316.6	315.2	308.2	334.2	368.3	324.5	323.2	309.8	294.3
1830	275.2	291.7	323.1	326.8	333.1	265.6	297.9	303.5	302.2	286.5
1840	328.8	339.1	353.1	345.3	316.0	330.0	305.6	305.4	350.0	333.8
1850	311.6	335.3	353.8	325.0	321.2	313.7	326.6	310.1	266.7	298.3
1860	319.5	320.8	303.3	302.7	316.3	309.6	307.3	319.3	305.8	326.6
1870	322.7	294.3	306.4	294.3	313.0	290.4	316.0	306.2	320.6	273.1
1880	274.2	309.0	327.9	320.0	311.9	309.0	329.0	327.3	364.6	327.7
1890	331.6	342.3	350.4	335.5	283.2	272.8	353.8	382.2	370.7	334.8
1900	309.7	343.8	350.4	322.5	331.3	344.8	330.8	341.6	376.6	335.9
1910	331.2	294.0	358.4	316.7	300.3	302.4	320.4	214.6	294.3	267.5
1920	323.4	332.7	329.4	336.5	382.6	343.0	305.9	276.1	293.1	320.3
1930	336.8	324.5	313.6	365.2	344.0	368.6	330.7	354.0	315.5	350.0
1940	308.9	359.6	340.1	288.0	277.5	283.7	315.3	359.6	351.6	301.8
1950	364.4	354.0	415.5	413.7	379.9	370.2	348.8	285.6	342.4	361.0
1960	328.5	337.6	362.2	343.0	345.4	344.6	370.1	381.6	383.2	376.3
1970	401.5	403.5	351.7	399.6	327.4	349.3	362.9	335.3	325.4	298.2
1980	338.4	327.1	322.9	371.4	285.5	301.8	311.4	331.8	365.1	355.6
1990	328.9	323.4	349.9	374.9	367.5	296.3	337.4	338.0	317.4	389.1
2000	403.4	349.8	395.0	384.5	379.3	394.7	367.8	342.5	278.2	322.0
2010	351.1	342.6	320.8	303.0	309.0	356.5				

附表 7 吉尔吉斯斯坦楚河流域上年 7 月至当年 6 月 SPEI 重建序列

重建区域：		吉尔吉斯斯坦楚河流域			重建要素：			SPEI	
气象(水文)站：		CRU 格点(42.75° N,76.25° E)			重建要素单位：				
重建序列时段：		1810—2014 年			重建要素时段：			上年 7 月—当年 6 月	
年代	0	1	2	3	4	5	6	7	8	9
1840	0.248	0.191	0.426	0.331	0.150	0.308	0.260	0.300	0.328	0.221
1850	0.347	0.417	0.403	0.234	0.323	0.061	0.252	0.213	−0.129	0.259
1860	0.546	0.372	0.252	−0.009	0.110	0.042	0.162	0.066	0.318	0.374
1870	0.417	−0.026	0.186	−0.201	0.133	0.181	0.064	0.159	0.237	−0.115
1880	0.058	0.259	0.351	0.247	0.184	0.049	0.484	0.278	0.364	0.063
1890	0.274	0.335	0.337	0.010	−0.193	−0.095	0.432	0.403	0.445	0.380
1900	0.144	0.147	0.204	0.500	0.174	0.191	0.100	0.117	0.176	0.125
1910	0.419	−0.106	0.174	0.109	−0.027	0.224	0.362	−0.202	0.028	0.267
1920	0.301	0.284	0.286	0.254	0.541	0.124	−0.017	−0.013	0.103	−0.027
1930	0.150	0.286	0.323	0.551	0.391	0.416	0.070	0.292	0.011	0.125
1940	−0.075	0.292	0.349	0.034	−0.011	−0.177	0.016	0.139	0.130	−0.119
1950	0.303	0.173	0.334	0.268	0.171	0.339	0.227	0.111	0.287	0.303
1960	−0.036	0.069	0.140	0.152	0.160	0.209	0.282	0.293	0.376	−0.042
1970	0.137	0.009	−0.208	0.048	−0.243	−0.206	−0.066	−0.179	0.089	−0.100
1980	0.178	0.082	0.078	0.112	−0.310	−0.177	0.100	0.196	0.348	0.263
1990	0.079	0.041	0.211	0.373	0.319	−0.111	−0.069	0.218	−0.126	0.575
2000	0.498	0.006	0.497	0.575	0.518	0.234	0.223	0.138	0.137	−0.128
2010	0.384	0.412	0.214	−0.019	0.067					

附表 8　吉尔吉斯斯坦伊塞克湖流域上年 7 月至当年 6 月降水量重建序列

重建区域：		吉尔吉斯斯坦伊塞克湖流域			重建要素：			降水量	
气象(水文)站：		CRU 格点(42°15′N,78°15′E)			重建要素单位：			mm	
重建序列时段：		1882—2012 年			重建要素时段：			上年 7 月—当年 6 月	
年代	0	1	2	3	4	5	6	7	8	9
1880			268.7	259.0	269.9	265.3	255.5	260.4	263.3	300.6
1890	334.2	325.9	336.6	306.5	239.1	228.4	290.5	297.8	303.2	285.3
1900	253.7	312.8	321.0	341.2	330.2	286.0	334.4	347.5	351.0	318.8
1910	361.7	346.1	314.4	281.9	244.2	277.2	281.0	214.8	245.9	266.1
1920	286.0	317.4	329.9	326.5	290.1	276.8	264.5	274.2	299.5	316.4
1930	253.5	289.5	251.2	325.2	308.6	351.4	328.4	297.3	306.8	297.1
1940	292.4	303.2	286.7	263.4	275.8	258.1	297.1	262.4	244.2	293.4
1950	318.5	323.4	307.8	275.5	318.3	346.4	341.2	299.4	311.3	306.9
1960	294.0	231.7	317.3	292.7	326.2	321.8	287.4	304.1	290.6	320.2
1970	300.3	330.5	290.1	260.3	284.2	293.1	282.8	252.8	275.0	254.8
1980	238.9	311.3	306.5	371.0	275.6	253.4	331.4	354.9	288.7	295.1
1990	294.2	315.0	329.6	338.1	361.3	289.3	315.7	268.7	271.9	321.2
2000	319.1	290.3	346.0	362.5	337.7	331.6	323.9	280.0	264.1	296.3
2010	393.5	355.9	333.9							

附表 9　塔吉克斯坦北部 6—7 月干旱指数重建序列

重建区域：		塔吉克斯坦北部			重建要素：		scPDSI		
气象(水文)站：		CRU 格点(40°30′—41°30′ N.70°00′—71°00′)			重建要素单位：		—		
重建序列时段：		1650—2015 年			重建要素时段：		6—7 月		
年代	0	1	2	3	4	5	6	7	8	9
1650	−0.751	−0.219	−2.158	1.241	−1.424	−1.896	−1.102	1.890	−1.850	−1.446
1660	−1.414	0.082	0.217	−0.694	−1.772	−1.626	−1.538	−0.527	−1.212	−0.393
1670	−1.591	−2.679	−1.786	−0.871	−0.953	−0.549	−0.605	−1.073	−1.240	1.404
1680	0.426	−0.705	−2.108	0.685	0.178	0.433	−0.981	−0.857	−2.041	−0.070
1690	−0.123	−0.691	−1.318	−2.651	−2.002	0.185	−1.279	−0.432	0.632	0.001
1700	0.522	−0.191	−0.155	−2.155	−0.613	−0.939	−1.850	0.756	−0.981	−0.737
1710	−0.130	−0.992	−2.619	−1.307	−2.201	−2.211	−1.591	−1.828	−0.559	−0.262
1720	−0.613	−1.672	−1.084	−0.159	0.483	−0.297	−1.708	−0.184	−0.694	−0.620
1730	−0.297	−1.013	0.791	−1.382	−1.070	−2.378	−1.772	−1.772	0.961	0.575
1740	−0.138	−2.116	−2.608	−2.686	−0.999	2.716	−1.059	2.007	1.270	0.054
1750	−0.102	−0.605	0.043	−0.680	−2.693	0.763	−0.255	−1.031	−0.722	−0.333
1760	−1.594	−1.804	−1.981	−2.169	0.050	−1.123	0.079	1.918	−0.279	−1.382
1770	−0.786	−1.672	−1.105	−0.630	−0.145	−2.559	−3.884	−2.013	−1.577	−2.038
1780	−0.446	0.954	0.880	−5.122	0.540	−1.010	−1.665	−0.786	−0.726	−1.144
1790	−1.194	−1.361	0.075	0.756	−0.255	1.840	1.720	−0.644	−0.074	−2.856
1800	−0.276	−0.790	−0.694	−0.510	0.423	0.547	−2.509	−1.244	−3.594	−3.282
1810	−4.218	−1.814	−1.839	−1.219	−0.694	0.369	0.628	−0.942	−3.087	−1.786
1820	−1.843	−1.166	−1.063	−0.825	−0.985	−0.627	−1.782	−0.574	−1.981	−4.289
1830	−3.101	−3.186	−1.722	−0.708	−0.925	−0.857	−2.931	−1.591	−1.531	−1.435
1840	−1.017	−1.513	−0.414	0.423	−0.542	−1.187	−0.527	−0.932	0.419	1.011
1850	1.178	0.781	0.997	0.919	0.001	0.717	0.610	−0.857	−0.928	−1.616
1860	−0.878	−1.878	−2.204	−1.314	−1.233	−0.861	−1.187	−0.754	−1.222	−0.726
1870	−0.698	−1.807	−0.141	−0.808	−0.779	0.820	−1.531	−0.797	0.685	−1.371
1880	−5.384	1.355	2.617	0.384	1.571	−0.588	−1.676	0.582	−1.545	0.777
1890	0.515	−0.545	1.163	2.542	0.164	−0.886	−0.102	2.266	0.692	3.028
1900	1.376	1.603	0.855	0.929	0.043	−0.205	−0.361	2.308	0.561	−1.130
1910	−0.279	−1.024	0.430	−0.917	0.210	−1.846	−1.882	−5.448	−4.200	−2.839
1920	−0.761	1.514	2.195	1.929	2.620	0.699	−0.655	−3.066	−0.733	−0.091
1930	0.809	−0.187	−0.198	−2.204	−0.166	−0.786	−0.815	−1.052	−2.066	−3.151
1940	−2.672	−2.275	−0.471	−0.208	−0.864	0.192	−0.052	0.405	−0.733	−0.644
1950	−1.648	−0.400	−0.205	−0.822	−0.715	−0.956	−1.439	−0.988	−0.932	−1.531
1960	−1.563	−2.077	−1.527	−1.346	−1.821	−1.662	−0.255	−0.825	0.394	0.564
1970	−0.272	−0.595	−0.035	−1.587	−3.034	−3.243	−1.938	−2.009	−1.279	−0.634
1980	−0.648	0.508	−2.573	−0.861	−1.098	−1.073	−1.750	−0.655	−2.580	−2.424
1990	−1.470	−0.258	0.667	0.915	1.394	1.504	−0.527	−0.453	0.816	0.859
2000	−2.403	−0.917	0.366	−0.028	−0.258	0.759	−0.095	0.607	−1.804	1.075
2010	0.841	−2.293	−0.379	−0.868	−1.187	−1.034				

附表 10　额尔齐斯河上游上年 8 月至当年 7 月径流量重建序列

重建区域：			额尔齐斯河上游			重建要素：			平均径流量
气象（水文）站：			库威水文站			重建要素单位：			m³/s
重建序列时段：			1500—2010 年			重建要素时段：			上年 8 月—当年 7 月
年代	0	1	2	3	4	5	6	7	8	9
1500	286.6	267.3	341.9	367.2	411.9	343.8	164.1	254.3	275.7	341.5
1510	425.4	305.8	338.9	294.2	286.0	239.3	250.8	322.6	260.7	235.2
1520	263.0	237.1	245.3	264.8	228.0	296.1	268.7	368.1	364.8	374.8
1530	327.3	329.8	254.3	274.3	326.1	373.2	317.3	259.7	274.9	271.8
1540	309.9	368.1	356.1	352.6	343.8	306.8	237.3	230.7	251.3	314.6
1550	319.3	277.6	281.3	254.6	268.1	282.1	245.7	348.9	344.6	285.0
1560	250.2	271.6	242.2	344.8	266.9	257.8	247.8	228.8	262.4	204.6
1570	190.6	314.4	373.8	315.8	268.7	302.9	306.8	311.3	326.3	243.4
1580	283.5	202.9	236.0	277.6	338.7	283.1	286.4	313.4	341.7	255.4
1590	263.2	205.4	276.6	250.2	283.1	346.5	330.8	292.8	262.8	264.8
1600	282.1	225.4	191.8	216.1	283.1	250.2	302.7	295.3	369.1	416.2
1610	300.4	385.3	350.0	322.0	380.8	367.9	418.8	366.2	288.9	286.0
1620	243.7	327.3	326.9	327.1	282.9	273.5	373.6	281.9	316.7	302.7
1630	313.2	335.4	368.5	330.8	309.7	355.7	368.5	312.5	365.4	343.2
1640	338.7	252.5	293.0	292.8	265.7	193.9	193.1	220.2	301.4	308.4
1650	277.0	301.0	282.5	358.6	351.8	361.3	247.6	306.8	268.5	318.7
1660	286.6	367.9	270.0	302.5	331.9	332.3	289.1	333.9	270.2	355.9
1670	349.3	366.2	396.4	335.0	348.3	301.6	313.6	314.6	304.7	268.7
1680	218.8	278.0	282.7	304.9	323.0	277.2	351.0	369.3	387.4	290.3
1690	212.8	244.7	273.5	315.8	344.6	348.5	337.0	359.8	335.8	296.1
1700	292.4	344.0	343.0	353.7	341.5	344.4	229.7	315.8	311.1	353.9
1710	314.8	355.3	337.2	326.3	225.1	256.0	294.9	311.3	307.4	274.5
1720	260.7	225.4	290.9	269.6	342.6	375.9	396.2	302.1	267.9	338.2
1730	384.5	385.5	364.4	264.6	338.9	227.0	246.9	267.5	261.5	296.1
1740	333.3	305.3	350.0	368.7	349.8	356.1	389.6	354.3	341.3	335.0
1750	277.6	298.6	286.8	289.7	271.0	229.3	227.4	273.5	258.3	243.0
1760	217.5	304.7	249.2	241.0	286.4	271.6	287.7	348.3	248.0	348.1

续表

重建区域:				额尔齐斯河上游		重建要素:			平均径流量
气象(水文)站:				库威水文站		重建要素单位:			m³/s
重建序列时段:				1500—2010 年		重建要素时段:			上年 8 月—当年 7 月
年代	0	1	2	3	4	5	6	7	8	9
1770	301.0	254.1	318.5	329.6	336.6	337.0	416.0	398.5	288.5	332.3
1780	355.3	280.9	380.4	234.2	411.7	282.3	216.5	270.4	320.4	275.3
1790	316.7	307.0	281.1	274.7	250.8	252.3	329.2	243.0	263.0	323.0
1800	338.9	358.2	381.8	403.8	418.8	375.3	420.9	303.7	298.6	286.8
1810	219.0	195.5	181.6	296.9	250.4	261.7	245.3	229.3	224.1	284.2
1820	305.5	248.0	274.3	257.8	245.5	336.0	311.7	302.3	319.5	308.8
1830	266.9	316.0	315.4	290.7	352.6	289.7	283.1	249.0	310.5	306.2
1840	305.5	382.2	346.3	316.9	371.1	320.8	288.7	311.9	387.4	271.4
1850	315.6	335.0	341.1	299.4	302.3	265.7	316.9	320.1	317.3	330.6
1860	338.9	297.1	306.4	279.6	300.0	297.1	299.8	317.9	334.1	357.2
1870	391.7	338.0	354.3	343.6	305.8	336.2	344.2	247.4	217.3	304.9
1880	278.0	215.7	263.8	249.2	212.0	191.6	224.3	244.9	256.0	371.6
1890	384.7	360.0	361.7	276.6	279.2	304.1	310.9	338.9	367.2	309.9
1900	203.8	266.3	276.1	403.0	284.0	287.5	256.0	258.9	271.0	275.9
1910	245.1	280.3	327.5	388.2	400.8	352.6	295.5	290.9	315.0	342.8
1920	202.3	347.7	304.5	263.2	298.1	376.1	336.0	289.7	336.2	367.9
1930	356.3	333.3	333.1	251.5	223.1	243.7	321.2	358.2	340.7	379.6
1940	311.1	340.9	368.7	308.8	260.9	180.5	304.3	259.5	257.0	269.4
1950	231.5	195.9	321.8	252.5	290.3	270.8	351.0	304.1	380.0	361.9
1960	428.1	393.1	330.0	225.1	275.3	239.1	341.7	216.5	286.2	336.0
1970	296.1	385.5	308.2	354.1	208.1	227.2	258.3	260.5	210.5	259.1
1980	266.7	242.0	240.0	257.6	339.7	312.7	284.6	389.6	365.2	280.9
1990	278.6	311.7	292.2	380.2	358.0	339.5	323.2	285.6	371.6	292.8
2000	442.1	342.6	355.1	319.3	302.7	353.0	344.2	253.3	227.8	238.9
2010	283.8									

附表 11　额尔齐斯河流域哈巴河上年 7 月至当年 6 月径流量重建序列

	重建区域:			额尔齐斯河流域哈巴河		重建要素:		平均径流量	
气象(水文)站:				克拉他什水文站		重建要素单位:		m³/s	
重建序列时段:				1714—2014 年		重建要素时段:		上年 7 月—当年 6 月	
年代	0	1	2	3	4	5	6	7	8	9
1714					54.3	54.1	65.0	69.0	69.2	89.7
1720	78.3	56.5	69.3	68.7	72.0	73.7	70.8	59.7	63.3	64.2
1730	62.3	73.4	83.1	66.2	53.4	53.3	65.2	63.9	62.4	68.1
1740	75.0	77.9	74.1	76.0	63.0	62.6	77.5	81.9	81.9	80.0
1750	79.4	85.6	64.0	61.3	62.4	65.3	59.3	75.7	70.2	74.5
1760	53.3	54.8	66.8	57.3	65.8	63.6	62.9	69.0	53.1	59.6
1770	62.0	59.2	58.1	63.3	61.3	64.3	71.4	88.5	56.1	60.5
1780	59.8	54.9	64.1	59.9	65.9	71.4	76.1	83.2	77.0	75.0
1790	72.7	61.8	60.8	58.1	59.1	64.2	64.3	63.5	75.5	73.9
1800	84.3	90.8	77.8	71.4	70.5	67.2	71.5	61.0	60.0	61.1
1810	68.6	55.3	53.1	53.5	57.6	73.7	70.2	60.1	61.8	65.5
1820	71.2	72.0	74.6	75.8	51.2	60.5	66.0	77.7	75.4	65.3
1830	75.8	72.1	77.7	64.7	76.4	71.6	69.0	58.2	70.0	69.0
1840	75.4	93.5	67.3	68.2	82.0	86.7	68.9	61.1	72.2	50.1
1850	53.5	66.2	67.9	72.0	61.8	53.0	57.7	70.4	66.0	51.6
1860	76.8	75.9	79.4	63.0	61.6	60.5	62.0	64.7	66.1	69.8
1870	78.6	73.2	71.1	61.5	59.1	57.4	59.3	62.4	53.7	54.3
1880	52.4	54.1	62.8	62.0	62.8	57.5	58.2	58.1	63.1	68.9
1890	73.8	71.6	76.1	61.2	52.7	59.5	57.6	61.3	64.0	60.8
1900	46.7	60.7	56.8	55.6	60.2	61.2	61.5	64.5	67.4	72.6
1910	66.0	71.2	72.0	80.9	79.1	71.0	71.4	61.2	56.9	53.2
1920	55.0	56.4	56.1	54.8	63.3	60.4	59.7	60.6	70.1	70.3
1930	66.1	71.9	66.3	60.4	59.1	67.9	62.0	75.5	80.7	94.0
1940	69.8	79.2	82.7	82.3	69.5	59.1	61.5	66.4	66.5	62.5
1950	65.6	62.5	70.6	62.6	59.6	69.4	72.0	75.7	75.0	80.8
1960	72.1	77.6	81.0	51.2	57.0	55.1	64.8	58.8	67.6	70.9
1970	75.9	78.6	75.7	72.0	59.6	54.4	58.8	58.2	55.2	59.0
1980	60.4	61.8	58.4	51.5	65.3	62.9	67.6	72.2	74.9	81.7
1990	68.7	73.7	71.2	82.1	75.1	73.2	83.4	67.8	62.4	62.4
2000	64.3	69.6	72.9	69.5	71.0	86.2	83.1	73.7	62.6	57.5
2010	71.6	62.5	55.0	53.2	69.7					

附表 12　额尔齐斯河流域伊希姆—托博尔河 6—7 月径流量重建序列

重建区域：			额尔齐斯河流域伊希姆—托博尔河			重建要素：		平均径流量	
气象（水文）站：			科斯塔奈水文站和彼得罗巴甫洛夫斯克水文站			重建要素单位：		m³/s	
重建序列时段：			1788—2016 年			重建要素时段：		6—7 月	
年代	0	1	2	3	4	5	6	7	8	9
1780									18.8	31.2
1790	78.5	47.0	30.8	59.8	58.0	88.2	74.4	31.7	35.6	52.0
1800	50.8	82.8	68.2	53.2	29.5	35.5	45.9	61.8	66.5	45.4
1810	67.9	48.1	66.0	87.4	31.7	30.1	59.7	38.7	37.7	78.1
1820	44.6	51.4	50.8	47.2	59.2	73.3	47.5	54.1	72.1	47.9
1830	69.0	50.4	49.4	37.9	31.8	43.6	30.3	45.3	48.3	49.3
1840	48.3	48.8	46.1	48.5	45.7	41.4	50.8	50.8	48.7	87.9
1850	43.7	65.6	96.2	21.3	46.0	87.1	56.2	72.6	96.1	88.0
1860	46.8	75.6	50.3	32.9	87.4	22.8	30.0	27.8	47.0	46.6
1870	57.1	31.5	23.7	42.3	37.2	38.1	41.6	53.9	51.9	46.6
1880	44.6	59.9	88.8	53.3	20.2	19.4	52.4	57.9	90.4	91.1
1890	47.5	84.6	22.3	28.5	46.3	45.3	44.9	22.8	38.8	50.4
1900	48.2	50.1	24.4	50.8	47.9	53.4	26.3	92.2	47.0	60.3
1910	52.3	46.2	47.0	43.9	48.2	39.3	47.3	46.7	43.8	61.5
1920	47.4	27.2	92.3	47.3	93.3	71.6	90.0	50.2	97.9	44.4
1930	62.5	27.0	56.7	54.5	58.4	52.8	19.8	45.2	72.1	44.8
1940	50.1	47.9	47.4	50.0	88.9	88.7	84.3	90.4	52.9	51.7
1950	50.8	32.2	25.1	50.8	47.6	19.3	73.3	42.7	50.4	43.6
1960	52.8	67.7	50.7	31.6	52.2	34.2	46.7	23.3	22.7	23.7
1970	63.1	70.8	52.8	54.2	53.8	34.3	46.7	25.5	83.5	92.5
1980	62.5	61.6	32.8	50.9	46.5	41.9	47.5	119.8	25.3	41.0
1990	89.8	26.6	49.8	122.1	58.3	29.7	41.8	46.1	22.6	44.5
2000	50.8	31.7	81.7	47.2	24.8	88.5	51.4	112.6	36.2	45.9
2010	35.6	53.9	22.2	48.6	51.4	90.5	71.1			

附表 13 吉尔吉斯斯坦伊塞克湖流域年径流深度重建序列

重建区域：		吉尔吉斯斯坦伊塞克湖流域			重建要素：			径流深度	
气象（水文）站：		—			重建要素单位：			mm	
重建序列时段：		1670—2014 年			重建要素时段：			1—12 月	
年代	0	1	2	3	4	5	6	7	8	9
1670	579.8	628.9	622.3	629.8	606.5	632.5	558.9	643.5	588.4	576.5
1680	571.7	626.3	599.9	648.1	601.0	552.7	594.1	573.9	653.4	636.4
1690	602.1	612.9	528.0	621.0	595.5	582.7	606.9	586.4	617.9	593.0
1700	623.0	610.7	584.7	653.6	534.0	611.3	554.2	617.9	612.0	611.8
1710	594.4	587.1	598.1	585.1	598.1	607.8	612.0	593.2	593.2	628.9
1720	593.5	554.2	610.0	558.4	625.6	582.7	608.2	637.3	622.3	603.4
1730	636.7	546.1	608.9	562.6	662.0	619.9	598.3	606.3	561.7	639.5
1740	597.4	625.0	602.3	563.5	551.8	590.8	619.5	663.5	611.8	634.5
1750	593.0	644.4	614.8	615.9	577.2	596.8	611.1	603.6	539.9	599.4
1760	590.8	575.6	592.4	630.5	609.1	623.4	632.9	583.1	558.4	630.7
1770	626.5	524.3	612.6	591.7	599.6	572.1	612.9	601.2	559.1	633.8
1780	609.1	617.3	559.8	599.6	603.4	633.1	574.3	560.6	598.3	602.7
1790	609.8	624.5	632.3	600.7	642.4	628.9	588.4	576.9	572.1	587.3
1800	563.5	604.9	547.0	635.1	652.1	588.4	575.6	607.8	538.8	578.0
1810	567.0	591.7	595.9	623.4	611.5	556.9	606.9	584.9	591.5	575.2
1820	581.6	610.0	610.0	582.2	626.3	622.1	629.8	602.5	617.9	541.7
1830	590.8	598.8	591.3	581.8	643.1	567.7	617.3	613.7	631.6	556.9
1840	611.5	620.4	599.4	606.7	535.1	605.1	636.0	577.8	589.5	582.7
1850	547.0	629.6	628.1	629.4	594.6	574.7	600.5	555.8	556.7	588.2
1860	642.6	604.7	623.9	607.1	550.5	577.6	609.1	588.4	593.9	631.8
1870	618.4	603.2	606.5	562.4	573.2	616.2	620.6	588.6	610.4	567.5
1880	590.4	623.9	640.0	635.6	579.4	556.9	648.6	593.5	628.7	586.0
1890	604.5	583.6	615.3	624.3	576.9	534.4	641.1	610.7	608.5	628.1
1900	608.5	594.4	613.1	630.5	582.2	597.2	602.7	567.7	619.3	574.3
1910	630.9	567.5	585.5	611.3	598.3	572.3	597.7	486.2	579.4	629.2
1920	616.4	605.4	589.7	589.3	658.3	623.4	601.0	568.8	619.0	584.4
1930	614.2	597.7	582.9	630.7	606.0	636.2	622.3	616.8	559.8	627.8
1940	576.1	637.8	632.9	586.4	558.4	563.1	584.2	591.5	607.8	582.0
1950	631.8	599.6	647.9	620.1	579.6	642.4	636.0	582.2	608.5	626.7
1960	597.7	534.4	601.2	593.7	608.7	576.6	624.3	601.2	629.4	606.3
1970	617.3	608.0	545.2	631.4	552.9	571.0	571.4	607.1	629.8	570.6
1980	594.8	597.9	564.4	619.5	599.4	571.4	615.3	612.6	608.0	626.5
1990	622.3	607.8	618.1	636.2	675.9	583.1	579.8	540.6	584.0	648.6
2000	628.9	641.1	607.1	597.9	608.0	597.0	585.8	544.8	599.4	577.4
2010	607.6	595.0	623.9	571.0	546.5					

附表 14　楚河 4—9 月径流量重建序列

重建区域:				楚河		重建要素:			平均径流量
气象(水文)站:			Koehkorka 水文站			重建要素单位:			m³/s
重建序列时段:			1610—2016 年			重建要素时段:			4—9 月
年代	0	1	2	3	4	5	6	7	8	9
1610	29.8	30.8	38.7	41.1	37.1	32.6	39.2	41.0	39.5	38.4
1620	44.0	40.3	40.1	38.2	39.2	42.3	33.7	34.2	38.1	38.5
1630	28.6	37.0	36.6	33.6	32.6	38.0	33.3	31.2	29.4	28.6
1640	36.2	27.8	30.8	27.2	32.5	27.2	33.4	29.3	32.9	34.4
1650	30.4	38.1	34.7	22.0	35.3	36.6	26.8	26.3	30.8	28.5
1660	29.4	30.9	24.1	25.8	31.7	29.5	27.1	29.3	33.8	24.2
1670	28.3	35.2	34.6	36.1	36.4	38.4	29.1	40.4	32.5	30.1
1680	25.9	31.0	29.3	39.3	33.7	24.6	28.1	25.5	35.5	38.3
1690	34.5	36.9	22.0	35.2	30.2	25.1	30.2	27.7	31.5	26.9
1700	35.2	34.2	31.7	41.7	27.9	36.5	28.3	33.9	33.4	33.8
1710	30.1	29.8	32.7	31.2	33.1	30.6	30.7	30.1	27.2	34.5
1720	31.7	25.7	31.6	25.6	35.1	30.5	33.1	39.3	36.9	34.3
1730	39.0	27.5	37.6	30.9	43.3	42.2	35.8	36.2	28.2	38.2
1740	32.4	37.5	35.5	30.1	25.5	28.5	32.1	40.3	35.2	39.6
1750	32.7	40.9	36.3	38.4	31.5	34.3	37.5	39.2	26.3	33.2
1760	32.7	28.8	31.8	39.3	36.6	38.4	41.0	35.6	30.2	37.4
1770	38.7	25.1	33.3	29.6	32.4	27.8	32.5	29.7	26.2	34.5
1780	30.5	35.8	29.7	32.9	34.5	42.8	34.3	31.7	32.9	36.9
1790	36.6	37.0	42.4	40.0	43.0	44.5	34.2	34.8	36.0	34.7
1800	26.4	35.2	25.9	36.0	41.9	35.2	32.8	34.6	28.3	29.6
1810	23.9	29.9	29.3	35.0	33.3	27.3	31.7	30.1	31.1	30.3
1820	29.8	33.3	31.1	27.6	34.9	36.7	35.5	32.4	35.1	33.7
1830	27.2	29.8	30.5	29.4	39.2	28.8	33.4	33.0	36.0	27.3
1840	35.6	33.9	36.0	38.4	29.5	32.9	32.2	27.4	32.0	30.7
1850	25.3	35.2	36.7	35.8	29.5	27.1	31.6	25.7	23.0	27.0
1860	31.1	30.4	33.5	30.1	25.8	25.9	30.4	29.0	27.5	30.5
1870	30.1	29.3	29.9	22.9	26.6	27.2	31.4	27.4	30.2	26.7

续表

重建区域：			楚河			重建要素：		平均径流量	
气象（水文）站：			Kochkorka 水文站			重建要素单位：		m³/s	
重建序列时段：			1610—2016 年			重建要素时段：		4—9 月	
年代	0	1	2	3	4	5	6	7	8	9
1880	24.1	30.5	35.6	34.9	29.9	27.1	35.2	35.1	37.4	33.0
1890	32.0	31.5	34.0	34.5	29.8	25.1	37.4	39.7	40.2	34.6
1900	31.2	36.2	39.7	37.2	35.1	34.3	32.3	34.6	39.5	35.0
1910	35.3	25.1	31.2	27.3	30.7	29.5	31.4	12.6	27.4	27.8
1920	31.9	37.7	32.3	34.2	44.2	35.2	28.1	24.5	30.6	35.4
1930	31.0	32.5	29.0	36.7	35.4	37.1	32.6	36.6	24.8	32.4
1940	25.2	33.7	34.0	26.1	22.7	26.3	30.8	33.2	32.5	30.5
1950	41.1	35.9	44.3	43.8	38.3	41.3	38.2	28.9	38.6	39.1
1960	31.9	32.2	35.9	33.0	33.4	30.3	36.8	38.0	38.4	38.6
1970	40.8	36.9	32.0	36.5	26.5	31.2	32.1	27.1	29.6	24.0
1980	29.3	30.1	25.8	33.5	20.4	24.8	26.0	29.5	36.5	33.1
1990	29.3	26.9	32.1	38.6	37.7	21.1	28.0	30.4	24.1	35.6
2000	40.2	31.6	42.1	40.8	41.2	43.5	36.2	30.5	19.4	27.6
2010	33.5	31.9	27.7	21.9	24.4	33.6	40.6			

附表 15　锡尔河上游 5—8 月径流量重建序列

	重建区域：				锡尔河上游		重建要素：			平均径流量
	气象(水文)站：				纳伦水文站		重建要素单位：			m³/s
	重建序列时段：				1753—2017 年		重建要素时段：			5—8 月
年代	0	1	2	3	4	5	6	7	8	9
1753				200.5	140.2	187.3	190.6	175.0	180.4	193.6
1760	182.0	180.9	195.9	197.9	221.6	187.1	216.6	189.7	166.5	236.2
1770	196.1	168.6	218.7	208.1	191.5	131.5	195.5	191.4	188.2	230.1
1780	215.1	212.2	206.9	202.3	210.5	186.1	199.1	177.4	188.8	192.0
1790	188.9	212.6	228.1	212.9	214.5	203.1	145.0	197.6	185.0	185.7
1800	184.4	197.9	160.4	229.5	242.7	210.4	207.8	207.3	163.0	196.7
1810	159.3	195.5	192.4	229.0	208.4	183.0	214.6	192.4	169.8	189.7
1820	194.3	197.0	185.1	176.9	197.0	211.7	195.9	174.2	216.7	185.4
1830	166.5	193.2	182.6	189.7	222.5	162.7	161.9	223.6	213.8	162.8
1840	201.4	198.5	205.5	202.2	167.4	222.8	217.2	186.5	183.8	188.0
1850	173.9	216.0	202.3	205.9	195.2	202.6	216.9	180.9	188.3	211.4
1860	218.1	187.3	206.4	190.2	178.5	196.8	224.8	203.5	193.3	205.9
1870	223.7	184.8	142.2	168.0	152.8	222.2	193.8	186.2	202.9	212.2
1880	176.0	200.5	209.0	208.8	178.8	160.4	202.8	185.1	209.3	192.6
1890	195.2	180.9	197.4	207.3	190.2	131.2	225.2	198.5	198.4	209.9
1900	203.2	198.0	211.6	179.2	188.9	190.0	202.2	178.2	213.1	167.1
1910	210.0	171.6	186.1	202.0	185.4	163.4	195.5	109.7	203.8	215.7
1920	179.5	190.9	207.3	217.0	227.7	233.0	179.7	183.6	202.2	187.1
1930	219.2	185.3	203.7	221.4	171.9	224.8	201.2	197.7	149.6	171.5
1940	158.9	218.9	210.4	199.9	195.0	179.5	190.3	193.3	201.1	190.9
1950	240.0	188.6	239.2	228.3	154.9	231.3	256.2	147.8	212.2	189.5
1960	198.0	133.5	187.0	192.4	193.6	175.1	234.7	182.1	217.2	196.5
1970	204.0	208.7	151.6	241.3	153.9	191.8	160.8	206.7	193.2	166.6
1980	191.8	184.1	171.8	218.1	188.0	160.1	195.8	190.0	202.2	199.0
1990	196.1	173.4	199.3	203.2	231.9	178.5	185.0	172.2	206.3	239.4
2000	207.8	223.1	207.9	188.8	194.3	188.6	183.8	166.9	170.1	192.6
2010	213.1	205.2	206.1	199.3	172.1	220.5	217.9	252.0		

附表 16 锡尔河流域支流库尔沙布河年径流量重建序列

	重建区域：			锡尔河流域支流库尔沙布河		重建要素：			平均径流量	
	气象（水文）站：			古勒查水文站		重建要素单位：			m³/s	
	重建序列时段：			1720—2013 年		重建要素时段：			年份	
年代	0	1	2	3	4	5	6	7	8	9
1720	17.7	21.5	20.4	18.2	23.0	25.2	23.2	16.6	18.6	13.2
1730	13.2	13.6	11.6	13.2	11.9	14.3	16.5	17.1	20.0	13.2
1740	15.9	15.0	13.6	12.9	13.8	13.1	10.5	9.7	9.5	13.0
1750	14.0	27.4	21.0	23.4	18.0	16.2	16.0	15.3	13.3	15.0
1760	10.9	14.9	16.3	12.2	12.0	15.9	13.6	17.6	17.6	17.0
1770	20.1	14.5	18.7	18.2	17.2	19.6	13.6	16.2	17.7	16.5
1780	17.6	11.4	14.7	15.9	16.7	18.8	20.6	22.0	20.4	13.8
1790	10.7	14.7	16.2	18.3	16.8	17.3	20.8	21.1	19.9	18.6
1800	20.3	18.0	17.1	16.4	15.5	20.5	17.7	11.5	18.6	24.5
1810	18.5	13.5	14.6	17.0	16.5	15.3	15.0	15.1	16.5	17.4
1820	16.2	16.3	14.8	15.7	14.7	15.2	15.1	15.0	12.4	13.8
1830	14.7	16.1	13.9	13.5	15.8	15.4	13.2	14.1	14.7	12.3
1840	15.4	16.6	18.0	16.3	16.2	18.0	19.2	19.0	25.6	18.7
1850	17.7	17.3	23.3	21.4	19.7	20.4	17.7	18.7	19.4	17.9
1860	18.8	12.1	13.5	13.0	11.5	13.6	13.5	14.9	17.0	16.9
1870	18.7	15.5	16.7	15.4	13.2	14.6	15.8	14.7	21.3	16.4
1880	18.7	21.0	19.9	18.7	20.4	15.8	18.7	19.4	20.1	18.8
1890	22.0	22.9	22.2	17.0	16.0	14.8	18.5	17.8	19.3	17.1
1900	18.0	19.5	18.7	20.9	23.2	20.4	21.5	19.3	19.8	18.3
1910	19.6	11.8	18.0	16.0	14.4	12.8	17.1	8.7	9.7	17.3
1920	17.5	20.8	21.2	20.2	17.2	16.7	17.6	14.7	17.0	17.1
1930	17.8	16.1	14.9	14.2	14.1	17.3	16.5	18.1	15.1	14.0
1940	14.4	13.7	16.2	15.4	15.9	15.8	15.4	13.6	14.9	15.4
1950	16.1	15.9	15.4	16.7	17.7	18.6	15.6	14.9	17.9	16.9
1960	15.0	9.9	14.7	15.6	17.8	18.6	17.3	18.9	18.5	20.1
1970	20.9	21.6	17.6	15.3	13.3	15.5	13.3	14.2	12.6	13.1
1980	14.1	14.7	13.0	16.0	14.2	14.1	14.4	16.7	16.0	16.5
1990	16.1	18.4	17.4	17.0	19.4	19.2	19.9	18.6	18.1	18.1
2000	17.8	15.0	18.3	19.1	19.7	20.5	19.3	16.7	13.6	18.5
2010	21.2	19.3	16.2	18.4						

附表 17　锡尔河流域支流卡拉河 8—9 月径流量重建序列

重建区域：			锡尔河流域支流卡拉河			重建要素：			平均径流量
气象(水文)站：			乌兹根水文站			重建要素单位：			m³/s
重建序列时段：			1411—2016 年			重建要素时段：			8—9 月
年代	0	1	2	3	4	5	6	7	8	9
1410		92.3	92.7	99.8	52.2	136.4	88.8	102.1	97.1	94.8
1420	78.2	117.8	68.2	97.6	80.0	106.1	73.2	101.2	89.3	96.1
1430	123.6	106.0	96.4	97.5	97.6	95.7	111.5	115.1	119.2	92.8
1440	115.6	110.5	109.0	109.1	111.5	109.7	106.1	100.5	99.9	103.0
1450	116.0	116.1	123.1	123.8	120.3	115.2	113.6	114.3	98.5	108.9
1460	136.3	112.9	114.2	102.8	87.2	98.8	92.7	103.2	104.9	115.6
1470	114.7	108.4	103.4	108.0	114.7	96.3	97.5	103.6	80.6	102.4
1480	97.0	127.5	102.4	74.1	125.2	91.8	91.7	113.6	116.2	124.3
1490	111.9	114.3	62.5	97.1	105.8	75.1	117.3	108.0	133.0	123.4
1500	113.1	78.3	90.4	111.2	109.7	116.3	77.7	85.8	88.3	74.9
1510	95.0	98.3	93.4	48.6	118.6	75.4	113.3	112.3	57.0	48.0
1520	39.2	63.4	50.2	74.3	90.2	49.8	108.3	85.3	61.1	145.1
1530	84.3	109.1	103.7	81.4	106.4	109.2	86.9	67.9	57.9	50.5
1540	63.1	101.1	93.9	74.4	75.7	85.5	55.6	65.6	65.7	50.7
1550	83.8	69.2	85.3	118.2	108.1	170.6	128.8	68.7	67.3	112.6
1560	82.1	96.3	44.2	117.7	78.3	80.0	94.9	87.8	73.5	96.5
1570	104.4	122.9	61.3	86.4	87.8	97.1	57.9	107.5	68.6	62.8
1580	65.1	86.6	79.1	66.1	72.0	44.3	65.1	54.4	72.2	69.6
1590	79.5	46.5	90.3	64.0	72.6	65.9	59.1	55.3	50.2	53.9
1600	57.4	84.1	59.6	63.2	72.4	50.3	75.1	70.9	77.5	58.5
1610	62.0	49.9	59.3	70.8	57.8	68.4	66.5	60.1	80.6	72.6
1620	81.4	92.2	86.2	57.7	35.1	68.8	88.4	83.2	103.6	95.7
1630	58.3	86.6	52.2	77.3	71.6	81.2	73.4	77.8	62.5	64.4
1640	104.8	57.4	70.9	37.6	72.4	65.0	67.2	62.7	47.8	54.5
1650	48.6	47.2	65.6	29.0	89.9	100.8	54.4	82.9	81.1	61.1
1660	72.2	80.0	85.8	79.2	93.2	91.6	53.9	88.0	57.3	45.0
1670	29.3	65.6	62.2	87.7	78.3	87.6	57.7	129.2	105.8	100.1
1680	85.5	108.2	88.5	110.7	84.2	123.0	117.9	78.1	91.3	79.2
1690	68.9	131.7	104.3	111.7	55.7	101.5	57.6	60.5	81.2	61.5
1700	53.1	72.7	51.7	112.0	51.6	91.7	73.9	98.5	126.3	106.8
1710	127.0	103.4	99.6	97.3	106.5	121.9	107.6	84.1	117.1	130.4

续表

重建区域：		锡尔河流域支流卡拉河			重建要素：		平均径流量		
气象(水文)站：		乌兹根水文站			重建要素单位：		m³/s		
重建序列时段：		1411—2016 年			重建要素时段：		8—9 月		
年代	0	1	2	3	4	5	6	7	8	9
1720	125.1	105.5	98.0	81.7	110.8	89.3	61.5	72.1	52.3	102.1
1730	92.7	65.0	98.1	50.4	88.8	84.9	61.0	60.5	50.6	73.4
1740	38.7	68.1	20.3	60.7	66.2	85.6	67.9	88.1	75.7	78.0
1750	76.4	95.7	87.0	72.9	62.5	65.4	74.7	67.2	50.7	78.3
1760	68.1	75.7	58.2	65.3	68.1	54.5	82.3	62.6	56.1	53.4
1770	68.0	59.5	65.8	59.6	81.5	37.3	62.8	74.5	64.1	80.2
1780	68.6	65.6	59.8	63.2	45.4	58.5	64.7	77.6	55.2	64.9
1790	47.4	101.2	103.8	81.9	84.0	92.0	89.2	97.9	87.7	94.9
1800	104.0	105.1	51.2	99.4	130.9	103.7	45.9	88.6	131.3	130.9
1810	91.3	99.5	81.5	101.9	87.4	62.8	65.6	53.9	44.3	58.5
1820	82.3	78.7	64.8	55.7	77.5	63.6	52.9	51.0	70.4	78.3
1830	102.9	72.2	76.4	41.7	57.8	64.5	79.6	75.1	71.0	54.0
1840	62.9	56.1	57.3	67.4	54.6	76.0	69.0	70.1	62.6	79.7
1850	63.2	72.2	75.3	69.9	73.0	79.8	109.2	112.0	100.9	90.2
1860	73.5	56.9	56.9	61.2	68.6	38.4	38.0	59.3	59.0	71.4
1870	81.1	46.1	86.2	114.4	101.6	97.3	90.2	60.9	124.3	87.6
1880	106.3	108.6	92.7	99.9	109.9	84.1	108.1	112.0	113.7	108.4
1890	98.0	100.5	114.5	95.6	102.9	99.6	120.4	107.4	112.7	95.0
1900	107.6	120.2	108.3	114.1	115.3	104.6	118.3	109.2	114.6	110.7
1910	128.8	102.8	119.4	121.0	107.7	98.0	110.4	23.6	53.1	100.2
1920	80.2	97.4	90.7	96.1	82.9	83.7	119.1	99.2	107.9	111.2
1930	116.5	108.6	98.5	82.8	78.0	88.6	70.8	108.8	47.8	66.2
1940	71.2	92.1	89.1	68.0	56.2	72.4	71.3	39.7	46.4	67.2
1950	79.8	77.4	92.9	97.6	115.5	125.0	101.2	111.2	145.0	117.7
1960	102.7	49.4	82.3	76.6	88.1	38.2	60.7	65.4	70.4	80.1
1970	93.4	105.2	69.9	70.4	36.0	77.3	43.8	71.0	66.2	78.7
1980	61.2	56.9	28.7	74.4	76.6	73.0	70.8	91.9	78.2	82.1
1990	83.8	95.9	66.7	68.1	100.9	114.2	105.5	101.2	105.6	117.2
2000	110.5	95.4	116.5	119.1	133.4	131.3	123.0	98.6	87.7	123.3
2010	147.8	114.9	95.0	104.6	91.0	79.3	86.4			

附表 18　哈萨克斯坦阿拉套山 7—10 月 NDVI 重建序列

重建区域：			阿拉套山			重建要素：			NDVI 指数
气象(水文)站：			格点(45°—46°N,79°—81°E)			重建要素单位：			—
重建序列时段：			1850—2016 年			重建要素时段：			7—10 月
年代	0	1	2	3	4	5	6	7	8	9
1850	0.42	0.43	0.44	0.42	0.41	0.41	0.42	0.43	0.42	0.40
1860	0.43	0.43	0.42	0.41	0.41	0.41	0.39	0.40	0.41	0.43
1870	0.43	0.42	0.43	0.43	0.43	0.43	0.43	0.43	0.42	0.39
1880	0.40	0.41	0.42	0.40	0.41	0.40	0.41	0.42	0.43	0.41
1890	0.43	0.43	0.42	0.40	0.40	0.41	0.43	0.45	0.43	0.42
1900	0.42	0.43	0.43	0.42	0.42	0.43	0.42	0.42	0.43	0.43
1910	0.43	0.40	0.43	0.41	0.40	0.41	0.41	0.39	0.41	0.41
1920	0.42	0.43	0.43	0.43	0.44	0.42	0.40	0.39	0.40	0.41
1930	0.42	0.42	0.42	0.42	0.42	0.42	0.41	0.42	0.40	0.42
1940	0.41	0.42	0.42	0.40	0.40	0.39	0.40	0.42	0.42	0.42
1950	0.43	0.42	0.44	0.43	0.43	0.42	0.43	0.40	0.41	0.43
1960	0.43	0.43	0.44	0.41	0.43	0.41	0.43	0.42	0.43	0.43
1970	0.44	0.43	0.42	0.44	0.41	0.41	0.40	0.41	0.41	0.40
1980	0.41	0.42	0.42	0.41	0.40	0.40	0.41	0.42	0.43	0.43
1990	0.43	0.41	0.41	0.44	0.44	0.41	0.42	0.41	0.41	0.41
2000	0.40	0.41	0.42	0.42	0.43	0.43	0.42	0.41	0.39	0.41
2010	0.43	0.42	0.41	0.41	0.40	0.40	0.41			

附表 19　哈萨克斯坦天山 TUYUKSU 冰川物质平衡重建序列

重建区域：		天山 TUYUKSU 冰川			重建要素：		冰川物质平衡		
气象（水文）站：		冰川观测数据			重建要素单位：		mmw.e/a		
重建序列时段：		1850—2015 年			重建要素时段：		全年		
年代	0	1	2	3	4	5	6	7	8	9
1850	465.6	252.6	−47.7	−529.4	−337.0	−341.6	−384.5	−18.9	−802.5	−504.4
1860	−336.5	−547.0	−1108.6	−826.4	−756.2	−501.3	−566.1	−436.0	−192.6	124.5
1870	−139.2	−572.3	−570.8	−221.4	−517.3	−327.0	−597.1	−210.5	−1128.0	−1187.4
1880	−691.8	−490.2	−261.3	−251.3	−411.4	−641.2	−712.7	−81.2	−570.0	−321.2
1890	118.1	308.5	−110.1	−704.2	−956.8	−632.0	40.4	−144.2	44.2	315.2
1900	−355.6	7.3	366.3	47.0	−196.9	−108.1	−110.7	9.8	86.3	−8.8
1910	−599.5	−386.5	−682.4	−655.9	−848.0	−883.9	−761.1	−1168.5	−863.6	−910.9
1920	−63.9	122.9	146.9	42.9	−71.7	−679.5	−744.4	−1095.5	−86.2	319.3
1930	−647.5	215.5	−274.7	−316.1	226.3	476.8	189.9	314.9	201.2	−710.9
1940	−807.7	−249.6	−103.7	−901.4	−1135.2	−1035.3	−332.1	−278.3	−593.5	−373.8
1950	−203.6	−539.9	−141.8	93.8	56.0	34.0	−602.9	−456.3	−92.9	288.1
1960	59.5	−4.1	−161.5	184.4	260.1	−257.5	91.2	339.3	−273.4	−37.7
1970	−21.2	−130.9	−156.0	−450.6	−737.9	−747.6	−619.9	−615.1	−649.7	−671.7
1980	−573.9	−314.6	−646.4	−373.2	−1350.9	−854.6	−560.1	−684.2	−212.5	−165.6
1990	−688.6	−808.6	−183.7	358.8	44.6	−656.3	−402.5	−923.6	−629.8	−80.9
2000	−309.3	−607.6	−321.1	−30.3	−105.9	−163.1	−638.6	−842.5	−1627.2	−498.6
2010	−370.2	−389.5	−719.1	−547.7	−1070.8	−1053.8